“十三五”国家重点研发项目：
基于多元文化的西部地域绿色建筑模式与技术体系
项目编号：2017YFC0702400

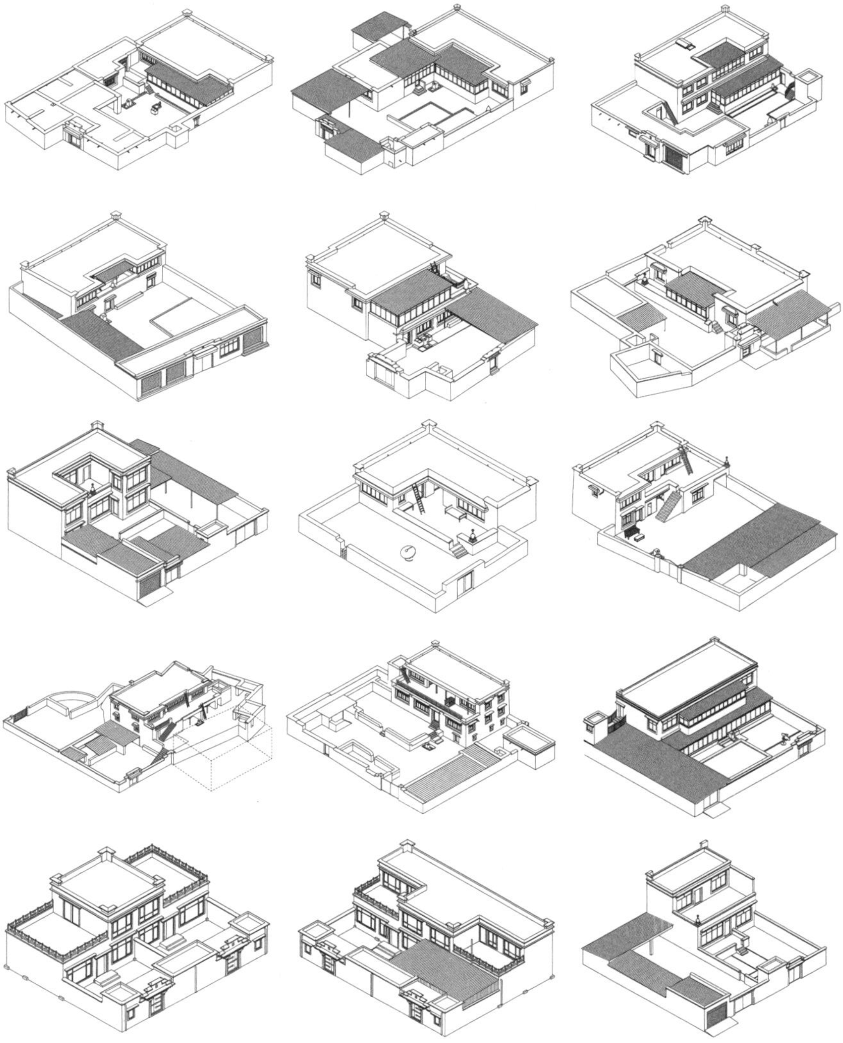

藏式住屋的变迁

拉萨地区1980年代之后乡村民居的演变研究

胡滨　杜平　葛正东　著

中国建筑工业出版社

前言

本书以拉萨地区的乡村藏式民居为研究对象，探讨在社会转型的背景下藏式民居自20世纪80年代以来的演变历程和演变动因以及重构其建造、生活与观念三者关联性的方法和策略。

研究源自“十三五”国家重点研发项目重点专项“基于多元文化的西部地域绿色建筑模式与技术体系”所设定的有关青藏高原的课题。课题涉及的内容众多，本书只以1980年代以来建造的藏式民居为研究对象，其原因在于：①以往对传统民居的研究和记录已有很多成果，对于乡村在中华人民共和国成立之后的发展和演变，社会学的研究成果较多，而建筑界涉及较少，这为后续乡村研究带来了很多困难。因此，本书的一个意图是记录当下转型期民居的表现，以期为不同领域的研究者从不同角度解读这段历史提供素材。②藏式民居在转型期间的演变是当下中国民居发展的缩影：村民的自主建设与政府主导的建设之间存在差异性，传统与当下的某种割裂让我们对传统建筑的地域特征的走向产生疑惑。③它又具有特殊性。青藏高原特殊的地理、气候条件和文化观念构筑了其特殊的建筑特征。其中，宗教观念和仪式活动渗透在藏民日常的私人和公共生活中，深刻影响了藏区的社会形态、城市和聚落结构以及私人领域的家。这种影响的广度和深度使之成为解读文化对民居的制约的样本，独特且清晰。同时，其社会和生活形态保持了很长时间的相对稳定性，承载传统生活形态的传统民居案例依旧留存，这些为重新认知传统民居特征、解读传统生活形态与空间的关联性以及与当下生活和建造的对比研究提供了翔实的资料。

研究将从空间模式切入，主要探讨政策、生活、经济制约下民居的空间模式和地域特征的演变，并以此为基点，延伸出更为广泛的讨论：民居发展的自身动力是什么？传统建筑的地域特征在乡村演变过程中该如何理解，并如何实现在当下的角色认同？

空间模式的概念界定首先是基于克里斯多弗·亚历山大的《建筑模式语言》。他在书中针对不同的主题提出了抽象化的“文字”描述和“图示化”的场所形态，期待以此作为设计指导来激发具体场景中的不同操作，从而使结论具有灵活性。若是从更广泛的角度考察模式的定义，其基本的解释是“标准样式”。在“中国科学”百科词条中的解释是：“模式是主体行为的一般方式……是理论和实践之间的中介环节，具有一般性、简单性、重复性、结构性、稳定性、可操作性的特征。模式在实际运用中必须结合具体情况，实现一般性和特殊性的衔接并根据实际情况的变化随时调整要素与结构才有可操作性。”在这个模式的定义中，被反复强调的是结构性、可操作性和衍生性。

结合两者可以看出，模式首要的是应对问题。从模式的结构性出发，可以明确模式的核心内容是关系，即要素之间的关系。所以，建筑（空间）模式需要关注的是问题、要素和关系。这也明确了模式与类型之间的差异，尽管两者有所交叉。在本研究中，空间模式涉及的内容被确定为空间意识、空间的组织关系（内外、内部之间关系）、空间关系的核心要素、功能计划、材料和建造。它们决定了建筑的形式特征和空间氛围，成为空间的外在和内在表现。这些共同构成了空间模式的内涵。

研究的核心内容是变迁。变迁研究需要选择某个（些）要素作为线索来确立差异性的转变，并且对各个时期的时空进行界定。学界针对某一类型建筑的变迁研究，一般是参照建造年代，或是参照“风格”等要素出现“异变”的时间节点，或是综合这两者作为划分依据。民居在中华人民共和国成立后的演变受到自主建设和政策引导的双重制约，因而本书以民居建设的动因作为划分标准。藏式民居从20世纪80年代至今出现了3个建设高潮，一是1980—1990年代由于农村政策的改变，农民收入提高，藏民像其他地区村民一样将收入用于新建和改建自宅。二是自2002年起中央政府加大对西藏自治区乡村建设的资助力度，特别是2006—2013年间实施的安居工程计划，村民得以自建或是改建住屋来改善居住品质。三是自2016年藏区开始实施的易地搬迁扶贫计划，它是由政府主导、规划和设计了一批定居点住宅以安置搬迁村民。当然，在这期间也有村民自建的情况出现。这3个时期的建设构筑了当今乡村的基本面貌，因而本书根据上述时间节点选取了案例来研究藏式民居的变迁。

变迁研究将以分析3个时期之间的差异性以及与传统藏式民居进行比较为主，其目的是总结建筑特征的演变趋势和动因。其中，各种政策（土地政策、农村发展政策、乡村建设政策）与建筑的关联性是变迁研究的重点。对于传统民居的界定，在记录相对完整的地区，可以按照朝代（诸如明、清民居）来界定。藏区乡村传统民居的记录与其他地区民居，或是藏区的宗堡、寺庙和贵族府邸相比，并不完整，这主要是因民宅经常被更替和历史叙事方式的局限所致。因而，本研究选用的传统民居的样本，一是以已有的记录作为参照，二是以本次调研中1980年代建造的民居为样本，其原因是藏区长期处于稳定阶段，其农耕生活和生产方式即便在中华人民共和国成立后也维持了很长时间，民居形制维持了相对的稳定。

本书的**结构**，第一部分将概述旧时藏区社会的基本发展状况和传统藏式建筑的特征。我们基于一个认知，即建筑是社会和文化的映射。以往社会的演变与传统建筑特征的关联性是当下的比照，同时也是理解传统藏区“家”的观念、居住形态和空间模式三者关联性的基础。

在概述藏区社会发展历史时，遵循了以往研究者的路线，以政权与宗教的交织为主要线索。当然，一方面是基于它是旧时藏族社会最为根本的特征；另一方面，藏民的仪式生活是构成藏式民居特征的重要动因。宗教观念与个人“家”的观念之间的博弈和相互影响，是重新解读传统藏式民居的一个切入点。

在传统藏式建筑特征的研究中，以动因与特征的关联为论述的关键。研究在综述了以往学者的研究成果之后，引入了社会学对于藏族的家和婚姻的研究，希望作为引子探讨“家”和婚姻观念是否会与建筑的空间组织和功能计划之间产生关联。同时，研究强调和重新解读了自然观、等级观和天梯说，提出了藏式民居空间模式中的核心要素以及特征与动因的关联性图表。

在这个部分中，有一个明显的特点是大量的注释，它不仅补充了更多的信息，也希望通过注释给藏式建筑研究的入门者提供文献阅读的线索。

第二部分在概述藏式民居发展的基本脉络的基础上，集中阐释了3个建设时期的社会状况、建设的动因和基本特征。藏式民居在中华人民共和国成立后发展的基本脉络是从自发性建设到政府引导下的自主建设，再到政府主导的建设，它揭示出政策在中华人民共和国成立后的民居建设中扮演了越来越重要的角色。

第三部分是以田野调查为基础，以民居测绘和访谈为材料，研究3个建设时期的建筑特征，主要目的是：①通过对1980—1990年代建设的民居的研究，重新审视传统藏式民居的特征，以期对以往的研究有所补充；

②总结3个建设时期的建筑特征和演变的趋势；③对比政府主导的乡村建设与村民意愿之间的差异性，为重构观念、行为、建造和空间之间的关联性奠定基础。

第四部分以当下藏式民居的适应性策略为主题。研究将总结藏式民居当代适应性的制约条件和适应性策略，并以当下建造体系为原则，以藏民传统主室为原点，提出基本的发展模式，其目的是重构建造、生活与观念的关联性。该部分以图示为主，以提取的核心要素之一“楼梯”为分类标准，涉及：①楼梯作为“天梯说”的转译，其空间组织和感知的差异；②柱网对空间组织的影响；③不同户型的组织；④内天井和二层贯穿空间的介入方式；⑤厨房与起居室的领域界定与空间感知的关系。

第五部分是3个时期民居的记录。它不仅包括测绘的建筑图纸，还着重刻画了生活场景以及用图示解释功能计划和空间的连接关系。

在研究过程中，杜平和葛正东全程参与了项目。从最初的文献收集和整理，到测绘和图纸绘制，都是两人共同完成的，并且以藏式民居为题完成了各自的硕士论文。同时，杜平负责了书中文字部分的图片整理和图表绘制工作，包括策略研究中的建模。葛正东负责了图录部分图纸的整理和排版工作。两人都付出了辛苦的努力来完成这些繁琐的工作。

研究还得到了很多人的大力协助。同济大学赵群老师协调了课题组内外工作，并组织了课题组的第一次进藏测绘工作。西藏大学索朗白姆老师多次协调我们在藏的调研工作，并且安排西藏大学学生协助我们完成测绘和访谈。西藏大学的德吉央珍、普布桑珠、杨大华和常青同学，同济大学的秦天悦和付瑜同学参与了测绘和问卷调查，尤其要感谢德吉央珍同学，她开朗乐观，付出了很多时间来协助我们。

在访谈过程中，首先要感谢西藏自治区建筑勘察设计院的蒙乃庆老师。蒙老师推荐的《藏边人家》一书让我对藏族社会有了更深入的了解；感谢拉萨设计院的多庆巴珠老师和西藏自治区建筑勘察设计院的尼玛更才老师毫无保留地为我们提供了所需的资料，并接受我们的采访；西藏自治区建筑勘察设计院的群英老师、车鹏阳和徐陈周也为我们提供了资料。刘璇和荣耀在课题研究初期介绍了藏区的现况和他们在藏区坚持了多年的项目——藏地第一所“森林学校”和“三江源零废弃社区”实践项目，使我们受益很多。

在村落调研中，得到了很多村委会干部的大力支持和协助——接受访谈、提供资料并且安排入户调查。多谢拉萨堆龙德庆区古荣村村长噶松和第一书记仓珍、贾热村驻村干部次珍和村主任边巴、桑木村达瓦次仁书记，拉萨林周县住建局副局长张燕林和徐嘎主任、江夏乡副书记陈国亮、加荣村第一书记尼玛卓玛、加荣村村主任洛桑丹增、加荣村木匠达瓦、加荣村驻村干部扎西曲丹和阿普琼达、联巴村第一书记旦曲、驻村干部贺艳军和村支书记拉巴仁增、妇女主任次仁布罗、村长边巴各桑，墨竹工卡县的孜孜荣村、赤康村和邦那村的村委干部和驻村干部。

在入户的测绘和问卷调查中，在茶室和空地的闲聊中，得到了许多村民的热情支持。多谢你们的热情和淳朴：

堆龙德庆区：贾热村的普布、拉姆次央、琼达卓嘎、坚才、丹增白姆、旺堆仁青、巴桑卓嘎和觉来拉；桑木村的阿努、曲珍、白玛卓嘎和洛桑土旦；古荣村的达瓦、拉措、顿珠、普穷、尼玛曲珍、巴旦次仁和扎西央珍；古荣乡荣玛高海拔生态搬迁点的白玛央金和石卓。

曲水县：三有村定居点的达薛；四季吉祥村的旺堆次仁和嘎玛扎西；江夏新村的次旺多吉、拉宗、扎桑。

林周县：加荣村的尼玛仓曲、罗布旺久、阿旺珍宗、拉巴和次仁加律；联巴村的尼珍、朗康、查斯和央金。

墨竹工卡县：邦那村的曲扎；赤康村的果吉和顿珠；孜孜荣村的嘎色和贡桑旺姆。

能够多次进藏，去到那片土地，是份荣幸和缘分。每次进藏都是从高原反应的痛苦开始，到最后平静地端详四周。祝勇以《神曲·天堂篇》作为他的《西藏书》的开篇，我以它作为前言的结束。

在
曾去过的
被阳光普照最多的地方
看到了
回到人间
无法也无力重述的事物

——《神曲·天堂篇》

目录

藏区的社会发展历程及其传统藏式建筑特征

青藏高原是藏民的主要栖息地。它的平均海拔在4000m以上[1]，占地约250万km^2，涉及的行政区域包括西藏和青海全境以及部分云南、四川、甘肃和新疆地区。传统上，藏民按照语言体系把这些区域划分成安多藏区、康巴藏区和卫藏地区[2]。藏区有典：马域"安多"、人域"康巴"、法域"卫藏"。

旧时藏区的社会发展受制于青藏高原高海拔的、封闭的地理环境和恶劣的气候条件，从而形成了独特的、相对稳定的社会架构和建筑特征。社会是人与人的关系的构建，建筑是人活动的载体，两者因此而得以关联。社会的观念、制度、政策及其演变以及不同文化的交融和碰撞都会在建筑上留下印记，建筑成为了社会的映射。

从旧时藏区社会的发展历程来看（图1），其政权的更迭、与周边地域的交流和关系的演变揭示了藏传佛教是如何成为藏民公共生活和私人生活的中心，进而对建筑的形制和建造产生影响的。

一、旧时藏区社会的发展历程

最初藏民主要居住在西藏高原，随着逐步向外迁移而形成了遍布青藏高原的态势。围绕藏族的来源和在远古时期西藏是否有人类居住这两个问题，学界一直在争论。石硕依据中国科学院于1958年、1966—1968年和1976年在藏区的旧石器考古和西藏高原周边地区发现的古猿化石和古人类化石，认同考古人类学家贾兰坡和学者童恩正的推断，认为很有可能西藏高原地区是人类始祖的发祥地之一[3]。

在新石器时代[4]和金属时代之后，从大约公元前1000年到公元前6—前5世纪，青藏高原经历了小邦时代[5]。在公元前4世纪，逐步形成了三大势力部落——象雄、苏毗和雅隆（吐蕃）[6]。其中，象雄是最早出现

[1]藏文史籍《贤者喜宴》中提及远古的青藏高原是一片大海，这种说法一直流传至今。

[2]源自百度词条。

安多藏区位于青藏高原东北部，包括部分四川阿坝州、甘肃甘南州、天祝藏族自治县和青海大部，除玉树藏族自治州之外。它以广阔的草原为主。

康巴藏区位于横断山区的大山大河夹峙之中，包括四川的甘孜藏族自治州、部分阿坝藏族羌族自治州、木里藏族自治县、西藏的昌都市、云南的迪庆藏族自治州和青海的玉树藏族自治州等地区。

卫藏地区历史上分为前藏、后藏和阿里。前藏大致包括现今的拉萨市、那曲市、山南市和林芝市西部的林芝、工布江达、米林、朗县四县；后藏是以日喀则为中心；阿里包括今阿里地区和那曲市西部。

[3]石硕．西藏文明的东向发展[M]．成都：四川人民出版社，2015：13-20.

[4]新石器文化时期，西藏拥有卡若文化、曲贡文化和藏北细石器文化。卡若文化以昌都县卡若遗址为代表，是新石器时代西藏高原东部河谷地区具有代表性的文化，它以定居的农耕经济为主，兼有狩猎畜牧经济，吸收和融合了西北氐羌文化；曲贡文化以拉萨市北郊曲贡村发掘的遗址为代表，其分布区域位于雅鲁藏布江中、下游地区，以从事农业和渔业为主，因为它处于西藏高原腹地，相对接受外来文化较少；藏北细石器文化，主要分布在冈底斯山和念青唐古拉山以北的藏北高原地区，以从事游牧和狩猎经济的藏北游牧居民为主体（石硕．西藏文明的东向发展[M]．成都：四川人民出版社，2015：20-32）。

[5]《汉藏史集》记载，在"玛桑九兄弟"统治之后，先有"二十五小邦"，后有"十二小邦"以及"四十小邦"（汉藏史集[M]．陈庆英，译．拉萨：西藏人民出版社，1986：81）。在《贤者喜宴》和《敦煌吐蕃历史文书》中也有记载。

[6]最初象雄地域分为三部分：内象雄（今天的阿里、拉达克等地）、中象雄（卫藏等地）和外象雄（多康等地）。苏毗在雅隆部落以北，即唐古拉山南北一带。雅隆部落（吐蕃部落）晚于象雄，是在雅隆地区（藏南谷地）形成的部落（石硕．西藏文明的东向发展[M]．成都：四川人民出版社，2015：42-43）。象雄和苏毗以游牧和狩猎为主，雅隆则有较为发达的农业。在公元6世纪前后，西藏的文明中心从象雄转移到雅隆吐蕃部落。

的文明，有自己独特的文字“象雄文”，并且是西藏传统土著宗教“苯教”的发源地，其宗教和文化对后来的苏毗和雅隆都产生了重要影响。大约公元前120年[7]，聂赤赞普成为雅隆吐蕃部落[8]的首任赞普。他大力提倡苯教，并建造了“雍布拉康”（雍布拉宫）[9]，它具有宫殿城堡和传播宗教教义的双重作用（图2）。随后几代的赞普直至南日臧普（松赞干布的父亲）都曾修建过宫堡。这些宫堡不仅与赞普有关，同时也都注明了当时神师的名字，可见当时地方势力与宗教的密切结合。两者的结合推动了苯教在藏区的传播，苯教赛康[10]被建造，环绕转经的行为也被确立。

随着苯教拥有越来越大的政事话语权，引发了第七代止贡赞普的“止贡灭苯”事件，随后他被部下谋杀。其儿子在动荡之后恢复了王位，苯教回归了权力中心。这个事件基本奠定了西藏解放前藏区社会发展的基调——不同的宗教派别与地方（外来）势力相互角力或是结盟以争夺政权。它们激发的政权更迭是藏区社会演进的主要线索。宗教与地方势力的结合有其必然原因，它是基于各自所需而采取的策略：一方面，宗教在藏区具有广泛的影响力，地方势力需要借助宗教力量巩固其地位和扩展势力；另一方面，宗教需要地方势力为其提供经济支撑和发展的保障。宗教内部各教派想要占据主导和领袖地位，各地方势力或是外来势力想要占据权力中心，因而两者的结合就成为必然，这构成了藏区社会

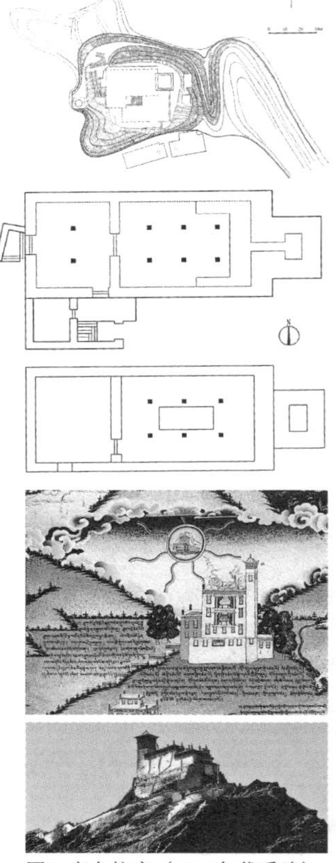
图2 雍布拉康（1980年代重建）

[7]很多关于聂赤赞普的记载都是传说，因而难有定论。才让在《吐蕃史稿》一书中依据不同史料提出与之有关的公元前114年和公元前193年两个时间节点（才让. 吐蕃史稿[M]. 北京：人民出版社，2010：9-10）。在《西藏建筑的历史文化》一书中，提出聂赤赞普于公元前127年从波沃（林芝波密县）来到雅隆（杨嘉铭，赵心愚，杨环. 西藏建筑的历史文化[M]. 西宁：青海人民出版社，2003：16）。另有说法，说他建造了苯教第一座寺庙“雍仲拉孜塞卡尔”。

[8]才让提出“蕃”字是从“苯”字音变而来，因为从第一代到第二十六代赞普都是以苯教治国。聂赤赞普及其之后的六代赞普，史称“天赤七王”，据说他们返回了天界。之后是“上丁二王”，包括止贡赞普。再之后是“中列六王”（第九代至第十五代），是指名字中间都有列字的六位赞普，他们在今山南地区琼结县建造了六座王宫。最后是“八德王”和“下赞五王”时期。在《藏族史略》中，以五藏王时期为节点划分原始社会和奴隶社会。

[9]在古籍中，这些由各代赞普修建的建筑均被称为“城堡”，或是苯教城堡，因其注明了苯教神师的名字。城堡一方面是赞普的行宫，或是王宫，因而有学者称之为“宫殿”；另一方面，它是赞普举行仪式活动的场所。

雍布拉康，直译藏文是“雍布拉卡”。据说是聂赤赞普时期修建的，原是碉楼式宫殿。在松赞干布时期修建青瓦达孜宫殿后，它被改为佛殿。之后，又在佛殿西侧增建了门厅，南侧增建了僧房。在20世纪六七十年代被毁，1982—1984年间重建。

约公元前5000年，新石器时代　约公元前2070年，夏朝　约公元前1600年，商朝　约公元前1046年，西周　公元前770年，东周　公元前221年，秦朝　公元前202年 西汉

约公元前5000年，新石器时代

昌都卡若遗址：
以炉火为中心
半地穴（方形或圆形）
地上房屋（平屋顶、柱网）

约公元前1000年，小邦时代

堡寨建筑兴起：
古象雄中心四个城堡和边缘六个城堡

形成象雄、苏毗、雅隆三大部落
约公元前400年，三大势力部落

聂赤赞普(雅隆)建造雍布拉康(城堡、布道)
之后几代赞普都修建城堡

图1 藏区社会发展历程简图

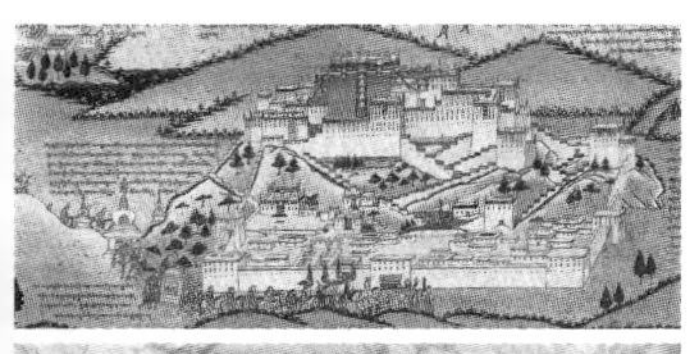

图3 布达拉宫

图4 大昭寺

图5 小昭寺

发展的重要特征之一。在止贡灭苯事件之后的佛苯之争、藏传佛教内部噶玛噶举派与格鲁派之争等，都源于此。

在公元6世纪左右，雅隆部落在经济和军事上的发展使它成为藏区的文明中心。公元641年，雅隆部落首领松赞干布统一了西藏高原，建立了吐蕃王朝，迁都逻些（今拉萨），并兴建了布达拉宫[11]、大昭寺和小昭寺（图3～图5）。在这期间，松赞干布通过迎娶唐朝和尼泊尔公主，一方面加强了藏、唐、尼泊尔和印度文化的交流，将先进的生产和建造技术引进藏区，另一方面在吐蕃境内引进了佛教。在之后的赤松德赞时期（756—797年），兴建了桑耶寺，其建筑形制与佛教密宗的坛城曼陀罗相似，同时标志着藏区寺庙从佛殿建筑向寺院的形制转变，开始转向由多组、集群式建筑构成寺庙[12]（图6）。在佛教的兴盛时期——赤祖德赞时期（815—836年），赞普赐予寺庙以土地、牧场和牲畜等，使得藏传佛教有了独立的经济基础，推动了藏区之后特殊的土地政策、人口税和劳役制度的逐步确立。这些制度是促成藏区“一妻多夫”婚姻状况的因素之一，它构成了藏民特殊的“家”的形式。

在吐蕃王朝内部，初期，尽管佛教开始被引进和传播，但是苯教一直占据主导地位。随着佛教的壮大，自然在王朝内部开启了佛苯之争。期间经历了两次灭佛行动，最后一次灭佛行动直接导致了吐蕃王

[10]赛康，赛是神的意思，康是殿堂和房子的意思。有些文献，诸如《贤者喜宴》称之为“塞卡尔”，“卡尔”有城堡之意。藏传佛教将佛殿称为“拉康”，在早期，也曾称之为“祖拉康”。“拉”的意思是佛和僧，“祖”是佛法的意思。

根据青海现存的赛康建筑可以看出，在苯教早期，环绕转经的行为已经被确立（龙珠多杰. 藏传佛教寺院建筑文化研究[M]. 北京：社会科学文献出版社，2016：16）。

[11]至今保留的该时期建筑为法王洞和观音殿。1645年，依据五世达赖喇嘛的要求，第巴索朗饶丹开始兴建布达拉宫的白宫。1653年，五世达赖喇嘛进京觐见清顺治帝后返回拉萨时，工程基本完工。1690—1694年，在桑结嘉措主持下修建了红宫。之后，从第七世到第十三世达赖喇嘛都对布达拉宫进行了修复和扩建。

[12]早期赛康建筑主要是方形或是长方形的殿堂，在大殿中心或是后墙供奉敦巴辛绕的塑像，周围是转经道。大昭寺的形制包括前庭院、佛殿和礼拜道。桑耶寺乌孜大殿的形制在大昭寺的基础上增设了经堂。桑耶寺作为寺院，还包括了僧舍、僧侣学习和诵经的场所“都康”和翻译佛经的大殿。

5年，东汉 | 220年，三国 | 386年，北朝 | 581年，隋朝 | 618年，唐朝 | 907年，五代十国 | 960年，宋朝

止贡灭苯

641年，吐蕃王朝

进入持续约200年的佛教前弘期

赤德祖赞(704-755)到

赤德松赞时期(798-815)佛教兴盛

松赞干布时期建造佛殿式寺庙：

布达拉宫、大昭寺、小昭寺、

桑耶寺（寺院式寺庙形制形成）

独立寺庙经济形成：土地、牲畜等

琼结藏王墓葬群（方形平顶、梯形平顶）

842年，地方部落割据

前弘期结束

朗达玛灭佛

吐蕃王朝灭亡

古格王城：

民居（洞穴、房洞、房屋）

聚会厅、储藏室、瞭望台及厕所

专用建筑

朝的瓦解[13]。

对外，吐蕃王朝一直在努力拓展疆域。在初期，它与唐朝之间的中间地带包括新疆东南部、青海全部、甘南、川西高原和滇西北高原，主要居住着吐谷浑、党项、白兰等诸羌部落。随着吐蕃王朝200多年的扩张，到8世纪初叶，在经历了大非川战役，与唐朝签订《清水会盟》之后，吐蕃东部外围的诸多部落和部族被吐蕃征服。

公元842年，连年军事战争的消耗以及邬东赞普灭佛导致的社会动荡，使得吐蕃王朝瓦解，藏区各方势力开始混战，藏区再次进入地方部落割据的局面[14]，并一直延续到13世纪初。在这期间，吐蕃部落开始在甘肃、青海和川西高原大渡河以西形成藏族聚居区，藏传佛教也向这些区域传播和渗透，史称“后弘期”[15]。与此同时，藏传佛教的各教派逐步形成，并建立了各自的道场[16]。在格鲁派兴起之后，寺院的形制被规范化，成为僧侣学习、诵经和居住的场所。区别于佛教前弘期的传播——在上层社会中推广，以宗教在公共领域的介入为主，后弘期的传播，因政权上层的灭佛行动，它是在民间展开的。佛教活动因此更广泛地介入私人领域，宗教成为藏族社会各阶层生活的核心。

1239年，蒙古势力开始介入西藏，各教派为争夺权力，与蒙古的不

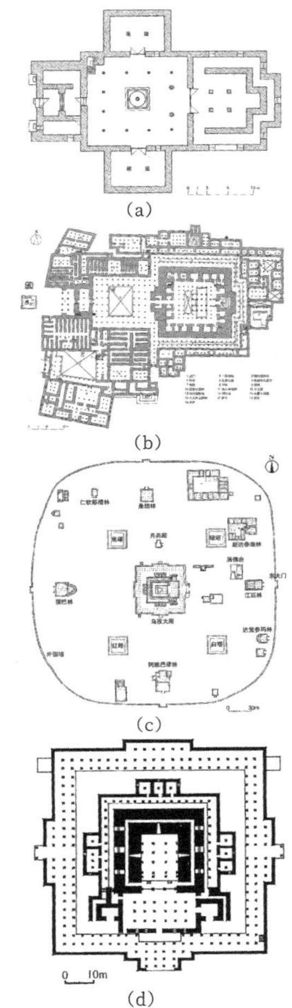

图6 寺庙（院）、大殿平面图
（a）夏拉康平面图；
（b）大昭寺平面图；
（c）桑耶寺总平面图；
（d）桑耶寺乌孜大殿平面图

图7 甲玛赤康庄园

[13]两次分别是赤松德赞时期（756—797年）和郎达玛·邬东时期（838—842年）的灭佛行动。在经历了赤德祖赞大力推行佛教之后，在赤松德赞时期，佛苯矛盾开始激化。在赞普年幼时，握有实权、支持苯教的贵族发动了灭佛行动。随后，赞普联合支持佛教的大臣，决意弘扬佛法，铲除了灭佛的大臣，兴建了藏族历史上第一座佛、法和僧三宝俱全的桑耶寺（779年）。随后的几任赞普都大力推崇佛教。

公元842年，邬东赞普联合反佛大臣开始灭佛行动，随之被刺杀，并且激发了奴隶起义，促使吐蕃王朝灭亡。这次灭佛行动，几乎达到佛法不传的地步。10世纪中叶，通过源于阿里地区的“上路弘法”和发源于安多地区的“下路弘法”，佛教开始复兴，重建寺庙标志着“后弘期”的开始。龙珠多杰认为佛教的传播在前弘期主要集中在王室和社会上层之间，后弘期佛教在民间得到广泛传播（龙珠多杰. 藏传佛教寺院建筑文化研究[M]. 北京：社会科学文献出版社，2016：28-31）。

[14]在这期间（中原经历了晚唐、五代、北宋和南宋的更迭），由于藏传佛教在普通民众中的广泛传播，宗教上层人士的威望大幅提升。宗教需要世俗领主提供资助以扩大各教派的经济基础，而世俗领主也想借助宗教力量巩固和加强统治，于是僧、俗两者走向结合。

1271年，元朝

1368年，明朝

11世纪，上路弘法(阿里地区)
下路弘法(安康地区)
进入持续约500年的佛教后弘期

西藏纳入元朝版图
设立十三万户
1253年，萨迦政权

废除万户制度
设立宗谿制度
1372年，帕竹政权

15世纪，格鲁派(黄教)兴起
后弘期结束

以托林寺为核心：
丹斗成为安多佛教中心
丹垅塘地区成为康巴的
佛教中心

多教派，多道场：
宁玛(红教)，噶拖寺
萨迦(花教)，萨迦寺
噶举派(白教)
噶玛噶举派，噶玛丹萨寺、楚卜寺
帕竹噶举，丹萨替寺

宗堡建筑和庄园兴起：
日喀则桑珠则宗堡
甲玛赤康谿卡庄园、囊色林庄园

规范格鲁派制度
兴建：哲蚌寺
甘丹寺
色拉寺
扎什伦布寺

同势力联盟，最终，忽必烈扶持的萨伽派在藏区建立了相对统一的地方政权，终结了之前藏区割据的形势。在实施了人口普查之后，元朝在藏区划分了13万户，建立了驿站系统，正式将之纳入元朝版图。[17]

元末明初，兴起于前藏山南地区的帕竹政权在击垮了雅桑万户、蔡巴万户和止贡万户，攻陷了萨伽寺，收缴了元朝赐予萨伽世代管理乌斯藏的封敕，兼并了原属于萨伽政权的后藏大部之后，取代了萨伽政权，并于1372年正式接受明朝封号。帕竹政权废除了万户制度，改为“宗谿”制度[18]，推动了庄园和宗堡建筑的兴建[19]。“宗谿”制度以宗为一级政权组织，其直接管理的“谿卡”（庄园）也称为“宗谿”。还有另外两类庄园，一是寺院的庄园“曲谿”，它是由政府分配给寺院的，供奉和服务寺院的藏民可以免除政府劳役；二是“贡谿”，是指世俗庄园，为世袭贵族所有（图7）。

在15～16世纪中叶，格鲁派（黄教）[20]开始壮大，在拉萨兴建了哲蚌寺和色拉寺（图8、图9），在日喀则兴建了扎什伦布寺（图10），在昌都兴建了绛巴林寺。寺院开始有了规范的建制，设有措钦、扎仓、康村和米村四级管理组织。[21]随着格鲁派的壮大，开始与噶玛噶举派展开权力争斗，各自寻求外部势力的支持。1618年，支持噶玛噶举派的藏巴汗取得军事胜利，取代了帕竹政权。1642年，支持格鲁派的蒙古和硕特部

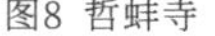

图8 哲蚌寺

图9 色拉寺

图10 扎什伦布寺

13世纪初，卫藏地区形成了几个较大地方势力，包括萨伽（后藏地区，兼管政、教两权）、蔡巴（拉萨东郊，嘎氏家族与蔡巴噶举教派）、止贡（墨竹工卡县、交绕氏家族与止贡噶举派）、达垅（林周县、以达垅噶举派为主的地方势力）、帕木竹（乃东县、郎氏家族与帕竹噶举派）。（石硕．西藏文明的东向发展[M]．成都：四川人民出版社，2015：130-131）

[15]石硕依据上述两个时间节点——吐蕃王朝和部落对整个青藏高原的控制与藏民居住地扩张到整个青藏高原的时间节点以及藏传佛教成为该区域大部分民众信仰的时间点，认为藏民族最终形成是在11～12世纪（石硕．西藏文明的东向发展[M]．成都：四川人民出版社，2015：82-83）。国内学者大多倾向于藏民族是在公元7～8世纪前后形成。

[16]元代之前有宁玛派（俗称红教，嘎拖寺）、萨伽派（俗称花教，萨伽寺）、噶举派（俗称白教，下有很多支系，诸如噶玛噶举派道场噶玛丹萨寺和楚卜寺、帕竹噶举派道场丹萨寺、止贡噶举派道场止贡替寺等）（杨嘉铭，赵心愚，杨环．西藏建筑的历史文化[M]．西宁：青海人民出版社，2003：71-73）。

[17]1252年，蒙哥继任蒙古大汗次年，派遣使者入藏清查人口。1268年，忽必烈又一次对藏区进行了较为彻底的人口普查。1271年，忽必烈建立元朝（1271—1368年）。

[18]宗谿制度创建于帕竹万户长绛曲坚赞掌权时期（1322—1364年）。

[19]诸如墨竹工卡县的甲玛赤康庄园、囊色林卡庄园，日喀则的桑珠则宗堡等。

[20]1388年，宗喀巴革新教派，严肃教律，并规定教徒皆佩戴黄色僧帽，这些标志着“格鲁”教派的创立。1409年，在帕竹政权的支持下，宗喀巴在拉萨大昭寺主持了“大祈愿法会”，奠定了其在西藏宗教界的地位。格鲁派要求僧徒严守教律并有严密的寺院组织系统（主要分为寺院、扎仓和康村三级管理，有时会在康村下再设米村）和教学程序（先显后密），定期在拉萨举行传召大会，也容许其他教派参加。这些举措，使得格鲁派被广泛传播和逐步壮大。在1410—1419年间，建立了拉萨三大寺，以哲蚌寺为例，1419年哲蚌寺已有寺僧2000多人（石硕．西藏文明的东向发展[M]．成都：四川人民出版社，2015：221-223）。

宗喀巴教派改革出现在帕竹政权时期，是由于当时西藏宗教处于危机之中。当时派系林立，宗教戒律涣散，威信力在民众中下降。帕竹政权作为统一藏区的地方势力，需要宗教更强有力地支撑其政权。在内部需求和外部帕竹政权的默许下，格鲁派得以在短时间内快速扩张。

1644年，清朝

1912年，中华民国

1949年，中华人民共和国

支持噶玛噶举派

1618年，藏巴汗政权

成立以达赖喇嘛为首的地方政府

1653年，清政府册封五世达赖喇嘛

推行宗本流官制度

1642年，噶丹颇章政权

重修并扩建布达拉宫

清政府授权七世达赖喇嘛掌管地方政府

最终形成政教合一的制度

1751年，西藏地方政府

清兵返回内地

1965年，成立西藏自治区

1951年，西藏和平解放

首领固始汗击败藏巴汗，在其支持下成立了以达赖喇嘛[22]为首的地方政府——噶丹颇章政权，这确定了政教合一制度的雏形。但是达赖喇嘛的政权并不完全独立，一方面其军事力量需要依靠固始汗，另一方面固始汗还拥有任命高级行政官员（第巴）和签发行政命令的权力。固始汗的介入导致了西藏另外一个活佛体系——班禅活佛体系的建立。[23]

1653年，清朝正式册封五世达赖喇嘛，同时也册封了固始汗，显示出清朝试图将宗教领袖与政治领袖分离的企图。随着固始汗的去世，五世达赖获得了更多的权力，其任命的第巴桑结嘉措通过政治、经济和宗教措施加强了格鲁派对卫藏地区的控制。他推行宗本流官制度，目的是集权于拉萨地方政府。同时，他还要求贵族和地方势力都信奉黄教（格鲁派），并分封庄园给新进贵族、官员和格鲁派寺院。在此时期，格鲁派增加了寺庙数量，规范了主属寺关系，构建了寺庙网络。此时建立的寺院内部组织方式和一系列规章制度一直被沿用至今。

之后，蒙古和硕特部的拉藏汗击败桑结嘉措的军队[24]，在1706年被清朝册封。但由于与拉萨三大僧侣和青海台吉在拥立六世达赖喇嘛的问题上意见相左[25]，准噶尔部在后者的支持下攻入拉萨，杀死拉藏汗，终结了和硕特部对西藏的影响。1720年（康熙五十九年）清军击败准噶尔部后进入拉萨，组建了西藏新政府，废除了总揽大权的第巴一职，建立了由多名噶伦共同掌管西藏的行政制度，开始直接治理西藏。由于噶伦之间的矛盾[26]，藏区经历了卫藏战争和驻藏大臣被杀的叛乱。在此期间，达赖喇嘛庇护了清朝士兵和平民，平息了叛乱，于是清政府于1751年授权七世达赖喇嘛掌管西藏地方政府，从此，西藏摆脱了贵族统领政权的局面，最终形成了政教合一的社会体制。自此，西藏进入了相对平稳的时期。

随着清朝走向衰落，西方国家开始入侵清朝统治，西藏也没有幸免。西藏在经历了1855年的尼泊尔入侵、1888年抵抗英军的隆吐山战役的失败以及1904年英军的再次大举入侵之后，由于清政府在对外关系上的退让，使得拉萨三大寺、扎什伦布寺和其他寺庙以及噶厦七品以上官员与清朝产生了很大的分歧，两者渐行渐远。直至1912年，驻藏清军全体缴械返回内地，清朝对西藏的统治宣告瓦解。藏区在经历了民国时期达赖喇嘛与英国殖民势力的角力之后，在1951年得以和平解放，并于1965年正式成立西藏自治区人民政府。

[21]四者属于隶属关系。措钦等级最高，管理寺院全体僧侣。扎仓是经院或称之为学院，隶属措钦。康村是扎仓的基层组织，由同一地区的僧侣组成。米村隶属康村。主要建筑包括：措钦大殿：形制由原有的佛殿式拉康拓展而成，包括门廊、经堂和佛殿。大型宗教活动在此举行。扎仓是僧侣学习、诵经的场所，有经堂和佛殿。大型寺院的扎仓，有时僧舍会与佛殿建筑组成庭院。还有活佛官邸、印经院、辩经院等建筑。活佛的私人住所称为“拉章/拉让”。

[22]1578年，格鲁派索南嘉措与蒙古俺达汗会面，两人互赠尊号，俺达汗赠索南嘉措“达赖喇嘛”（法海无边的伟大上师）。格鲁派于是就将此尊号作为格鲁派领袖转世传承的尊号固定了下来，尊索南嘉措为三世达赖喇嘛，追认扎什伦布寺创建者根敦主巴和哲蚌寺前任主持根敦嘉措为一世和二世达赖喇嘛。此次会面，格鲁派不仅获得了蒙古部落的支持，以格鲁派为主体的藏传佛教也在蒙古社会中迅速传播和发展。

[23]1642年，固始汗尊罗桑确吉坚赞为师，赠他班禅（意为大学者）尊号，并和达赖喇嘛一起请他主持扎什伦布寺，将后藏地区划归他管辖。

[24]由于在清朝和蒙古准噶尔部落噶尔丹的战争中桑结嘉措支持了噶尔丹，在清朝康熙帝获胜后，他开始受冷落，蒙古和硕特部的拉藏汗趁机介入，击败了桑结嘉措的军队。

[25]拉藏汗废止了桑结嘉措拥立的六世达赖喇嘛仓央嘉措，而他拥立的六世达赖喇嘛却又遭到拉萨三大僧侣及青海台吉的反对，后者拥立格桑嘉措为达赖喇嘛，这造成了西藏政局的不稳。

[26]噶伦之间的矛盾是前藏贵族与后藏贵族的矛盾，它导致了1727年卫藏战争的爆发。代表后藏贵族的颇罗鼐获胜，之后他独揽大权。其继承人对达赖喇嘛的敌对和蔑视，迫切想要摆脱宗教、摆脱政教密不可分的社会形态的意愿，再加上其对清政府采用对抗姿态，最终招致被驻藏大臣所杀。其部下随即叛乱，杀害了驻藏大臣。

纵观藏区社会的发展历程，从社会、行为与空间营建的关联性上可以看到以下几个现象：

1. 寺院作为宗教的载体，成为组织藏区社会的核心

宗教与地方势力相结合，由上层政权推动宗教的传播并巩固其地位，最终形成政教合一制度，这个过程使得藏传佛教在神圣（sacred）和世俗（profane）两个层面统领了藏族社会。寺院作为宗教的载体，借助土地和差役赋税制度，成为一个独立的经济、社会和政治实体，与藏民建立了密切的联系，成为藏民公共生活和日常生活的中心。

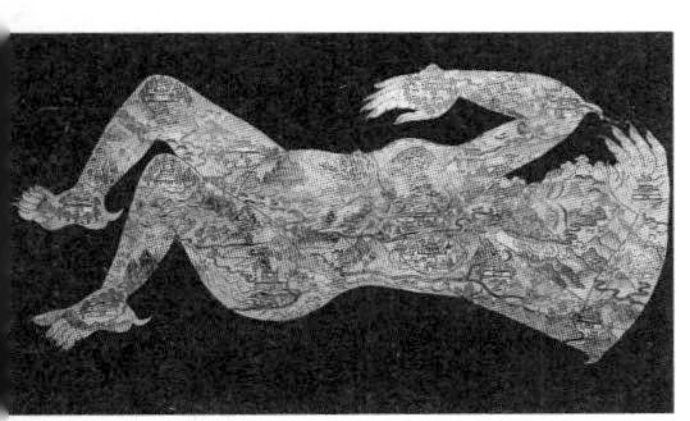

图11 女魔说

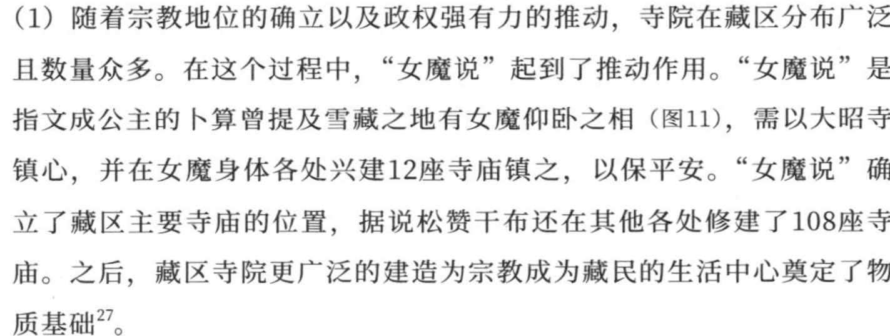

（1）随着宗教地位的确立以及政权强有力的推动，寺院在藏区分布广泛且数量众多。在这个过程中，“女魔说”起到了推动作用。“女魔说”是指文成公主的卜算曾提及雪藏之地有女魔仰卧之相（图11），需以大昭寺镇心，并在女魔身体各处兴建12座寺庙镇之，以保平安。“女魔说”确立了藏区主要寺庙的位置，据说松赞干布还在其他各处修建了108座寺庙。之后，藏区寺院更广泛的建造为宗教成为藏民的生活中心奠定了物质基础[27]。

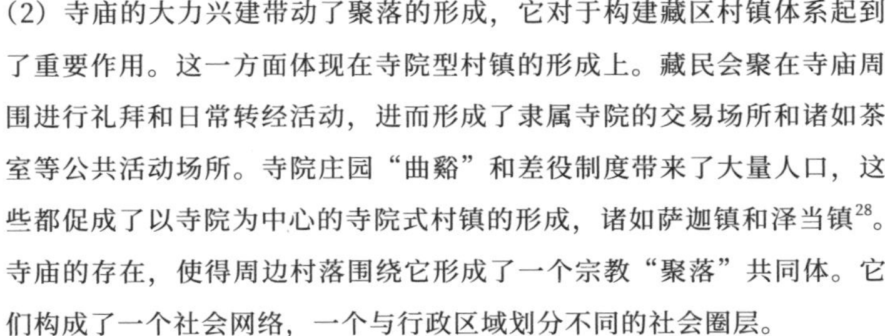

（2）寺庙的大力兴建带动了聚落的形成，它对于构建藏区村镇体系起到了重要作用。这一方面体现在寺院型村镇的形成上。藏民会聚在寺庙周围进行礼拜和日常转经活动，进而形成了隶属寺院的交易场所和诸如茶室等公共活动场所。寺院庄园“曲谿”和差役制度带来了大量人口，这些都促成了以寺院为中心的寺院式村镇的形成，诸如萨迦镇和泽当镇[28]。寺庙的存在，使得周边村落围绕它形成了一个宗教“聚落”共同体。它们构成了一个社会网络，一个与行政区域划分不同的社会圈层。

另一方面，在寺院和村落之间，有另外一种类型的村落——“贡巴”存在。它是由受过宗教训练、服务于藏民日常家中仪式的“却巴”聚集而成的。“却巴”是指在进行务农和日常活动之外，从事宗教服务工作的人群。“却巴”组成的“贡巴”是个独立的村落，在村落中一般会有佛堂（拉康）。贡巴通常会坐落在普通村落附近，为一个或是几个普通村落提供宗教服务。它们共同形成了一个宗教联合体，被称为“果康”，性质类似教区。它是寺庙与普通村落之间的日常连接。

可见，普通村落是围绕寺院而展开的，它不仅与“佛殿”相关，还与“果康”和“贡巴”相连。宗教和仪式活动成了村落和村民的社会圈

[27]在吐蕃王朝灭亡藏区进入地方割据时代之后，经历了后弘期的佛教兴起（10世纪），寺院所在地成为地方政治和文化中心。据史料记载，卫藏地区就有276座，阿里地区的建寺多与仁钦桑布有关，据说，他在西部建有108座。1642年，在格鲁派取代固始汗后，藏区进入大型经院式建筑群时期。到了1733年，《圣武记》记载五世达赖喇嘛报理藩院，当时全藏有黄教寺3477所（达赖喇嘛属寺3150所，班禅属寺327所）（龙珠多杰. 藏传佛教寺院建筑文化研究[M]. 北京：社会科学文献出版社，2016：30，34）。

[28]周晶、李天和李旭祥著的《宗山下的聚落——西藏早期城镇的形成机制与空间格局研究》（2017）一书中，将藏区城镇分为：宗堡型城镇（寺庙与宫堡共存的政教二元格局，如拉萨、日喀则、江孜等）、寺院型城镇（如萨迦镇、泽当镇等）、驿站型城镇（主要与由川入藏的驿站重叠，与川藏茶马古道、滇藏茶马古道和唐蕃古道有关，如类乌齐、江卡等）和边贸型城镇（与松赞干布时期镇边寺院的兴建、对外交通贸易通道有关，如吉隆镇、樟木镇等）。

层、公共生活的纽带。

(3) 旧时大多数家庭中都有成员是僧侣或是在寺院帮工，这使得藏民与寺院的关系在个体与机构的关系之外混杂了家庭关系。旧时藏区的差税和免税制度支撑了寺庙的发展，加强了民众与寺庙僧侣的联系。若家中有人去寺庙做劳役或是僧侣，那么就会得到减免税的待遇。因此，为了避免繁重的乌拉差，差巴（租种土地的人）会将小孩送去寺庙当僧人。[29] 这种与寺院的家庭关系，不仅使得教义更容易介入家庭内部，同时与寺院情感的联系更为“亲密”。

2. 社会阶层构建的等级观念

旧时藏区的社会阶层以僧侣为最高，这回应了寺庙是社会生活的核心。美国学者巴伯若·尼姆里·阿吉兹以藏印边境的定日地区为研究对象，研究其在1885—1960年间的社会状况[30]。根据阿吉兹的观察，他认为旧时藏族社会关系是由四个阶层确立的，俄巴（世袭的僧侣，俗称喇嘛，他们可以结婚）、格尔巴（贵族）、米赛（平民）和雅娃（贱民，身份世代承袭）。在平民阶层中，分为绒巴（租种贵族土地的农民，承租的土地可以传给子孙）、堆穷（被绒巴雇佣）和匆巴（商人）。在平民阶层中有个“赛吉”阶层，就经济阶层来讲，他们属于绒巴，但他们会为村民主持宗教仪式活动。

划分明确的社会阶层所确立的等级观念是通过规范联姻对象、土地权属甚至是日常行为来传递的。旧时藏民的婚姻基本上都是阶层内婚，尤其是与雅娃的通婚是被禁忌的。当然，偶尔会发生与雅娃通婚的情况，那么他（她）就会失去原有阶层的身份。在日常生活中，雅娃参加其他阶层聚会，必须单独使用用具，不能与他人混用，而其他阶层的人则可以混用。诸如此类日常生活中界定的“壁垒”使得等级观念转换成了藏民的意识。

在藏民的意识中，最为重要的是寺庙。他们即便家里再贫穷，也会供养寺庙。有些研究者将之归结于“来世说”。“来世说”是指今世的修行是为了来世，今世的苦难和修行的艰辛是为了来世的美好。民众将“家、住所”当作了修行的场地，而寺庙是已经净化的美好世界，因此出现了民宅简朴、寺庙庄重华丽的现象。若是用阶层关系、土地税赋关系来解释，可能会是另外一个答案。当这种等级观念呈现在建造层面上，在藏民的风俗习惯中，寺院采用的黄色或是赭红色、边玛墙和角窗都是“寺庙”独有的，在传统民居中是不允许被使用的，即便是贵族府邸

[29]西藏的土地在噶章政权时代，被认为是政府所有，土地被划归于官员、领主和寺庙使用。这些土地一般由官员、领主或寺庙自营，或是租种给他人。租种他们土地的人叫“差巴”，这些差巴拥有土地使用权。以租用领主土地的差巴为例，一般他们是承袭的，在完成必需的差税役之后，领主不能轻易剥夺他们使用土地的权利。还有一种人叫“堆穷”，他们是“差巴”雇佣的帮工，一般是其他地区流落到此失去土地的人，或是不堪忍受差役赋税的人。差巴一般需要支付两种差税——“内差”和“外差”，向租给其土地的领主或是寺庙（内差）和政府（外差）支付劳役（耕种领主自营地以及其他乌拉差，诸如运送粮食、牛粪、各种建筑材料，或是修缮布达拉宫等）和地租。

[30]（美）巴伯若·尼姆里·阿吉兹. 藏边人家[M]. 翟胜德，译. 拉萨：西藏人民出版社，1987.

(a)

(b)

图12 寺庙的形式特征
(a) 大昭寺；(b) 色拉寺边玛墙

也是如此，只有“拉章（让）”——活佛的府邸才可使用（图12）。这时，等级观念转化成了建筑的等级差异。从根本上来说，无论是由阶层差异引发的，还是由经济状况的差异所形成的，它们都是传统乡村和城镇呈现出多样性面貌的根本原因。

3. 土地、差役税赋制度构建的家的形态

土地、差役税赋制度是促使寺庙成为社会核心的根本原因，它与“家”的连接，除了前文提及的——促使家中有人成为僧侣或是服务于寺庙，几乎每户都与寺院发生直接关系之外，它也是促成过去藏民“一妻多夫”或是“一夫多妻”婚姻状况[31]的原因之一。

藏区的差役赋税是按户来收取的，它限制了藏民分家的企图。在分家后，税赋会增加，家庭劳作人口、土地和家产会减少，这些都会对普通藏民的生存造成威胁，因为在藏区高寒的气候和物资匮乏的情形下，需要家庭人员之间相互协作才能完成大量艰苦的农耕和圈养牲畜的劳作，同时也需要一定数量的牲口和土地来维系基本的生存。因此，在藏民的潜意识中，他们认为家庭成员减少会使家道衰落：“兄弟们应当在一起，父子不应分开；住在一起的人应当为这个单位的共同繁荣贡献力量并分享这种繁荣。”[32]

阿吉兹和美国人类学家戈尔斯坦（Melvyn C. Goldstein）的调查研究表明，藏民是为了防止家庭成员因各自结婚而分割财产，或因“差地”发生矛盾，而采取了一代人只组成一个家庭的方法，即形成了“一妻多夫”的婚姻形式。戈尔斯坦称之为单一婚姻原则，并且认为差巴阶层的土地负担最大。这个结论是不是意味着在差巴阶层出现“一妻多夫”婚姻的几率会更高呢？目前还没有数据支撑这个论点。

特定的土地和差役赋税制度使得人们用这种特殊的婚姻形式保护家中的土地和财产。这种婚姻形式呈现的家庭内部人员关系又是如何的呢？据阿吉兹的观察，共妻的男子在定日是以有共同的血缘关系和同居一屋为基础的，没有亲戚关系的男子共娶一妻的情况很少见。藏民对兄弟共婚的规定：一是严禁女方是血亲，二是若有哪个兄弟坚持自己找配偶，就会要求他从这个家彻底搬离出去，当然他会获得部分家产。这些规定为我们理解藏区家庭成员的关系提供了基础。藏民认为家中的成员不可分割，在一个“屋”内生活的人应该平等地共同享有家庭的荣誉和财富，因而在藏族家庭内部，即使是外甥、同父异母或是同母异父的兄

[31]据阿吉兹调查，定日地区一夫一妻约占70%。在其他婚姻状况中，一妻多夫约占73.7%，一夫多妻约占26.3%。

[32]同[30]：164.

弟、堂兄弟也生活在同一个屋内，他们都会被平等对待，这是藏民对外不以父系姓氏显示血统关系，取而代之以屋名加名字作为称呼的原因，诸如扎雅索南——扎雅（房名）+索南（个人名字）[33]。阿吉兹称之为以“房名”来定义个体的社会关系，而不是靠父系姓氏来显示血统关系。这也正是列维斯特劳斯所指出的，在社会建构中，除了部落、村落、家族和谱系之外，“家屋”是人类学新的工具，其中亲缘和居住是“家屋”的基本特质[34]。

[33]藏民的屋名，有以美好寓意起名的，诸如扎雅（吉祥）、康吉（房子、幸福），也有以职业和地位取名的，诸如乌莱（工匠大师）、门钦（医生）等（同[30]：143-144）。

[34]LEVI-STRAUSS C. The way of the mask. London: Jonathan Cape, 1983: 174. 后续研究者通过对不同区域家屋的研究推动了“家屋”理论的拓展，其中包括家屋的空间秩序与人的等级秩序的关联性研究，论证了同胞关系与亲属关系一样存在于“家屋”的建构中。李锦在《家屋与嘉绒藏族社会结构》一书中除讨论家屋空间中的“人、神和畜”的关系外，还通过嘉绒藏式建筑特殊的锅庄梳理了方位与男女、与神、与老人（卡布阿乌）的关联性。

简而言之，土地和差役赋税制度通过特殊的婚姻形式构建了藏区“家”的居住形态，它以“屋”为纽带建立的社会关系替代了以血统为基础建立的社会关系，并形成了“共居一屋”的空间意识。

二、传统藏式建筑的特征及其动因

藏区建筑的发展与其他地区有类似之处，都是从洞穴到半洞穴棚屋，再到抬高地基在地上建屋的过程[35]。藏式建筑之后的发展，在杨家铭、赵心愚和杨环著的《西藏建筑的历史文化》（2003）一书中有了清晰的梳理。书中按照吐蕃王朝之前、吐蕃王朝及其分裂时期、元代和元代之后三个阶段梳理了藏区重要建筑的历史，随后对藏式建筑进行了基本分类，将之分为宫殿、寺庙、民居、宗堡、园林和桥梁。在总结了各个建筑类型基本的功能计划、布局和特征之后，概述了藏式建筑的建造技术、金工装饰和绘画工艺。

[35]基于对卡若文化遗址的考察和论证。（江道远．西藏卡若文化的居住建筑初探[J]．西藏研究，1982，3）

在之后徐宗威先生主编的《西藏传统建筑导则》（2004）和《西藏古建筑》（2015），西藏拉萨古艺建筑美术研究所出版的《西藏藏式建筑总览》（2007）和木雅·曲吉建才的《西藏民居》（2009）中基本延续了杨先生对类型的划分，但略有不同。针对建造技术的研究，则更为深入，对建造过程、技术手段和做法、构件形式和尺寸作了详尽的记录和分析[36]。

[36] 在2007年出版的《西藏藏式建筑总览》中，对藏式建筑的类型划分基本沿用了杨先生的方法，只是将地穴建筑单独列出，并将碉楼归为古堡式建筑。在研究内容上，对于藏传佛教前弘期建筑与藏传佛教后弘期建筑进行了差异性比较，在民居研究中，按农区、牧区、林区和城镇来进行了分类的调查，对藏式的结构建造、工匠与材料和装饰工艺进行了较为详尽的分析，其中包括构件尺寸的测绘图。

徐宗威先生在2015年出版的《西藏古建筑》中对城乡聚落类型（都城、寺城、宗城、豁卡和村寨）进行了分类研究和总结，在建筑研究中，依旧主要以平面为对象进行分类型研究。难得的是，对于重要的城镇和建筑类型案例进行了列表梳理。在营造技术方面也更为详尽。

藏式的建造技术在徐宗威的《西藏传统建筑导则》（2004）、《西藏藏式建筑总览》（2007）和木雅·曲吉建才的《西藏民居》（2009）中有更为详尽的阐释，不仅包括基础、石墙、土坯墙、木结构和屋面等建造做法，同时还包括了构件形式和尺寸的说明。其中提到藏式建造中比较特殊的是：①石砌中砌反手墙的技术，即不论墙多高，都是从内部搭脚手架，从内往外反手砌筑；②阿嘎土屋面；③边玛墙砌筑。这些都构成了藏式建筑的特征。

同时，研究者针对藏区的不同地域和不同建筑类型展开了大量的专门研究，诸如汪永平先生对拉萨、日喀则等地区各类建筑的研究，木雅·曲吉建才和汪永平先生的民居研究，龙珠多杰的寺庙研究，石硕的碉楼研究以及周晶、李天和李旭祥对藏区早期城镇的研究等。这些研究不可避免地都要涉及两个问题：一是对传统藏式建筑的特征总结，二是对形成建筑特征的动因的研究。

图13 传统藏式建筑形式和檐部特征

[37]洁净观是指越靠近天空越圣洁，而且佛堂（仪式空间）和生活空间应该远离“污秽”场所（厕所、牲畜用房）。

这在藏族民间故事《七兄弟的故事》中也有所体现。它提到格萨尔在降服了四方妖魔之后，邀请七兄弟重建家园。“他们挖土刨石忙了一夜，第二天便盖出三层楼房来，并教人们在底下一层圈牲口，中间住人，放粮食，顶层供神佛。”这体现了藏民民间传统的空间观（龙珠多杰．藏传佛教寺院建筑文化研究[M]．北京：社会科学文献出版社，2016：12）。

[38]萨迦寺，其外墙涂料来自附近的奔波山，呈现蓝灰色。日喀则萨迦地区民居外墙有涂成蓝灰色的习惯，可能也与地质条件有关。

1．传统藏式建筑的基本特征

建筑的基本特征，包括建造特征、空间组织特征、形式特征和空间氛围特征。从特征之间的关联性来看，建造特征和空间组织特征是最为根本的。建造是建筑存在的依据，它会影响形式特征和空间氛围特征。空间组织特征可以反映生活的组织方式，进而呈现生活观念。两者共同构筑了建筑的基本框架，人的日常生活行为和调试为这个框架添加了具体的内容。

在徐宗威先生主编的《西藏传统建筑导则》一书中，他将藏式建筑的总体特征归纳为“坚固稳定、形式多样、装饰华丽、色彩丰富、宗教文化和文化交融”，这被后续许多研究者参照并且细化。在后续其他人的研究中，经常被提及的是：①平面较为方正；②建筑厚重且封闭感强；③墙体向上收分，开窗较少，且下少上多、下小上大；④内部空间有柱，低矮且昏暗；⑤建筑一层为圈养牲畜、贮藏等辅助空间，上层为生活空间。这种空间布局是对洁净观[37]的体现（图13）。

上述研究以形式特征和空间氛围特征为主，空间组织特征主要涉及空间的剖面关系。在形式特征中，除了提及的体量、洞口要素、材料肌理之外，藏式平顶碉房的特征还集中表现在檐部。无论是寺庙的边玛墙，还是民宅因生活所需在院墙上堆放柴火或是牛粪，这些都构成了建筑墙体檐部“重”的感知和“分层”的意向。“头”重的感知不仅表现在檐部，在门窗洞口同样如此。门窗上的挑檐是为洞口遮雨和保护出挑的木构件而建造的，它是基于功能所需而形成的形式特征。

除此之外，装饰性和色彩是藏式建筑区别于其他地区建筑最明显的特征。它们的运用涵盖了从寺庙到普通民宅的各个类型，从而构筑了藏区整体风貌，是一种集体意识的显现。除了前文提及的寺庙与民宅的等级差异之外，色彩还有宗教派别和地域之分。占统治地位的格鲁派，其寺院墙体多为黄色，“宁玛派”偏爱红色墙体，“萨迦派”是红白蓝相间，“噶举派”立面多用黑白两色。藏区民宅以白色为主，但有些地区的民居会有其他色彩，诸如日喀则地区的民宅有刷成灰色、绛红色和白色的习惯[38]，山南琼结县是土黄色等。

建筑外部装饰的焦点在于门窗上檐的构件和香布以及门窗周边装饰的图形和物件，诸如黑色的窗套、大门上的牛头或白石。宗教仪式活动

图14 传统藏式建筑形式特征（构件、物件、仪式生活）

所需的“物件”，诸如转经道旁的用具、民宅中的煨桑炉和经幡垛等，它们也都是形式特征的组成部分（图14）。

藏式平顶碉房的建造特征是由结构体系和材料共同构成的，它以木与生土或是石材共同形成的混合结构为主。外墙采用的材料（生土、石材）构成了墙体的肌理特征和厚重感，内部的木结构体系则形成了室内有柱的特殊空间氛围。其室内氛围特征，不仅因为空间中有柱，还因主梁和次梁的排布方式、藏式家具、室内的装饰和色彩而具有识别性（图15）。不知常年点燃的酥油灯，无论是在寺庙中还是在家中的佛堂里，它散发的气味是否能成为藏式建筑的特征？

图15 传统藏式建筑的空间氛围特征（色拉寺）

2. 传统藏式建筑特征的形成动因

对于传统藏式建筑特征的形成动因，以往研究多归结于自然和文化的适应性。对于藏式建筑与自然的关系，杨家铭先生结合叶乐燊先生对四川藏族住宅[39]的研究，提出“其背风向阳的选址，选择顺风方向开窗和开门，屋顶和楼层的多层构造做法，墙体厚实且底层不开窗而上层开小窗，北侧设置储藏间以阻挡冬季寒风，以及主屋设置火炉”这些建筑特征是应对青藏高原寒冷、多风且少雨的气候而采取的策略和方法。后续研究者也提到了藏式建筑体形方正，底层是牲畜用房，二层是生活空间的布局方式[40]，实际上也有利于应对严寒气候。这些应对方法一方面是建筑自然适应性的表现，同时它们也构成了传统藏式建筑的基本特征。准确一点说，是藏式平顶碉房的建筑特征[41]。

建筑的自然适应性，除了适应气候条件之外，还应包含适应地形和地方材料。材料的适应性包含在自然适应性之中，是因为当地的地质状况、地质材料和植被都是自然环境的一部分，同时它们又是建筑的建造材料，是乡土建筑“就地取材”的选用对象。在藏区，材料的适应

[39]叶乐燊. 四川藏族住宅[M]. 成都：四川民族出版社，1992.

[40]生活空间抬离地面，下面的空间因为牲畜聚集而成为生活空间的热源，这有利于抵抗冬季寒冷。

[41]因为青藏高原的地理环境和气候条件具有多样性，东南地区具有亚热带湿热气候（察隅、错那和墨脱等）和高原温暖湿热气候（林芝、波密等）特征。平顶碉房是藏区应对高寒气候的建筑类型。

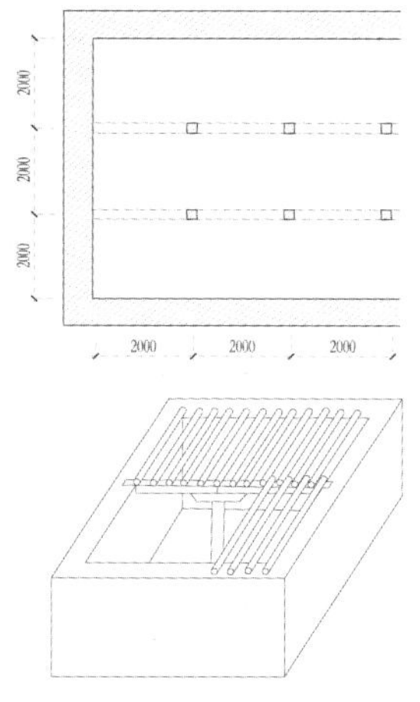

图16 传统藏式建筑开间和屋架特征

性构成了传统藏式建筑的建造体系、形式的外在肌理和内部空间氛围的基本特征。木雅·曲吉建才将传统藏式建筑典型的2～2.5m的平面开间尺寸、2.2～2.4m的层高所形成的空间低矮、空间中有柱的特征归结于在藏区材料难以获取和运输。藏区传统的运输方式难以运送3m以上的木材，因而民居的开间和层高会受到限制，进而形成了特定的空间氛围（图16）。

对于文化与藏式建筑的关联，一是从文化交融的角度来探讨。以杨家铭先生为例，他主要是以建筑和装饰的式样来验证外来文化对藏式建筑的影响以及藏式建筑在内地的传播。以往的研究指出，大昭寺早期的方形神殿是按佛教密宗坛城理念设计的，其平面借鉴了印度那烂陀寺（天竺嘎摩罗寺），小昭寺具有大唐风格，桑耶寺是仿照古印度阿旃延那布尼寺图样设计的，是藏、汉、印三种风格的融合，日喀则的夏鲁寺是藏、汉的结合，以及许多寺庙的大殿都是歇山式金顶，这些印证了文化交融对地域建筑的影响。当然，藏传佛教对外也产生了影响，最为明显的是在蒙古的传播，毕竟藏蒙在政权争斗与宗教传播方面一直交织在一起。二是讨论藏族自身文化观念与建筑的关联。研究者多从神话传说和藏传佛教的教义出发去展开研究，主要归结于“女魔说”“天梯说”“中心说”“金刚说”和“来世说”。“女魔说”“天梯说”“中心说”三者与建筑的建造密切相关，而“金刚说”与“来世说”的教义是关于认知佛和寺庙的，它们促成了藏民对佛的尊崇和对寺庙的向往，并将之转化为转经[42]的行为。

“女魔说”正如前文所论述，对寺庙兴建和聚落形成产生了影响。正是基于此，徐宗威先生认为“女魔说”对“拉萨河谷地区的大规模开发建设曾产生过重要影响，也为日后西藏城镇体系的形成和建设奠定了重要的基础”[43]。

“天梯说”是将神山比喻成天梯，是下凡的藏王返回天界的通道，因而藏区宫殿多建在山巅之上，以便藏王更近地接触彩虹，“乘着”彩虹返回天界[44]。“天梯说”一方面解释了宫殿建筑选择山巅建房的原因，另一方面也促成了藏区独特的自然“人文”景观。藏民会在山坡上挂幡旗、画天梯，以示对天界的企望。

“中心说”源自佛教，认为世界的中心在须弥山，以此分为三界，向上为天界，向下是地界，中间是人和动物生活的世界——中界，也称为

[42]藏传佛教之所以崇尚转经行为，设立转经道，有两种解释：①源自古印度雅利安人的自然崇拜。婆罗门要进行日出、中午、日落三次宗教仪式。雅利安人的村镇外设有环绕村镇的一条小路，是为进行太阳崇拜而设置的，它象征着太阳在天空中的轨迹，或是太阳运动的生死之论。人们按照顺时针方向沿小路朝拜。佛教受此影响，确立了转经的行为，因此影响了寺庙的形制。②源自苯教文化的仪规。在苯教独有的一些密宗神祈仪规中，表示敬仰的两种重要方式是转圈和叩拜。因此，苯教的佛殿，不仅设有内部转经道，佛殿外转经道，神山和圣湖也有转经路线（龙珠多杰．藏传佛教寺院建筑文化研究[M]．北京：社会科学文献出版社，2016：20-21）。

[43]徐宗威．西藏古建筑[M]．北京：中国建筑工业出版社，2015：12．“女魔说”涉及的镇服之策分为镇心、镇体、镇肢、镇边四策。

[44]徐宗威．西藏古建筑．[M]．北京：中国建筑工业出版社，2015：09-10．

欲界。“中心说”一方面表现在“坛城”（曼陀罗）这个藏文化艺术主题上，它是佛教认知世界和修行的手段。“坛城”的基本理念体现在桑耶寺的总平面布局上，它包含了世界的中心、四大部洲和八小部洲。另一方面，“中心说”影响了人们对住屋的理解。徐宗威认为藏民会挂哈达在房间中的柱子上，是因为他们将立柱理解为世界的中心，它连接了天界和地界，而与柱子自身平行的领域是住屋空间、人的领域[45]。

[45]徐宗威. 西藏古建筑[M]. 北京：中国建筑工业出版社，2015：12.

“金刚说”是指佛教的众神具有不朽、不灭之身，具有金刚之身。“金刚说”与前文提及的“来世说”促成了藏民对寺庙和佛的膜拜，对佛的膜拜转化为藏民的日常仪式活动——转经朝拜。转经，不仅促成了藏区寺庙佛殿回形的平面布局，也在一定程度上影响了城市结构的形成，诸如拉萨八廓街的街道格局。同时它也界定了城市边界，以拉萨的“林廓”转经道为例，它界定了旧时拉萨城的边界（图17、图18）。

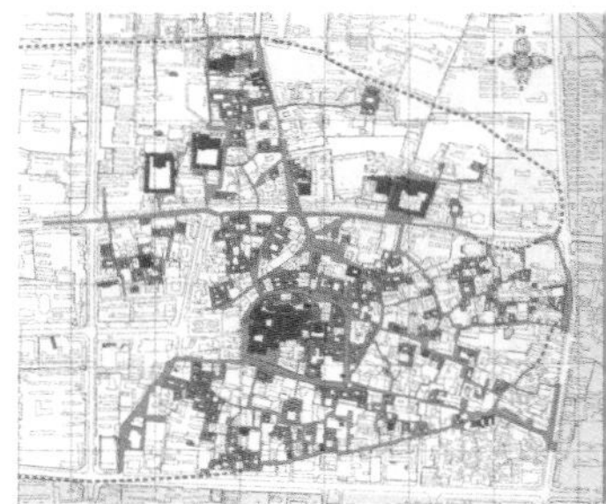

图17 拉萨大昭寺、八廓街及其附近街道

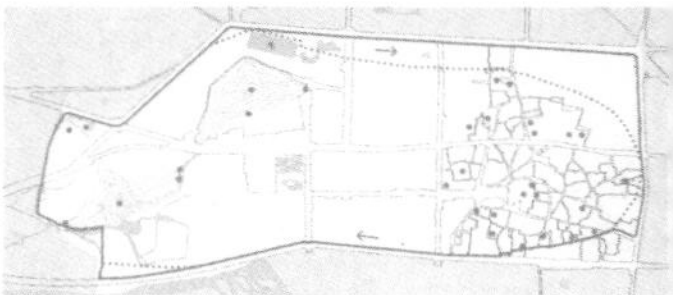

图18 拉萨“林廓”转经线

转经，除以寺庙和佛像为中心之外，环绕村落中的佛塔、村口和路口等地的“玛尼堆”也是藏民日常生活的一部分，它们构成了村落的空间结构（图19）。甘珠尔拉康寺庙坐落在林周县联巴村，以其特殊的建筑形式和色彩以及村民每日的转经活动成为村落空间结构和公共活动的中心。同时，宗教活动的仪式场所以村落中的寺庙为起点，沿着山脊分为5个节点层层向上分布，向天空延伸（图20）。在这里，宗教仪式活动将村落空间结构与自然环境紧密相联，将藏民独有的自然观念转化为身体体验和行为。这两者的结合，使得藏民对自然有着独特的体悟。

图19 墨竹工卡县邦那村村口佛塔

3. 文化与建筑关联性的再释

在文化与建筑的关联中，有几个问题值得我们进一步探讨：

1）建筑中的楼梯在藏民的意识中与“天梯说”是否有关联？

2）“中心说”涉及的中心性与环绕式的转经行为，在藏区，两者是如何被同时确立的？

3）室内空间中的立柱，其存在受到建造的制约，同时又承载了文化意义和仪式行为，两者是单向因果还是互为因果？

（1）天梯：身体与自然

“天梯说”实际上构筑了藏民与自然独特的关系。青藏高原被众多山脉、河流和湖泊所环绕，藏民随时都身处自然之中。在藏民的意识中，

甘珠尔拉康
节点1
节点2
节点3
节点4
节点5
甘珠尔拉康
节点1 节点2
节点3
节点4
节点5
节点1 节点2
节点3 节点4 节点5
节点5 节点4 节点3
节点2
图20 林周县联巴村

山川、河流、湖泊、树木都具有神灵和生命，自然景观被人文化，由此产生敬畏、崇拜和禁忌。藏民通过转山、转湖，三步一叩拜的匍匐前行，让身体与自然、与大地、与山、与湖、与天，产生了体验式、冥想式交流。这种身体对自然的敏锐感知，使得“天梯”“观想”“冥想”成为藏民与自然沟通的一种媒介（图21）。

图21 身体与自然

意大利学者图齐在解读宅屋时曾提到，住宅中的楼梯“十三级，与天界和相续的等级数目一样多”[46]。毫无疑问，藏民画在山坡上的天梯图像与屋中的楼梯具有形式的相似性。当藏民走在室外楼梯上，走向屋顶去举行仪式活动时，在向上并且登高望远、环望四周群山时，会有图像意义的联想吗？不可否认，楼梯作为一个要素来传递特殊的意义和想象具有可能性，因为楼梯自身作为建筑要素，本身是一个通道，具有趋近、走向天空的趋势（图22）。

[46]（意）图齐．西藏宗教之旅[M]．耿昇，译．北京：中国藏学出版社，2012：209.

（2）中心说：意识、感知与行为

中心说是认知世界的观念，藏区与其他各地原始住屋有类似的情形，都以立柱作为世界的缩影，从而形成认知与空间感知的中心性。中心性存在于意识、空间组织、空间和行为之中。

内地寺庙的中心性是通过这四者合一来实现的。它们利用中轴对称方式组织多重院落，人沿中轴线行进，空间的秩序和行走的行为强化了轴线上各佛殿的重要性。在佛殿中，佛像居于空间的几何中心，“高大”的佛像居于空间高的区域。空间的中心与礼佛行为的合一构成了佛殿空间的中心性。

在藏区，像桑耶寺这样通过强调平面中心对称性来组织建筑群的寺

图22 天梯之联想

图23 色拉寺

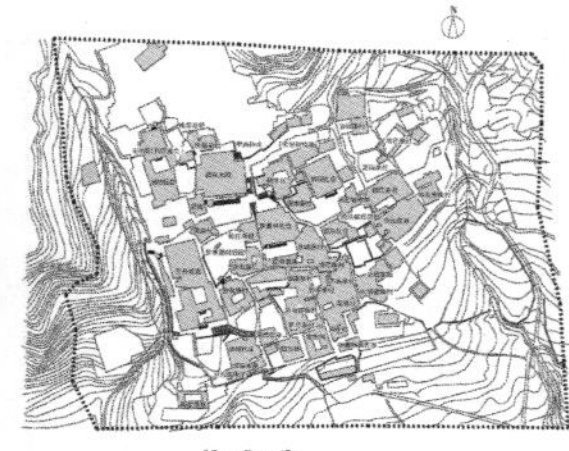

图24 哲蚌寺

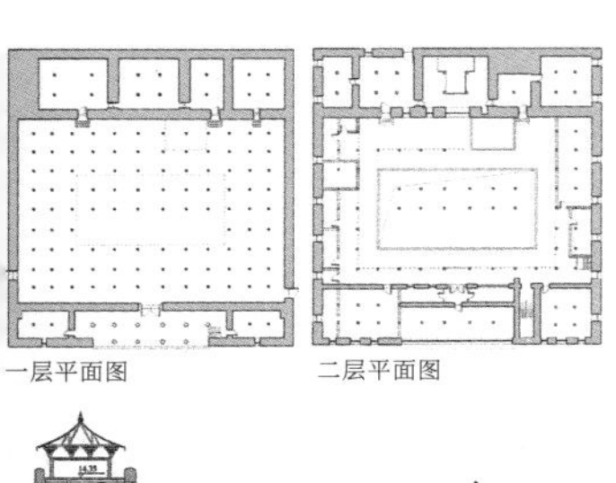

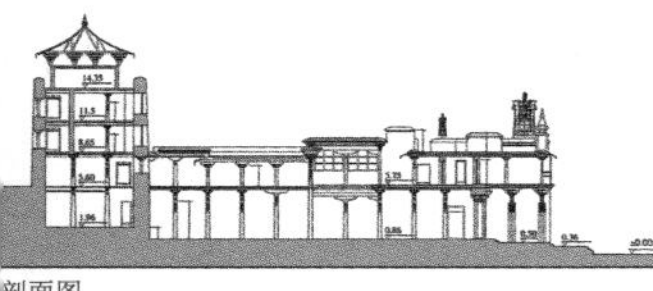

图25 色拉寺措钦大殿

院，并不是一个普遍现象，更多的是像色拉寺和哲蚌寺这样，其寺院的空间结构与聚落的布局类似：弯折的巷道、“不经意”放大的公共空间节点、依据地形“随意”布局的建筑、从巷道瞥见建筑的内院。人们在随意行走中，接近、瞥见寺院的佛殿。佛殿墙体的颜色、隆重的门廊、赭红色的边玛墙、在阳光下熠熠生光的金顶使得它们在聚落空间中凸显出来。寺院并没有通过中轴对称的空间组织方式来凸显寺院核心建筑——措钦大殿的中心地位，而是在随意中遇见它（图23、图24）。

人即便是走进措钦大殿或是扎仓大殿——寺院的重要建筑[47]，对转经行为形成的回字形平面的空间感知与内地寺庙有所差异[48]（图25）。从色拉寺措钦大殿门廊进入大殿，的确是沿中轴行进的，但路程很短。进入大殿后，首先映入眼帘的是由多柱构成的经堂，其中间的立柱升高，将空间变成两层高，高侧窗引入光线打亮了这个区域，但它却不是佛像坐落的位置,而是僧人诵经的空间。信众在经堂中需要从左往右沿经堂周

[47]藏传佛教早期供奉佛像的建筑称为拉康（佛殿）。在藏传佛教后弘期，由于僧人的增多和佛法的兴盛，人们在拉康前面扩建了“措钦”，即集会大殿，用作宗教活动的中心和寺内全体僧人共同聚会诵经的场所，成为寺院的核心建筑。

扎仓是经院或学院，是僧人学习和诵经的场所。一般寺院全体僧人活动是在措钦大殿进行的，而日常的宗教活动或是僧人学习则是在不同的扎仓中进行。

[48]徐宗威先生在其《西藏传统建筑导则》中指出了西藏藏传佛教寺院措钦大殿的平面特征：①以回字形布置；②多布置房中房；③底层至顶层变化大。措钦大殿主要包括门廊、经堂和佛堂。经堂占据了最大面积，由多柱空间构成，中间立柱会升高，形成侧采光。主佛堂一般位于经堂后面，形成凸字形平面。当供奉佛像较多时，各个佛堂就会沿经堂环绕布置。

边行进。在环绕行进中，体验沿经堂四周布置的各个小佛堂。尽管最重要的佛堂一般会布置在经堂的正后方，与大门和门廊构成平面上的中轴线关系，但是环绕的路径消解了佛堂中轴线的感知，而且正后方的佛堂有时也不是从正面进入的，而是从旁侧的小佛堂拐弯进入。

可见，在藏区，意识和行为的中心与空间组织和空间的中心是分离的，其根源在于转经这个行为是以环绕为行进方式的。它在外部场地中影响了建筑群的布局和组织，如同大昭寺八廓街的空间结构一样，不以中轴对称空间布局来强调中心性。在佛殿内部空间，其环绕式行进方式使得佛像多沿周边布置，并不处于空间几何和感知的中心上。行为、礼佛活动的中心与空间几何和感知的中心的分离，是其空间组织的特征。换句话讲，寺庙、佛殿、仪式生活的中心性更多地存在于藏民的意识层面，而不在空间组织和空间的几何形上。它通过建筑形制、建造方式、色彩和装饰所确立的等级差异性使之区别于民居，以此来确立它的地位和重要性。

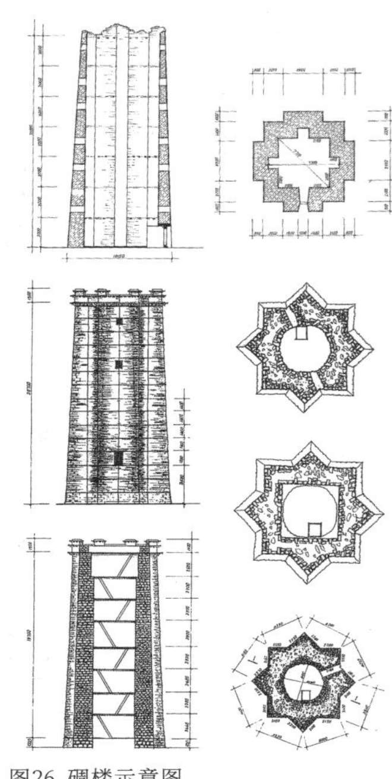
图26 碉楼示意图

（3）中柱：建造与文化意义的双重叠加

最初人是通过在自然环境中立根杆确定自身的领域，并且沟通世界的。随着筑屋活动的展开，在原始住屋或是帐篷中，空间的立柱被想象成为沟通世界、界定自身的要素。

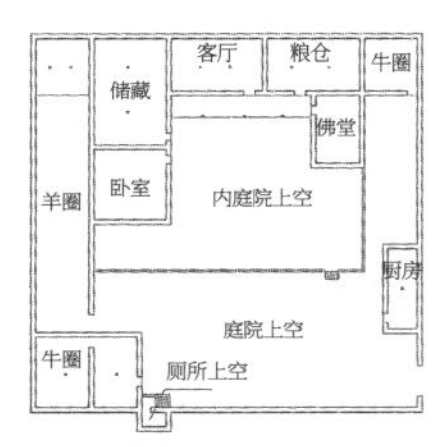

图27 拉萨地区民居

藏式空间中的立柱，起初是由于建造的局限而形成的，它塑造了空间氛围，继而在日常生活中被赋予“世界中心”和“连接天空”的文化观念，同时，家中重要的中柱会系上哈达。在节假日或是举行仪式时，一些活动也会围绕柱子展开[49]。建造与文化、行为的叠加构成了藏式建筑的地域特征——“柱子”的艺术。可见，尽管起因是单向的，是以建造为基础的，但它的重要性是与文化相叠加产生的结果。

问题是：在赋予文化含义并在日常仪式生活中承担角色之后，随着技术的进步，当建造技术可以消解空间中的立柱时，还需要保留它来传承传统文化观念吗？其矛盾在于它的基本立足点被消解了，建造不再是它存在的依据。这样，它的重要性是单一的，不像以往是双重作用产生的影响。藏民在自建的过程中是如何选择的？我们在讨论地域特征传承时，又该如何面对它呢？

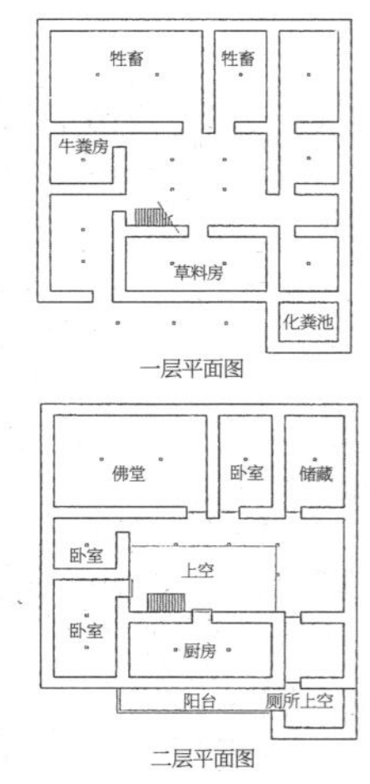

图28 日喀则民居

[49]藏民上梁立柱要举行“帕敦”仪式；藏民在主屋、客厅或是佛堂的柱子上会挂哈达等物件，以示敬意；在庆典中，僧人会在柱子旁诵经；客人参加婚礼时，会在主人家中最重要的柱子上系哈达，也会围着柱子跳舞；寺院护法大殿的主要柱子上会挂面具等（木雅·曲吉建才. 西藏民居[M]. 北京：中国建筑工业出版社，2009：60）。

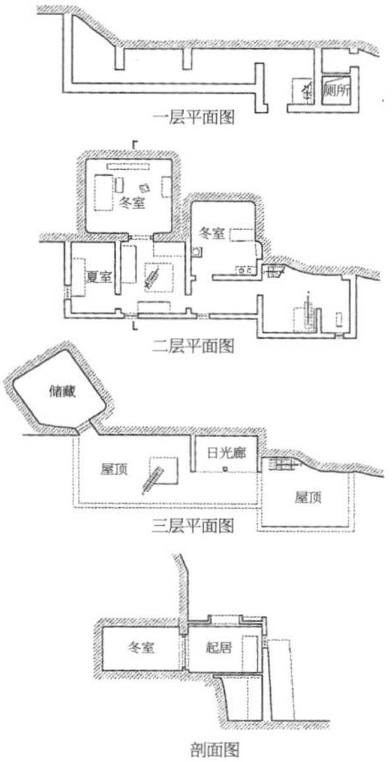

图29 阿里地区民居

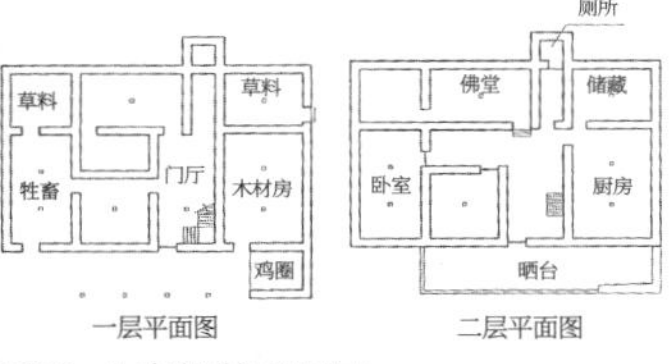

图30 山南扎其乡民居

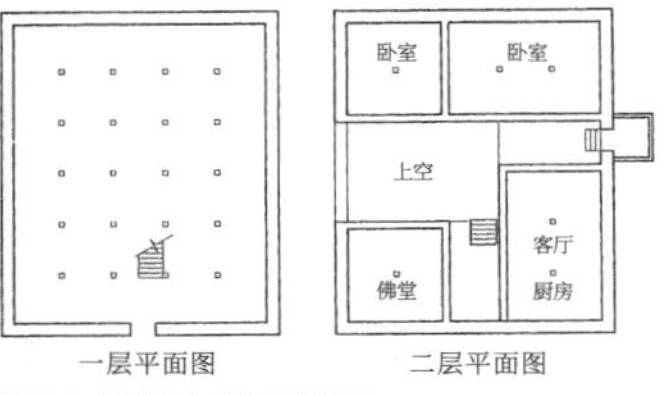

图31 昌都左贡县民居

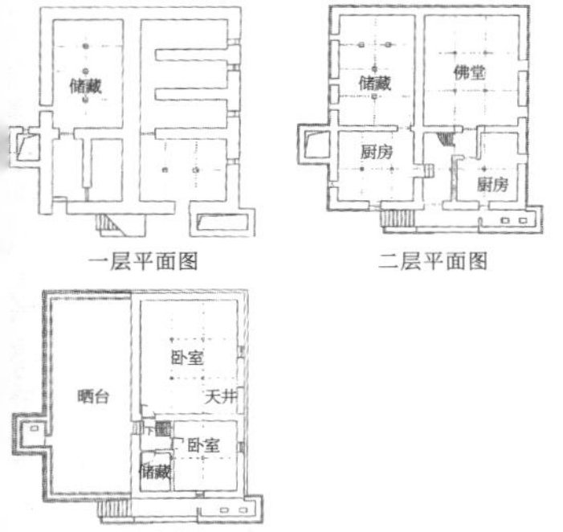

图32 山南琼结县民居

三、传统藏式民居的特征及其动因

传统藏式民居的类型按居住者身份大体可分为四类：一是活佛官邸，二是贵族府邸，三是普通民宅，四是寺院中僧侣住处。按建筑形制可分为洞穴式（半穴半居）、帐篷式、房屋类。

藏区洞穴式建筑主要集中在阿里地区，有窑洞和房、窑结合两种形制[50]。帐篷建筑是牧区常见的建筑形制，它便于牧民迁移，在阿里和那曲地区都有存在。藏区房屋类民居有很多种类型，主要是基于各地气候条件和地方材料的差异而采用了不同的建造方式。在藏区，它以藏式平顶碉房为主，拉萨地区的民居属于此类。除此之外，在多雨的林芝地区和位于喜马拉雅山脉南坡的日喀则亚东县等地区有坡顶建筑，诸如在林区的木板房，在林芝和米林等地的坡顶石（土）屋，在波密、察隅林区有井干式和干阑式建筑；在山南、林芝、日喀则、四川甘孜州和阿坝州等地有碉楼形式[51]。其中平面有两种类型：一种以方形或是八角形为主，八角形是以方形与方形旋转45°叠加而成的；另一种是十二角形平面，是以方形每一面收一个角形成的（图26）。

从空间组织方式来看，各地的藏式平顶碉房虽略有差异，但它有3个基本形制：以拉萨地区民居为代表，其形制是主体建筑以一、二层为主，宅前设有前院，内部没有天井（图27）；以日喀则地区的民居为例，它是用天井来组织内部空间（图28）；阿里地区冬屋、夏屋的形制，即冬季在建筑底层或是窑洞生活，夏季在建筑二层生活（图29）。当然，各个地区因为人员的流动和混杂，会有几种形制并存的情况。

在这些形制中，另外一个比较明显的差异是从一层去往二层的交通组织略有差别。有设在建筑外面直接连接二层的，也有设在建筑一层内部的，但存在是否有门厅之分。山南地区的多层建筑有时会在底层辅助空间中设置门厅通往二层，昌都地区的民居，有时楼梯就直接布置在一层辅助空间内，没有类似门厅的空间。这个问题之所以被提及，是因为藏区民居底层多是圈养牲畜和辅助空间，去往二层日常生活空间的楼梯成为这两种生活转换的关键的空间节点（图30～图32）。

[50]参见：汪永平，宗晓明，曾庆璇，等．阿里——传统建筑与村落[M]．南京：东南大学出版社，2017．居民在山体上凿洞居住，有时是房洞式，即在窑洞外设平房，形成冬夏居住形态。

[51]碉楼研究可参见“石硕，等．青藏高原碉楼研究[M]．北京：中国社会科学出版社，2012”以及木雅·曲吉建才的《西藏民居》中关于林芝民居研究的部分。

传统藏式民居具有藏式建筑的一些基本特征，诸如体量方正、坚实稳固，洞口下小上大，空间低矮、昏暗且有柱，空间中有柱是建造、观念与行为的合一，洁净观对厕所和辅助空间布局产生影响，室内注重装饰等。与此同时，因为家的观念和具体的功能计划而形成了其特殊性，其中最核心的因素是其特殊的居住形态——生产生活、日常生活和仪式生活三位一体的居住方式。这种混杂的生活形态制约着藏式民居的空间组织方式和形式特征。

1. “双中心”的居住形态

藏民家中的双中心：一是指以佛堂为中心的仪式生活。它包括了每天在佛堂里的礼佛活动、固定日子里的煨桑以及节日里在屋顶举行的仪式活动。二是以主室为中心的日常活动中心。它是集休闲起居、生火做饭与就餐睡觉于一室的生活方式。两个中心在家中是分开设置的。

按照洁净观，佛堂的位置应该是家中最“圣洁”的地方,它越靠近天空，越洁净。这不仅要求它和生活空间一样，与生产空间（牲畜）相脱离，与卫生间也是离得越远越好。在一些民居中，即便是与生活空间同在二层，佛堂也会利用几级踏步使之高于生活空间所处的位置，以显示其重要性。同时，以佛堂为核心的日常仪式生活也转化成了藏式民居的形式特征，煨桑炉、屋顶的经幡垛和经幡构成了其形式特征要素。

主室的形成源于藏民习惯于一家人在一个房间中以炉子为中心展开日常生活。这种行为习惯在很多地方早期的穴居和棚屋阶段都出现过。全家围绕火塘而居，后因建造技术的提高和私密性的需要，卧室和厨房开始从起居生活中分离，出现了房间的划分。但藏民在过去很长时间内一直维持着“火塘”这种生活习惯，即便是现在，在乡村，这种情况还存在，这主要是由于高寒气候和经济不富裕两者共同制约而形成的——在生活空间中需要生炉取暖，但经济不富裕又使之无法在家中设置多个火炉，这就促成了主室这种生活形态的延续。

2. 以垂直延展为主的空间组织方式

家的空间组织方式与家的观念、功能计划相关。与内地民居相比，藏式民居有个明显的特征，即多进院落的缺失，它呈现的是在垂直方向延展的特性，持续向上行走去接近天空的企图。

对比藏区的贵族府邸和徽州大宅院（图33），可以看见徽州大宅的特

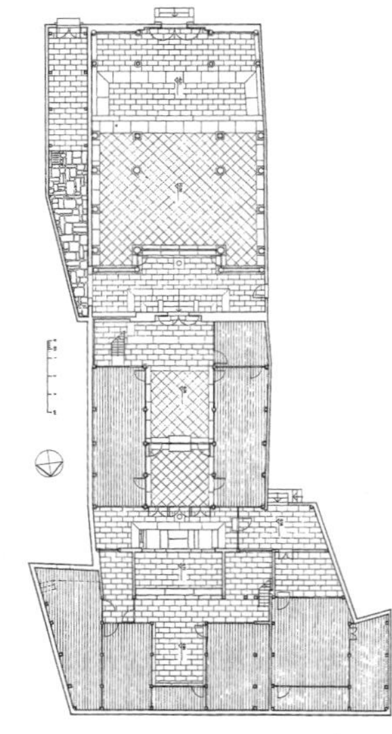

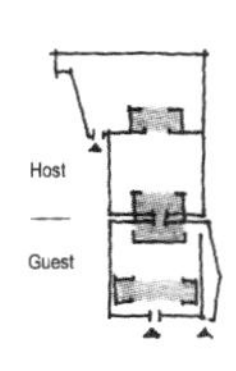

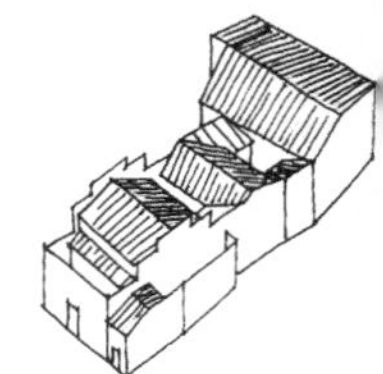

图33 徽州渔梁巴慰祖民宅

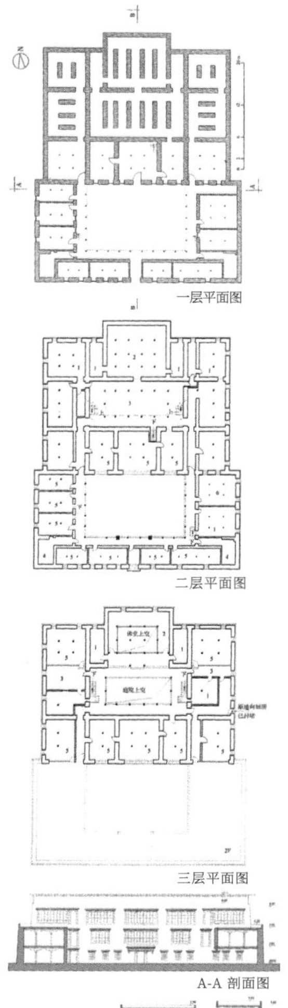

图34 拉萨盘雪府邸

[52]盘雪府邸位于拉萨老城区石桥巷，据说是日喀则市白朗县的贵族盘仲学巴家族在拉萨的府邸。贵族府邸的大门并不都在中间位置。北京四合院的大门一般也不在中间位置，但它会通过一个小院落，将行进路径转为中轴行进的空间秩序。

征在于：①多进院落形成的空间秩序；②中轴对称的空间布局；③源自等级、伦理观念对轴线终点空间的重视以及分配东西厢房所采用的长幼有别的方式；④大宅院的内（女眷）外有别的空间划分。

藏区贵族府邸的院落组织一般遵循外院和内天井的方式（图34）。外院及其周边回廊式二层建筑主要是管家、客人和仆人的生活空间和储藏空间，它区分的是仆人、辅助空间与主人生活的领域。主建筑——主人的生活领域，采用内天井布局。天井一般都布置在二层，以解决建筑体量变大后北侧生活空间的日照和光线问题。主建筑的一层依旧遵循洁净观，以布置仓库等辅助空间为主。当然，有些府邸会有内外两院的形制。但与内地不同，院子不是用于区分家庭的对外功能，或是女眷的生活空间，而是用外院来分离主人的生活领域，用内院来组织主人的居住生活。

与中原的多进院落形成的空间水平延展性不同，外院与内部天井形成的是垂直向上的空间意图。外院只起到分离作用，并没有在水平方向上形成连续的院落空间序列；主建筑中通往二层的楼梯直接连接外院，使人经过外院时被快速地引导向上进入主建筑二层的天井空间。天井在向天空开敞的同时，组织空间继续向上进入三层空间，并且登上屋顶。可见，这个空间序列的组织是以垂直延展为主的。

在二层空间的组织中，二层的天井是外院管家、仆人空间与主人居住空间之间的转换空间。仆人需要先进入天井，再进入主人各个生活空间去服务。

3. “家”空间组织的中心性的消解

尽管藏民“家”中存在意义的中心——“佛堂”，但它并没有成为空间组织的中心。

在藏式普通民宅中，通过空间组织来强调空间意义的中心，这种方式基本上消失了。它不像内地，即便是普通民宅，也会在中间的开间悬挂祖先画像，并作为家中最重要的日常空间使用。藏区普通民宅中的佛堂只是依照“在家中条件最好的位置”来布置，并没有强调要“居中”。有时因为家里的具体情况，佛堂甚至会布置在没有阳光的北侧。在藏区的贵族府邸，尽管情况各不相同，但即便有中轴对称的平面布局，并将佛堂布置在中轴线上，其行进路径也消解了通过轴线来呈现意义中心的企图。以盘雪府邸为例[52]（图34），从行进序列来看，人是从中间正门进入院落的，看见主建筑立面是中心对称式的，并且用底层中间的小门厅和上方的大窗来强调其对称性。这一系列布局看似要强化中轴行进的路线，但是一层门厅中的楼梯偏于一隅，并没有沿中轴线布置来强化外院与二层内天井的中轴行进序列。上到二层，门厅上方立面中心位置的空间并不是从中间进入的，需要先进入天井，再从旁侧空间绕行进入，而且这个立面提示、强调的重要空间并不是家中的仪式性空间，佛堂在天井的北侧。佛堂位置的确居中，但因为楼梯出口不在佛堂平面的中轴线上，路径并没有与平面的中轴线相重合，这与内地民居将感知、行进路径与终点——家的“精神空间”相重叠的方式不同。这种看似由大门、立面和门厅通过对称性建立的中心性与家的核心空间的感知“错位”以及行进路径对中轴线的消解导致藏民“家”的空间组织的中心性被部分消解。

4．家的观念与家的形式之间的关联

在社会学研究者眼中，家的空间布局会映射家庭成员关系。如何从家的观念与居住形态出发理解在藏式民居中多进院落的空间组织方式和沿中轴行进的空间体验的缺失呢？

多进院落最初的形成是在经济条件容许的情况下基于家庭人口不断增加或是子孙成人成家后需要另辟院落供其居住而形成的一种空间组织方式，它确保了在不分家的前提下小家拥有私密性，构成了一个大家族的居住形态。即便是旧时妻妾之间，也会利用院落来形成各自的独立空间。随着院落的增多，就会有内外之分，尤其是在家族大宅院中[53]。在藏区，子孙成人之后面对婚姻一般有两条路：另外择地分家，而不是在原有建筑旁加建院落；或是共婚。多进院落支撑的居住形态，与藏民的家庭关系、共婚制度以及共居一屋的意识不相符合，这就使得多进院落在藏区缺少了必要的基础，当然，其中还会受到经济因素、藏民主室生活习惯的影响。多进院落的缺失就使得藏式建筑空间组织在水平方向的延展缺少了支撑，表现得不如内地宅院明显。

[53]在内地民居中，尤其是大宅院中，对外实际兼具社交功能，不仅仅是男女有别。空间的边界在不同情形下会出现交叠，而不是一个明确的边界。

在空间组织中，在家里有佛堂这个明确的仪式空间的情形下，为什么要避免以它为中心，并且利用中轴组织行进序列来强化它呢？其原因可以归结为藏民“家”的双中心以及行为习惯和记忆的缺失。

“家”的核心，从起源来看，是以“炉膛”、火为中心的，是生活与精神中心的合一。而藏式民居是双中心居住形态，其主室是围绕炉火形

成的“家”的日常生活中心，佛堂是“家”的精神中心。双“中心”的居住形态，若采用强化其中一个“中心”的空间组织方式，就会失去双中心的空间意图，因而似乎不采用中轴对称，不强调中轴终点空间重要性的组织方式也就可以被理解了。除了受双中心“家”的居住形态的影响外，在城市结构、寺院和佛殿的空间组织中，也缺乏中轴空间布局的传统，这在前文已讨论过了。城市和重要建筑空间中体验的缺失以及转经行为，都促使中轴行进序列在民居中也很难出现，这是行为习惯和记忆的缺失使然。

5. 洁净观制约“家”的平面的分离策略

洁净观促使生产空间与日常、仪式生活空间相分离。在贵族府邸或是宫殿等重要建筑中，洁净观是通过空间的剖面关系来呈现的。对于普通民宅，出于经济性的考虑，藏民会将牲畜、贮藏等空间布置在院子中，这比多建一层房子来安排这些辅助空间要更为实际。此时，就需要平面布局的分离策略。

惯常的平面分离策略：一是生产和生活共用一个院落，将人和牲畜出入口分开设置，以免两者混杂；另外一种是将院落分为内外两院。外院为牲畜生产空间，内院为生活院落，两者形成嵌套关系；还有一种是分开设置两个院落，分别有不同的出入口以避免人与牲畜的交叉，两者是并置关系。

平面分离策略的核心问题是出入口和路径的差异性。

6. 防卫观构成的形式特征

家被认为是一个安全场所[54]，外门与窗是与外界沟通的通道，需要辟邪，藏式大门上的白石或是牛头的装饰，窗边的黑色边框都是源于此[55]。同时，传统藏式民居房门的尺寸偏小，高度在1.5～1.7m之间，其原因从文化的角度解释，是出于安全和辟邪的考虑。从建造角度看，传统民居的层高一般在2.2～2.4m，门的高度因此就会受限。文化阐释与建造方式这两者在很多时候是相互制约的，而不是由单一方面决定了建筑特征的形成。当然，藏区建筑中有些门的高度是被主观约束的，诸如布达拉宫白宫西日光殿的正门实际洞口只有1.6m高，碉楼的门会开在二层且很小。这些不受建造制约而采用的非常规尺寸的门，的确是由文化或是安全防卫意识导致的。

[54]意大利学者图齐在其著作《西藏宗教之旅》（1970）中对宗教文化进行了分析,同时认为西藏的“宗教文化受一种持久的防御态度的支配”，并以此用“阳神”和“阴神”与建筑要素相关联来解释对民宅的保护，将家宅理解为安全的场所。其中，重点提及的是灶膛作为家中生火的地方而具有神圣的特点。同时，还提及了三个重要建筑要素：一是楼梯，“楼梯共有十三节，与天界和相许的等级数目一样多”；二是帐篷顶部的出烟口，它被认为是“世界之巅的最高之门”，是沟通太阳和月亮的门户；三是门，将门各部分的要素与特定颜色相适应，“这些颜色与世界的四枚卵相关，世界的一切造物均出自这些卵”。（同[46]：209）

[55]黑色窗套在藏区各个地区略有差别，图案有牛头、牛角之分。

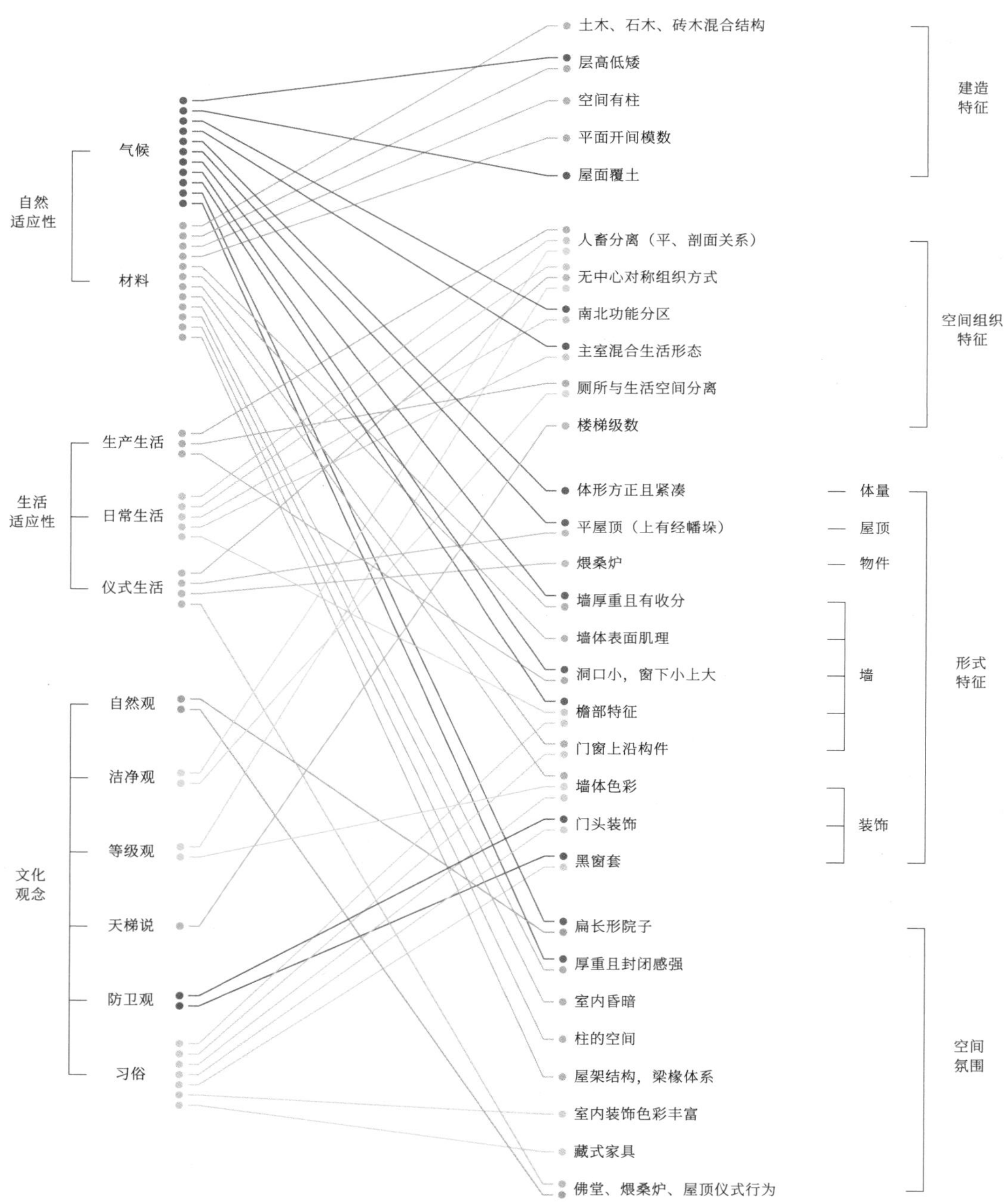

图35 自然、生活、观念与建筑特征关联图

综上所述，尽管对于各种类型的传统藏式建筑而言，其基本特征和形成动因都类似，但是不同的建筑类型，其特征会有所偏重并有其独特性。就藏式民居而言，其特征——建造特征、空间组织特征、形式特征和空间氛围特征，与形成的动因——主要包括自然适应性（气候和材料适应性）、生活适应性（日常生活、生产生活和仪式生活）以及文化观念（自然观、洁净观、等级观、防御观、天梯说和习俗），这两者之间的关联性详见图35。

从图中可以看出，特征并不是由单一要素决定的，是要素相互交叉作用而形成的。同时，民居是由环境、人和家三者的关系构成的。这个关系以空间组织关系和建造方式作为隐性呈现，以形式和氛围作为外在的显性呈现。因此，民居的研究应将“关系”作为形制和特征研究的关键词，将关联性作为研究的关注焦点。

相较于以往研究，前文提及：

1）自然观所建立的身体与环境和空间的关系，从意识到行为，从转经、叩拜到远眺观想，从寺庙礼佛到日常生活的仪式活动，都在强化身体与环境的关系，这也是藏区区别于其他地方的特征。

2）藏民传统“家”的观念构成了“共居一屋”的空间意识。

3）意识和行为的中心与空间组织和空间的中心相分离是藏式空间的特征表现。

4）藏式空间缺少多重院落和中心对称式布局的组织方式。相较于空间的水平延展性，藏式空间的组织更强调垂直方向的延展性。“天空”是其文化观念中的理想世界，山是去往理想世界的媒介，因而有了天梯，有了日常生活中在屋顶——接近天空的地方举行仪式的习俗。

5）在动因中，关注和强调等级观的制约作用。

民居研究回避不了的是关于如何延续地域特征的问题。传统建筑的形式特征都是基于一定的自然、生活、技术和社会条件形成的，形式特征会随时间的改变而改变，这是我们研究地域建筑的基本立场。

藏区民居自1980年代以来的建设和演变动因

从历史的角度看民居的演变，它基本上是基于建造技术的提升、生活方式的改变、文化和社会意识的转变而形成的。蒋高宸先生在其《云南民族住屋文化》一书中通过对考古报告的梳理和分析，将云南民居的演变划分成前文化、第一文化、第二文化和第三文化时代，定义了各时代之间的三次跨越。他认为从前文化时代的洞居和林居跨越到第一文化时代的半穴居、地面木胎泥墙房和树居，是基于人的本能，是从原始空间到人造空间的转化；从第一文化时代跨越到第二文化时代的木楞房、土掌房和干阑建筑，是由自然与社会双重因素主导的；从第二文化时代跨越到第三文化时代，本土建筑的延续、汉式合院建筑的移植和汉化建筑的落地成为其主要时代特征，其动因是外来文化与本土文化的交融。云南自元朝开始被纳入中央管辖，中原移民的增多加速了中原文化的融入[1]。

[1]蒋高宸．云南民族住屋文化[M]．昆明：云南大学出版社，2016：35-86.

蒋先生对民居演变的大体划分实际契合了很多地区民居变迁和发展的历程。在这三次跨越中，第一次跨越实际上标志着居住文化的开始。第二次跨越是各地民居形成各自不同的形制和居住形态的时期，这一时期所形成的民居具有相对稳定的地域特征。基于文化交融形成的第三次跨越，在不同地域，其动因可能不同，相同的是，本地人的认知超越了地域和先验的局限而形成的改变。不同文化的交融为民居演变带来了三种形式：本地民居自身的演变，以呈现多样性为主；本地的形制和外来形制的融合，以外来形制特征的明显介入为主；外来形制的直接落地。

就藏式民居而言，西藏的考古发现为前两次跨越研究提供了一些史料。木雅·曲吉建才先生依据侯石柱先生编写的《西藏考古大纲》，分析了卡若遗址的建筑（新石器时代），提出当时地上建筑的平屋顶和柱网结构已经呈现出藏式建筑的一些基本特征（图1）。随着藏民砌墙技术的提高，形成了之后的墙柱共同承重的结构体系。藏区第二文化时代的建筑特征是宗教、生产和日常生活共同构筑了“家”的基本形式，文化和社会意识赋予了家的部分形式特征。

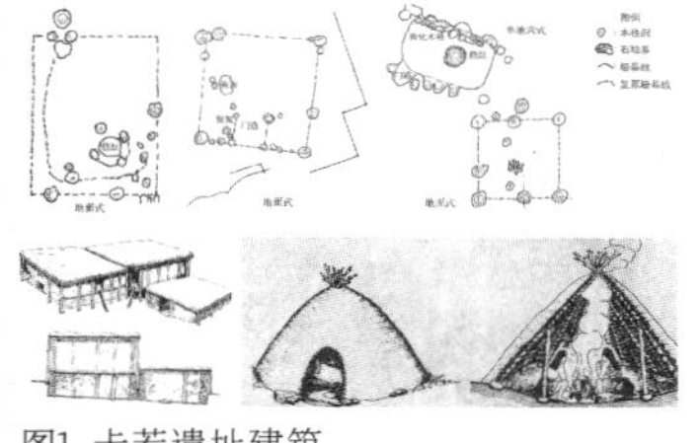
图1 卡若遗址建筑

对于藏区建筑的第三文化时代的形成，似乎从公共建筑和民居两个角度去观察会得出不同的结论。从公共建筑的角度看，在吐蕃时期，随着佛教的传入，以印度、尼泊尔和汉文化为主的外来文化开始渗入藏区。随着西藏被纳入元朝的管辖范围，汉文化的影响进一步加强。这些外来文化与藏文化的交融体现在寺庙、宫殿和宗堡建筑上。但是，民居形制在藏区解放前似乎一直与第二文化时代的特征差别不大，吐蕃时期和元朝带来的文化交融对其形制产生的影响有限。以前文提及的中原内地带有礼制观念的合院形制为例，它在文化交融阶段对其他一些地区的民居形制产生了影响[2]，但这种带有明显礼制特征的合院形制，即便是现在也没有在藏区被广泛运用。仔细观察藏区的寺庙等建筑，由于藏区封闭的地理环境和建筑材料选用的局限性，它们还是以藏区本土“苯教”建筑的特征为主。这似乎都在表明，藏区外来文化介入的影响远没有其他地区表现得那么明显和多样。或者换句话说，它作用的时间被拉伸得很长且缓慢。

[2]以云南为例，它与西藏类似，也地处中原偏远地带，从元朝开始被管辖。汉文化的交融形成了白族和纳西族民居、一颗印等汉化的民居形制，而且在石屏和建水等地的合院建筑有明显的内地特征。藏区，尤其是西藏地区，以往研究一般会归结于其严峻的地理和气候条件以及强有力的宗教力量阻碍了外来文化的融入。

那么，在藏区解放后，这些情形是否有所改变？这些改变与政治和社会体制的变革、经济的发展和生活形态的改变有什么关联？ 回顾藏区乡村在解放后的发展历程，尤其是1980年代之后的发展，会发现其建设高潮与经济发展、国家发展战略、政府的扶贫和乡村建设政策有着密切的关联（表1）。

一、1980—1990年代农牧业大力发展促进的村民自发建设

自1951年西藏和平解放和1959年西藏开展民主改革之后，藏区进入了重要的变革时期。中央政府通过推行一系列政策来改革藏区的社会结构和提高藏民的生活品质。1959年7月17日通过的《关于西藏全区进行民主改革的决议》以及11月3日颁布的《中共西藏工委关于西藏地区土地制度改革方案》将土地分配给原有的差巴和堆穷等农奴，这改变了藏区传统的社会结构和社会关系，消解了原有的领主与差巴、堆穷在经济上的雇佣关系以及人身依附关系。

继而，在“人民公社”和“文化大革命”时期（1966—1978年），藏区政策开始与内地同步，以公社或是生产队为行政机构，土地和生产资源统一由生产队集中管理。在这个时期，社会组织结构、生产和生活资源再次被重组和分配。

在1978年十一届三中全会之后，藏区开始实施“双分到户”的生产责任制，将土地和生产资料分配归户使用，这充分调动了藏民对农牧业生产的积极性。同时，藏区从1980年开始实施免征农牧业税，在1984年延长了免税期限，并增加了免除工商税。到1993年9月，经过再次审订，藏区取消了各种轻微收税，至此，藏民基本没有了税赋。这些政策大力促进了藏区农牧业的发展。藏民收入的提高带动了改建和新建住房，这成为西藏解放后藏区民居兴建的一个重要时期。这个时期村民自己筹措资金进行建造，是自发的建设行为。

在这个自发建设时期，由于藏民的宗教活动在十一届三中全会之后被充分尊重，因而藏民的“家”恢复到了传统的形式——日常生活、生产生活和仪式生活三者共处的格局。与传统的“家”有所差异的是，藏民婚姻观念的转变改变了藏民的家庭结构。西藏解放前，藏区有很多地方都有一妻多夫或是一夫多妻的现象，它形成的是特殊的大家庭生活模式。西藏解放后，促成此现象的差役税被废止，社会结构、土地和税收制度的改变促进了藏民婚姻观念的改变，一夫一妻制更多地被年轻人所接受。观念的转变影响了家庭的人员构成和家庭类型，有从“大”家走向“小”家的趋势。与此同时，农牧民的生产方式没有发生根本性变化，仍旧是以家庭为单位进行劳作，以耕种和牲畜养殖为主。

藏区经济产业的多元化和对外交流的加强开始对藏民的居住形态产生影响。随着20世纪90年代藏区第二产业和第三产业的快速兴起，藏民家庭内部分工开始出现改变，这主要表现在离大城市较近的村落中。在20世纪90年代初，藏区的农牧业发展开始出现瓶颈，农牧民增产不增收，同时，人口的增加和现代农业科技的普及使得劳力过剩，致使村民开始寻求其他的劳作方式。据《西藏统计年鉴》记载，从事农牧业的人口从1982年84.78万人减少到了1997年的75.5万人，降幅达11%；从事第二产业和第三产业的人口从1982年的15.63万人增加到1997年的24.5万人，增幅达57%。生产（工作）方式的改变带动了家庭内部日常生活和劳作分工的变化。一般情况下，丈夫和成年子女从事非农业生产，诸如在村里的采石场工作，或是外出从事建筑、运输和旅游行业，而妻子主要负担家务和责任田的日常劳作，老人以参加宗教仪式活动为主。这种劳作的分工，一方面会引发“家”中辅助空间配置的变化；另一方面，若是家人外出工作，就会形成房间空置、家的凝聚力减弱以及外来观念的介入等变化。

西藏乡村建设政策历史年表（1949年始）

表1

1949

1949.09.29 中央人民政府委员会《中国人民政治协商会议共同纲领》(临时宪法)
有步骤地将半封建的土地所有制改为农民的土地所有制。必须保护农民已得土地的所有权，实现耕者有其田等。

1950

1950.06.30 中央人民政府《中华人民共和国土地改革法》(1987 年底失效)
没收地主土地，征收祠堂、庙宇、寺院、教堂、学校团体在农村中的土地及其他公地；土地分配问题；特殊土地的处理。

1951.10 西藏和平解放

1951.12.15 中共中央《关于农业生产互助合作的决议（草案）》
提出用临时互助组、常年互助组和初级农业生产合作社三种形式逐步引导农民走上互助合作的道路。

1953.03.20 中共中央《关于把小型的农业合作社合并为大社的意见》
在有条件的地方，适当地将小型农业合作社合并为大型的合作社，并提出了管理方案。

1953.12.16 中国人民政治协商会议《关于发展农业生产互助合作的决议》
条件成熟地区，正式实行土地统一经营、评工计分、按劳分配的农业生产合作运动，提出初级农业互助合作社。

1953.12.16 中共中央《关于发展农业生产合作社的决议》

1955.11.09 全国人大《农业生产合作社示范章程草案》
所有土地都必须交给农村合作社统一使用，允许社员拥有数量不超过全村每人所有土地的平均数5%的自留地。

1956.01 人民出版社《中国农村的社会主义高潮》
大力提倡创办高级农业生产合作社（具有社会主义性质的集体经济组织，实现了土地的“四权”一体）。

1956.06.30 全国人大《高级农业生产合作社示范章程》
入社的农民必须把私有的土地和耕畜、大型农具等主要生产资料转为合作社集体所有，原有的坟地、房屋地基不入社。

1958.07 农业部《农业生产合作社土地规划资料》
生产队规模一般为20 户左右；丘陵山区、平原区、社间插花地等应有不同规划重点。

1958.08.29 中央政治局《中共中央关于在农村建立人民公社问题的决议》
把社员的土地、牲畜、果树、股金等收归集体所有，实行“一大二公”的人民公社。

1959.03 西藏民主改革
“三反两减”运动。
土地改革：三大领主的土地和财产被重新分配。

1959.07 西藏自治区筹委会第二次全体委员会《关于西藏全区进行民主改革的决议》
提出“三反两减”动员，废除封建农奴制度，组织农牧民协会。

1959.09 西藏自治区筹委会第三次全体会议
民主改革转入以分配土地为主。会议一致通过《关于废除封建农奴主土地所有制，实行农民的土地所有制的决议》《关于西藏地区土地制度改革的实施办法》《关于成立土地制度改革委员会的决定》和土地制度改革委员会的组成人选，并一致通过了《关于农村阶级划分的决定》和有关牧区政策的布告。

1959.11《中共西藏工委关于西藏地区土地制度改革方案》
没收的领主的土地和其他生产资料由农民协会接受，重新进行分配。

1960

1960 土地分配基本结束

1960年代 西藏工委和自治区筹备委员会
制定《农村中若干具体政策的规定》和《牧区若干政策》，对农业生产提出了“以农业为基础，以粮为纲，农牧并举，多种经营”的方针。

1962.09.27 中央委员会《农村人民公社工作条例修正草案》
调整了人民公社的核算单位，确立了“三级（公社、大队、生产队）所有，队为基础”的体制，将土地所有权下放到生产队。

1963.03.20 中共中央《关于各地对社员宅基地问题作一些补充规定的通知》
社员的宅基地，包括有建筑物和没有建筑物的空白宅基地，都归生产队集体所有，一律不准出租和买卖。宅基地上的附着物，如房屋等永远归社员所有，社员有买卖或租赁房屋的权利。

1965.09.09 西藏自治区人民政府正式成立，西藏开始人民公社化。
拉萨市在达孜县和堆龙德庆县试办邦堆人民公社和通嘎人民公社（7月）。

1967 各村改名为“生产队”，农民在民主改革期间分到的土地和生产资料全部集中到生产队。开始了敲钟上工，记工分吃饭的大锅饭时代。

1970 人民公社开始“农业学大寨”运动。

1975 社会主义改造基本完成。

1978 根据全国第五届人大通过的《宪法》，“前进人民公社”更名为“娘热乡”，下辖7个行政村，即以前的7个生产队。
十一届三中全会召开，西藏也进入了改革开放新的历史发展时期。

1979 全国第五届人大二次会议《政府工作报告》
党的宗教政策在西藏得到恢复和贯彻，国家拨出专款恢复和维修寺庙。

1980 拉萨市推行农牧区联产承包责任制。

1980 西藏自治区确定在全区范围内和一定时期内免征农牧业税。

1982 拉萨市开始推广“双包到户”政策。

1984 第二次西藏工作座谈会，中央对西藏工作做出重要指示：
西藏实行既不同于汉族地区又有别于其他少数民族地区的休养生息、开放搞活、改革开放的经济政策；保护财产分配到户；推行家庭联产承包责任制；提出实施“两个长期不变”政策。

1984.04 西藏自治区人民政府发布农牧区有关政策。
提倡集体经营和个体经营。
西藏自治区党委制定《西藏自治区党委关于农牧区若干政策规定》。

1984 全区一定时期免征农牧业税，延长和扩大免税期限和免征范围。

1970

1980

1978.12.18—22 中国共产党第十一届中央委员会第三次全体会议在北京举行。

1980.09.27 中共中央《关于进一步加强和完善农业生产责任制的几个问题（纪要）》
土地改革是以实行联产承包责任制为主的经营方式，统一经营模式向两权分离的统分结合模式发展，并向农民经营使用权高于所有权方向发展。

1982.01.01 中共中央《全国农村工作会议纪要》（第一个“1号文件”）
指出包产到户、包干到户或大包干“都是社会主义生产责任制”。

1983.01.02 中共中央《当前农村经济政策的若干问题》
人民公社的体制，要从联产承包制和政社分设两方面进行改革。高度评价家庭联产承包责任制。

1984.01.01 中共中央《关于一九八四年农村工作的通知》
延长土地承包期，鼓励农民增加投资，培养地力，实行集约经营。鼓励土地使用权向种田能手集中，对转出土地使用权的农户应当给予适当经济补偿。

续表

1985 西藏提出以农牧业为基础，以旅游业为中心，以教育、交通、能源为重点，理关系、打基础，带动其他行业全面发展。

1993.09 自治区再次审查农牧民负担问题。
全部取消了各种轻微收费，农牧民基本没有了税费负担。

1994 实施《西藏自治区扶贫攻坚计划》。

1996 中央第三次西藏工作会议
旅游业作为西藏经济的支柱产业。

1997 中央第四次西藏工作会议
进一步加大对西藏的建设资金投入和实行优惠政策的力度，继续加强对口支援，确定了国家直接投资的建设项目117个。进一步加大支持力度，将西藏尚未建立对口支援关系的29个县，以不同的方式全部纳入对口支援范围。

2002 自治区经济会议
进一步加快城镇化、实现城乡统一。

2003 西藏自治区 第八届人民代表大会第一次会议
《政府工作报告》鼓励和扶持农牧民大力发展非农产业，提高劳动力就地转移的比重

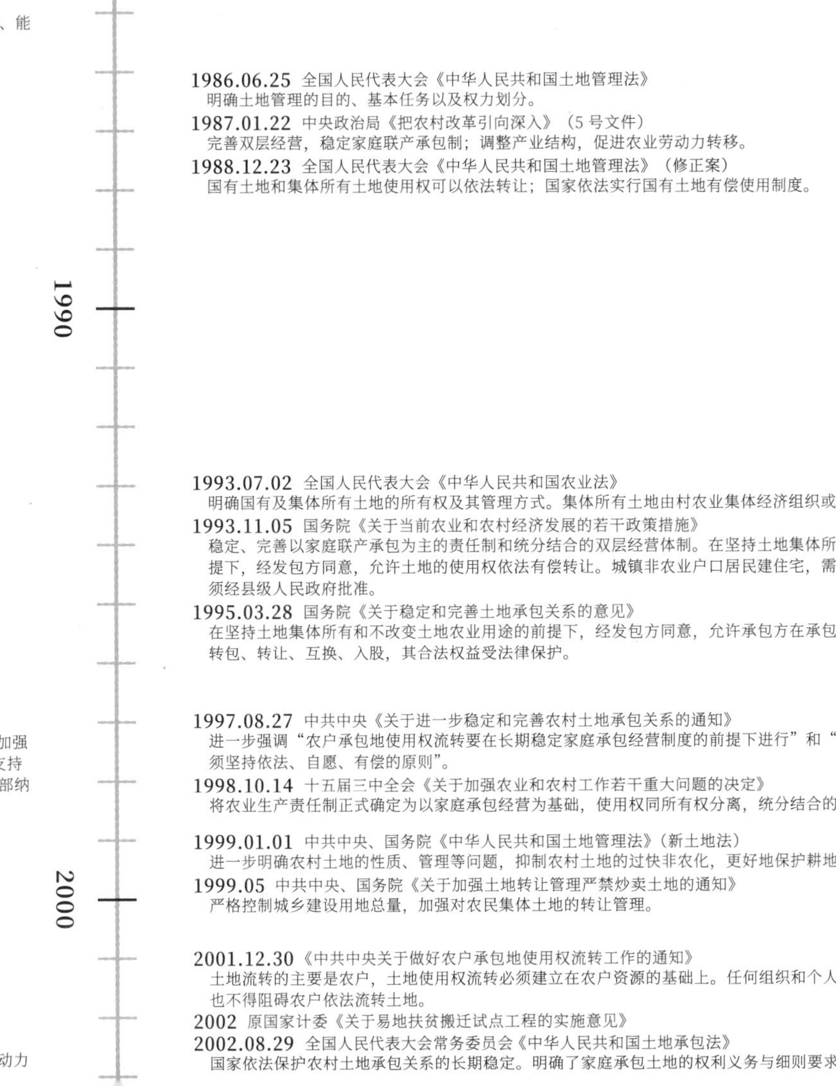

1986.06.25 全国人民代表大会《中华人民共和国土地管理法》
明确土地管理的目的、基本任务以及权力划分。

1987.01.22 中央政治局《把农村改革引向深入》（5 号文件）
完善双层经营，稳定家庭联产承包制；调整产业结构，促进农业劳动力转移。

1988.12.23 全国人民代表大会《中华人民共和国土地管理法》（修正案）
国有土地和集体所有土地使用权可以依法转让；国家依法实行国有土地有偿使用制度。

1993.07.02 全国人民代表大会《中华人民共和国农业法》
明确国有及集体所有土地的所有权及其管理方式。集体所有土地由村农业集体经济组织或村民委员会经营、管理。

1993.11.05 国务院《关于当前农业和农村经济发展的若干政策措施》
稳定、完善以家庭联产承包为主的责任制和统分结合的双层经营体制。在坚持土地集体所有和不改变土地用途的前提下，经发包方同意，允许土地的使用权依法有偿转让。城镇非农业户口居民建住宅，需要使用集体所有的土地，须经县级人民政府批准。

1995.03.28 国务院《关于稳定和完善土地承包关系的意见》
在坚持土地集体所有和不改变土地农业用途的前提下，经发包方同意，允许承包方在承包期内，对承包土地依法转包、转让、互换、入股，其合法权益受法律保护。

1997.08.27 中共中央《关于进一步稳定和完善农村土地承包关系的通知》
进一步强调“农户承包地使用权流转要在长期稳定家庭承包经营制度的前提下进行”和“农户承包地使用权流转必须坚持依法、自愿、有偿的原则”。

1998.10.14 十五届三中全会《关于加强农业和农村工作若干重大问题的决定》
将农业生产责任制正式确定为以家庭承包经营为基础，使用权同所有权分离，统分结合的双层经营体制。

1999.01.01 中共中央、国务院《中华人民共和国土地管理法》（新土地法）
进一步明确农村土地的性质、管理等问题，抑制农村土地的过快非农化，更好地保护耕地。

1999.05 中共中央、国务院《关于加强土地转让管理严禁炒卖土地的通知》
严格控制城乡建设用地总量，加强对农民集体土地的转让管理。

2001.12.30《中共中央关于做好农户承包地使用权流转工作的通知》
土地流转的主要是农户，土地使用权流转必须建立在农户资源的基础上。任何组织和个人不得强迫农户流转土地，也不得阻碍农户依法流转土地。

2002 原国家计委《关于易地扶贫搬迁试点工程的实施意见》

2002.08.29 全国人民代表大会常务委员会《中华人民共和国土地承包法》
国家依法保护农村土地承包关系的长期稳定。明确了家庭承包土地的权利义务与细则要求。

2004 西藏乡镇企业工作会议
推进乡镇企业结构调整和改革创新。

2006《西藏自治区"十一五"时期国民经济和社会发展规划纲要》
加快实施以牧民定居、农房改造和扶贫搬迁工程为重点的农牧民安居工程。

2006.03《西藏农牧民安居工程实施方案》

2006.07 青藏铁路开通。

2010《关于进一步做好农牧民安居工程抗震设防工作的通知》

2011 自治区出台了《西藏自治区人民政府关于批转财政厅〈西藏自治区2011—2015年农村人居环境建设和环境综合整治实施方案〉的通知》（藏政发〔2011〕4号）。

2011.01《西藏自治区2011—2013年农牧民安居工程实施方案》

2011.07 西藏高速公路首通。

2013.09 西藏自治区逐步推行美丽乡村试点工作。

2013.10 西藏贫困农牧民安居工程基本完工。

2015.05《西藏自治区特色小城镇示范点建设工作实施方案》

2015《西藏自治区村庄规划技术导则（试行）》

2016 西藏首个易地扶贫搬迁安置点——曲水县达嘎乡三有村建成。

2016.07《西藏自治区"十三五"时期国民经济和社会发展规划纲要》
提出易地扶贫搬迁安置规划。

2016《拉萨市小康安居工程实施指导意见》

2017.07《西藏自治区边境地区小康村建设规划（2017—2020年）》

2017.11 自治区政府出台了《西藏自治区人民政府办公厅关于推进高原装配式建筑发展的实施意见》（藏政办发〔2017〕143号）。

2019.05.20 西藏住房和城乡建设厅关于印发《西藏自治区高原装配式建筑发展专项规划》（2018—2025年）的通知。

2010

2020

2004.08.28 全国人民代表大会常务委员会《中华人民共和国土地管理法》（修正案）
国家为了公共利益的需要，可以依法对土地实行征收或者征用，并给予补偿。

2005.01.07 农业部《农村土地承包经营权流转管理办法》
农村土地承包经营权流转应当在坚持农户家庭承包经营制度和土地承包关系的基础上，遵循平等协商、依法、自愿、有偿的原则。

2006《中共中央、国务院关于推进社会主义新农村建设的若干意见》

2007.03.16 第十届全国人民代表大会《物权法》
（土地）承包期届满，由土地承包经营人按照国家有关规定继续承包。

2007.12.30 国务院《关于严格执行有关农村集体建设用地法律和政策的通知》
农村住宅用地只能分配给本村村民，城镇居民不得到农村购买宅基地、农民住宅或"小产权房"。单位和个人不得非法租用、占用农民集体所有土地搞房地产开发。

2008.10.12 中央委员会《中共中央关于推进农村改革发展若干重大问题的决定》
按照依法自愿有偿原则，允许农民以转包、出租、互换、转让、股份合作等形式流转土地承包经营权，发展多种形式的适度规模经营。划定永久基本农田，建立保护补偿机制等。

2009.01.05 国土资源部《土地利用总体规划编制审查办法》
土地利用总体规划应当包括规划主要目标的确定，包括：耕地保有量、基本农田保护面积、建设用地规模和土地整理复垦开发安排等；土地利用结构、布局和节约集约用地的优化方案。

2011《中国农村扶贫开发纲要（2011—2020年）》
党中央国务院加大力度实施易地扶贫搬迁。

2012 国家发展改革委《易地扶贫搬迁"十二五"规划》
实施范围不包含新疆和西藏。

2012.12.31 中共中央、国务院《关于加快发展现代农业进一步增强农村发展活力的若干意见》
提出，鼓励和支持承包土地向专业大户、家庭农场、农民合作社流转。

2013.04 中央政治局《中共中央关于全面深化改革若干重大问题的决定》
坚持农村土地集体所有制，依法维护农民土地承包经营权，发展壮大集体经济。允许农民以承包经营权入股发展农业产业化经营。鼓励承包经营权在公开市场上向专业大户、家庭农场、农民合作社、农业企业流转，发展多种形式规模经营。

2013.11 习近平总书记提出"精准扶贫"概念。

2014.05 国务院《建立精准扶贫工作机制实施方案》

2015.12 国家发展改革委、扶贫办、财务部等《"十三五"时期易地扶贫搬迁工作方案》

2016.09 发展改革委《全国"十三五"易地扶贫搬迁规划》。

2019.07 国家发展改革委《关于进一步加大易地扶贫搬迁后续扶持工作力度的指导意见》

其中，旅游业的发展会对村落和藏民的生活方式及思想观念产生影响，使传统文化受到冲击，并引发外来文化的传播以及与当地文化的融合。在旅游业发展初期，影响的主要是村民的公共生活。在此期间，藏区的旅游业逐渐确立了其在藏区经济发展中的地位。1985年西藏自治区提出“以农牧业为基础，以旅游业为中心，以教育、交通、能源为重点”的产业结构规划。1996年西藏将旅游业作为西藏经济的产业支柱。政策的导向使得进藏旅游人数从1980年的3525人增长到1999年的448547人，到2002年的867320人[3]。一些交通较为便利的村落开始受到旅游业的影响：一方面，村民被组织到旅游产业中，承担接待和文化表演的任务；另一方面，经济发展和旅游的介入带动一些功能更多地植入村落，诸如餐馆、客栈等。游客活动的组织与村民传统的以茶室为中心的社交活动交织在一起，从最初的旅客直接面对藏民的日常生活，到村落中“旅游圈”的生活与村民日常生活分离。同时，增设的公共设施需要应对游客的需求，其中一些有别于藏民传统习惯的做法，诸如卫生间，对藏民传统的生活方式产生了一定的冲击。

[3]据西藏自治区统计局统计。

但是，此时外来文化对乡村民居的影响相对有限，其主要原因在于外来文化介入乡村的两个原动力——交通的便利性和作为“移民”的游客，两者对推动文化的融合作用有限。在此期间，尽管藏区的交通状况较以往有了很大改善，但它们没有形成网络化和快速化，并没有完全深入到稍微偏远的乡村中，交通的不畅通造成了交流的障碍，因而移民和游客也没有形成规模以产生影响，辐射范围以核心城市为主。简而言之，这个时期的乡村建设以恢复和延续传统，恢复传统藏民“家”三为一体的居住模式为主要特征，生活方式和建造技术没有发生很大的变化（图2）。

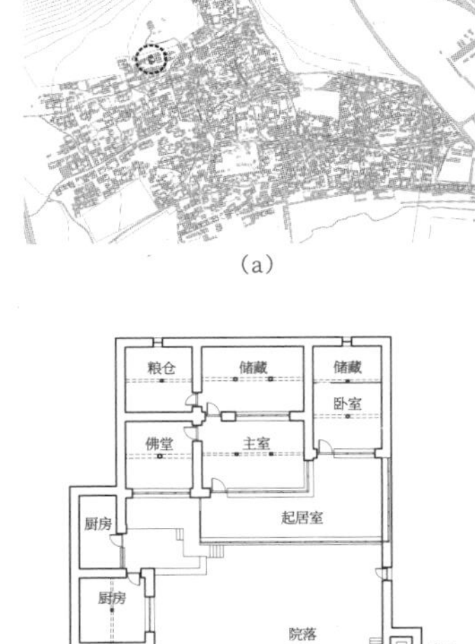
(a)

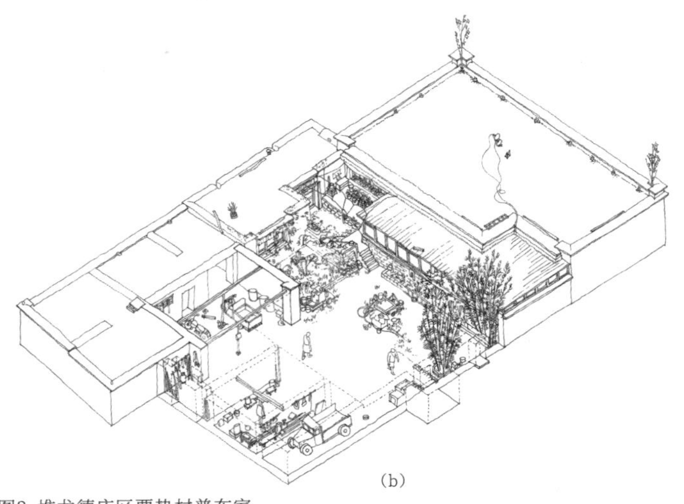
(b)

(c)

图2 堆龙德庆区贾热村普布家
(a) 贾热村总平图；(b) 普布家轴测图；(c) 普布家平面图

二、2002—2013年安居工程计划资助下的村民自主建设

中央政府对藏区的援助在西藏解放后一直在持续进行，尤其是在改革开放之后，力度加大，而且经历了从以城市为重心转移到城乡并重的过程，这种情况在2002年之后表现得更为明显。这是由藏区发展的实际情况决定的，同时也与国家整体发展战略息息相关。

据统计，1984—2006年国家实施了援藏项目3903个，金额达589.35亿元。这期间的援助以交通能源类项目为主，占比超过50%。其他的用于建造楼堂馆所、机关用房、政府办公楼、学校以及百姓住宅等[4]，这些建设绝大多数在城市里。随着乡村问题的显现，国家出台了一系列乡村发展战略，提出了城乡一体化发展方向。2001年西藏人民政府出台了《西藏自治区农村村民住宅用地管理规定（暂行）》，按照占用耕地、其他农业用地和荒地3种情况对农村住宅用地进行了规定[5]。在2002年西藏经济会议上，自治区确立了城乡协调发展、加强农村建设的发展策略，政府开始加大资助乡村的力度以改善乡村的居住环境和品质。但在2002—2006年，政府的资助并不是全面展开的。在调查的村落中，只有林周县加荣村和堆龙德庆区贾热村的村民在此时期享受了住房补贴，主要是用于危房改建、修补和刷新墙面工程，补贴力度为2000～6000元/户。

藏区大规模投入乡村建设始于2006年启动的西藏"十一五"安居工程计划，这是响应国家在2005年底和2006年初提出的建设社会主义新农村计划。安居工程一直持续到2013年[6]，总共累计资助46.03万户。它涉及五个方面——农房改造、游牧民定居、扶贫搬迁、地方病搬迁和"兴边富民"，其中以农房改造为主。各地补助情况各不相同，有些村落享受自治区、市、县三级补助，其中来自自治区的资助标准是统一的[7]，其他两级补助则各不相同。以堆龙德庆区为例，针对农房改造，自治区补助1万元，拉萨市补助0.4万元，堆龙德庆区补助1万元[8]。

政府的资金补助激发了村民新建和改建房屋的意愿，促成了乡村又一次建设高潮。总体而言，政府对村民建房并没有过多干涉和指导，除了在2009年之后通过专项资金资助来引导建造方式和材料的转变之外，此时期的建设仍属于村民自主建设的范畴。

在2008年拉萨当雄县发生地震之后，政府从2009年开始提供每户0.5万元抗震加固（设防）专项补助资金，提出了"上下相连"的要求，

市政社会发展类的项目占16.4%，用以盖楼堂馆所，包括宾馆的建设。这些项目要靠财政来维持，因为在西藏市场太小了，楼堂馆所不可能养活自己，因此建成以后要财政拿钱来养着。第二类是交通能源类，占 52.43%，这部分也是靠财政维持。第三类是改善生活条件类，占22.55%，给机关建房，给政府建办公楼，改善老百姓的住房，还建一些学校，这是一次性投入。第四类是生产经营类，不到10%，这类的效益普遍不佳。

按照规定：①占用耕地的：人均耕地1.5亩以下的，严禁占用耕地建造住宅，确无荒地的，由当地政府采取搬迁等其他途径予以解决；人均耕地1.5亩以上、3亩以下的，每户住宅用地不得超过300m²；人均耕地3亩以上的，每户住宅用地不得超过350m²；②占用其他农用地的：每户人口在4人以下的（含4人），每户住宅用地不得超过350m²；每户人口在4人以上的，每户住宅用地不得超过400m²；③占用荒地的：每户人口在4人以下的，每户住宅用地不得超过400m²；4人以上的每户住宅用地不得超过500m²。

2010年12月23日西藏经济会议上，自治区决定将安居工程延长3年，并在2011年《西藏政府报告》中明确"十二五"安居工程计划和防震加固工程。

西藏自治区安居工程补助标准：农房改造1万/户，游牧民定居1.5万/户，扶贫搬迁中绝对贫困2.5万/户、相对贫困1.2万/户，地方病区搬迁2.5万/户，"兴边富民"1.2万/户。

补助标准也在调整。2009年自治区增加了每户0.5万的防震加固设防资金。因为物价和人工的上涨，2011年堆龙德庆区增加了县级补助，将农房改造补助增加了1万/户，达到3.4万/户，游牧民定居补助增加了1.5万/户，达到4.9万/户。

要求设置圈梁和门窗过梁，并于2010年出台了《关于进一步做好农牧民安居工程抗震设防工作的通知》。在《通知》中规定承重墙不得采用两种或是两种以上不同材料，并且要求用水泥砂浆砌筑。在建筑转角处需设置构造柱，门窗上方需设过梁，不得设置转角窗。

这些规定，对于2009年之后的建房产生了影响，主要体现在对结构形式和建筑材料的选择上，进而使建筑形式发生了改变。因为抗震加固的要求，传统的土木混合结构已不再符合标准。土坯砖和夯土墙传统的建造方式开始消失，一方面是因为国家为了保护耕地面积和生态环境，引导各地方减少黏土砖的使用，2006年起从拉萨市开始逐渐向周边地区陆续推进禁止土坯砖的使用[9]；另一方面，《通知》中要求水泥砂浆砌筑，间接地限制了传统土墙的建造，水泥砖和现浇板也因此开始被广泛使用。若依照传统做法建造，只得采用砖木混合或是石木混合结构。材料的转变自然会引起形式的变化，村民对传统形式的怀念体现在水泥砖表面抹灰的处理上，村民将之处理成手抓纹的肌理，或是模仿石材的划分。《通知》中对于转角窗的限制是直接的形式规定。转角窗本身在传统藏式建筑中并不常见，在布达拉宫主体建筑的东南角、山南朗色林庄园和大昭寺主入口处等地方出现过[10]。有些研究者认为转角窗的设置是受等级制约的，尽管还需要更多论据支撑，但是对于传统的建造方式，建转角窗的技术要求更为复杂则是事实。

[9]推行禁止使用土坯砖有个过程，拉萨市林周县直至2012年才开始禁止使用土坯砖。

[10]曲吉建才认为转角窗更多地用于宫殿和寺庙。

抗震设防的规定和藏区对外交流的加强也促使村民自建房屋的方式发生了改变。在安居工程之前，村民自建房屋多是自己筹措材料，请其

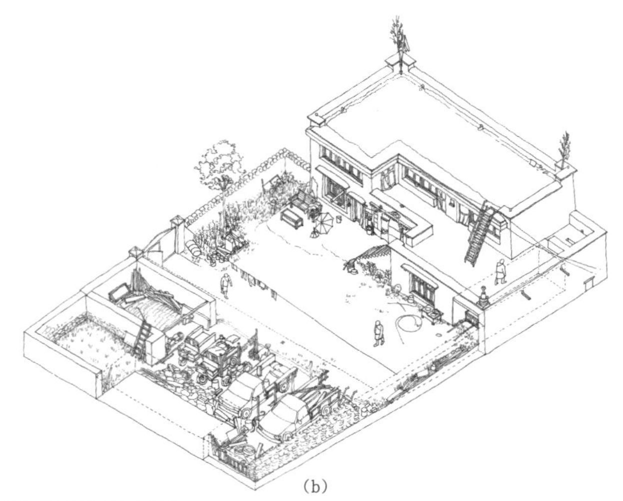

(b)

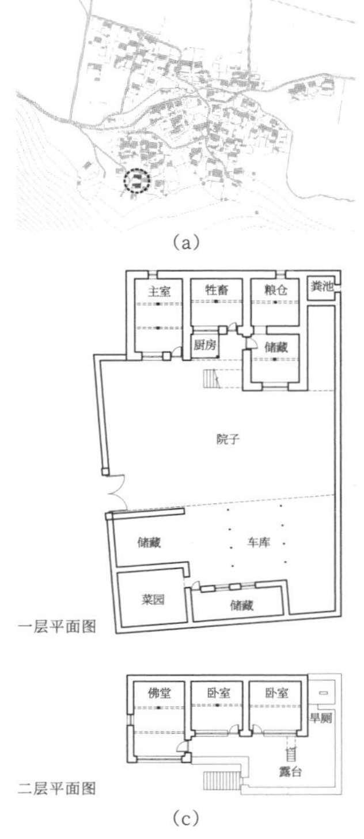

图3 林周县联巴村尼珍家

(a) 联巴村总平图；(b) 尼珍家轴测图；(c) 尼珍家平面图

他村民、石匠和木匠一起施工。其他村民免费帮忙制作土坯砖，匠人负责砌筑石基础、石墙体和木构架的建造。村民之间相互帮忙使得建造活动成为村落集体活动。在安居工程实施之后，尤其是抗震加固设防对圈梁等的要求，靠传统建造的组织方式已经很难完成，村民开始采用包工包料的形式雇施工队建房。开始多是由藏民自己组织的施工队进行建设。随着藏区市政交通工程的推进，特别是在这期间藏区标志性工程——青藏铁路和高速公路的建成，使得藏区的对外交通和城乡的连接更为便捷，藏区建设项目也更多地被内地设计公司和施工队承包，这也使得内地的施工技术和材料被引进乡村。在拉萨周边地区出现了汉族和藏族的两种施工队。汉族施工队机械化程度较高，可以浇筑独立基础；藏族施工队更多地沿用传统的石墙和木工做法与技术。两种施工队的差异为藏民自建房屋带来了多样的选择。

尽管安居工程计划在2013年告一段落，但政府资助下的危房改建项目一直在进行。在这之后的改建项目中，各地都推出了各自的规定，诸如林周县要求自2018年起的危房改建在落实中必须采用现浇板。这些规定对乡村建设的影响依旧延续了这个时期的特点，在建造方式和材料上对家的形式产生了制约（图3）。

三、2016年之后政府主导的易地扶贫搬迁定居点建设

这个时期藏区乡村建设出现了政府主导的易地搬迁建设（图4）和村民自发建设并存的现象，两者形成了对比。

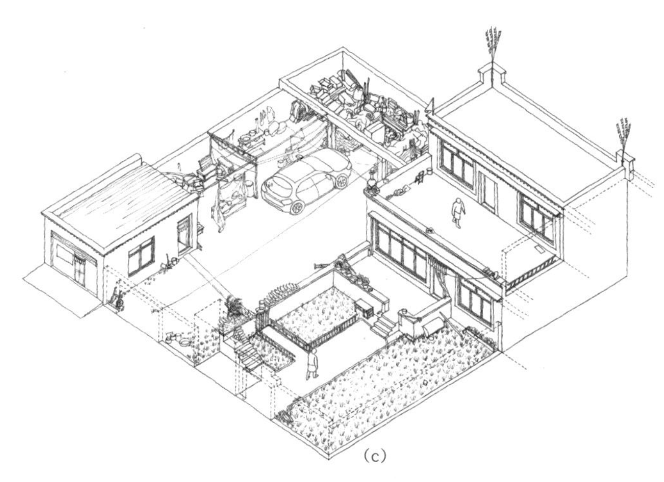

图4 林周县江夏新村拉宗家

（a）江夏新村总平面图；（b）拉宗家平面图；（c）拉宗家轴测图

政府主导的民居建设是基于政府提出的精准扶贫的乡村发展战略。国家发展改革委、扶贫办、财务部等在2015年12月发布了《“十三五”时期易地扶贫搬迁工作方案》，在2016年9月发布了《全国“十三五”易地扶贫搬迁规划》[11]，其目的是通过搬迁来帮助“一方水土养不起一方人”的贫困地区脱贫。相应地，西藏自治区在2015年5月制定了《西藏自治区特色小城镇示范点建设工作实施方案》，并于2016年出台了《“十三五”时期国民经济和社会发展规划纲要》，提出了藏区的易地扶贫搬迁安置的发展规划。

藏区自2016年开始推行的易地扶贫搬迁实际上与藏区自20世纪90年代开始实施的易地搬迁有着千丝万缕的联系。从20世纪90年代到21世纪初实施的易地搬迁经常与扶贫计划、生态移民叠加在一起，其主要包括生态移民、工程搬迁、贫困搬迁和边民安置（搬迁）[12]。2016年开始的易地扶贫搬迁安置是为帮助藏区截止到2016年还存在的59万农牧区贫困户中的26.3万人而实施的发展战略，这些藏民因各种条件限制只能依靠搬迁来完成脱贫。

国家的规划政策对搬迁安置点的建设面积、选址和建设方式进行了规定。它严格规定了建筑面积不得超过25m²/人，提出了集中安置和分散安置两种模式。对于集中安置的地点选择，提出了四种方式：①中心村或交通条件较好的行政村；②在周边县、乡镇或行政村规划建设移民新村；③在县城、小城镇或工业园区附近建设安置区；④依托乡村旅游区。同时提出集中安置的建设应该实施统一规划，采用统建、自建或是代建的方式，但需要保证搬迁户不会因为建房而举债。

藏区针对自身特点于2015年出台的《西藏自治区村庄规划技术导则（试行）》（以下简称《技术导则》）、2016年的《拉萨市小康安居工程实施指导意见》（以下简称《指导意见》）和2017年的《西藏自治区人民政府办公厅关于推进高原装配式建筑发展的实施意见》对民居的建设在占地、建筑面积、户型设计和技术方面提出了要求：

（1）宅基地面积：因为国家易地搬迁规划对于宅基地用地面积没有明确规定，各地在推行时或是参照国家土地法，依据占用土地类型来规范用地面积，或是依据地方规定来执行。这些规定不仅制约了易地搬迁安置工程，同时也约束了村民在规定出台后的自建房。藏区2015年的《技术导则》规定，农牧民每户4人以下的，每户住宅用地不得超过

[11]《规划》明确，搬迁对象主要是针对“一方水土养不起一方人”的地区，经“扶贫开发建档立卡信息系统”核实的建档立卡贫困人口。从迁出区域来看，主要包括四类地区：一是深山石山、边远高寒、荒漠化和水土流失严重，且水土、光热条件难以满足日常生活生产需要，不具备基本发展条件的地区，这类因资源承载力严重不足而需要搬迁的建档立卡贫困人口316万人，占建档立卡搬迁人口总规模的32.2%。二是《国家主体功能区规划》中的禁止开发区或限制开发区，这些地区需要搬迁的建档立卡贫困人口157万人，占建档立卡搬迁人口总规模的16%。三是交通、水利、电力、通信等基础设施以及教育、医疗卫生等基本公共服务设施十分薄弱，工程措施解决难度大、建设和运行成本高的地区，这类地区需要搬迁的建档立卡贫困人口340万人，占建档立卡搬迁人口总规模的34.7%。四是地方病严重、地质灾害频发的地区，这些地区需要搬迁的建档立卡贫困人口114万人，占建档立卡搬迁人口总规模的11.6%（信息来源：百度百科）。

[12]达瓦次仁，等.西藏生态移民与生产生活转型研究[M]. 北京：社会科学文献出版社，2015：62-68. 达瓦次仁按照生态移民（包括天然林保护工程移民、扶贫搬迁、援藏搬迁、特办搬迁等）、工程搬迁（包括水利、开矿、开发区、文化保护等）、贫困搬迁（特指游浪乞讨户的搬迁）和边民搬迁对藏区的易地搬迁进行了分类整理。

350m²；每户4人以上的，每户用地不得超过400m²。2016年《指导意见》要求享受小康安居住宅补贴的住宅用地面积不得超过200m²。

用地规定基本上呈现出了越靠近城区控制越严格的趋势，这与区域和地点有关。同时，它对于政府主导的安居工程和易地搬迁安置工程的约束性强，对于自建房的约束力相对较弱。它只能制约导则颁布之后建造的或是享受补贴政策的自建房[13]。

在政策执行过程中，各地依据自己的情况执行的标准并不相同。诸如堆龙德庆区国土资源局2016年规定，拉萨城市规划区内，每户不得超过350m²。规划区外，每户不得超过00m²，林周县人民政府2014年规定，农牧户宅基地占用农用地不得超过400m²，占用荒地不得超过500m²。2012年修建的宅基地统一按500m²控制，2012年后新建宅基地按地类标准进行控制。政府对于自建房的制约体现在产权证的认定上。产权证上认定的用地面积，超过标准的，只会按上限认定，不会按实际情况认定。建立产权证，是为了应对以后可能出现的征地补偿的情况。

（2）**建筑面积**：国家规定的标准为每人25m²，1～2人户提倡采用集中公寓的方式。藏区易地搬迁定居点的标准，依据藏民的生活方式多采用户型与每户人数对应的方法来执行。以堆龙德庆区古荣乡定居点为例，各户分配的户型原则上按照1～3人户80m²、4人户100m²、5～6人户120m²、7～8人户140m²、9～10人户180m²来执行。

综合考察其他定居点的执行标准，可以看到，基本上每户180m²是建筑面积的上限。藏区采用的方式是以每户4人100m²为基准，放松人数少的户型面积标准，扩大其建筑面积，收紧人数多的户型面积标准。以9～10人的居住面积为例，按照国家标准可以设计到225m²以上，但藏区依旧采用了180m²的户型。可以预见，执行此标准会导致大家族居住模式的消解。在原住地，兄弟结婚生子后仍和父母居住在一起而组成大家庭。在超过7～8人之后，搬迁时，为了获得更多的居住面积，极大可能会拆分成小家去争取更多套住房。

（3）**户型设计**：藏区提出了指导性建议。《技术导则》和《指导意见》都提出了人畜分离的原则。在《技术导则》中更是提出了“动静分离、居寝分离、洁污分离”的原则以及增设阳光间的要求。

从分离的原则来看，人畜分离是保证居住品质的基本策略，洁污分离与藏民的文化观念一致，而居寝分离，是出于提高藏民生活品质的善意。由于与藏民传统的居住习惯不一致，在不同状况下，藏民的反应各不相同。通过藏民入住后的改建和加建可以窥见藏民真实的生活意愿。

（4）**技术要求**：《技术导则》再次明确抗震设防的要求，提出要充分利用太阳能，注重保温防寒，并对建筑材料提出了建议。它规定承重外墙采用普通混凝土空心砖，非承重外墙宜采用加气混凝土空心砖。同时，由于国家有装配式建筑的导向，藏区也开始推进此类建筑的建设。

总体而言，技术要求对定居点的建设具有强约束力。村民的自建以村民的主观意愿为主。

村民的自建在任何时候都有可能进行。在这个阶段，并没有出现集中建设的状况。但是政府在逐步推进产权证的建立，目的是应对今后可能出现的征地等情况。征地补偿是按产权证上的数值来进行赔付而非实际面积，这使得还没有颁发产权证的村民，尤其是在有征地可能的村落中，出现了集中自发加建的现象。

产权证的认定原则是：在相关政策出台前建造的住房，宗地面积超过规定面积的，只按规定中的最大值记录，对于占地没有达到规定上限的，改建、扩建只能在原有院落中进行。因为产权证登记政策没有对建筑面积的认定方法进行规定，因而，一方面，在有可能的情况下，村民会去扩大宅基地面积；另一方面，村民开始在院落空地上加建住房，或是从一层加建到二层，这在堆龙德庆区的贾热村表现得比较明显。在2019年村里加建的住户明显增多，因为附近的色玛村因为征地实施了相关政策（图5）。

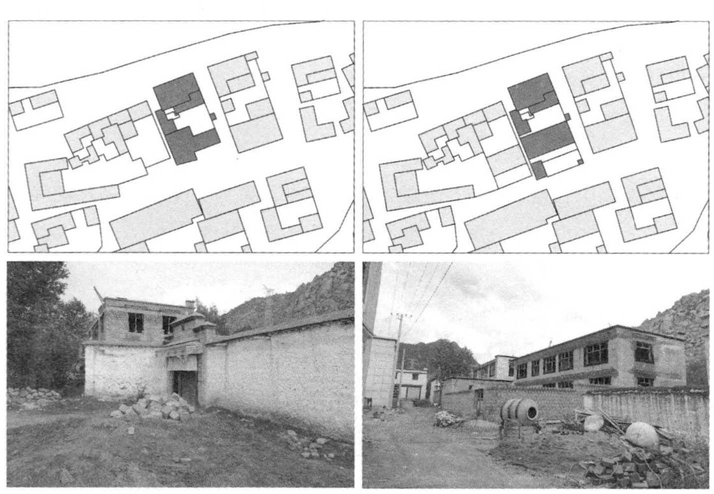

图5 贾热村加建

简而言之，藏区在1980年代之后经历的这3个乡村建设时期基本构筑了现有藏区乡村的基本面貌——家的形式和村落的构成。家的形式包括家的居住形态和物质呈现，村落的构成包括村民公共生活的组织、空间组织结构和风貌的呈现。3个时期的民居之间的差异，村民自建与政府主导建设两种建造方式的差异，都体现了对生活方式的不同解读。

3个时期建设的推动力在于：

1）1980—1990年代的建设，在长期住房条件没有改变的情况下，经济发展和村民收入的提高激发了村民想要改善居住品质的主观意愿，是完全的自发建设，是以经济性和舒适性为原则的自发建设。

2）2002—2013年的建设是在国家推行新农村建设的战略背景下，以政府补贴政策带动形成的村民自主建设，它基本上还是以村民自主意愿为主，延续了乡村建造的基本特征，以经济性和舒适性为原则。在统一的补助政策下，村民自己的投入从几万元到20万元不等。但是，政府通过补贴政策来引导村民在自建时对建造体系和建筑材料进行了改变。

3）2016年之后的建设是在国家推行精准扶贫的战略背景下进行的，是以政府为主导进行设计和建造的。它在宅基地面积、建筑面积、户型设计和建筑材料方面都与传统方式不同。在这期间夹杂的村民自建，其中一个重要的动因是受征地补贴政策和产权证规定的面积核定标准所驱使，村民以多占面积为主要目标，而不是以居住舒适性为原则。尽管这也与经济有关，但以往村民的经济性考虑是从造价成本的角度去选择建造方式和材料，而此时则是为了获得更多的经济补偿。

3个建设时期民居的演变与文化观念、建造技术和生活方式的改变密切相关。与此同时，政策对民居建造的影响是显而易见的，并且占据了主导地位。在进行选择时，以往村民的重要参考是其经济状况，依据其自身经济条件来选择材料、建造面积和建造方式。政府介入后，必然会出现政府引导与村民意图之间的差异，如何调试这个差异成为今后乡村建设的核心问题。

1980年代以来藏区乡村民居的演变特征

藏区正在经历从农耕时代到工业化时代的转变，3个时期建造的民居的演变特征呈现了这个转变过程。第一个时期是藏民经济收入提高促成的村民的自发建设，它以回归传统、回归三为一体的居住形态为主；第二个时期是政策引导下的村民的自主建设，它以后期材料和结构体系的改变为主要特征；第三个时期以政府主导建设为主，它引发了藏民居住形态的改变。这三者的并置共存构筑了藏区乡村现有的面貌。

研究选取的乡村民居样本集中在拉萨地区的4个区县（堆龙德庆区、林周县、墨竹工卡县和曲水县）（图1），其中涉及7个传统村落和5个定居点，共测绘了27户民宅，访谈了37户人家（图2～图4）。

演变特征涉及的主要内容：

1）通过分析3个时期民居的基本特征、演变动因和趋势，提取藏式民居空间形制的核心要素，以便重构观念、行为和空间的关联性。

图1 拉萨地区乡村民居案例分布图

2）以1980—1990年代建造的民居作为传统藏式民居的样本，从社会学的“家屋”和现象学的“身体”视角重新审视和解读材料，发掘家的观念与空间组织的关联性以及“潜在”的特征。我们重复研究历史，是希望“添加新的细节，发现新的证据，探索新的领域和提供新的解释”[1]。

[1]（美）巫鸿，郑岩．重塑中国美术史·超越大限：巫鸿美术史文集（卷二）[M]．上海：上海人民出版社，2019：31.

研究以讨论动因与物质呈现的关联性为主。然而，论述是从适应性需求和动因开始，指向物质呈现，还是从物质呈现展开，讨论其背后的推动力，这是叙述方式的问题。这两种论述方法在涉及关联性分析时都无法完全澄清动因与特征要素之间复杂的交叉关系，因为关联性并不是一一对应的，而是一对多或多对一的关系。为了更清楚地呈现每个时期建筑特征的总体面貌，论述采用了从物质呈现切入分析，进而讨论其背后动因的方式。

图2 研究案例所在村落和定居点总平面图

（a）林周县江热夏乡联巴村

（b）堆龙德庆区古荣村

图3 传统村落

图4 定居点：堆龙德庆区古荣乡嘎冲村荣玛乡定居点

在研究中，将特别强调从关系的角度去审视建筑的物质呈现。其平面和剖面呈现的内外空间、内部空间之间的关系以及它们与生活方式的关联性是关注的焦点。

一、1980—1990年代建造的民居的特征

在十一届三中全会之后，多年来的土地制度改革、生产责任制的推行和税赋的减少使得藏民经济收入增加，藏民开始集中自发新建房屋以改善居住条件。在这个时期，尽管社会结构、土地政策与传统藏族社会发生了根本性的变革，但是由于藏区相对封闭的环境，其人与土地的关系、农牧民的生产活动和建造技术都没有发生根本性的变化。与此同时，改革开放使得宗教仪式活动回归公共和私人的日常生活，此时期建造的民居延续了传统藏式民居的特征，“家”依旧是日常生活、生产生活和仪式生活三者共处的格局，因而在某种程度上它可以作为传统民居的样本进行研究。

这个时期建造的民居在村落中现存数量较少，而且有些已处于废弃状态，无人居住。有人居住的，历经几十年的使用，建筑也都有些改建或是加建，有加建阳光间的，也有加建二层的（图5）。

1．平面的类型与特征：应对严寒气候

拉萨地区的民居基本上是以外院加主屋的形制为主。在藏区其他地方，诸如日喀则地区，有以内天井组织空间的方式。主屋平面有一字形、L形和凹字形（图6），这在藏区较为普遍。3个类型主要由5个基本单元组合构成，包括一柱间、二柱间、三柱间、四柱间和两个柱间的组合（图7）。柱间距在1.9～2.2m之间，相比传统民居的经验数值2～2.5m，略微偏小。这可能与木材越来越难获取有关，当然，这也与村民的经济条件有关。

无论主屋平面的形制如何，其总体维持了扁长的形状，横向长、进深短，且规整。横向长是为了建筑有更长的面和更多的房间朝南，进深短则有利于阳光晒到房间后面不临窗的部分，这些都是为了应对严寒气候，争取更多阳光的策略。但是，横向与纵向的比例并没有大于2∶1。

从空间构成上看，横向上多是由东、中和西三段组成，纵向上最多是南北两间。其中，中段多为横向的两柱间。这些是保证建筑横向长、进深短的最基本的方法。同时，以两柱间为例，柱到南北墙的距离有时会略微小于柱到东西墙的距离，这确保了房间的横向尺寸大于纵向（图8）。

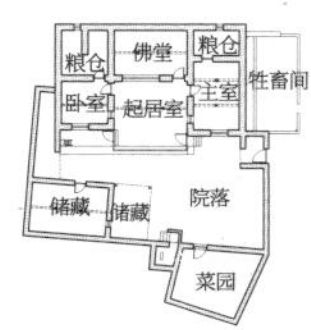

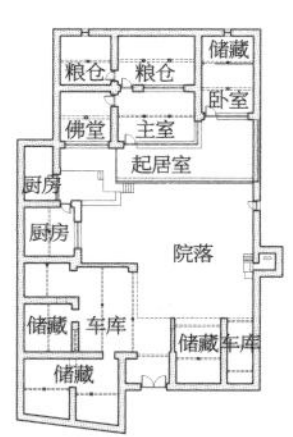

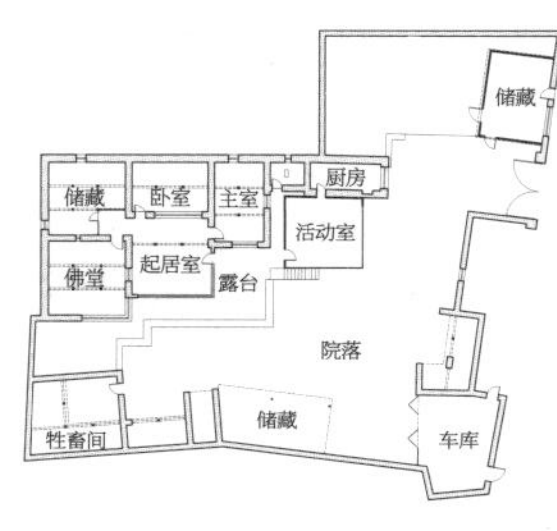

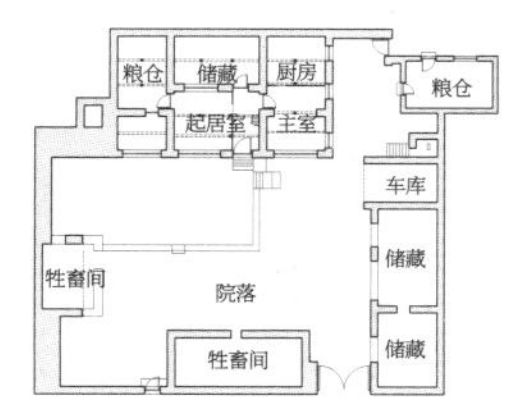

图5 1980—1990年代建造的民居

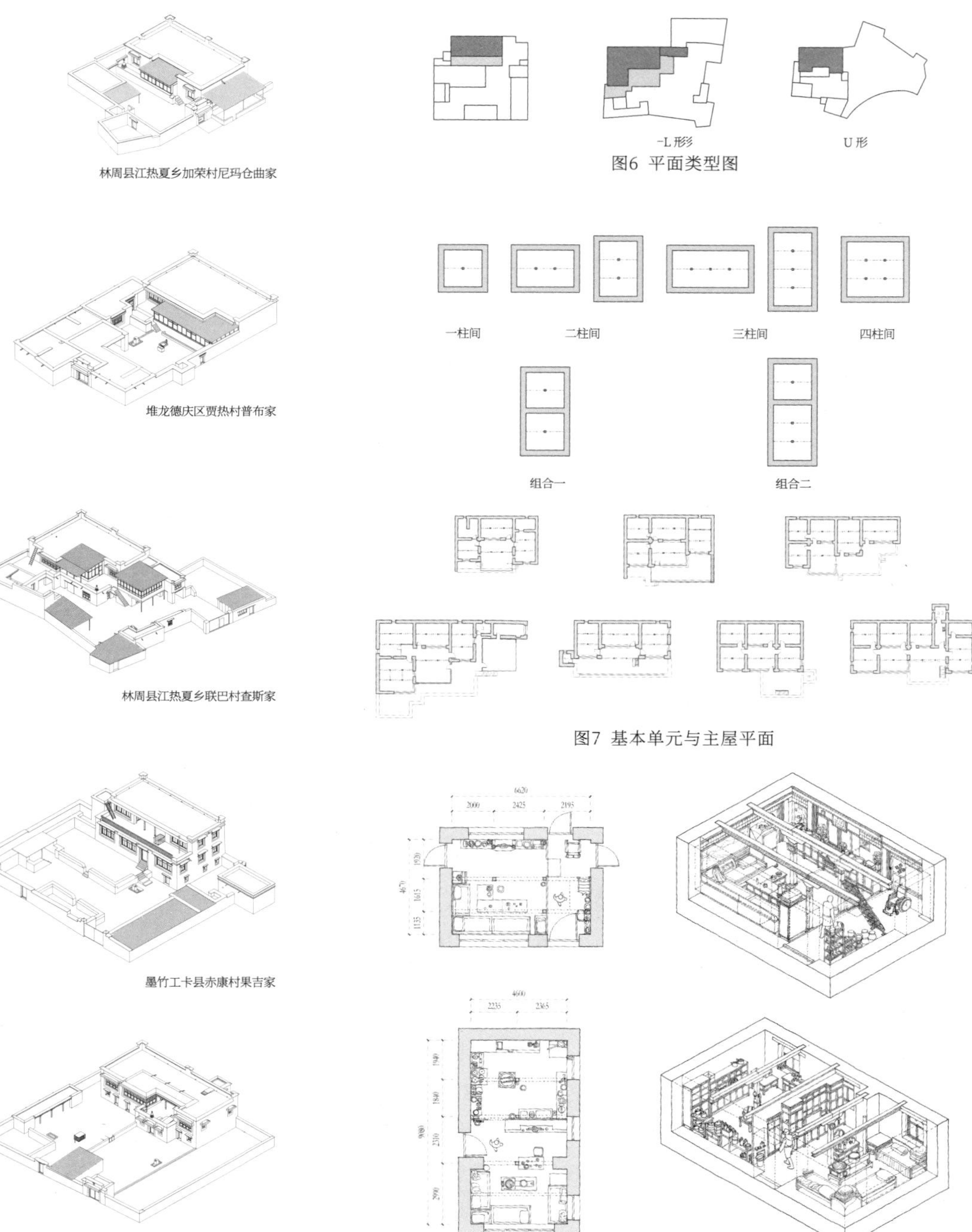

图6 平面类型图

图7 基本单元与主屋平面

图8 房间

院子的平面（图9）具有两个明显的特征：一是不规则性；二是院子的露天部分多是扁长形。院子的不规则性源于村落在演进中形成的历史痕迹的层叠。换句话说，是历史累积的地权变更所形成的不规则形状。院子露天部分的扁长形，一方面与建筑平面的扁长形有关，它要保证建筑南向能晒到太阳；另一方面，若是建筑的前院纵深大于宽度，那么露天部分就会很大。对于寒冷地区而言，太大院子的院墙在冬季无法为建筑起到挡风的作用，因而院子的露天部分也以扁长形为主。当地块很大时，露天院子的扁长是通过沿院墙布置的辅助空间来压缩院子的纵深尺寸而得到的。

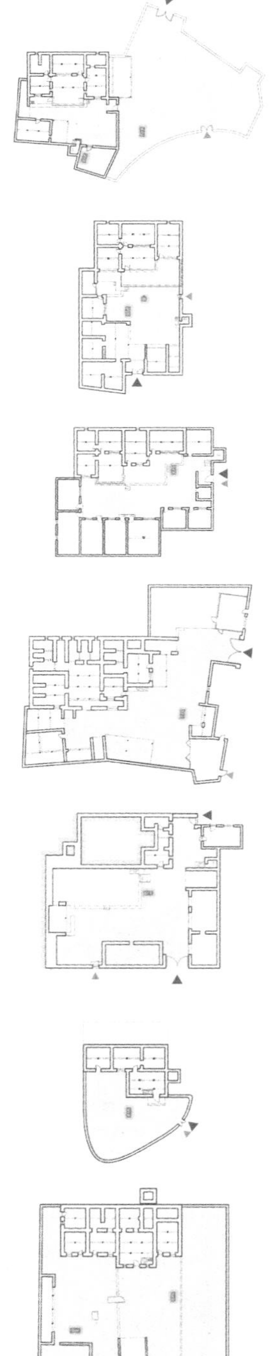

图9 院子平面

2. 功能计划构建了生活的基础，阳光间分解了传统主室生活

功能计划是构筑生活的基本内容。此时期建造的民居，其功能计划与传统相差不大，是生产、日常和仪式生活的混杂，并以主室和佛堂为双中心来组织建筑内部的日常和仪式生活。其他的功能房间还包括卧室、储藏、起居室以及在院内布置的厕所、圈养牲畜和储藏性空间（图10）。在拉萨地区，主屋和院落的关系界定了生产与生活空间的分离，厕所是按照洁净观采用旱厕方式沿院墙布置的。

在这些房间中，起居室对于藏区传统而言，是个特殊的存在：①它是外来词；②它实际是由建房时的屋前平台改建而成的阳光间。大多数阳光间是在2016年之后加建的。藏民加建是为了在寒冷多风的气候下更舒服地晒晒太阳，而且阳光间在白天的蓄热也成了其他室内房间的热源（图11）。

加建前，人穿过院子，走几级踏步来到宽松的屋前平台上，然后进入略显昏暗的主屋。平时，藏民会在屋前平台上摆些桌椅，或是坐在夯土墙宽宽的窗台上，晒晒太阳、做点家务、种种花草。稍许，抬头越过院墙远眺周围群山或是周围环境，发会儿呆。屋前平台是室外的休憩场所（图12）。

加建之后，屋前平台改成了阳光间，由于其蓄热和抵抗冷风的优势，成为村民经常使用的空间。藏民一方面将室外活动移至这里，当作一个充分享受阳光的地方，另一方面将主室的休闲和就餐功能分化，移至这里。有时会布置些藏床，家中孩子在不冷的夜晚可以睡在这里。若是夜晚寒冷，藏民就会回到主室或是卧室就寝。实际上，即便是在春秋季，甚至早夏，阳光间都不太适合夜晚居住（图13）。

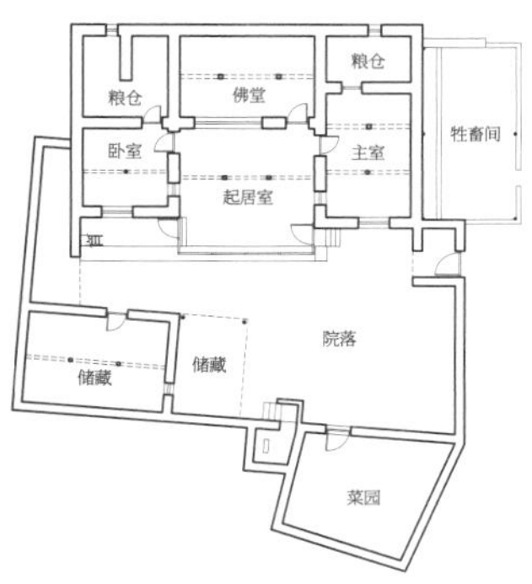

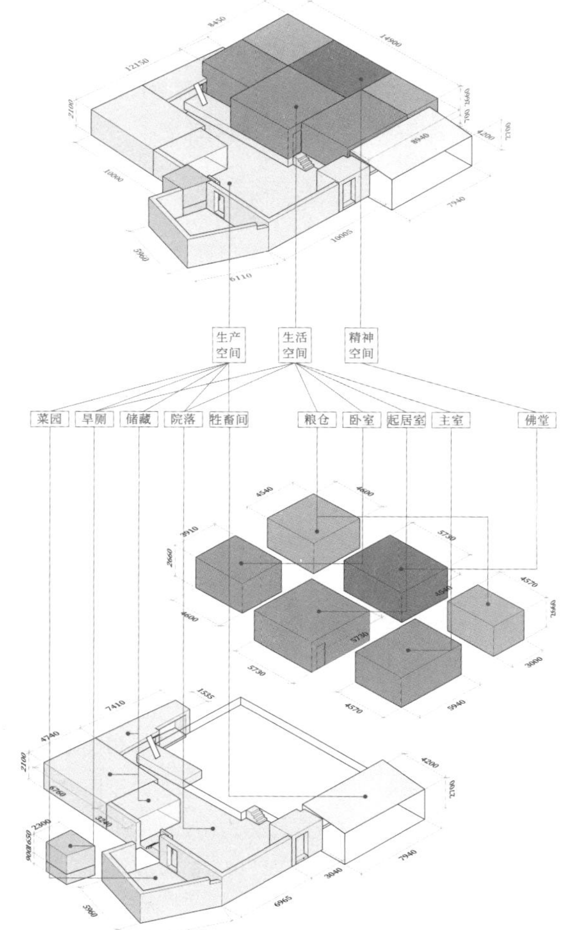

图10 尼玛仓曲家平面图和体量分解图

图11 普布家加建阳光间

图12 琼达卓嘎家屋前平台

图13 普布家阳光间内部

阳光间的加建改变了村民的日常居住形式，消解了屋前平台的生活，分解了主室的作用，但并没有完全消解主室的用途，因为最为关键的厨房（炉火）依旧与臧床（休息、睡觉）混杂布置在主室中，以炉子为生活中心来抵抗寒冷的生活形态依旧没有改变。

3. 核心要素——屋前平台确立了“观想”和串联的空间关系

空间的组织方式和相互关系是建立空间特征的基本框架。在传统藏式民居中，人从院子走进房子的过程中，首先体验的是屋前平台。

从之前的描述看，一个重要的姿态是踏上平台“远眺”群山，这涉及的建筑要素包括围墙高度和平台抬离地面的高度。从调查的样本来看，此时期建造的屋前平台高度在700mm以上，围墙高度基本在2m左右。两者在剖面上的关系，确认了人在平台上可以有远眺的机会（图14）。当然，在二层室外平台远眺的情景更为明显。

抬高屋前平台以脱离院子的地面，毫无疑问，首先是受到洁净观的影响，目的是用以分离生产生活（圈养牲畜、贮藏）与日常生活。抬得越高，分离感就越强，离“污秽”就越远。但两者的高度差需要权衡家里的经济状况和有效利用空间之后才能作出决定。抬得越高，就意味着垫土和基础需要建得越高，而且高到一定程度后，下面的空间就可以被使用了，主屋就变成了二层。所以，这个高度的经验值600～1000mm是综合了使用功能、观念和经济性要素之后平衡的结果。

在平台上远眺的体验，实际上加强了藏民与自然的联系，这契合了藏民的自然观。在藏文化中，对自然充满着敬畏[2]：“每一座山、每一条水都与神灵相关。”“神山是山体、神灵、生物和人类的共同体。[3]”山被认为是连接世俗和神圣的媒介，因而有“天梯”一说。藏民的仪式活动“转山”也是围绕神山而展开的，因而人与山的交流是藏民自然观的体现。坐在屋前平台上，远眺群山和观想成为一种在日常中与山交流的方式。

[2]这与其他社会原始部落的观念有很多相似之处。很多学者将这个现象的出现归结于在当时的状况下，人们对于无法解释的现象都会神圣化、象征化和形象化。

[3]南文渊. 青藏人文地理观[M]. 拉萨：西藏人民出版社，2015.

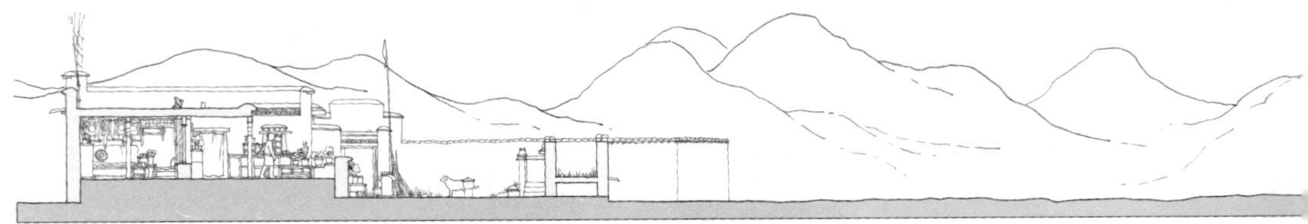

图14 剖面场景图

可以想象，在现实中，对于一层的屋前平台而言，“远眺”更容易出现在松散式布局的村落民宅里，或是“密集型”村落中处在边缘地带的民宅，或是坐落在坡地上的村落中。院墙和屋前平台的高度与“远眺”的精确性的关系是否是藏民预设的，在目前调查的样本中没有充分证据证实，因为村落的传统场景已经被改变。村落中民居的密度、高度和之间的相互关系都因不同时期的建设或是加建而发生改变，因而难以证明远眺群山是个主观意图，毕竟远眺群山与观望前排邻居的宅子有着本质的差别。但是，这个体验的存在暗示着“日常中与环境交流是藏民自然观的体现”在真实家宅生活中存在的方式以及它作为“家宅”地域特征的可能性。传统藏式民居若是二层的话，在二层都有室外平台。在二层的室外平台上，不管村落布局的方式如何错落，或是如何密集，藏民都有机会通过“空隙”面对自然。被周围环境和群山所环抱，自然无时无刻映入眼帘，这是藏民身体特别重要的体验（图15）。

图15 远眺观想

屋前平台在建立内外的关联体验、分离日常与生产之外，它还是构成藏式民居中房间串联关系的核心要素。房间关系如同罗宾·埃文斯在《人、门、过道》一文中通过对比罗马玛达玛别墅（Villa Madama）和伯克郡科尔希尔住宅（Coleshill）的平面所揭示的，它映射了生活方式和社会观念[4]。在藏区，它还映射了建筑的气候适应性。

埃文斯通过研究房间的门和通道分析了拉斐尔设计的罗马玛达玛别墅（Villa Madama，1518—1519），指出当时一个房间有多道门，并与其他房间直接相连，这种房间关系所体现的家庭生活模式，与19世纪之后强调一个房间最好只有一个门的家庭生活之间的差异性，以及它们所映射的身体观念和社会生活的差异性——串联式房间是个钟爱肉体的社会，聚会闲聊是其生活特征。19世纪后的社会把“身体当作心灵和精神的一个容器”，是要求私密性的社会，因而出现了过道连接房间的方式。

以往关于藏式民居的研究集中在房间布局上，强调其南北功能分区的自然适应性，认为北侧布置辅助空间有利于阻挡冬季寒风对南侧生活空间的侵扰。但是，房间的串联关系是构成藏民生活方式的重要内容。串联的房间关系是指北侧房间是从南侧房间进入，而不是通过过道进行连接的。串联的房间关系建立在两个基础之上：一是北侧房间功能依附于南侧，使用其他房间的人不需要频繁进入它；二是利用屋前平台直接进入东、中和西三段的南侧房间，再进入北侧房间。屋前平台起到了入口空间的连接作用。可见，是屋前平台确立了藏式民居“南北串联的空间关系和过道的消解”这两个平面特征（图16）。

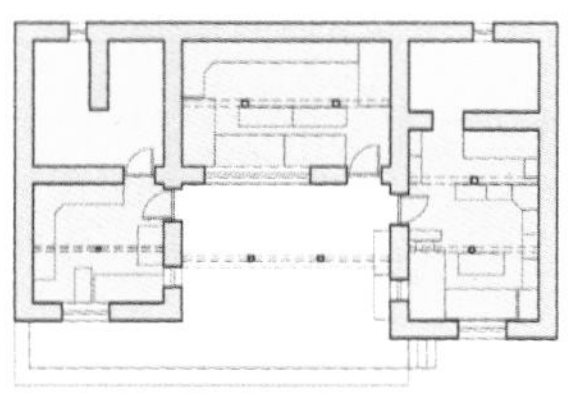

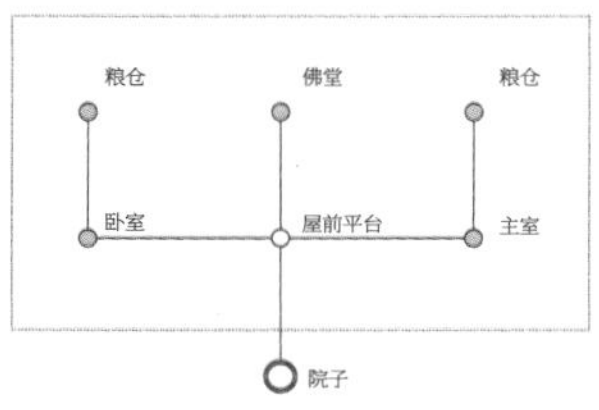

图16 串联式房间关系（尼玛仓曲家）

这种平面的组织关系，确立了两种生活形态：一是确认了以屋前平台作为室外起居室和空间连接轴心的生活形态。二是屋前平台确立的房间南北串联关系，它建立的生活框架是房间各自独立、不受干扰的体系。以主室为例，在我们的理解中，它有更加复合的“起居室”功能。若是在内地住宅平面中，它会是组织空间的中心，用以连接其他房间。但是在藏式民居中，主室是独立的，不连接其他南向生活空间，它不具有穿越性。同时，这个房间体系因为过道的消解，使得建筑体量更为紧凑，像是以一个团紧的身体来对抗严寒气候。

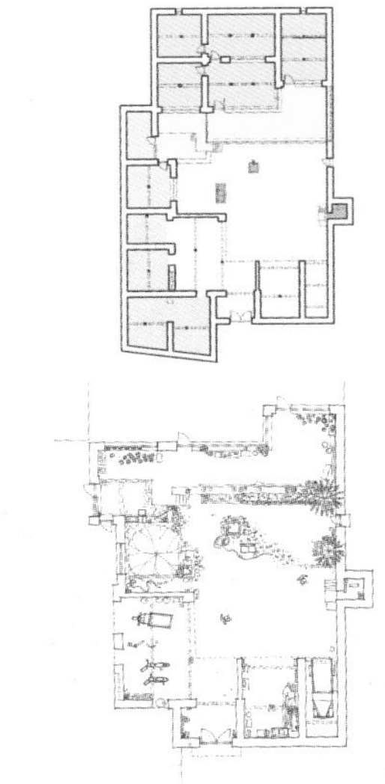

此时期的建筑以一层为主，可以想象，若是二层以上的建筑，楼梯的组织方式则是决定房间串联关系是否存在的另外一个要素。

4. 双中心生活形态：日常生活的“时令”之分、仪式生活的延续及其构筑的形式特征

日常生活以院子中的井边生活、屋前平台室外（阳光间）休闲生活和主室的炉火生活为主体。在院子中设置井是拉萨地区民居的传统习惯（见图9，蓝色标注为井的位置）。这一方面是为了生产，诸如饲养牲畜所需，同时也包括了日常生活。藏民会在井边进行洗漱、清扫、洗衣服和浇灌花草树木等（图17）。

图17 普布家院子

主室的日常生活（图18）是以炉火为中心展开的。主室在此时期有两种布置方式：一是在主屋内，一般位于东侧；一是沿院墙布置在院子中。因为炉子的传统燃料是牛粪，它的燃烧会熏黑房屋，所以村民有时会把主室独立出来，在院子中单独布置（图19）。牛粪需要晾晒，村民把它们堆在院墙上，形成了檐部“重”的感知；或是粘贴在墙上，形成了“粗粝”的墙面肌理。这些都构成了建筑形式要素，是生活赋予的形式特征（图20）。

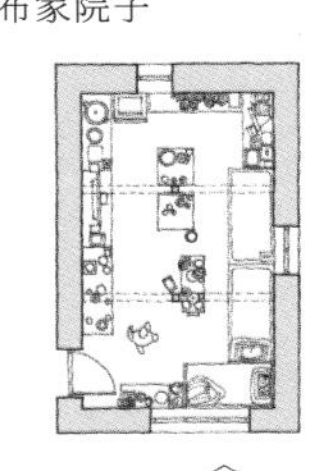

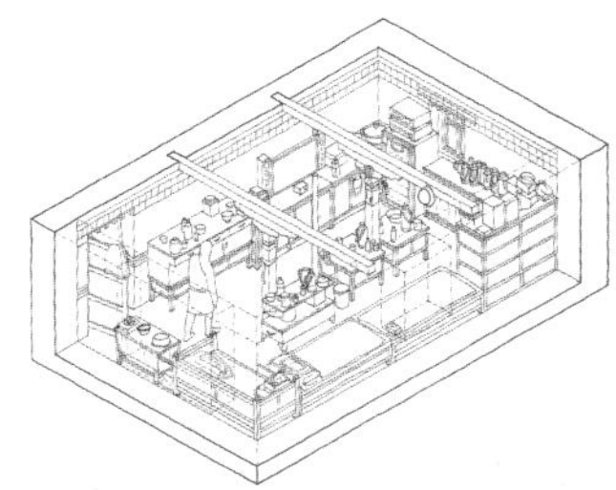

图18 查斯家主室

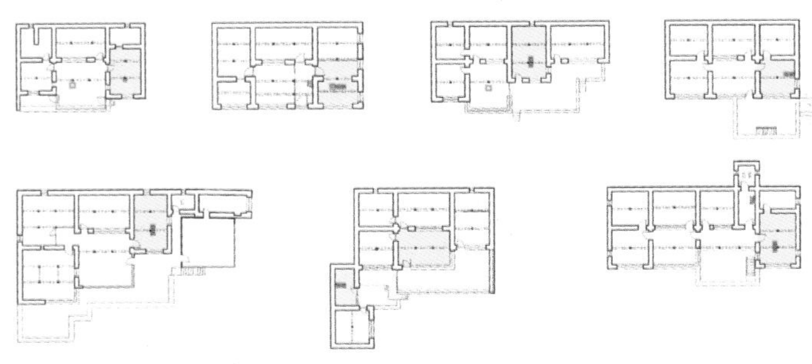

图19 主室位置分析图

图20 古荣村墙体肌理

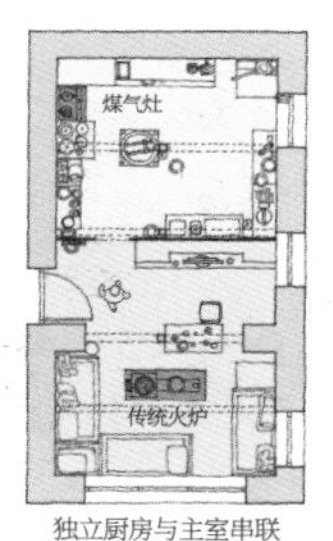

独立厨房与主室串联

图21 炉子的变化

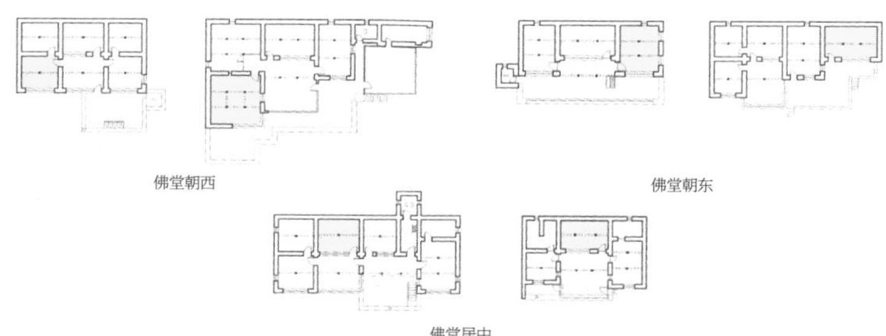

图22 佛堂位置图

随着新型燃料（天然气）和燃气灶在乡村的推广，炉子的形态、烹饪的方式也随之发生变化。因为油烟大，藏民于是在主室北侧单独辟出一间屋子当作烧饭的厨房，然后把饭菜端到主室里，围着炉火吃饭。主室的炉子主要用于烧水、煮茶等（图21）。在冬季时，为了节省能源，主室的炉子也会用来做饭，形成了“夏厨房”和“冬厨房”的使用模式。结合之前讨论的阳光间加建，阳光间使传统主室承载的休闲和就寝行为也有了白天和夜晚之分。换句话说，随着经济条件的提高，拉萨地区藏民的日常生活出现了“时令”之分的形式特征[5]，这是藏区冬夏、早晚温差变化较大所导致的。

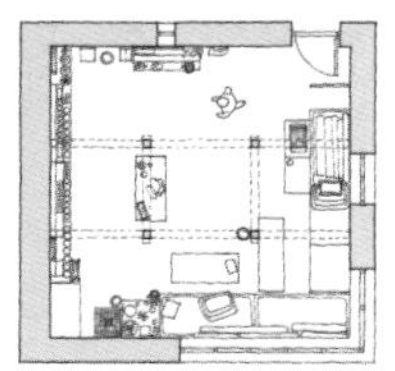

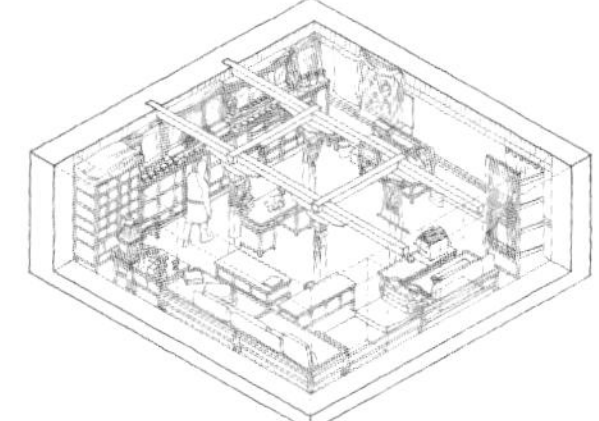

藏民家中的仪式生活是围绕佛堂、煨桑炉和屋顶经幡垛展开的，其中佛堂是核心。藏民在经济富裕的情况下会在家中设佛堂，若是经济不宽裕，就只设个佛龛。在1980年代藏民的经济条件改善后，家中设佛堂的藏民变多。当然，经济状况越好，佛堂也会越大，越精美。

作为“神圣”场所，佛堂需要远离污秽之处，诸如牲畜和厕所，而且位置越高越好。在拉萨地区，民间有“厨房北、佛堂西”的俗语，因而在条件容许的情况下，藏民大多数会将佛堂布置在建筑西南侧，以两柱间为主，是家中装饰最精美的房间（图22）。在其他位置布置佛堂也是各户因为实际情况而作的调整[6]。平日里，家中的长辈每天在起床洗漱后就去佛堂完成供水和燃灯等一系列仪式活动，在下午再供水一次。佛堂一般不住人，需要的话，也只是男孩可以住在里面（图23）。

图23 查斯家佛堂

[5]在以往的研究中，曾提及阿里民居屋穴的组合方式，是“夏屋”“冬屋”的生活之分。

[6]例如墨竹工卡县赤康村果吉家，在西侧加建了旱厕，所以佛堂就设置在东侧了。将佛堂布置在北侧是因为家里房间数量有限，南侧房间布置了卧室，所以只能将佛堂移到北侧，但通常会选择北侧中间位置，以显示隆重。

煨桑炉是藏民用于净化和祭神的。藏历每月8日、10日、15日、30日和重大节日，藏民会去村里公共空间中的煨桑炉煨桑祈福，也会在家里进行。最为隆重的是藏历新年初一，藏民会从清晨就开始煨桑。煨桑人先将柏树枝放在桑炉内点燃，然后再撒上些许糌粑、茶叶、青稞、水果、糖等，最后用柏枝蘸上清水向燃起的烟火挥洒三次，并口诵“六字真言”，以此敬神祭拜。煨桑炉设置的位置没有明显的趋向，院中、二层平台或是屋顶上都可，只是需要选家中“干净”的地方设置（图24）。

图24 煨桑炉构成的形式特征

经幡垛，通常设置在屋顶转角处，用高约600mm的女儿墙连接，它比女儿墙再高出约半米，并附加构件以固定挂经幡的柳树条。在新年期间的吉日，一家人会盛装在屋顶上举行隆重的插经幡仪式以祭神祈福。

从日常和仪式生活来看，仪式生活是构筑藏式民居形式特征的重要因素，煨桑炉和经幡垛构成了藏式民居的可识别性。与生产和日常生活有关的“牛粪”，间接构成了院墙檐部和墙面的“肌理”（图25）。

图25 经幡垛与牛粪构成的形式特征

在洁净观的制约下，厕所与日常生活和仪式空间的分离关系一直是藏式民居的关注焦点。在此时期，厕所采用旱厕方式，大多布置在院落中。当建筑为二层时，会将厕所靠近主屋布置（图26）。

5. 土木、石木混合结构：激发的窗边行为和呈现的空间感知

在这个时期，普通民居通常采用传统的材料和方式进行建造，它以土木或是石木的混合结构为主，这体现了这个时期村民的“集体意识”（图27）。实际上，乡村的日常建造是以经济性为限定条件的，以此为准绳选择建造方式和构件的尺寸。

图26 厕所、佛堂与主屋的关系

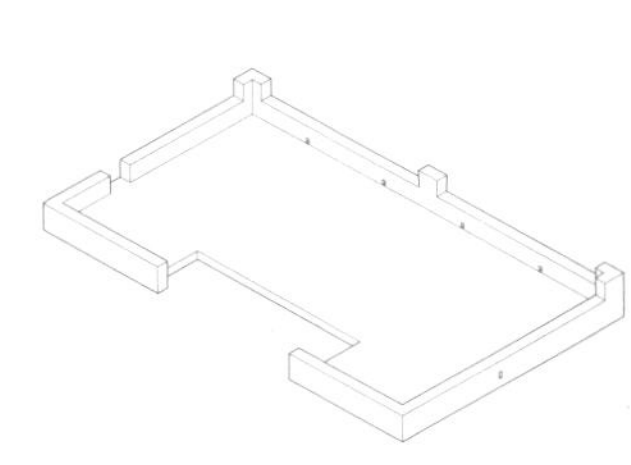

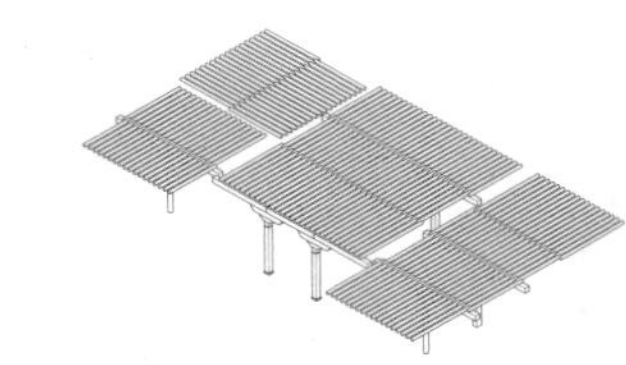

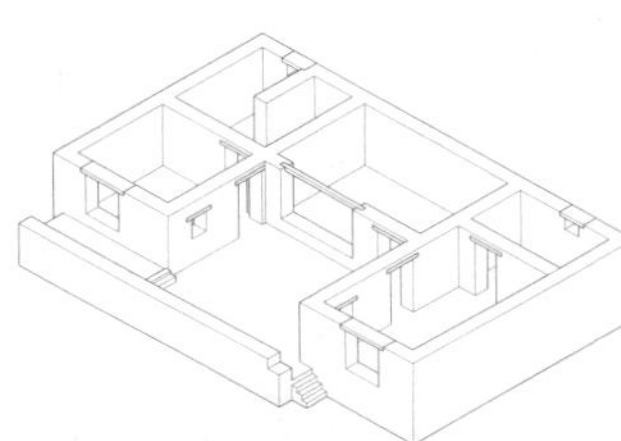

图27 尼玛仓曲家结构分解图

大小石材砌筑肌理

阿旺真宗家外墙手抓纹

普布家外墙石砌肌理

图28 传统外墙肌理

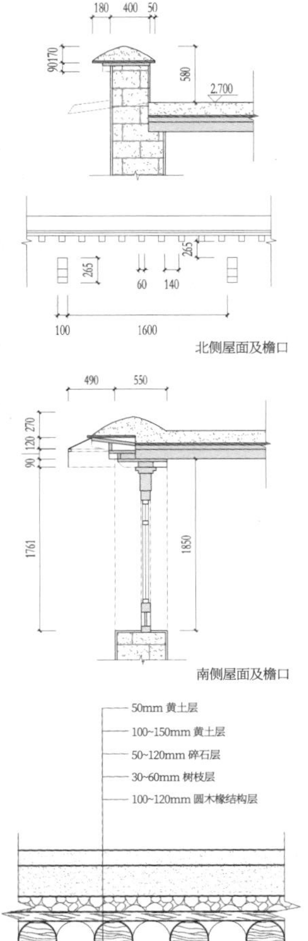

屋面构造详图

图29 屋面构造图

在此时期，一柱间房间大小大约在4m×4m，与传统相仿。构件的尺寸，柱子直径在120～150mm之间，大梁在120mm×150mm～150mm×200mm之间，椽子一般选用直径100～120mm的圆木。若不是主要房间，柱子、梁和椽子会采用木材砍伐后的自然状态，毕竟圆柱、方柱或是八边形方柱都需要费工。村民在有限的经济条件下会将精力花在主要空间上，这就会造成建筑的构件在不同房间中有形式的差异。

墙体多采用土坯砖或是石材，两者的基础都采用石头砌筑。两层建筑的基础埋深在1m左右,土墙厚度一般为450mm。当地土坯砖的尺寸大约是120mm×120mm×440mm。若是二层建筑，底层的土墙就按一丁一顺砌筑，厚度有700mm。墙体往上收分，二层墙体厚度在500mm左右。土坯墙的石基础露出地面至少700mm，这当然与室内地坪高度有关。有时经济条件好，会再多砌些。若是二层建筑，石材有时会砌至一层的高度。为了避免土墙受雨水冲刷，藏民会在土坯墙的黄泥基上做两端朝下的弧形手抓纹理[7]，以便快速地导水，从而形成了墙面粗粝的肌理质感。当然也有土墙直接刷白的处理。若是用石材砌墙，石材大小不一，在砌筑过程中，当地工匠遵循“大石头砌，小石头编”的原则，其间缝用黄泥填充（图28）。石墙墙厚在500～550mm之间。相对而言，拉萨地区墙体收分较少，为2～4°，二层比一层厚度减少100～200mm。

普通民宅的平屋顶构造是在圆木檩条上先铺树枝或是片石，之后再铺上厚约10cm的黄土拍实，最后辅以5cm踩实的黄土作为保护层。黄土屋顶厚实，有利于保温。树枝或是片石之间的空隙有助于黄土层下的通风，以防止木构件被雨水腐坏（图29）。尽管藏区大部分地区雨水较少，但土屋面的渗水对木屋架和室内还是会产生影响。藏民在主要房间中会用墙纸和其他材料装饰裸露的屋顶，以防止落灰和渗水。

[7] 施工顺序是先在土墙外敷一层普通黄泥作为外保护层，以及找平的底灰，之后再敷上较细的黄泥，用手指摸出水波纹，最后向墙面泼洒白石灰液。

拉萨地区土屋面的女儿墙传统做法是在南侧只设置约高200mm的圆弧形隆起，其他位置设高约600mm的女儿墙，呈现三面围合的姿态，其目的是减少南侧夯土墙的自重，以利于南向开大窗。同时，在南侧也不设排水口，以免影响南侧屋前平台上的活动，因而只利用圆弧形隆起防止雨水外溢。为了解决屋顶的排水问题，在另外三侧女儿墙下设排水口。排水口处有明显的下凹处理，以便屋面排水（图30）。

图30 普布家土屋面及屋顶排水口

窗檐由三部分构成——悬挑木构件、小披檐和香布，悬挂香布的目的是保护木构件和构件上的彩绘。窗檐构成了一个有顶的覆盖领域，又因为传统材料形成的墙的厚度方便人坐，从而激发了人的窗边行为——在窗台上闲坐着，或低头不语，或是转动手中念珠并远眺，或摆弄些花草，一派闲适。有时香布被标准金属构件所替代（图31）。

图31 窗边行为

传统建造方式形成的空间氛围、空间有柱的特征依旧保留着。实际在藏式民居空间中，结构在空间中呈现的力量并不只是由柱构成的，柱上的结构“一梁两排椽”明显也具有形式和感知的特征。它的特性在于椽子与主梁的方向各异。在普通民居中，无论房间是横向长还是纵向长，其主梁基本都是沿东西方向布置的，椽子沿南北布置，而且两者形成了轻与重、密与疏的对比（图32）。只是在现实中，由于前面提及的原因，这些特性有时会被屋顶贴的墙纸或是其他材料所遮蔽。

对于民居中段较为常见的两柱间扁长房间的屋架布置，藏式民居与其他地区民居略有不同。我们习惯于在短轴方向布置主受力构件，在长轴方向布置次级结构，目的是节省主受力构件的尺寸，主要是木料的尺寸。因为藏式民居中柱的特殊形式，柱到四边墙的距离相似，因此看似是扁长空间，但实际上长轴和短轴方向的构件跨度是一样的，因此主结构受力构件沿两个方向布置，其构件尺寸相差不大。藏民无视扁长房间短轴方向，都选择长轴（东西向）布置主梁，南北向布置椽子，这种做法是否与文化观念相关，尚不明确（图27）。可能的原因是，藏式民居南侧需要尽可能地开大窗以引入更多的阳光，这对于严寒地区非常重要，所以避免将主梁搭接在南侧墙体上，这会有助于在南向开更大的洞口。除了力的传递路线会影响洞口的大小之外，由于主梁的高度要大于椽子的断面尺寸，再加上窗口上缘层叠的木构件，这样，洞口的有效尺寸会被进一步缩小，而且传统藏式民居的层高本身就相对较矮，在2.4m左右，主梁高度对洞口大小产生的影响就会更大。可能是基于主梁对洞口高度的影响，藏民选取了特殊的屋架布置方式。

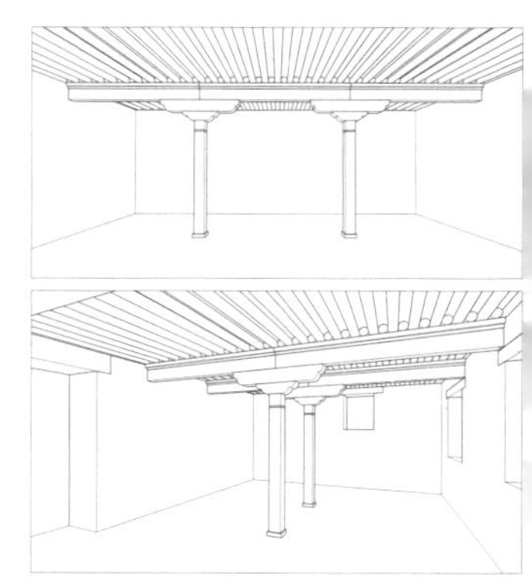

图32 标准两柱间

这个推断也是基于对民居东、西两段房间梁架布置方式的观察。在东、西两段房间，其两柱间的长轴方向是南北方向，主梁却是沿短轴方向（东西向）布置的，因而有了上述的推断：藏民在布置屋架时，不是考虑房间的长短轴方向，而是考虑如何更有效地开窗。对于普通民居，尽管有L形或是凹字形，但因为体量有限，房间都是从南侧开窗，屋架的主梁也就都是东西向的。

民宅东、西两间屋架布置方式与贵族府邸的回字形建筑东西两侧的布置方式不同。贵族府邸体量较大，东、西两侧由多个房间组成，房间需要从东、西两侧开窗以便采光，因而东、西两侧房间的主梁是沿长轴（南北向）布置的，与民居东西段房间不同。这也证实了上述推断。

6. 动因、空间与行为的关联性

藏民的自发建设行为以经济性为原则，气候和材料适应性所形成的建造特征构成了空间特征和地域特征的基本框架，空间组织方式和氛围构筑了行为的框架，生活适应性和文化观念为这个基本框架添加了“差异性”内容。

相比较前文归纳的藏式民居建筑特征与动因的关联性，此时期民居的现状为我们提供了更多的动因、空间与生活的关联性线索（图33）：

（1）双中心的日常生活形态和无中心对称式的空间组织方式是藏式民居的基本特征。在洁净观的制约下，日常、仪式生活与生产空间和厕所的分离是空间组织的主要策略。日常生活以主室炉火为中心展开。仪式生活更多地呈现出对室内装饰氛围和形式特征的影响。

（2）扁长形院子适应了建筑的扁长形体量和严寒的气候，院中井边生活混杂了生产和日常生活。

（3）屋前平台是组织空间的核心要素，它是建立串联的房间关系的基础，同时也界定了生产与日常的分离。屋前平台上的“观想”远眺和休闲行为不仅定义了藏民的室外居家生活习惯，同时界定了建筑的内外关系和人与自然的关系，是藏民自然观的体现。

（4）串联的房间关系保证了每个朝南房间的独立性和不被穿越性，使得房间中的行为更具有私密性，不被打扰。

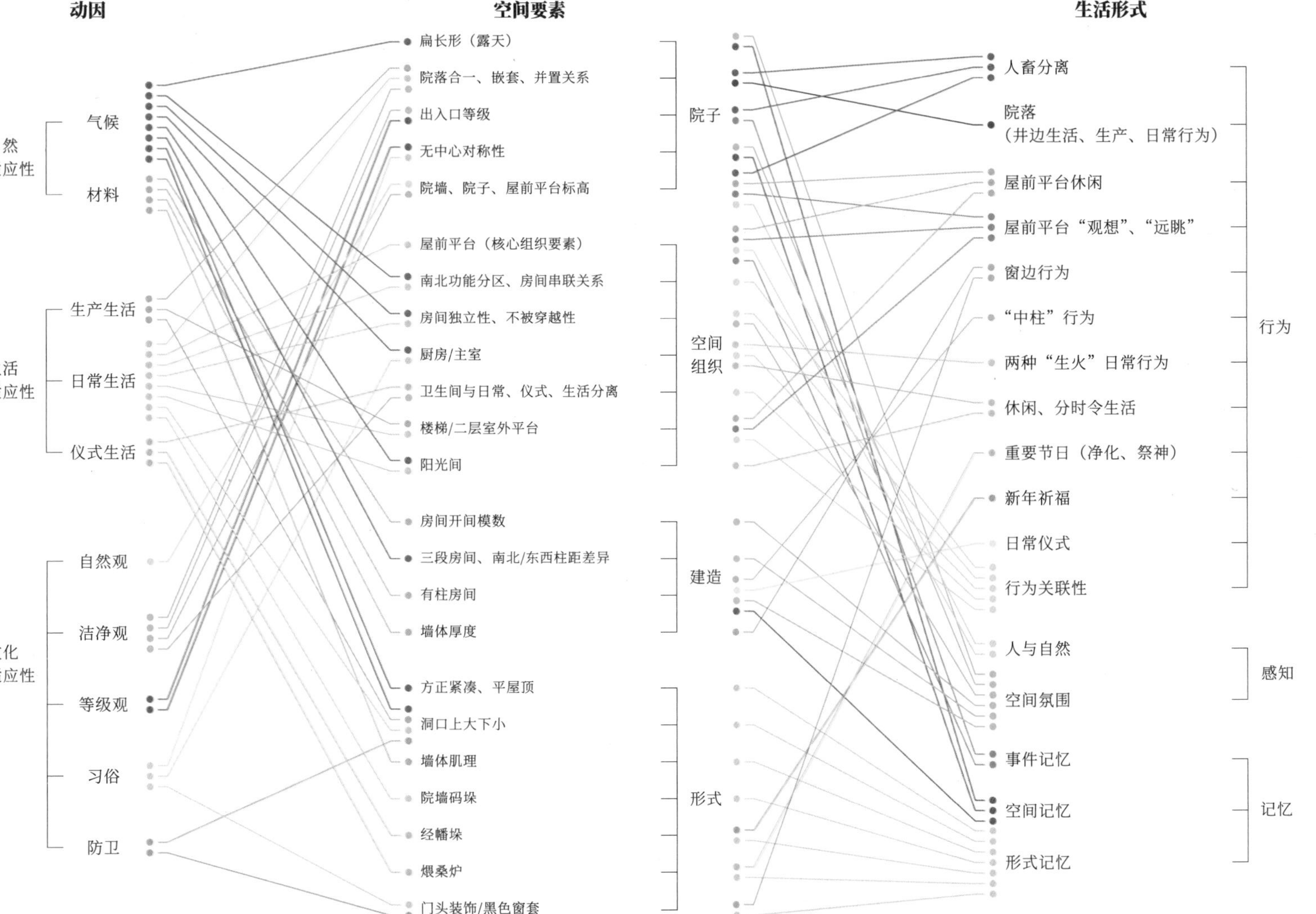
动因
空间要素
生活形式
自然
适应性
气候
材料
生活
适应性
生产生活
日常生活
仪式生活
文化
适应性
自然观
洁净观
等级观
习俗
防卫
扁长形（露天）
院落合一、嵌套、并置关系
出入口等级
无中心对称性
院墙、院子、屋前平台标高
屋前平台（核心组织要素）
南北功能分区、房间串联关系
房间独立性、不被穿越性
厨房/主室
卫生间与日常、仪式、生活分离
楼梯/二层室外平台
阳光间
房间开间模数
三段房间、南北/东西柱距差异
有柱房间
墙体厚度
方正紧凑、平屋顶
洞口上大下小
墙体肌理
院墙码垛
经幡垛
煨桑炉
门头装饰/黑色窗套
院子
空间
组织
建造
形式
人畜分离
院落
（井边生活、生产、日常行为）
屋前平台休闲
屋前平台“观想”、“远眺”
窗边行为
“中柱”行为
两种“生火”日常行为
休闲、分时令生活
重要节日（净化、祭神）
新年祈福
日常仪式
行为关联性
人与自然
空间氛围
事件记忆
空间记忆
形式记忆
行为
感知
记忆

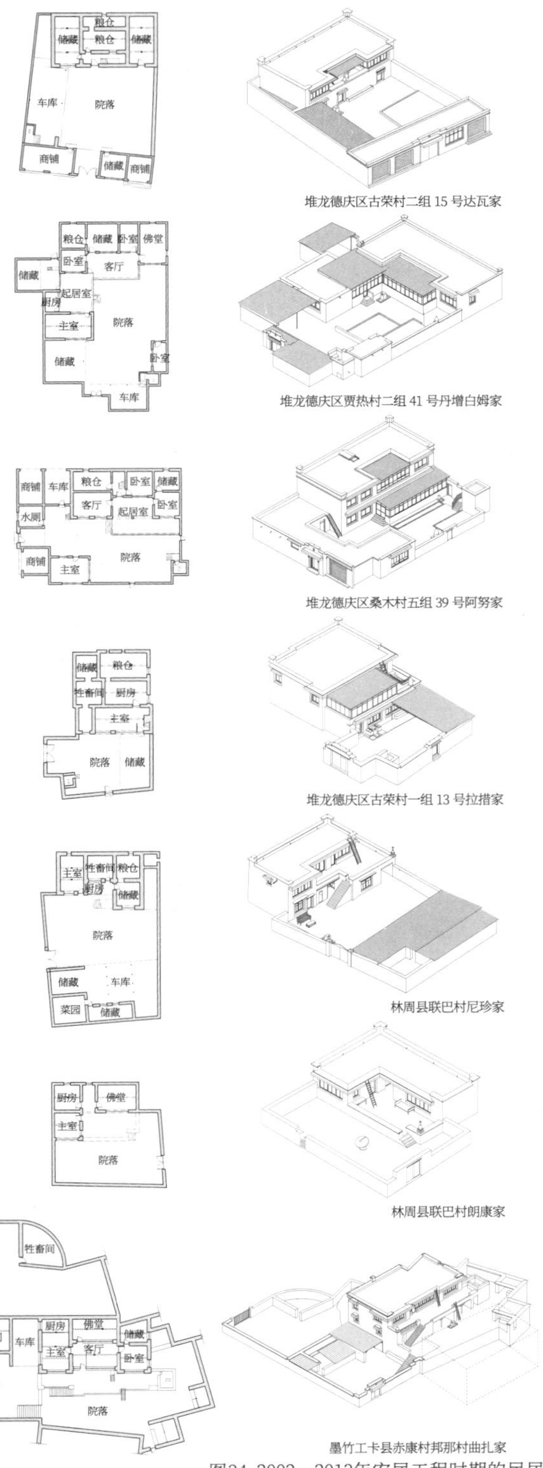

图34 2002—2013年安居工程时期的民居

（5）墙体厚重的形式特征承载了藏民日常的窗边行为。

（6）为了遮挡寒风而加建的阳光间，取代了屋前平台，同时也分解了主室的功能。日常起居和休息活动被移置阳光间，藏民日常生活空间的“时令”分化开始显现。

（7）结构对于空间氛围的影响，除了空间中的柱之外，屋架的梁与椽子的布置方式对空间感知也产生了影响。

二、2002—2013年安居工程时期的民居特征

村民在此时期集中建造和改建的原因是政府自2002年开始在藏区提供资金补贴以改善村民的居住品质。大量的补贴政策集中于2006年之后实施的安居工程，因而村落中2006年之后建造的住宅相对更多些。

在此阶段建造的房屋，二层建筑开始明显增多，而且很明显与前一个时期具有一定的相似性：①建筑平面的基本类型和形制；②体量方正且紧凑；③院落的井边生活；④屋前平台承载活动和组织空间的意义；⑤房间的串联关系和不被穿越性；⑥洁净观制约下旱厕的布局方式；⑦加建阳光间，同时消解了屋前平台的意义。相对于上个时期，这些都没有发生很大变化（图34）。

最大的变化来自于建造体系开始进入转型期。在初期，藏民依旧沿用传统方式建造房屋，其空间形制和结构体系与以往相比没有发生很大变化。在后期，由于2008年当雄县发生了地震，材料和建造方式的改变构成了后期的建筑特征，影响了建筑外部形态和室内空间氛围。

1. 院落的演变趋势以及生活形态的演变呈现“圈层”特性

生产空间与生活空间的分离是空间关系的核心问题。除了屋前平台之外，通过院落来分离生产活动也是一个要考虑的内容。

院子中的活动有生产性活动、部分日常活动和进入主屋的路径。从现有的策略来看，有合用、嵌套和并置3个策略（图35）。合用的院子又有两个类型：人和牲畜共用一个入口，或是两者分开设置。嵌套是指人和牲畜分设两个院子，但人是先经过牲畜的院子，再进入生活性院子，两者呈现出前后嵌套关系。并置是生产和生活的两个院子分开设置，各自有出入口，两者用矮墙分开，形成互不干扰的关系。其中比较微妙的是共用院子有两个出入口的情形。出入口、行进路径和目的地（主屋或是牲畜房）三者的相互关系界定了人和牲畜（生活和生产）各自的领域，形成了隐性的划分。这种隐性的划分，有时界定的两者领域会相对分离，但有时也会交叉（图36）。关注隐性的领域界定，将有助于在共有基础上建立分离。

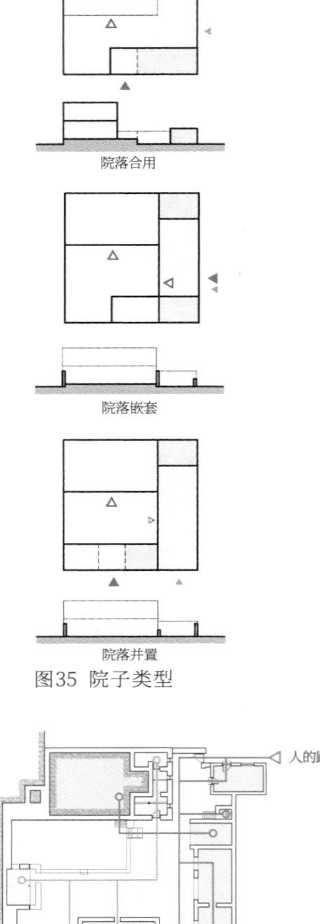

图35 院子类型

图36 院子领域与路径

对比两个时期的院子类型，会发现1980—1990年代的院落以合用类型为主，而此时期的院落以并置为主，可以看出藏民对于生产与日常分离和对日常洁净的诉求在日益增强。

此时期开始出现无生产性功能的院落，这意味着藏民的生活形态开始转变。这个转变的时间节点很难确定为2002—2013年这个时间段，因为调查时间是在2018年夏。村民可能是在居住后才改变了院落的用途。但毫无疑问，2018年左右，这种生活方式的改变是被确认的。其主要表现是院落开始剥离牲畜的圈养，更多地用于储藏，或是一般性农作物及饲料的晾晒。院落辅助用房的功能开始更加多样化。从目前使用的状况来看，有些空间开始用于车库以及存放农机用具。有些住户因为邻村落的主要道路，会把沿路的辅助用房用于开店铺（图37）。村落中的商业功能也日益多样，但茶室作为藏民公共活动的核心场所并没有改变。

这种生活方式的转变呈现出圈层特质，即越靠近城镇中心城市，生产性院落的剥离越明显；越偏远，3种生活混杂的可能性越高。这一方面是自然发展形成的，越靠近城市的村落越容易受到城市生活方式的影响；另一方面，还受到区域的交通条件、村落发展规划和定位的影响。距离城镇中心越近的村落，越容易发展农牧业之外的产业模式[8]。村落的这种圈层表现实际上是村落在自然状态和城市化两个极点之间通过“距离”

[8]在原堆龙德庆县（现为堆龙德庆区）的村落中这种现象比较多。这是因为堆龙德庆县距离拉萨市较近，且交通便利，因而原以农牧业为基础的产业模式在青藏铁路贯通后，转向以制造业、商贸流通业为其主导产业。拉萨国家级经济技术开发区和柳梧新区位于堆龙德庆县境内，并与拉萨主城区对接。这些都促进了该县的产业转型和发展。现该县划归拉萨市区管辖，改名为拉萨市堆龙德庆区。而墨竹工卡县和林周县距离拉萨较远，目前仍以农牧业为主。

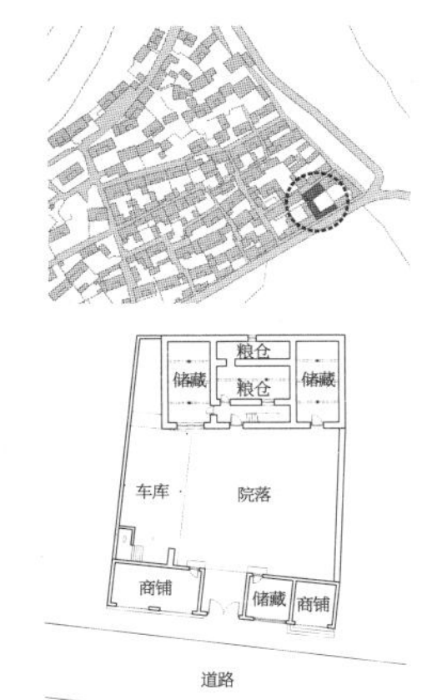

图37 达瓦家

来确定自己的圈层和各圈层的特性。自然的乡村要跨越“距离”才能享受城市的便利，反之，城市人也需要跨越“距离”才能享受村落的自然。假若不同特性的村落不是依据与城市的“距离”确定各自位置，而是以散点“平行式”分布在自然与城市之间，人在同等距离下有同等机会与“自然状态”的村落和“城市化”村落相遇，各个居住形态消解了“距离”，这样会不会为人提供更多样化的选择？

2. 以楼梯为空间组织的核心以及日常生活呈现下移的趋势

相比上个时期，此时期建造的民居，二层建筑明显增多。楼梯作为空间组织的核心要素，它的位置决定了其他空间的相互关系以及传统串联的房间关系是否存在。

藏式二层建筑，一层大多用于圈养牲畜或是贮藏，因而在二层南侧依旧设有室外平台，将一层屋顶当作日常生活的开始，以此基面作为“大地”。在拉萨地区，楼梯一般会布置在建筑南侧，因为一层是辅助空间，所以不必在意楼梯遮挡了光线，而且这样布置也避免了人需要穿越一层圈养牲畜或是贮藏的空间才能走上二楼的不适。楼梯与二层室外平台大多是直接连接的，从平台南侧或是东西两侧与之连接的方式维持着室外平台作为空间组织的中心。平台直接连接了南向的各个房间，从而保证了房间的南北串联关系（图38）。

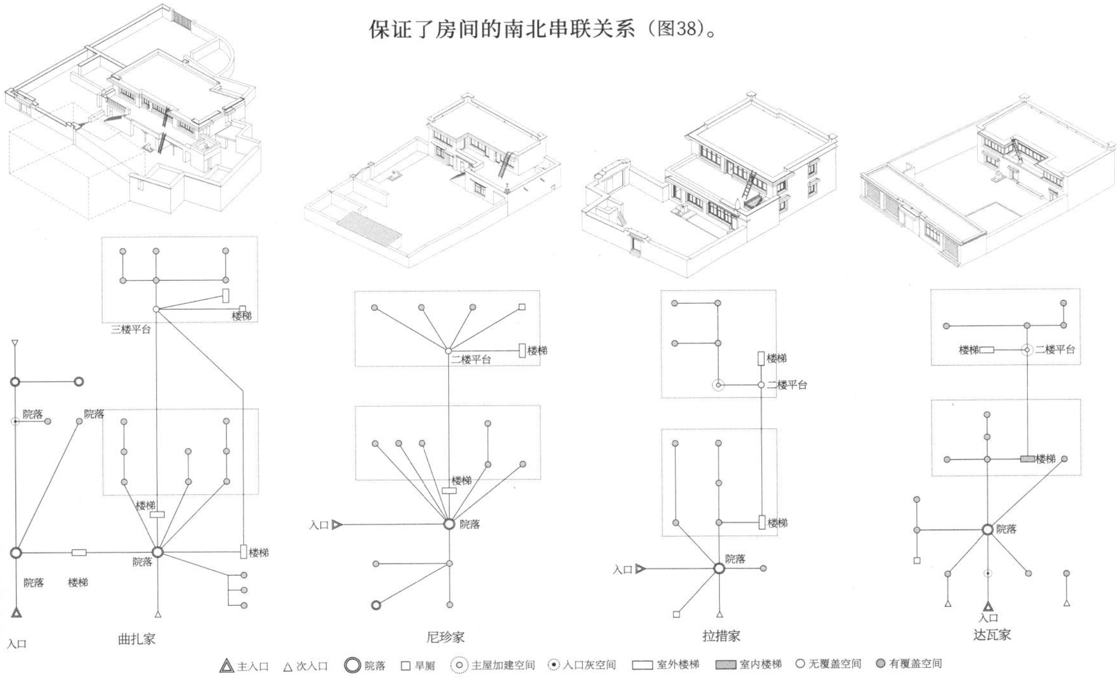

图38 楼梯、空间关系图

然而，当楼梯设在二层室外平台北侧时，藏民依旧会利用二层室外平台来连接房间，而不是加设走廊来连接（图39）。这种连接方式维护了屋外平台组织空间的作用以及二层房间的串联关系。再观察其一层平面，楼梯间被封闭成独立房间,与屋外平台直接连接。它被当作了南向的一间房间来处理，不像内地那样将楼梯放在北侧，需要穿越其他房间才能到达。藏区的这种做法，看似浪费了南向居住空间的面积，但它维护了一层南向其他房间的独立性。在使用过程中，有些住户会在二层屋外平台加盖阳光间，如同一层建筑的加建一样。

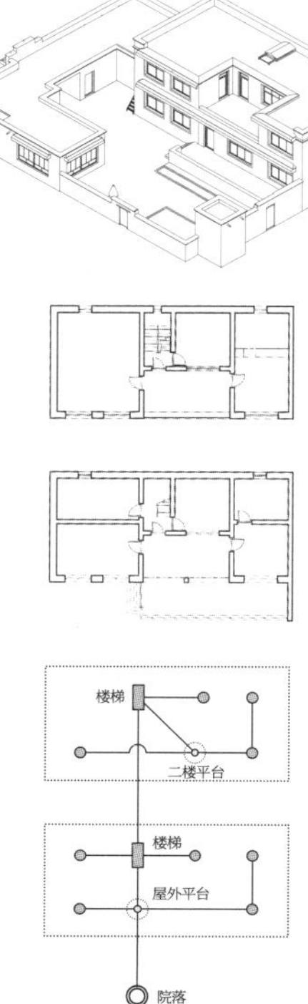

图39 阿努家房间连接图（加建阳光间前）

二层建筑与一层建筑相比，另外一个可能的变化是旱厕的位置。因为主要居住空间在二层，在这种情形下，有些时候旱厕会被从底层院落中移置二层室外平台旁设置，以便日常使用。藏民为了维持日常生活与厕所（不洁净）的分离，将之脱离主建筑，有时甚至将其标高设定为略低于二层室外平台的标高（图40）。在调查过程中发现，在2002年和2004年自建的2层民宅，它们的旱厕依旧是以布置在院落中为主。在2006年之后建造的民居，更多地将旱厕移至主屋二层的旁边，与主屋用室外平台连接。从村民的调试过程中可以看出，生活的舒适性是民居形制演变的重要考量。

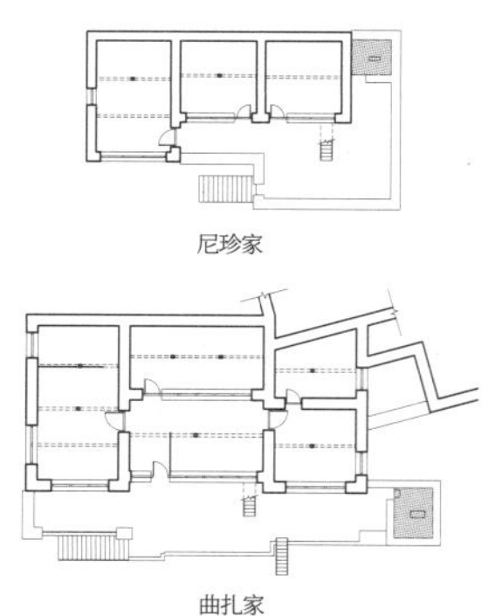

图40 旱厕位置平面示意图

当村落的生产生活、圈养牲畜开始从居住中剥离时，藏民的日常生活也开始从二层下移至一层。在下移过程中，因为原有空间的局限，藏民会在院落中加建主室（图41），有时因为老人行走不便，甚至佛堂也会下移至一层。在还有牲畜用房时，因为家中的具体状况，有时藏民也会将主室放在一层。

种种具体的、不同的生活形式构建了不同的空间形制，个体不同的生活习惯和对舒适性的不同解读又给这些基本空间形制带来了变异，这些差异性共同塑造了乡村活力。

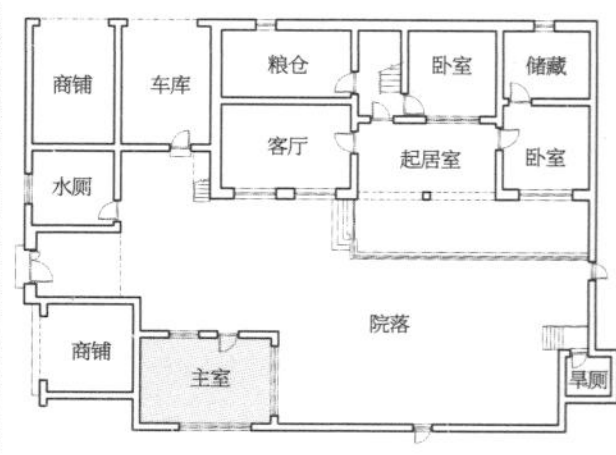

图41 阿努家加建主室

图42 建造照片

图43 桑木村外墙肌理

3. 建造体系的改变影响了形式与氛围以及消解了窗边行为

建造体系的改变是基于政府补贴政策对于材料和建造的规定，它主要影响了墙体材料的选择。夯土不再适用于规定，当地产的水泥砖（实心混凝土砌块）和石材成为主要用材。在前期夯土还可以使用时，传统的混合结构体系并没有改变。在后期（2008年地震之后），出现了不同的发展倾向（图42）。外墙材料的改变，改变了建筑的外部形态。结构体系的改变影响了室内的空间氛围。

水泥砖的运用推动了拉萨周边作坊的兴起，村民基本上都是从拉萨购买材料，极个别的村有自己生产水泥砖的作坊。水泥砖的尺寸大致为300mm×（180～200）mm×（160～180）mm，横砌和竖砌的不同方式形成了3种基本墙厚尺寸，300mm、200mm和160mm。也有村民采用红色多孔砖建造，红砖尺寸是270mm×180mm×120mm，所砌墙厚在200mm左右。两种材料都会使墙厚变窄，无法再支持传统的窗边行为，尤其是坐在窗台上的行为。

材料的转变同时也改变了建筑肌理。水泥砖需要用水泥砂浆饰面，而传统的手抓纹肌理较难在水泥砂浆表面形成，尽管村民也会努力去模仿，但没有被广泛采用。更为重要的是，手抓纹利于疏导夯土墙表面积水，以防止墙面渗水的作用已经消失。村民开始倾向于在水泥砖表面用黑线勾缝，这就形成了不一样的外部形态肌理。它从传统的“与建造合一”的肌理表现走向了单一的装饰作用（图43）。

当下村民选用的石材有两种类型：一种是普通（天然）石材，它们大小不一，形状各异；另外一种是精加工过的石材，它们尺寸规整，价格要比天然石材贵很多[9]。因为近年来国家对生态环境保护的强调，石材的开采越来越难，价格也在逐年上涨。村民在砌筑时，因为价格原因，一般会用加工过的石材砌筑外墙外侧，外墙的内侧和内隔墙则采用普通石材。天然石材和人工石材墙体呈现的墙面肌理具有差异性，是随意自在与规整之间的差异，它构成了乡村外在形式特征的改变。在经济不充裕的情况下，藏民选择内外以不同石材砌筑的动因是希望通过外在形式表现来“宣告”自身身份和经济状况，这也是在很多村落中普遍存在的现象。建筑是身份的象征，这个象征意义对于村民而言是重要的。以此来看，藏民特意要在水泥砖墙上以黑线勾缝，不知是在模仿规整石材的肌理，还是仅仅基于装饰的需求？

一块40cm×20cm×20cm的石材大约17元，糙的普通石材每块大约1.8～3元。

材料的改变不仅会改变建筑外部形态，也会影响建造体系。圈梁、水泥砖的运用，生产作坊的兴起，带动了预制混凝土楼（屋）板的制作和应用，毕竟混凝土板与圈梁和水泥砖的交接会比与夯土的交接更为便利，同时可以减小因为材料物理性能的差异造成墙体开裂的几率。在藏民的实际建造中，很多并没有设圈梁。藏区的预制混凝土楼板，其宽度在450mm左右，厚度在120mm左右，长度可以依据需要定制，一般不会超过5.5m。因为预制混凝土板取代了传统木构体系，解决了屋面跨度和承重的问题，传统空间中的立柱也就不需要了，所以藏式民居传统的室内空间特征也随之被改变了（图44）。

普布家

巴桑卓嘎家

图44 空间氛围对比

藏民对“房中是否还需要有柱”的反馈出现了分歧。一部分人，以年纪较大的藏民为主，认为没有立柱的空间不是藏式建筑，因此会在本不需要立柱的房间中加上柱子，诸如阿努家的起居室加建了钢筋混凝土立柱，并在其上进行了彩绘。这是生活习俗的惯性使然（图45）。另外一部分人，以年轻人为主，认为空间的立柱给生活带来了不便，去掉空间中间的立柱便于安排家具和使用。作为藏式空间最为明显的传统特征，也是延续地域特征必然要讨论的核心内容，藏民自主意愿的分歧看似无法为问题的解答提供参考。但是，通过分歧与年龄相关这个事情，反而可以引出另外两个议题：

图45 阿努家钢筋混凝土柱子

一是空间的记忆与经历的时间有关。经历是否就意味着有成为记忆的可能？因而，对于传统地域特征要素的提取和延续，在乡村背景下，是否应该让位于生活的适应性、舒适性和经济性的考量？

二是传统藏式空间中有柱是受到建造方式和材料有限的影响，当下村民采用的建造体系是否具有形成有柱空间的可能？

预制屋面板的运用也改变了屋面的构造。村民在使用预制混凝土板时，屋面构造厚度（150mm）会比传统（330～500mm）减少很多，其原因是村民在屋面上通常只铺设防水层，大多数并没有加铺保温材料，再加上墙体厚度的改变，致使室内的舒适性降低。但是，预制混凝土屋面板的应用并没有改变传统的檐口形式特征，大多民居依旧采用传统的女儿墙形式——三面围合（图46）。

(a)

(b)

图46 屋面建造对比
(a) 阿努家预制板屋面；(b) 达瓦家传统土屋面

有些村民在居住后开始总结经验，改良了构造方式，在混凝土屋面

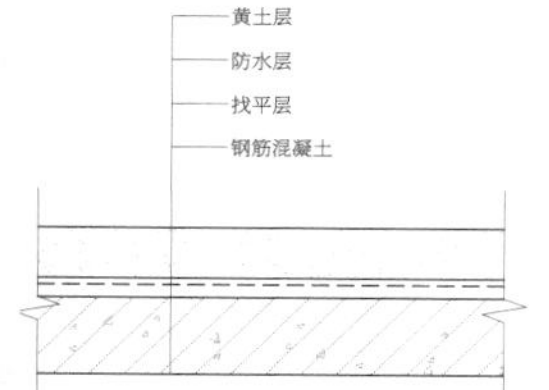

图47 丹增白姆家覆土现浇楼板

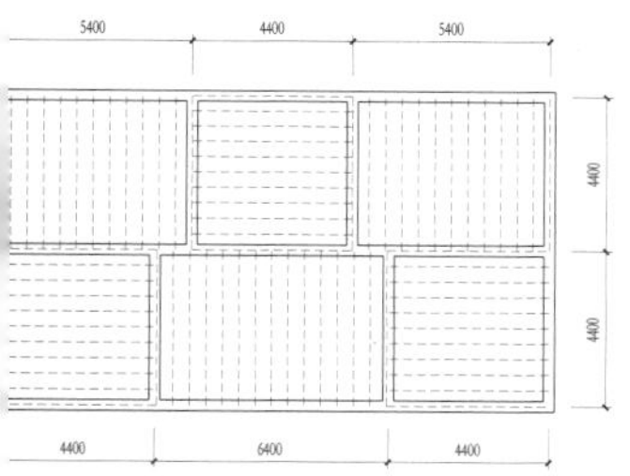

图48 屋顶结构平面图

图49 现场建造照片

上加铺黄土以加强屋面的保温性能。村民采用黄土的原因，应该是在易获取、经济性和实用性之间权衡之后做出的选择，毕竟在当地黄土可以自己挖掘，其成本要远远低于购买保温材料所需（图47）。

4．村民自建呈现的对传统的选择

2018年夏在对林周县吉龙村的调研过程中，有一家藏民正在自建房屋，从中可以清晰地看到村民的自主选择，包括空间组织方式、建造体系以及对传统的认知。

该户村民选择了墙（水泥砖）承重和预制混凝土板作为建造方式，加设了圈梁，但没有设构造柱。建造方式和材料的选择与村民自身的经济状况、当地普遍采用的方式以及易购的材料有关。同时，这个选择会对房间大小和空间布局产生影响。

从其平面图来看，在开间方向，南向的两个端头房间是4.4m开间，中间的起居室是6.4m；北向中间是4.4m开间，两侧的开间是5.4m。4.4m替代了传统的依据木料确立的约2m的模数。现在的模数是依据定制的混凝土板尺寸来确定的。该户藏民定制的混凝土板的尺寸是4.4m×0.45m。然而，4.4m实际差不多是传统一柱间的房间大小，房间的大小感知与传统差不多。

由于地震引发的事故以及在政府的推动下，村民开始重视房屋的抗震。在其自建过程中，除了设圈梁之外，预制混凝土板采用了交错的铺砌方式，这使得承重墙呈现交错布局，这有助于增强建筑的整体稳定性。交错铺砌的方式也给房间开间带来了变化的可能。房间在不承重方向的尺寸可以不受4.4m的限制，因而出现了南侧起居室的6.4m和北面5.4m的房间。因为要交错铺砌，也决定了需要有4.4m×4.4m的房间来调节铺板的方向（图48、图49）。

尽管建造方式不同，但是整个建筑平面依旧是个方正的矩形，房间以扁长形和方形为主，在纵深方向用一堵墙分成南北两个区域，每个区域各有三个房间。建筑从朝南居中的起居室进入，并且以它为组织空间的核心。房间通过相互开门进行连接，没有设置走道，维持了串联的房间关系。起居室连接了朝南的左右两间以及朝北的东西两间。朝北的中间一间，只能通过朝北的东西两间进入，从起居室反而无法直接进入。

因为建造方式的改变，柱子不再需要出现在房间中间，村民也顺势没有依据以往生活的习惯，在空间中另外加立柱。

图50 自建房建成后的外部形式特征

在一年之后的2019年的回访中，从房屋建成的状况来看，藏民对于屋顶檐部的装饰、窗上檐装饰、黑色窗套和传统墙面的手抓纹都保持着强烈的意愿（图50）。其中，檐部通过刷赭红色强调其重要性，窗边用黑色面砖装饰，这种现象在藏区已有普及的趋势。颜色在藏区传统中是有等级的，藏民在当下越级使用，一方面有心理暗示作用，另一方面有强化传统檐部形式的企图。黑色窗套采用面砖处理，因为面砖光滑的表面在强烈阳光下反射形成的“亮与轻”的感知，与传统因为黑而形成的“重”形成了反差。最为矛盾的地方出现在洞口上方，圈梁、装饰构件、洞口和黑色窗套四者的交接关系上。过梁材料的不同造成了其他三者关系的脱节。传统民居洞口上方的过梁、悬挑的构件都采用木材，它形成了连续性，并利用木材与夯土材料转换的位置作为黑色窗套的收边。当下，窗的周边材料很多样，最后只能在窗上檐部分全部涂成赭红色以达到藏民认同的视觉效果（图51）。

图51 传统与当下民居窗户处理对比

综合前文提及的现象，通过村民的自建过程可以看出乡村建设的基本特征以及他们的生活意愿：

1）生活的适应性是村民自建的主旨，其经济条件是村民选择的依据。

2）建造方式构成了民居最基本的框架和特征。

3）体现自身身份的意图。村民试图通过材料选择、墙面肌理处理和装饰的繁复程度，包括梁柱、墙面、佛堂等来体现。

4）建筑体量与传统保持一致，方正且紧凑。同时，藏民依旧沿用房间的串联关系。这些极大可能是基于“习惯”的惯性，也是生活经验积累下的选择，因为它应对了藏区的高寒气候。

5）建造方式的改变给予了房间开间与进深一定的自由，可以摆脱传统的以2m左右为模数的开间尺寸。村民在自建中维持了传统房间的大小，这与之后定居点的开间确定方式不一样。

6）传统的空间氛围特征，诸如房间中是否有柱，对于村民而言，是个体记忆的选择。当建造体系不再与空间记忆相匹配时，选择出现了分化。

7）装饰是藏民关注的重点。从外部形式上看，其侧重点在女儿墙檐部和窗洞四周，包括洞口上檐处理和黑色边框。

三、2016年之后易地搬迁定居点的民居特征

2016年之后大量易地搬迁定居点的兴建（以下简称“定居点”）是当下藏区民居变革的重要节点[10]，其原因在于生产方式发生了变革，同时内地的生活方式被更广泛地移植到藏区乡村。其中，政府作为主导力量起到了决定性作用。政府不仅提供了资金支持，而且一系列的安置政策、规划和建筑设计直接介入了村民的生活建设（图52）。

易地搬迁工程在一些地区是与安居工程结合一起进行统一筹划部署的。拉萨市住建局2016年发布的《拉萨市小康安居工程实施指导意见》提出，小康安居工程是涉及精准扶贫易地搬迁工程、农村危房改造、小城镇建设、城镇棚户区改造、农牧民集中居住点建设等的综合性项目。

政府介入是由于2015年12月国家发展改革委员会、扶贫办、财务部等5部门发布了《“十三五”时期易地扶贫搬迁工作方案》以响应“精准扶贫”的农村发展战略。2016年《西藏自治区“十三五”时期国民经济和社会发展规划纲要》提出易地扶贫搬迁安置规划，指出需要搬迁的人口约26.6万人。藏区至2018年底，已完成21.8万人。定居点的建设在改变乡村面貌的同时，也在悄悄改变村民的生活方式。

定居点规划不仅是一个居住计划，更是一个易地生活的重构计划。政府提出一系列政策以确保搬迁户的权益，包括财政支持政策、产业扶植政策[11]、教育支持政策、就业扶持政策、社会保障政策、土地政策[12]和户籍政策。其中，与搬迁户生活方式直接相关的是搬迁户的土地分配方法（农田和草场）、搬迁后农牧业劳作方式的组织、集体经济产业项目的培育[13]，以及家庭人员的工作安排。以林周县江夏新村定居点为例，村民于2016年11月搬迁入住，当时总计搬迁了418人，每人补助6万元。因为农田流转，村民无需耕种，但依旧可以从土地流转中受益以及从原住地原有房屋的出租和折旧费中受益。除此之外，搬迁户的收入（2018年）基本为每人每月800元，它主要包括工资性收入（政府安排每户1～2名劳力的工作）以及参与村集体经济产业项目得到的收入。江夏新

在生态易地搬迁工程中，提出建立现代农牧示范安置区，大力发展农畜产品加工、乡旅游等适合生态搬迁安置区的产业。

将生态搬迁优先纳入新增建设用地指标。凡于搬迁群众住房安置的土地，属于国有荒荒地的，原则上由安置县（区）政府无偿拨；属于集体土地的，按实际可利用面积相关政策规定，将土地补偿费纳入项目投。迁入地的土地使用主要采取搬迁群众承的形式，承包期间按安置区原有农牧民的行政策执行，并完善土地承包合同手续，迁入地房屋、土地（草场）确权到户。过期内，迁出区群众原有草场、林地、耕地策不变，在确保群众自愿的前提下，采取一经营、收入分红的方式，原有房屋按照家政策及时拆除，组织生态恢复；过渡期，原有草场、林地、耕地等按照自治区易扶贫搬迁后续配套相关政策规定执行。

产业可以安排搬迁户人员工作，同时每年有红。在古荣乡，2019年扶贫产业每人分红00元。

（a）曲水县才纳乡四季吉祥村

（b）堆龙德庆区古荣乡嘎冲村荣玛乡定居点

图52 定居点村落场景

村的集体产业项目是养殖业，它的实施方式是分散管理。政府出资负责购买最初的奶牛，分配给每户2～3头。产出的牛奶和新生小牛，产权归农户。原有奶牛若是生病或是老去，由政府回购。政府付费让村民割草以便饲养牲畜，草料归该农户所有。因为是分散管理，该定居点的住宅有圈养牲畜的院子。其他定居点也都在政策引导下，不再人畜共院了。即便有定居点要圈养牲畜，出于提高生活品质的需求，也提出了在规划场地中单独设置共有的圈养区域，藏民不再将牲畜圈养在家中。

（a）曲水县才纳乡四季吉祥村茶馆

（b）曲水县才纳乡四季吉祥村运动场

（c）嘎冲村荣玛乡定居点临时售卖点

图53 定居点公共活动场所

定居点的建设，从规划层面上，要求提供公共活动的空间。公共空间包括村委会、服务中心、茶馆、小卖部、养老院、幼儿园、村民活动室、室外运动场、停车场等。各定居点根据规模和周边条件，设置的内容会有所不同，村民也会依据需求自己开店。有些定居点因为地点相对偏远，周边配套公共设施缺乏，就利用规划的停车场或是运动场来组织日常用品的买卖（图53）。有些定居点周围有寺庙，村民的宗教活动得以进行。偏远的地方，村民会在定居点周围自发进行一些宗教活动（图54）。

在建筑设计方面，定居点户型的面积指标以国家规定的平均每人25m^{2}为准绳，进而依据各自情况进行调整，基本是从80、100、120、140（150）、160和180m^{2}的面积标准中选择几类进行设计[14]。政府规定户型面积的调整幅度不得超过10%，尤其注重对大面积户型的控制。房屋是依据每户人口数来分配户型的。

对于户型设计的要求，以拉萨为例，易地搬迁安置工程提出户型设计应包括城区、县城和农牧区三个类型。其中特别提到农牧区的住宅要充分考虑村民的仓储和生产工具的存放空间，要关注院子的大小以便满足藏民生活所需。可见，政府的意图很明显，是在努力使设计贴近不同居住地藏民的日常生活状态（图55）。

[14]堆龙德庆县古荣乡嘎冲村荣玛乡定居点（海拔生态功能区生态搬迁安置项目）的户是按80、100、120、150和180m^{2}设计的并且设置了村委会、卫生所、幼儿园、运场地等公共设施。

（a）四季吉祥村寺庙

（b）堆龙德庆区古荣乡加入村山坡上的村民宗教活动

图54 定居点公共仪式活动组织

1. 房名系统的更迭彰显的生活形态的改变

房（空）间因为使用而被赋予名称（房名），家中所有房间的房名（功能）构成了房名系统（空间组织关系），它呈现了住户的生活形式。

在日常使用中，房间会因为使用功能的改变而更换房名。房名系统的改变是基于两种现象而发生的：一是文化交融引发的用外来名词替换原有名词，或是出现了原住地没有的房间属性；另外一个是因为生活形态的改变带动了空间组织和布局的变化，是建筑形制发生了改变，房名系统随之而发生变化。

在前两个时期，因为房间使用的变化引起房间名称的变化较多。其中，因为主室休闲功能的分离以及阳光间的加建，使得藏民家中公共活动空间增多，并区分出了家人朋友使用和招待外来客人两种不同的公共空间。藏民称专门接待客人的房间为客厅，藏语是Com Qin（琮姆钦），是大厅的意思，是外来文化带给藏民的新名词。在日喀则地区称起居室或客厅为Yupdie，意思是阴凉的地方。

在定居点，因为建筑是由政府统一组织设计的，标准化的图纸带来了标准化的内地房名系统。在这个房名系统里，以起居室取代了传统的主室称谓，并且出现了厨房、双卫生间——室内水厕和室外旱厕（水厕）。这个房名系统的改变彰显着生活形态的转变。

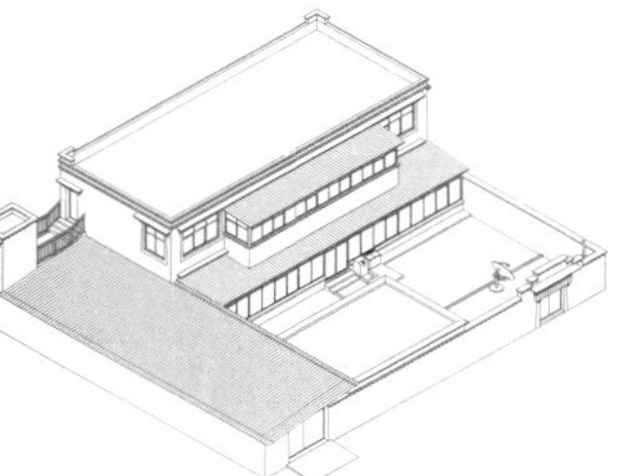

墨竹工卡县孜孜荣村5号贡桑旺姆家

林周县江夏新村9栋1号次旺多吉家

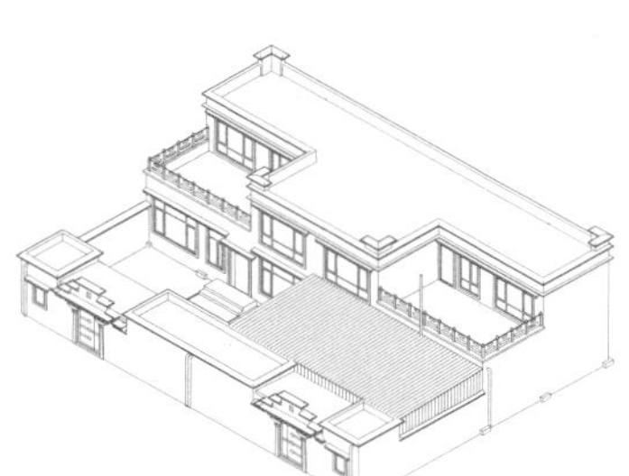

堆龙德庆区古荣乡加入村D022号石珠家

55 定居点典型案例

（1）主室生活的消失

在之前的两个时期，传统的主室生活是个稀释过程。因为做饭会熏黑墙壁，藏民单独划出房间用作厨房来烧饭。同时，家人休憩、闲聊的生活在大部分时间里被移置到阳光间。尽管如此，核心要素“炉火”仍一直存在于主室中，这主要还是受寒冷气候的影响。在冬季，尤其是夜晚，在阳光间无法保证舒适温度时，藏民就会更频繁地使用主室，围绕炉火（铁皮炉）生活。铁皮炉采用的燃料依旧是传统的牛粪或是木材，主要用来采暖和烧水。可见，藏民不是在怀念某种特定的生活方式，而是在现有技术和经济支撑下，寻求生活的舒适性。

定居点的房名系统呈现出的生活方式是试图取消“围炉生活”，它不仅体现在房间设置上，一些定居点甚至规定在起居室中不得生火。然而藏民在使用过程中觉得起居室不暖和，于是就在院子里加设主室，而且建筑材料大多选用夯土和木材。孜孜荣村贡桑旺姆家加建的主室，采用了夯土砌墙、原有老宅的木料做椽子以及传统土屋面的做法，而主梁采用了钢梁[15]，并在钢梁上绘上了装饰图案（图56）。嘎色家加建的主室，主梁是用木头做的，为了保温，做了双层屋顶（图57）。

[15]在跨度相同的房间中，1根木梁需要4根3块的木材拼接，而且还需要中间立柱。若采用钢梁，则只需1根，花费仅需700～8元，而且中间不需要立柱。

藏民在定居点中加建主室的强烈意愿、在加建时选择传统材料以及

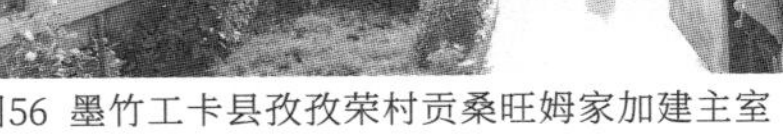

图56 墨竹工卡县孜孜荣村贡桑旺姆家加建主室

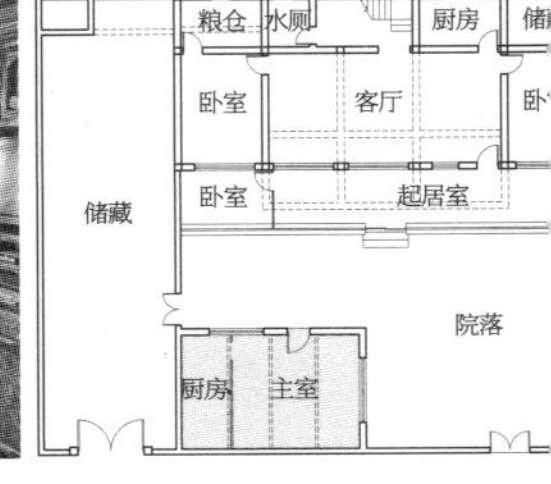

图57 墨竹工卡县孜孜荣村嘎色家加建主室

在问卷调查中得到的结论，三者都指向定居点围护结构（混凝土砌块的墙体和预制混凝土板的屋面）的热工性能没有满足需求。它实际上是在问：①传统的生活方式是基于应对藏区高寒气候而形成的，它是否还有应用价值？②在藏区，当依据绿色建筑设计标准设计的围护结构性能不适应当地的气候时，我们是否需要重新审视和制定相关标准以使之具有在地性，从而为设计提供更可靠的依据？当然，也敦促设计者主动寻求办法和途径去解决问题。

（2）厕所：在传统与“体面”之间的抉择

厕所的位置一直是“洁净观”关注的焦点，藏民生活品质提升的指标之一是厕所的室内化。藏民的文化传统和生活习惯、政策要求以及定居点的给水排水实际情况等，使得设计者在权衡之后选择了设置双厕所，实际上，这是面对现实情况选取的较为合理的处理方式。

在藏民的实际使用中，使用室外厕所的频率更高，室内多用于贮藏。究其原因，室内的气味问题和供水问题以及与传统文化观念相冲突的问题，使得藏民做出了这样的选择。可见，无论是旱厕还是水厕，设在建筑外是个更符合当下情况和藏民生活习惯的方式。

（3）阳光间“宣言”式成为藏式民居的当下特征

阳光间成为当下藏区建筑必不可少的要素。无论是村民对前两个时期民居的加建，还是政府对定居点的建议以及在定居点建成后村民的加建，阳光间都是藏民日常生活的一部分，这源于它充分利用了藏区的太阳能。

（a）传统村落古荣村

（b）定居点墨竹工卡县孜孜荣村

图58 阳光间对村落面貌的影响

在拉萨，阳光间基本采用白玻、绿玻或是棕色玻璃，其类似玻璃暖房的建筑形式与传统藏式建筑的厚重形成了强烈的对比。因为一层的阳光间被封闭在院墙之内，因而对村落的整体面貌和建筑的外部形式影响不大。藏民有时会在二层阳台加建阳光间，此时形式外显，大面积的玻璃窗、玻璃的颜色成为主要的特征要素，这与传统藏式民居产生了很大的反差（图58）。

（4）辅助空间的功能和占地面积发生变化

以前藏式民居的贮藏空间是以贮藏粮食、牛粪、草料和农具为主。在定居点中开始增设车库，包括农用机械设备的贮藏空间。

但各定居点的辅助空间面积设定的标准依据各地安置政策的不同而有所差异，相互之间差别较大。在农牧区墨竹工卡县孜孜荣村和林周县江夏新村的定居点中，辅助用房与主屋的占地比近似1：1。而在原来是农牧区的堆龙德庆区，在21世纪之后，尤其是青藏铁路通车后，制造业、商贸流通业成了其主导产业，在该区古荣乡定居点中，住户的辅助用房用地与主屋的占地比是0.3：1。尽管面积配比有事实为依据，但是对于刚刚从高寒地区搬迁过来的住户而言，他们习惯了大院和有很多贮藏空间的生活方式，这种突然的转变给他们带来了很多的不适和生活的不便。若是从实际情况出发考虑，我们需要在藏民传统居住习惯与设计提供的生活模式之间找到一个平衡点。

2. 牲畜空间的剥离和楼梯位置的改变导致屋前平台的意义和串联房间关系的消失

将圈养牲畜从人居住的空间中剥离是藏区政府提出改善藏民居住品质的重要举措。然而定居点会依据各自的具体情况作出相应的调整，尤其是在农牧区。当圈养牲畜依旧是藏民的主要生产方式，而且采用分散养殖时，政府依旧批准圈养牲畜与居住的并置，体现了措施的灵活性和设计者从实际使用出发的设计意图（图59）。

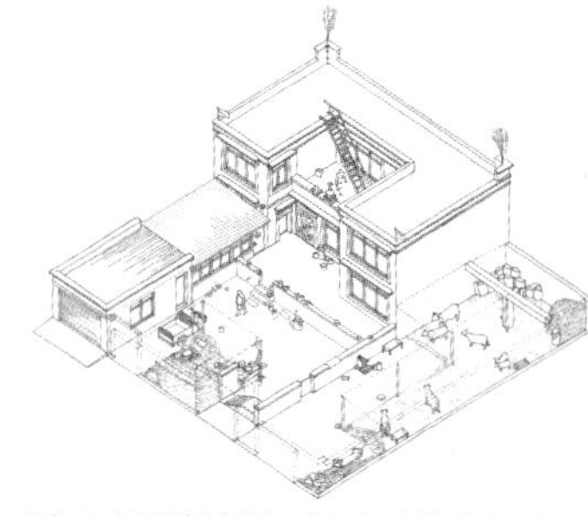

图59 江夏新村次旺多吉家院落场景图

当牲畜与人剥离时，它不仅改变了院落的属性，也改变了空间组织方式。传统的一层是圈养牲畜的空间，二层是生活空间，通过建筑的剖面空间关系来呈现“洁净观”对空间的制约的方式因此就消失了。院子因为不再饲养牲畜，生产活动转变成仅有贮藏功能，院子的属性在某种程度上更贴近日常生活了。在这种情形下，设计师采用的方式：一是只设计一个合用的院子，不再区分生产性与生活性的院子（图60）；另外一种方式就是并行布置两个院子，各自设有独立的出入口。

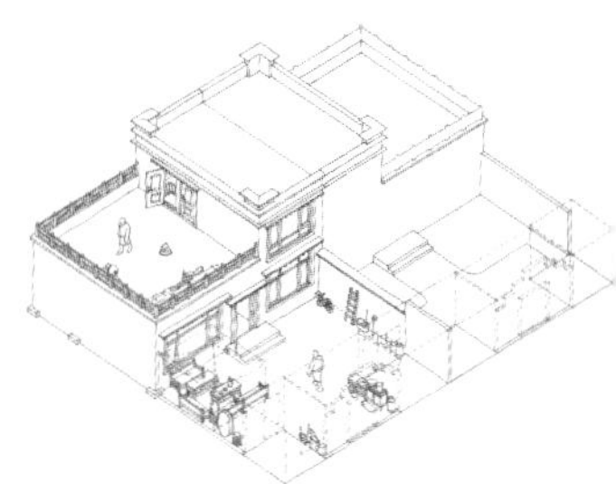

图60 嘎冲村荣玛乡定居点白玛央金家院落场景图

对于建筑内部空间组织方式的改变主要也是受建筑底层空间性质转变的影响。在前两个时期，底层屋前平台抬高至700mm左右是以建立“洁净观”的秩序和通过“远眺”建立与环境的关系为目的的，然而这个意识在定居点中消失了。因为院子里不再圈养牲畜，因而设计者不再特意抬高建筑入口高度，而采用了通常的做法，室内外高差在三级踏步左右。同时，屋前平台这个空间要素也消失了，要么被阳光间替代，要么人踏上几级踏步就直接进入起居室。

楼梯在定居点中都被放在北侧，需要穿过起居室到达，这与传统的

图61 拉宗家平面及连接图

楼梯在南侧以室外为主的方式截然不同。楼梯位置变化带来的空间组织变化：①房间是被穿越的，特别是作为生活核心的起居室，这与传统的房间特性有所不同；②以走道连接房间的方式取代了原来的南北串联的房间关系（图61）。

实际上，定居点的空间组织方式在内地很普遍，对于藏区而言，它是外来者。该如何评价这个转变呢？

从自然适应性的角度来看，定居点的建筑依旧维持体量方正，过道空间的增加并没有使体量增大得过多。在很多定居点设计中，走道空间也被尽量压缩，利用楼梯平台作为过道的一部分来连接北侧和南侧的房间，除了墨竹工卡县孜孜荣村定居点以外。在孜孜荣村，二层北侧因为几乎完全用作楼梯和走道空间而显得冗长（图62）。

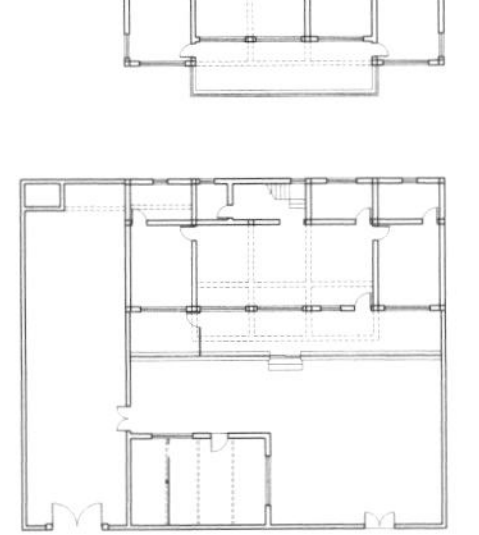
图62 孜孜荣村定居点平面图

但是，在藏民的日常使用过程中，在可能的情况下，他们会用边柜在起居室中隔出一个走道通往北面的楼梯，同时，用厚布帘挡住洞口或是增设门来封闭楼梯间与起居室的连接。可以看出，一方面，传统中的主室被独立出来、不被穿越的空间感知被藏民的潜意识或是生活习惯所“继承”；另一方面，房间的封闭和不与楼梯间连通，在严寒地区有利于房间的保温。或许，这是藏民想要保持房间独立性最根本的原因。

3. 仪式空间的自建

在定居点的设计中，无论是规划层面还是建筑设计层面，对于藏民仪式生活的处理都处于两难境地。在民居中，与仪式活动相关的有3个要素——佛堂、煨桑炉和屋顶的经幡垛。经幡垛的形式特征基本上被设计者保留，其他2个要素基本上是村民在迁入之后自己加建的。

在使用过程中，藏民会选择一间房作为佛堂，并且遵循传统，选择二层西南侧房间的居多。有些住户因为房间数量不够，也会将佛堂设在二层朝北房间（林周县拉宗家），或是与其他空间合并使用。有些因厕所在西侧，为了远离厕所，将佛堂放在二层东侧（墨竹工卡县贡桑旺姆家）。

在拉萨煨桑炉习惯上设置在二层平台上，抬高它也是为了远离牲畜空间。在定居点中，若可能，藏民会选择将其放在二层阳台上。若是条件有限，就会设置在院子里，但也需要抬高基座，以示仪式生活与日常性院子的脱离（图63）。

家庭内部的仪式生活可以靠藏民自己调节，假如设计者提供了足够的空间。藏民的公共宗教生活较为复杂。藏民在原住地一般有自己村落的“宗山”和附近的寺庙以进行宗教礼佛活动。除了在寺庙朝佛之外，村民还会转经。若是村落附近无寺院或是佛塔，村民会转村落，转的路线被称为“迪郭”。在搬迁后，藏民的日常转经活动以及附近是否有可参与的和教派一致的寺庙则取决于规划层面上对定居点的选址。达瓦次仁的日喀则市生态移民案例调查显示[16]，迁入地与迁出地附近有无寺庙的比例从81%降低到58.5%，转经场所从迁出地的36%降低到27%。它从一个侧面提示我们，公共宗教活动的组织需要在定居点规划层面上进行思考。

图63 加建煨桑炉

[16]达瓦次仁. 藏区生态移民与生产生活转型研究[M]. 北京：社会科学文献出版社，2015.

4. 生活等级的消解

生活形式的呈现，不论外在表现如何，其背后动力都是居住者的身份及其经济状况，这是有差异的。在传统村落中，生活的等级是从地块的大小开始呈现的，进而通过大门的形制、建筑面积、选材、建造方式和装饰的繁复来呈现。与前两个时期的村落布局和院子的平面相比较，可以看到定居点的不同。

正如前文所提及，传统村落的平面布局是由于历史层叠和演变而形成的，由村规、习俗和约定界定了邻里关系和建筑之间的相互关系。自身经济状况的改变、分家等各种因素促成了地权和地块大小的变更，这些大小不一、形状各异、不规则的地块同时也界定了道路宽窄不一、曲折复杂的系统和等级，从而构成了传统村落的平面格局特征。在院落与村落结构中，通过不同院门（人与牲畜）与不同道路的连接来呈现人与物的等级差异以及村落中不同路网的等级差异。

反观定居点，其总平面布局、建筑面貌和生活的等级差异在被消解，它体现在：①传统民居院子由于历史层叠形成的大小和边界的不规则性，被定居点统一规划的、方正的院子平面所代替。定居点每户占地面积和建筑面积是由安置政策决定的，与村落的交替演变无关，与居住者的身份无关，与等级无关。②传统院落不同院门（人行和牲畜进出）的等级是通过院门与不同巷道的连接、门的形制和装饰的繁复来界定的，这被定居点的不同院门与同一巷道连接所代替。各种不同的进出院落的行为方式都发生在一个巷道上，可见行为的等级差异性被相对抹平，只能用装饰的繁复程度来界定门的差异，而且辅助用房采用的卷帘门和铁门给村落景致带来了很大的冲击（图64）。

（a）定居点：林周县江夏新村

（b）传统村落：堆龙德庆区古荣村

图64 入口对比

人“彰显”身份的企图，不论是有意识还是潜意识的，它能避免吗？以某些学者或是社会学者眼中的“平等”去无差别地评价这个心理是否合理？抹平差异性是否具有现实性？若是不可避免的话，在设计中该如何应对不同层面的等级关系？

5. 框架体系消解了“柱”空间

藏民对结构形式的选择从最初的易获取原则，到上个时期被补贴政策促动，基本上都处于自主抉择的范围内。在定居点建造时期，由于项目由政府主导，因而结构形式、材料的选择以及节能设计都会遵循政府规定。在定居点建设中，框架体系成为主流结构形式。同时，装配式建筑因为2016年9月国务院办公厅下发的《关于大力发展装配式建筑的指导意见》[17]而被各个地方当作重要任务推进。尽管《指导意见》建议以京津冀、长三角、珠三角三大城市群为重点推进地区，但是藏区也开始积极介入。在堆龙德庆区嘎冲村荣玛乡定居点就试点采用了装配式钢结构。钢柱为140mm×140mm，墙体采用的190mm复合墙体材料是由泡沫颗粒混凝土网膜墙体加40mm厚的聚氨酯保温板构成的。在钢筋混凝土框架体系中，填充墙体采用的是混凝土实心砌块，约300mm厚。砌块内外两侧各加30mm厚的无机保温砂浆，面层20mm厚，墙体总厚度达到400mm左右。

[17]在文件中指出：“装配式建筑是用预制部品部件在工地装配而成的建筑。发展装配式建筑是建造方式的重大变革，是推进供给侧结构性改革和新型城镇化发展的重要举措，有利于节约资源能源、减少施工污染、提升劳动生产效率和质量安全水平，有利于促进建筑业与信息化工业化深度融合、培育新产业新动能、推动化解过剩产能。”

无论是框架结构还是装配式结构，都因为柱子不需要立在房间中间起结构支撑作用，传统的“柱”空间也就不复存在了。藏民在搬迁入住之后，很少会主动增加立柱以恢复传统氛围。空间氛围，除了立柱的改变，还有藏式木屋架呈现的横与竖、疏与密的对立也因为建造体系的改变而消失了。

木屋架结构层级的消失，实际上也影响了人对空间高度的感知。传统民居层高在2.4m左右，之前两个时期，层高在2.6～2.8m之间，定居点的层高提高到2.8～3m，其中以3m居多。层高在增大，而三个时期的房间平面尺寸并没有很大变化，再加上屋面构造厚度从原来的大约350mm降低到定居点的200mm左右，3个因素的叠加使得人在定居点的房间中感觉空间偏高，即便在夏季也觉得偏冷。这一方面提醒我们需要考察屋面和墙体的保温措施是否完善；另一方面，应对严寒地区的传统经验是收缩体量，它不仅涉及平面组织，也包括需要控制空间高度。

至于装配式建筑，其主要问题是各个构件相互之间匹配的精确程度，这不仅涉及产品问题，也涉及施工问题，这是政府建议在某些地区先行试点的原因。技术体系的应用需要更谨慎地考虑在地性。在地性，需要从文化、社会层面考虑，也需要从技术层面进行考察。它也不是一个笼统概念的界定，而是从材料、建造、施工技术、气候适应性和生活适应性等多方位权衡的结果。

6. 生活形态和建造方式的改变导致的形式特征变化

形式是生活和建造的外在呈现。在建造之外，藏式民居的形式是受日常生活和仪式生活所影响的。

在定居点中，生活空间的下移使建筑底层开窗加大，传统形式特征的下实上虚、北侧几乎没有窗的状态被改变。这在北立面表现得尤为明显，对村落面貌影响较大（图65）。仪式生活中对形式的影响集中于对传统屋顶形式——经幡垛的保留，而煨桑炉依赖于藏民自建。

（a）定居点：林周县江夏新村

（b）传统村落：堆龙德庆区古荣村

图65 立面对比

对传统藏式民居形式特征的回望，在定居点中被着重关注的是平屋顶檐部和洞口的“重”的塑造。它通过装饰洞口上檐，或是将屋顶檐部涂成重色（褐红色）来传递。藏民在安居工程的后期，已经开始用GRC材料[18]做窗洞口的装饰，香布也被金属构件成品取代。在定居点，窗上檐被标准化处理，用GRC标准构件仿造传统形式，香布（金属构件）则被取消了（图66）。女儿墙在涂色之外，也从传统的三面围合变成了四面围合的形制。

[18]全称玻璃纤维增强混凝土，主要用作装饰构件，或是轻质隔墙板。GRC装饰构件既可与砌筑墙体同步，也可在墙体砌筑完成后用膨胀螺栓固定。

香布

金属构件

GRC 标准构件

图66 窗檐对比

四、1980年代至今藏式民居演变趋势及其与文化观念的关联性分析

前文论述的是各时期建筑特征，中间也涉及各时期的相互比对。在本节中，将从动因出发归纳和总结演变的趋势，与前文从物质空间开始的论述并行，以呈现多重关联性。

藏式民居在1980年代之后演变的主要动因是生活形式的转变、政策推动下的建造体系的改变、生活舒适性的需求（包括自然适应性），同时，它们促成了文化观念与物质空间关联性的转变以及传统藏式民居特征的延续和演变（表1）。

1．生产性生活的剥离（圈养牲畜）带来的变化

畜牧业推行集中管理使得生产生活不再以在家中圈养牲畜为主要方式，同时，多种经营和劳作方式给村民脱离农业和圈养牲畜带来了机会，再加上政府以人畜分离作为提高藏民居住环境的主要策略，这些都在逐渐改变传统藏式民居混杂3种生活形态的特征。这种生活形态的转变带来的空间演变表现在：

(1) 院子平面布局和承载行为的改变

洁净观要求牲畜与人的日常生活分离体现在院落的组合关系上——是否需要分别设置两个院子来应对圈养牲畜和人的活动。在1980—1990年代，院子的关系具有多样性，有合一、嵌套和并置三种方式来处理牲畜（生产）院落和日常性院落的关系。在2002—2013年，并置式的院落开始增多。到2016年定居点时期，基本上也都是采用并置策略（图67）。这种转变，一方面是择优选择的结果，另外两种策略都难以避免穿越牲畜空间带来的弊端；另一方面，在牲畜空间剥离之后，生产性院子的功能更多地倾向于贮藏（包括生产性工具）和车库。这种性质的院落，越来越趋近于日常性院落。随着生活方式的转变，院落关系在并置之外，采用合一的策略也是可行的。

在剥离牲畜空间之后，定居点的设计取消了前两个时期一直保留的传统院落中的井边生活行为。传统院落的井水不仅为圈养牲畜所需，藏民的日常洗漱和洗衣服也在井边进行，它构成了井边的日常行为。在定居点设计中，日常洗漱被设定在卫生间里进行，牲畜也不再圈养在家中，因而组织井边生活的企图也就消解了。但是在藏民入住之后，他们会在院子中加设水池和龙头，继续在院子中进行洗漱，因为洁净观使得藏民

当下藏式民居空间模式变化、动因及现状问题 表1

空间模式变化			生活形式	生活舒适性		文化观念				
				气候	其他	自然观	洁净观	等级观	防御观	天梯说
功能计划	圈养牲畜空间	减少，增加停车需求	○●		●					
	功能复合的主室	功能分化，定居点加建主室	○●	○●						
	旱厕	水厕渐多，增设洗浴设备	○●		○●		○●			
		增建阳光间	○●	○●						
	仪式空间、煨桑炉	消隐、自建	●							
空间组织	选址	交通因素增加，生产因素减少	○		○●					
	无中心对称性	院落有中心化的趋势	○●							
	院子扁长	无倾向性								
	院子高差	高差减少	●							
	人畜分离		○●		○		○●			
	主次入口	单一出入口	○●				○	○		
	剖面关系	上下分区界限模糊，生活下移	○●				○			
	屋前平台	面积减少，取消	○							
	敞廊空间	被阳光间取代	○●	○●						
	主屋南北功能分区	北侧也有活动空间，基本维持	○●	○●						
	南北房间串联关系	串联关系减少，走道连接	●		●					
	独立不穿越性	起居室、主室房间独立性变弱	●		●					
	佛堂位置	稍有变化	○●		○●		○●	○●		
	厕所位置	出现在主屋内北侧	●							
	楼梯布置	位置改变，主屋内北侧	●							
材料与建造	石土木结构	钢筋混凝土混合结构								
	就地取材	现代建筑材料								
	屋面土木构造	预制板/现浇楼板								
形式特征	体形方正且紧凑			○●						
	平屋顶		○●	○●						
	墙体厚重	厚度减半								
	墙体收分	收分消失								
	墙体表面肌理	肌理改变								
	下实上虚	上下无区分	○●				○			
	洞口小	洞口增大	○●		○●					
	窗台低矮		○●	○●						
	院墙实体感/高度	高度增加	●		●					
	女儿墙南低北高	等高								
	屋顶经幡垛	布置方式发生变化	○●			○●				
	煨桑炉	形式位置多样化	○●							
	排水口	引水槽材料形式变化								
	檐部特征	形式、材料变化	○●					○●		
	门窗装饰	等级减弱，形式材料变化								
	色彩	跨越等级，使用赭红色						○●		
	黑窗套	材料变化							○●	
空间氛围	院墙实体感/高度	高度增加	●		●					
	无中心对称性	院落有中心化的趋势	○●							
	井边行为	院内取水装置消失	○●							
	屋前平台远眺	消失	●			●				
	敞廊活动	被阳光间活动取代	○●	○●						
	檐下活动	窗台进深减小，无法支撑活动								
	室内屋顶仪式行为		○●			○●				
	主室围火而居	消失	●		●					
	平面开间	有所变化	○●							
	空间低矮	净高增加								
	有柱空间	中柱减少，消失	○●		○					
	室内家具装饰	等级差异缩小，西式吊顶	○●					○●		

注：○ 2002—2013年安居工程时期的民居；● 2016年之后易地搬迁定居点的民居

（续表）

习俗	政策与法规						经济条件	现状问题
	建造方式	占地面积标准	建筑面积标准	住宅设计要求	技术要求	补助标准		
		●		●			○●	功能置换方式不佳，圈养牲畜及停车需求得不到满足
○●			○●	●			○●	未设计主室不符合藏民生活习惯
○●				○●			○●	上下水设施暂未完全跟上，太阳能热水器的形式问题
				●				改变形式特征
●								需要自建
							●	有些定居点选址不便于藏民进行生产、公共宗教活动
		●						与传统空间体验不同
		○●						定居点民居未刻意遵照传统院子比例
	●							与传统空间体验不同，不符合藏民生活习惯和思想观念
				○●			○●	“去牲畜化”不符合藏民生活习惯
								与“去牲畜化”相对应
								与“去牲畜化”相对应
	○●							室外活动需求未满足，对气候利用不充分
				○●			○●	阳光间夜间保温差，北侧房间热舒适性差，形式不协调
○●				●				北侧房间热舒适性差，不符合气候特征
	○●							反映出生活习惯的改变
								反映出生活习惯的改变
				●			●	反映出向日常生活便利性的倾斜
				●				厕所位置未充分考虑洁净观
								改变传统房间连接方式，起居室的空间独立性被破坏
	○●				○●	○	○●	热舒适性降低
	○●				○●	○	○●	热舒适性降低
	○●				○●	○	○●	热舒适性降低
				○●				
	○●							
	○●				○●	○●	○●	热舒适性降低，形态感知变化
	○●							
	○●				○●	○●	○●	失去传统墙体肌理特征
	○●							形态感知变化
	○●			●				光热矛盾
								与周围自然环境关联性减弱
○●	○●							
○●								与其他地区特征融合
○●							○●	定居点设计未考虑煨桑需求
○●	○●				○●		○●	形态感知变化
○●	○●						○●	形态感知变化
○●	○●				○●		○	功能性减弱，形态感知变化，符号化
○●								形态感知变化
○●							○●	基本延续
	●							院子封闭性增强
		●						与传统空间体验不同
								未考虑会造成生活不便
	●							室外活动需求未满足，对气候利用不充分
				○●			○●	阳光间夜间保温差，北侧房间热舒适性差，形式不协调
	○●							室外活动减少，对气候利用不充分
○●								上屋面不便，屋顶活动减少
			●	●				未设计主室不符合藏民生活习惯
	○●							新民居未充分考虑藏式家具摆放
	○●							热舒适性降低，空间体验变化
○●	○●						○	失去空间特色和情感寄托
○●							○●	传统藏式装修糅杂了外来风格

1980—1990年代建造的民居

2002—2013年安居工程建造时期的民居

2016年之后易地搬迁定居点

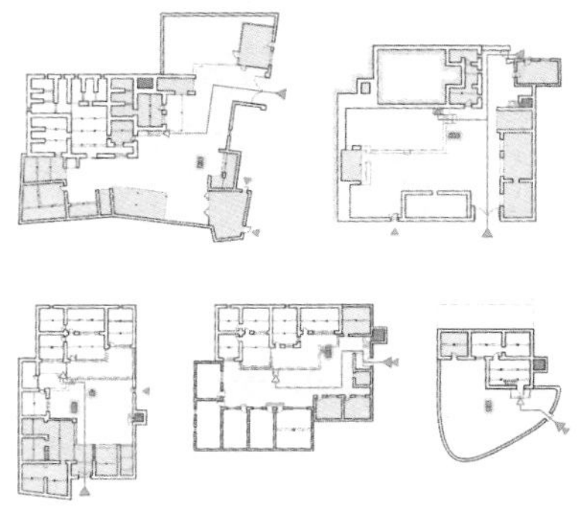

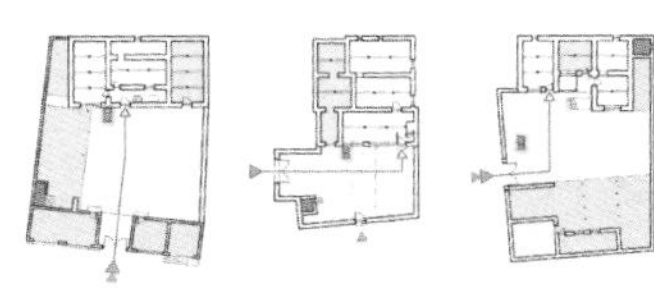

院落合用

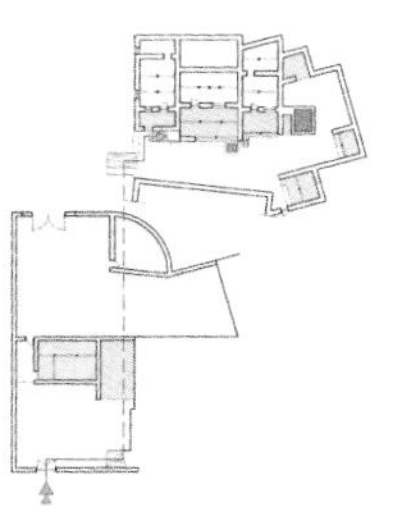

院落嵌套

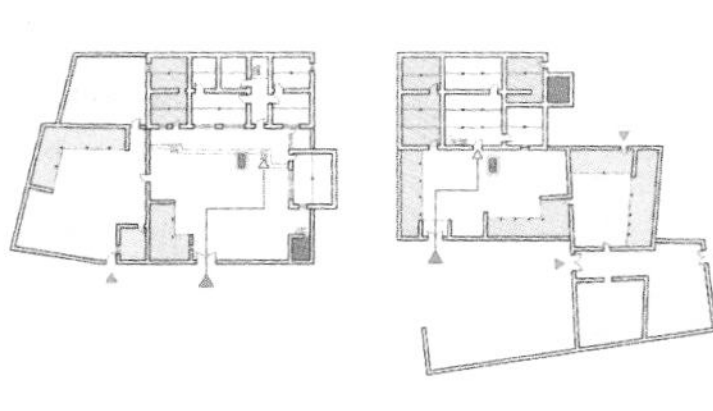

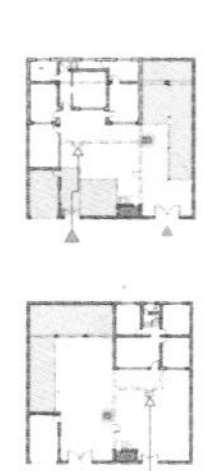

院落并置

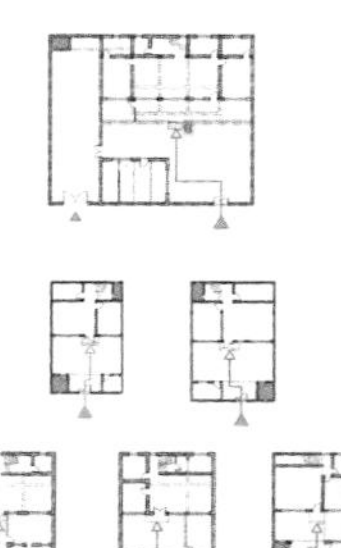

无生产空间

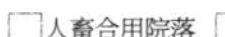

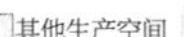

主入口 主屋出入口 牲畜出入口 人畜合用院落 人用院落 牲畜院落 牲畜用房 其他生产空间 水井 旱厕 水

图67 三个时期院子的对比

普布家

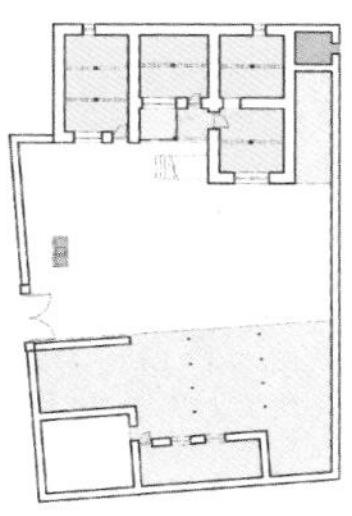
尼珍家

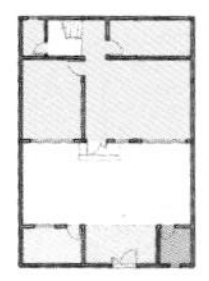
石珠家

图68 三个时期院子与井边生活的演变

难以将日常洗漱和如厕放在一起（图68）。

第二个演变趋势在于院落的几何形状。它从以往历史层叠形成的不规则形转向因为统一规划、规定用地面积指标而形成的面积类似、规整的形状；从以往院子露天部分呈现的扁长形转向当下的无明确倾向性。定居点中院子的露天部分，有东西向长的扁长形，有近似的方形，也有南北方向长的矩形。问题在于：严寒气候对于院落露天部分的形式是否有制约作用？它与院墙的高度是否有关系？传统的经验值：露天院子部分长短比在1：1～1：2之间，院墙在2m左右，是否还有其价值？

第三特征在于不同院落大门与巷道的连接布局从方向各异到同向的转变。以往的生产性院落（牲畜进出的）的门和人通行的门，在可能的情况下，会尽量连接不同方向的巷道，以呈现差异性；而定居点中不同性质的院门则在同一方向连接同一巷道，不论是否有牲畜出入。

（2）用于分离生产性院子的屋前平台的意义消解

屋前平台抬离院子的高差，是藏民洁净观的体现。因为院子不再圈养牲畜，屋前平台抬离院子的高差降低到三级踏步的高度。最为关键的是，即便有屋前平台，进深变小，在平面尺寸上也缩小了很多，只能承担入口平台的作用，已经无法承载“室外起居室”的行为（图69）。屋前平台承载的洁净观的意义、日常生活的意义，屋前平台通过远眺群山的行为所建立的自然观的意义，都被消解了。在有些情况下，屋前平台直接被阳光间所代替。

（3）生活空间下移带来空间组织和形式特征的改变

圈养牲畜空间的剥离使得二层民居的生活空间开始下移，这消解了原本“洁净观”对剖面空间布局的制约，并因此带来了对楼梯位置和传统空间组织方式的改变。

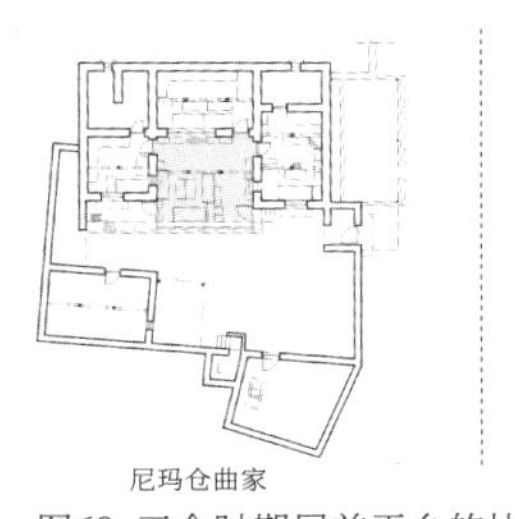
尼玛仓曲家

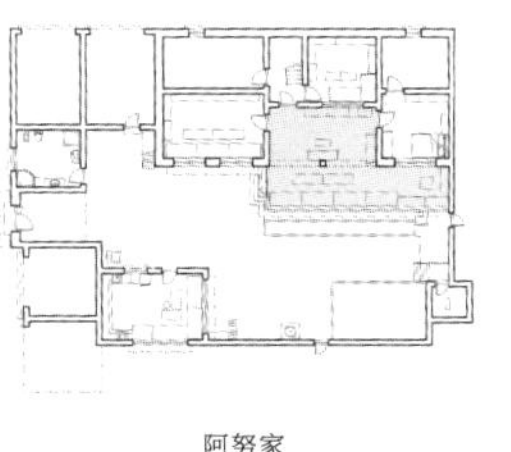
阿努家

贡桑旺姆家

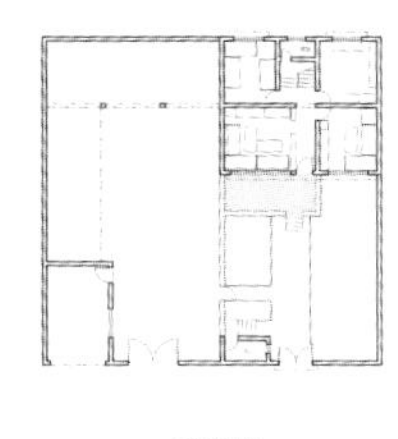
拉宗家

图69 三个时期屋前平台的比对

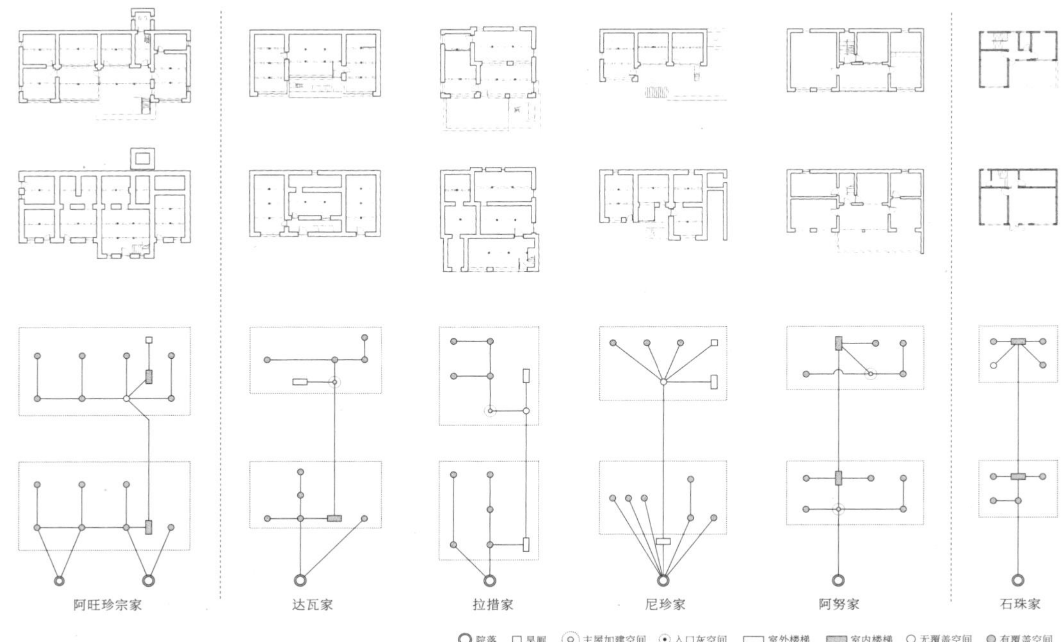

图70 楼梯位置演变图

生活空间下移，导致在定居点设计中，去往二层的楼梯从前两个时期设置在主屋南侧室外并连接二层室外平台转变为设置在室内的北侧（图70）。楼梯位置的变化首先改变了传统的以室外平台为核心连接南侧各个房间的空间组织方式，改以走道连接房间。同时，因为在底层需要穿越起居室才能到达北侧的楼梯，传统房间的不被穿越性和独立性被打破了。

生活空间的下移改变了传统藏式建筑形式特征。底层的窗户变大改变了原有底层坚实的感觉（图71）。建筑北侧也是如此。

图71 南向开窗对比

（4）多种劳作方式的介入改变了生产性院落的使用功能

村民的劳作方式由过去单一的农牧业转向多种经营，如在自家院子中或是利用车库开店（诸如荣玛乡定居点的白玛央金家在院内开了餐饮店），或是外出从事建筑、运输和旅游业。

农牧业工作的减少使得用于圈养牲畜、囤积草料、贮藏粮食的空间需求减少，院落空间得以再分配，越来越被日常生活所占据，并且将原来半开敞式的贮藏空间改建成室内使用也时有发生。但是藏民对贮藏空间的需求依旧强烈，这不仅是生活习惯和行为方式促成的，也是因为各地劳作方式的不同而造成的需求不同。

在定居点中，对车库的关注表明村民日常出行的方式在改变。

2. 建造体系的改变带来的变化

因为藏区2008年发生的地震以及保护环境和可持续发展的需求，政府出台了相关政策对材料、砌筑方法和结构性能提出了要求。当然，规定对政府主导的项目约束力强，对于村民自建房的约束力相对较弱。但是，藏民建房若要领取政府补贴，则需要遵从规定。

以第二个时期以2009年为节点，之前是以传统的土木、石木或是砖木混合结构为主，而在当下，混凝土砌块、预制混凝土板和圈梁是藏民普遍采用的方式。这一方面有政府引导的作用，另外一方面也是出于经济性的考虑。在拉萨地区，它们的建造成本，包括一根钢梁，都比木屋架的成本要节省[19]。建造体系的改变产生的影响：

]一材料的价格和建造方式的成本会因地点司而有所不同，不能一概而论，尤其是交不便的地域与交通便利的地区差别很大。

（1）“中柱”承载的建造、文化观念与行为叠加意义的消解

因为框架和预制混凝土板的运用，空间中间不再需要立柱，传统的“柱”空间氛围和围绕中柱的日常活动和仪式行为也随之消解。同时，藏式木屋架主梁和椽子的布置方式所形成的大与小、疏与密的差异性感知也因此被消解。

当建造方式不再是空间中柱存在的依据时，藏民很少会主动加建中柱。在定居点，中柱则是完全消失了。藏民对于中柱的抉择是在传统、建造方式和日常使用的便利性之间进行权衡的结果。

（2）空间尺寸的改变

建造方式的改变并没有改变主要空间平面扁长的特性。然而，制约空间平面尺寸的因素（木材尺寸）消失了，从而改变了传统藏式民居平面组织的模数体系（图72）。平面尺寸从前两个时期以2～2.4m为模数，中段房间南北方向上的柱距略小于东西方向上的柱距，以此来保证房间面宽大、进深小的策略，转向定居点更为自由、没有明确模数制约的空间平面尺寸，这与之前提到的吉龙村村民在自建过程中的选择不同。吉龙村村民在采用与定居点相同建造方式的情况下，却用传统房间尺寸模

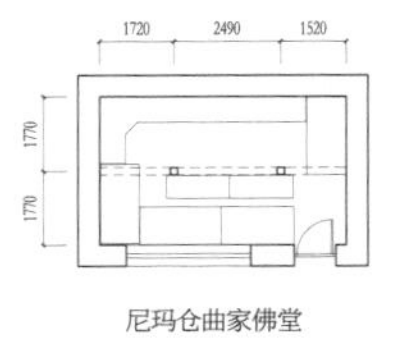

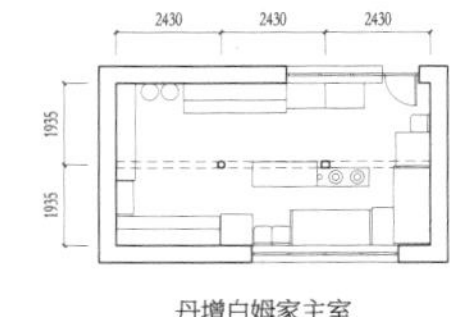

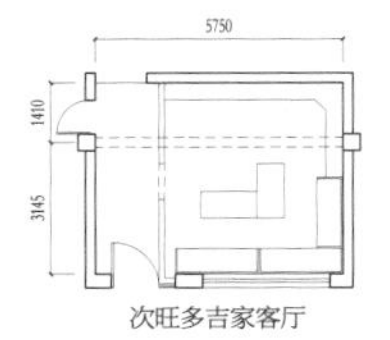

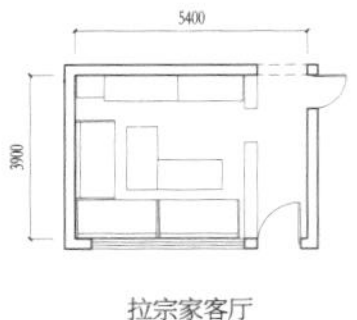

图72 房间尺寸演变图

数来制约房间的开间大小。

从空间净高来看，从1980—1990年代的2.2～2.3m，到2002—2013年的2.5～2.7m为主，再到定居点的2.7～2.9m，可以看到，空间净高在提高，同时也意味着窗洞有变大的趋势。居住空间的层高[20]从最初的以2.6～2.8m为主，到定居点的2.8～3m为主，在变化不是很大的情况下，净高相对明显的变化主要是由于屋面构造方式的变化引起的，它从传统覆土屋面构造改为预制混凝土屋面构造。空间净高的增大，不仅会引发空间感知的变化，同时对于应对严寒气候也会产生影响，因为传统藏式民居应对严寒气候的经验在于收缩体量和低矮的房间高度。

[20]圈养牲畜等生产性空间的层高（包括建筑层用于生产性活动）在2.4m左右。

（3）墙体表面肌理的改变

传统建筑材料石材、木材和土在当下的运用越来越少，一方面是政策的引导，另外一方面是材料越来越匮乏引起了价格上涨。出于经济性的考虑，藏民越来越少采用它们。传统材料建构起来的藏式民居的形式特征——材料质感在墙体上的肌理表现以及基于材料特性和建构原因形成的手抓纹肌理也因此而逐渐消失，或是被纯装饰的纹理所代替。

3. 生活舒适性的主动调试：基于气候适应性、生活习惯和习俗

村民的自建和加建以及对定居点的改建，它们所呈现的是对生活的选择。村民的主动调适是基于舒适性，其背后是气候适应性、生活习惯和习俗的制约。

从气候适应性来看，三个时期的房屋都维持了建筑体量紧凑的姿态和传统的南北功能分区的特征（图73、图74）。与此同时，村民都选择了加建阳光间，从主室中分离出厨房空间，在院子中加设顶棚。

（1）阳光间的加建导致日常行为和形式的改变

前文对阳光间提及较多，它是村民的自主选择，同时又被政府定居点

所推广。它的目的是获取更多的日照，产生的改变是将传统主室的休闲行为抽离，同时取代了屋前平台。但在前两个时期它并没有完全消解主室的用途，因为最为关键的厨房（炉火）依旧与藏床（休息、睡觉）混杂布置在主室中，以炉子为生活中心来抵抗寒冷的生活形态依旧没有改变。

它对藏式民居传统的形式特征造成冲击。一层的阳光间由于被院墙所包围，所以对村落的面貌没有产生很大的影响，但是在二层加建的阳光间改变了传统村落的面貌。

(2) 厨房从主室空间中的分离

“炉火”是主室生活的核心所在，它承载了应对严寒气候的生活方式，同时又承载了“家”的意义。随着生活条件的提高，房间变多，燃

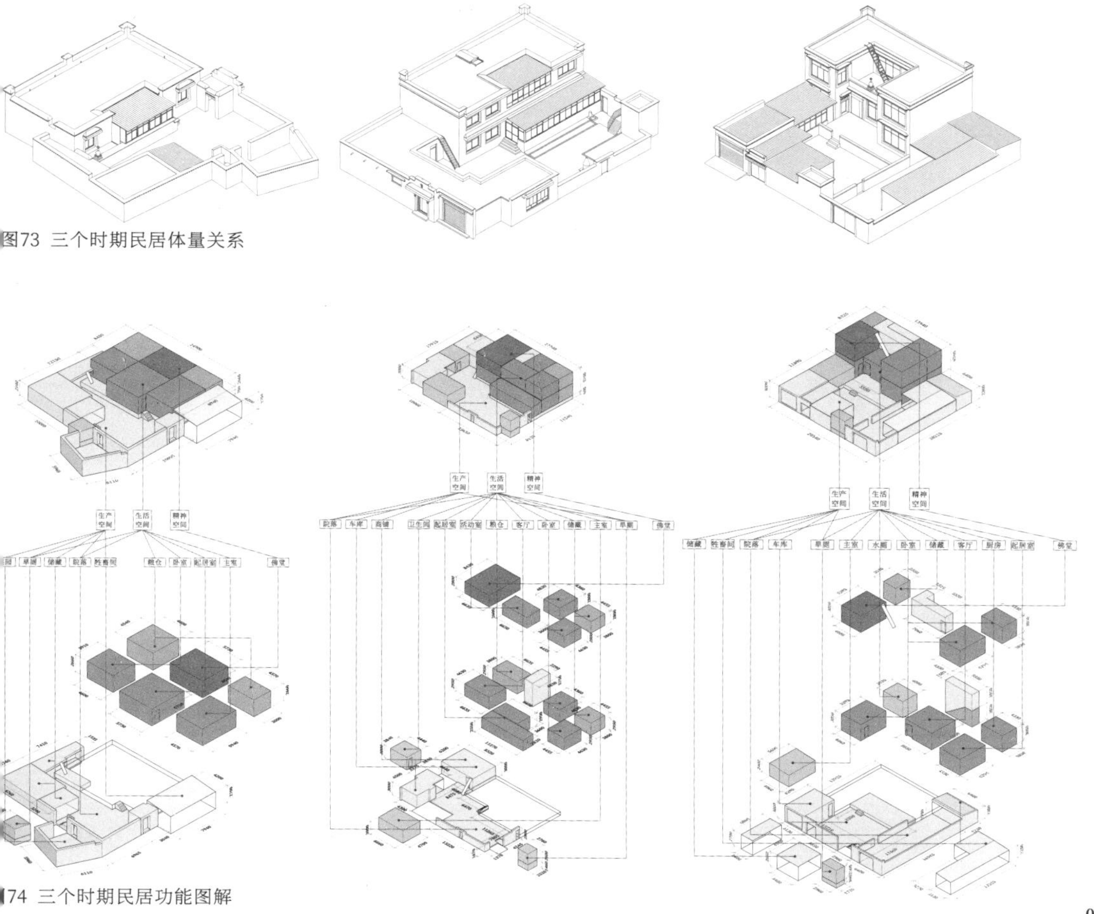

图73 三个时期民居体量关系

74 三个时期民居功能图解

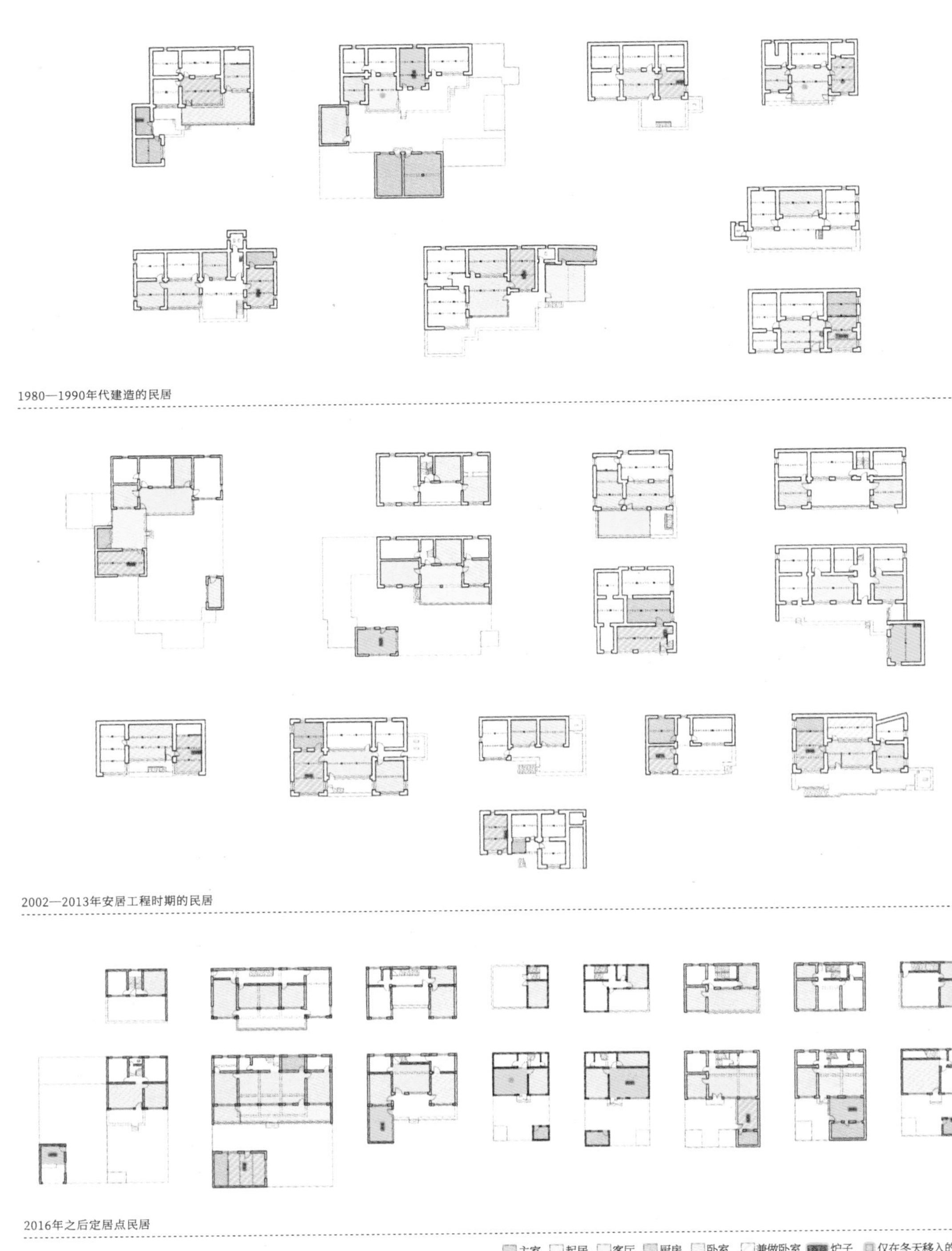
1980—1990年代建造的民居
2002—2013年安居工程时期的民居
2016年之后定居点民居
主室
起居
客厅
厨房
卧室
兼做卧室
炉子
仅在冬天移入的

图75 功能分化分析图

图76 院子加设顶棚

料由牛粪改为电炉，藏民开始将烧火的行为细分为做饭与烧水、热饭。做饭被单独放在另外的空间操作，而烧水行为依旧被保留在主室内进行，其主要原因依旧是严寒气候的制约。因而在藏民的生活形式中形成了两套生火工具、两个行为，并且用两个空间来承载，这也是“厨房”这个房名在藏区普通民宅中开始频繁出现的原因。在定居点中，则直接设置了厨房，以起居室取代了主室（图75）。

(3) 院子加设顶棚，提高院子活动的舒适度

夏季，藏民在室外活动时会加设临时顶棚，形成一个阴凉的区域，以避免强烈阳光的直射，同时也保护了种植的花草。有的甚至在院子上直接架设固定天窗，将院子变成半室内空间（图76）。在使用过程中，若解决不好通风问题，在夏季会很闷热。

定居点出于提高藏民生活品质的目的，提供了新的生活形态，其中包括以起居室替代传统主室，设置内、外双厕所。藏民在入住后进行了一些改建，表现出了对新生活形态的反馈：

(1) 定居点中加建主室，对传统生活习惯的回归

在藏民入住定居点住宅之后，因为在起居室中不能生炉火，于是开始在院落中加建主室，而且采用的建筑材料多为传统材料。这种趋势表明：在藏区起居室靠自身保温措施无法有效应对严寒气候时，“炉火”依旧是最佳方式。可见，主室在自然适应性和传统“家”的意义两个方面仍具有其有效性。

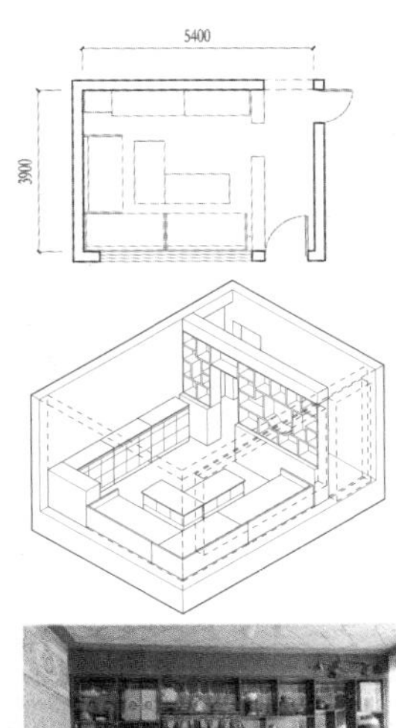

(2) 维持房间的独立性

以屋前平台为空间组织核心的传统空间格局，保证了南向各个房间的独立和不被穿越的特性。在定居点，藏民通过在起居室中加建隔断，以避免去往北侧楼梯的通行对起居室产生干扰，使得起居室成为独立的房间。这不仅是行为上的考量，同时也是出于应对严寒气候、节约能源、保证房间热量不易散失的考虑（图77）。

图77 加建隔断

(3) 洁净观制约下的双厕所体系

从生活舒适性来讲，厕所设在室内有其合理性。在藏民的自建房中，厕所依旧遵循洁净观设置在主屋外。定居点则选择了双厕所设计——屋外旱厕（水厕）和室内水厕，这是基于藏民的生活习惯和政府改善藏民居住条件的意愿而采取的措施。在藏民的使用过程中，屋外厕

所更多地被使用，其部分原因是一些地区的供水条件有限，但主要还是洁净观依旧在起制约作用，屋内厕所的味道对于藏民是个困扰。

（4）仪式生活的自主选择

在宗教自由的政策允许下，藏民对仪式生活的重视从未改变过。藏民在自建中，充分考虑了佛堂、煨桑炉和屋顶的仪式活动。在定居点，藏民采用自主改建的方式进行调节。他们会选择一个较好的房间作为佛堂，但煨桑炉和屋顶的仪式活动取决于定居点是否设计了炉子和登屋顶的楼梯，若是没有，就需要藏民自行解决。

对于煨桑炉，藏民在定居点采取了两种措施：一种是按照传统形式在院内加建，另外一种是在院内采用简易方式，用铁皮炉子替代。

在藏民新建过程中，出现了几个现象：

（1）空间记忆的回溯

藏民对空间的记忆，以室内装饰为主。无论是什么时期，藏民在使用过程中，都会对墙面、屋顶、柱子、构件进行装饰。同时，藏民对于藏式家具也有所偏好，这些都维持了藏式民居室内的基本氛围特征。

图78 新建民居中空间中柱的表现

在2019年调研过程中发现，藏民自建时也会出现房间中有立柱的情况，它们基本都是基于建造逻辑而存在的。如图78所示，前者是因为采用了木椽子，木椽子跨度较小，所以加了木立柱，但是梁用了钢梁；后者是因为房间跨度过大，在采用预制混凝土板的情况下，在空间中加了立柱和梁。这些都是在建造逻辑下促成的空间记忆的回溯，而不是在建造体系之外添加的额外构件。

（2）太阳能的利用正在改变民居和乡村面貌

藏区丰富的太阳能促使藏民开始充分利用。一种是简易的太阳能设施，用于烧开水；另外一种是太阳能热水器（图79）。太阳能热水器有开始普及的趋势，这将威胁村落和建筑的面貌。

图79 太阳能利用

4. 文化观念与物质空间的关联性转变

（1）自然观念和天梯说

藏民的自然观念、对山和水的敬畏以及与宗教信仰和宗教行为（转山）的关联，这些使得藏民的身体与自然之间建立了密切联系。

这种身体与自然的密切关联是以仪式活动为基础的。它在传统民居中的体现——从村落与环境的关系、屋前平台的远眺和观想，到通过“登天的工具”楼梯走向天空（天梯说），再到在与天最接近的屋顶举行仪式活动，在一系列“连续”的关系和“路径”中构筑了人与自然的关系，构筑了集体到个人体验的连续性。

传统的选址习俗——山脚是村落，山腰是寺，山顶是藏王宫殿，因为传说中藏王在死是登着天梯进入仙界的。

随着人口和建设量的激增，尤其是在距离大城市近的乡村，传统中村落选址宜在山脚的习俗被淡化[21]，屋前平台的远眺因为阳光间的加建而被忽视，“登天”的楼梯被功能性所遗忘，只有屋顶仪式活动的意愿依旧维持。

可见，自然观念在物质层面呈现的从村落结构到个人的连续性被破坏。从定居点的设计来看，它关注了两端：一端即从村落总体布局和规划来看，尽量少破坏原有自然环境，充分利用地形是设计者达成的共识，但地理位置的等级差异被忽视了；另外一端是屋顶平台，它维持了经幡垛的形式特征。

（2）洁净观

洁净观依旧是藏民根深蒂固的观念，但它对物质空间的制约，相比较传统而言，影响力在降低，其原因在于牲畜空间的剥离，这使得它对空间剖面关系的制约丧失了根基。同时，关注的对象也从圈养牲畜空间和厕所转向了厕所这个单一对象，因而平面布局成为其关注的重点。

洁净观对厕所的制约在于它与生活，尤其是仪式空间的平面关系。因为定居点没有专门设计佛堂的位置，因而平面关系转化为简单的厕所在主屋内还是主屋外的位置问题。

（3）中心说

藏式空间中的立柱承载了“中心说”、日常和仪式行为、空间氛围的多重意义，却因为建造体系的改变而被消解。能否在现有建造体系下重构，并且考虑使用的便利性，是当下设计的焦点。

（4）等级观

等级观强调的是人与人的差异性，它以人的社会身份和个体身份的差异为基准，通过各个层面（物质空间、礼制、社会习俗、婚姻、资源分配等）显现出来。从物质空间层面来看，藏区传统上的从寺院到民宅的等级差异，民宅因为个体经济和社会身份差异引起的用地、形制、材料、建造方式等的差异，都是构成乡村面貌多样性的潜在动因。

但是，等级观在以平权为基础的当代社会被忽视，其潜在的意识形态被诟病。平权和平等带来的表现：一是民宅开始普遍使用传统寺院才能使用的赭红色；其二是乡村的建设试图通过物质空间（用地面积、建筑面积、标准户型）的均质化来体现；其三是开始将差异性等同于等级观，导致院落各种大门与巷道的连接方式从传统的方向各异转变为定居点的同向。

在现实中，即便是在定居点，经济状况的差异也使得均质性的框架有了差异化表现，村民通过诸如材料或是装饰来呈现自己的“身份”。这种“个体化”表现实际上是无法消解的，只要我们承认个体存在差异性。我们需要解决的问题是该如何面对和引导它。

（5）防卫观

防卫观形成的藏式民居形式特征——窗旁黑色饰边和门头装饰，一直都是藏民维持的传统。即便是在定居点中，藏民也会用传统方式装饰门头（图80），只是采用的材料在发生变化,诸如藏民开始用黑色面砖装饰窗户。

图80 定居点门头装饰

民居演变是政策、经济性、生活舒适性、气候适应性、建造体系、文化观念相互作用和相互制约的结果。从民居演变过程来看，生活形态和建造体系的改变是民居变革的最根本和重要的动因；经济性是村民在面临抉择时考虑的最核心的因素；文化观念和习俗是赋予民居地域特征最核心的动力。当然，村民追求的最核心的目标始终是生活的舒适性。

从文化观念与物质空间的关联性来看，藏式民居最为特殊的是：

1）其强烈的洁净观和自然观带来了空间平、剖面布局和组织上的特殊性以及重要的“观想”行为，其核心要素是屋前平台、楼梯和厕所；

2）宗教仪式生活赋予空间组织、形式和氛围的特征；

3）防卫观赋予门和窗的形式特征；

4）装饰和藏式家具带来的空间氛围。

在藏式民居演变过程中，与当下其他地区民居演变共同具有的时代特征是:

1）政策的引导性在当下的民居演变中起到越来越重要的作用。

2）原始住屋构件的宗教和文化意义在消失：在藏区，中柱的意义来自于它在认知和行为两个层面上意义的叠加，是“世界中心”与“家中仪式生活中心”的双重叠加。传统上灶神是“家”的日常中心，楼梯是登天的通道，这些构件的文化意义被淡忘。

3）传统民居的形式和空间特征是建造体系与文化意义双重叠加作用的产物。在演变过程中，它正转向通过“装饰”来传承传统文化和地域特征，这是单一力量作用下的产物，与建造体系的脱节是它与传统的最大差别。

4）当下的绿色技术和太阳能产品正在加速改变乡村面貌和生活形态。

藏式乡村民居空间模式适应性策略

藏区正处于生活形态和建造方式的转型期。在乡村民居建设中，面对村民自主建设与政府规划设计之间的差异、传统习俗与外来文化之间的碰撞以及传统记忆、建造的经济性与生活舒适性三者之间的权衡，藏式民居该如何设定适应性发展的前提条件，界定核心问题和基本原则，进而明确可操作的路径？本节将作出尝试性回答。

一、当下适应性发展的前提条件

1. 以政府规定为基准

政府出台的乡村发展战略应该成为民居适应性研究的前提条件。乡村建设是以土地为基石的，政府对于土地的管理、对于土地性质的界定、对于建设范围和建设规模的规定是适应性研究需要遵循的条例，否则研究将无法具有可操作性和落地性。但是，在研究进程中也需要对实施效果进行反思，从而可以对已有的规定提出参考性的修改建议。在政府规定中有两个关键性指标：

（1）用地面积

2016年政府出台的《拉萨市小康工程实施指导意见》提出，以200m^{2}作为易地搬迁定居点每户的用地面积标准。此后建造的定居点，诸如三有村、噶冲村荣玛乡定居点和四季吉祥村，都是按此标准设计的。最早一批诸如孜孜荣村（2014年完工）、江夏新村（2016年完工）多是参照2001年制定的暂行规定和2015年颁布实施的《西藏自治区村庄规划技术导则》来执行的，采用每户400m^{2}和500m^{2}的标准来建设。藏民自建房的用地标准，各个地区可以自行调整，但基本也是以500m^{2}为上限。其中，有以家庭人口数来设定划分标准的，也有以户为单位设定的，与每户人口无关。在现实中并没有严格措施来制约藏民在自建房时多占地的现象，但房产证上的面积认定是以《技术导则》规定的最高标准为上限的。

我们可以从两个角度重新审视用地面积规定，一是将之与传统民居的使用状况进行对比；二是分析藏民入住定居点后的反馈意见。

在1980—1990年代建造的民居，其宅基地面积在300多平方米到1100m^2之间。尽管跨越幅度很大，但集中分布在900～1100m^2区间；到了2002—2013年，宅基地面积分布趋势与上个时期基本一致，但集中分布区域下移，集中在500m^2左右，可见政府的规定开始产生作用；在2016年之后的定居点，基本上是按一个标准来执行的，最多采用两个用地指标，以4人户为界限来划分，但上线是以200m^2为准。

可见，在过去的40年间，乡村建房用地的面积和形状是从大到小、从多样走向标准化的过程。引起宅基地发生巨变的是最新执行的《实施指导意见》所规定的200m^2，它带来了最大的矛盾。200m^2的用地标准，在实施过程中，藏民普遍反映过小，尤其是院落面积。以噶冲村定居点为例，不同户型的占地大小不一，但院落面积基本上是总用地的三分之一左右。其中122m^2是其最小的占地面积，院落也就占大约40m^2。对比1980—1990年代民居调查中的最小露天院落面积92m^2，下降了一半还多。藏民提出院子过小的问题也就可以理解了，毕竟藏民很多日常生活和生产生活是在院落中进行的。

藏民对院落使用的设想也是我们重新界定用地标准的一个参考维度。在调查中，有80%的藏民有加建的意愿。定居点的住户在加建主室之外，提出要在住宅内圈养牲畜以满足日常所需，即便一头也可。尽管这与定居点的设计原则有所背离，但这是藏民从实际使用出发提出的诉求。另外，藏民还提出需要空间贮藏牛粪，即便是在有燃气和电加热的状况下，90%的定居点藏民仍在使用牛粪作为燃料。这些使用的需求都一致指向藏民需要更大的院落空间。

综合藏民的居住和生活习惯、与自然的“体验”关系以及未来加建的可能性，建议：

1）提高定居点的用地面积标准，并制定露天院落面积指标作为双重标准来控制建筑占地面积。定居点宅基地标准，建议上限提高至300m^2/户，并且规定露天院子面积标准不小于90m^2。若是农牧区的定居点，建议参照最高标准500m^2/户来实施。若可能，可上调100m^2。

2）定居点的政策导向是：若需要圈养牲畜，应尽量采用集中管理，避免分散地养在家中，以便提高居住品质。但是，鉴于各个地区的经济发展模式不一以及圈养牲畜是藏民目前的日常生活所需，建议户型设计中考虑灵活性，注重边院设计，为可能的圈养提供平面分离的可能性。

3）用地的多样性取决于占地面积、建筑与院子的位置关系以及院墙围合的几何形状。在定居点的用地面积标准中，建议最少采用2个标准，最好3个以上，其目的是呈现多样性。尽管在拉萨地区常用前院的方式，但设置东、西侧院，利用院墙与建筑的位置关系来调节建筑连续界面的长度和村落的空间节奏，以此来避免过长的连续界面，同时也便于村民在家中透过建筑之间的缝隙与周边环境建立联系。院墙围合成的院落的几何形状是打破定居点均质化的手段之一，同时有助于建立不同出入口的等级差异。

（2）建筑面积和功能设置

政府规定以25m²/人为标准，定居点也基本是依此来设计的。目前，居住面积是按照人口来分配的，基本是2人户及以下是80m²，3～4人户为100～120m²，5～6人户为120～150m²，7人户及以上在150～180m²之间。其中功能计划、房间数量和面积分配是关键性要素。

首先，需要从功能计划上重新界定起居室在藏区的特殊性。与内地相比，藏区的传统民居和定居点都没有设置餐厅的习惯。藏民的生活习惯是喜欢“群聚”，与家人朋友聚在一起活动和生活，因而起居室的复合功能要比内地更复杂，需要兼顾餐厅、家和朋友间的“大型”聚会及可能的就寝。因此，建议扩大起居室面积，提高至30m²。在定居点，村民加建主室的起因是“炉火”，起居室需要考虑设置可生火的设施，恢复以炉火为核心的生活方式。

功能计划在考虑设置厨房、卫生间和贮藏空间之外，也需使阳光间成为藏民的重要生活空间。从使用上来考虑，建议阳光间面积至少在12m²以上。

其次，卧室的数量是户型设计需要决定的问题。以4人120m²的户型为例，以往设计是以3卧室居多。若是从实际使用去考察4人3间卧室的生活形态，4口之家可能是一对夫妇带2个孩子或是1个小孩1个老人居住。藏民会将1间卧室作为佛堂使用，剩余2间卧室供4人分配，这意味着很有可能家中会有人住在起居室中。在起居室就寝是藏民习惯的生活方式，因而建议遵循以往经验，4人户以3卧室（包括佛堂空间）为标准，5～6人户以4卧室为主，7人以上以5卧室为主。

再者，藏民对现有定居点的房间面积普遍感觉较小。传统民居的一柱间使用面积在16m^{2}左右，建筑面积为18m^2；两柱间使用面积在26m^{2}左右，建筑面积为28m^2。主室和卧室一般都是两柱间。在定居点中，卧室使用面积在12～18m^{2}之间，其中以12m^{2}为主；起居室使用面积在18～28m^{2}之间，以22m^{2}为主。可见，卧室和起居室相比传统较小，尤其是卧室面积差距较大。建议扩大卧室面积，其中可能作为佛堂的卧室可扩大到两柱间大小。

以此估算，4人3卧室户型面积分配：起居室（30m^2）、卧室（18m^2×3=54m^2）、阳光间（12m^2）、厨房（16m^2）、卫生间（8m^2）、贮藏间（15m^2）以及交通（15m^2），总计150m^2。估算的总面积比原定120m^{2}扩大了25%，大约人均为35m^2/人。

建议：

（1）提高人均居住面积标准至35m^2/人。3～4人户（120～150m^2），5～6人户（150～180m^2），7人以上（180～210m^2）。

（2）以传统一柱间、两柱间建筑面积为基准，设定主要使用空间的面积指标，这主要是基于对空间记忆、藏民生活的复合性和集聚性的考虑以及藏式家具与传统房间大小的匹配性。其中，起居室承担以往主室的功能，设置“炉火”，建筑面积建议为30m^2；卧室的建筑面积建议不低于16m^2。若需增设卧室，可适当调整卧室面积。

（3）卫生间，建议洗漱台与淋浴和坐便器分离，主要是出于洁净观和藏民生活习惯的考虑。

（4）可能情况下，增加贮藏面积。

2. 以框架结构和砌块墙承重体系为基调

传统的建造方式和材料（生土和木材）有其在塑造地域特征和生活舒适性方面的优势，鉴于环境保护和政府发展战略，它们在个别项目中的运用具有可操作性，但在这种大量的定居点项目建设中，建议采用框架或是墙承重体系，以砌块为建造材料较为实际。因而，在研究中将以此作为后续适应性策略的限定条件。

当然，生土和木材的当代运用是当下重要的研究课题，未来大面积的推广和使用也有可能。但本研究以空间模式为主要内容，因而在此不作生土和木材的相关讨论。

二、适应性发展的原则

当下藏式民居发展的核心问题是：如何协调传统特征与当下的生活方式？其中的核心要素和措施是什么？

基本立足点：

（1）地域特征具有演变性，它应随生活形态和建造技术的改变而演变；

（2）民居以建造方式和空间组织方式为基本框架，以经济和政策为制约条件，文化观念是其地域特征塑造的源泉，生活舒适性是其最为根本的目标；

（3）绿色建筑技术是适应性发展策略的可参考性指标，但不是决定因素，需要与其他要素相互平衡。

基本原则：

（1）在经济性约束下选择适应当下的建造方式，以贴合村民自主建设的规律，这将有利于在大量的村民自建中推广。在此基础上，确立形式和空间氛围的特征塑造，探讨地域性的延续、生活舒适性的调试和绿色建筑技术的应用。

（2）以文化观念和生活形态为切入点，确定地域特征的传承要素，避免单纯以形式特征和传统材料作为塑造地域特征的参考。其中，空间组织方式是其重要的坐标。

（3）空间组织方式需要适应严寒气候和当下村民的生活形态。

（4）在设计中留有村民加建的余地。

三、空间模式适应性策略

在之前的分析中，已经提出：①扩大用地面积和人均建筑面积；②以传统一柱间和两柱间为参照设定主要活动房间大小以及扩大起居室面积以适应藏民“群聚”的生活特性；③增设阳光间和边院、在起居室设置“炉火”以承接“主室”功能以及分离卫生间功能等功能计划策略；④框架结构作为主要的结构体系。

1. 强化自然观带动的身体与自然之间的关联

藏民最特殊的是其宗教仪式生活从公共生活一直贯穿到私人生活。藏民的自然观念有宗教的教义，有转经、转山、转湖等身体行为上的体验，它在观念、观想和体验三个维度呈现出藏民的身体与自然之间极其密切的关联。

承载观念、观想和体验之间关联性的物质空间和物件包括村落的公共活动节点，私人生活中的佛堂、煨桑炉和屋顶经幡垛。在前文的分析过程中提出的两个核心要素是屋前平台和楼梯。屋前平台承载的室外休闲行为和观想是阳光间无法替代的，而楼梯趋近天空的身体体验需要被重新唤起。这两个要素的重新介入将有助于藏式民居地域特征的塑造。

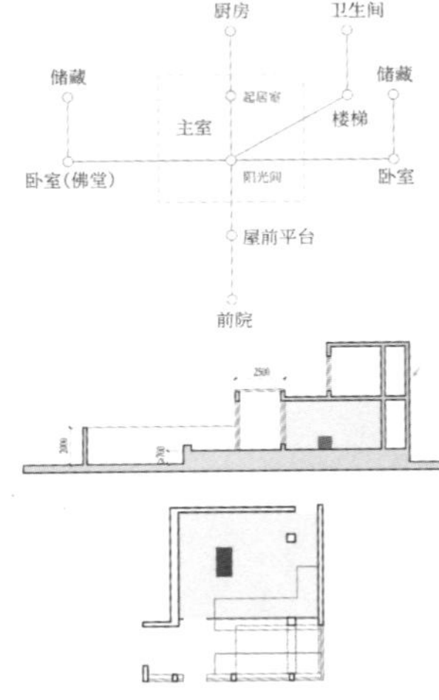

图1 措施：功能计划

（1）措施1

空间组织模式：院子（院高2m）—至少700mm高，进深不小于1.5m的屋前平台—阳光间—起居室（复合空间）。若有二层建筑，设置二层室外平台。阳光间与起居室可以理解为传统“主室”的两个领域：一个以阳光为核心，一个以“炉火”为中心（图1）。

（2）措施2

楼梯向上的空间引导性：关注单跑楼梯或是长短跑楼梯的特殊性、楼梯平台的对外关联性和作为行为载体的可能性以及光线的引入（图2）。

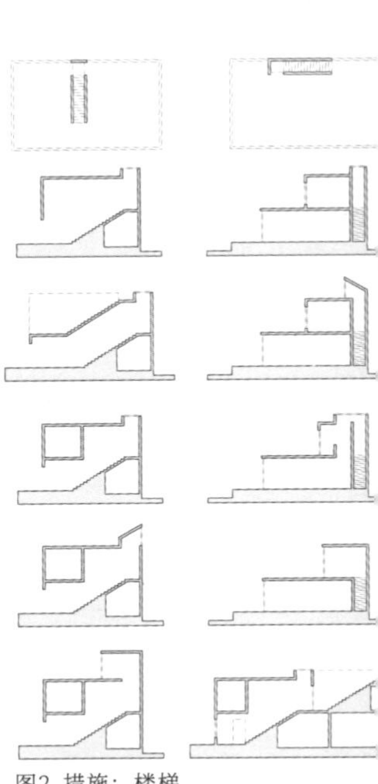
图2 措施：楼梯

关注楼梯间的光线引入，是因为它有助于引导身体向上、向天空延展的感知。它还有另外一个益处：若是开天窗的话，楼梯间有机会成为建筑在北侧的“阳光间”，间接成为北侧房间的热源。在夏季，天窗一般会使房间闷热。在藏区，夏天中午前后也会有此问题，但大部分时间都可高效利用太阳能。在藏区，开天窗有两个优势：藏区少雨的气候特征会降低因为开天窗而产生屋顶漏雨的几率。藏民平时上屋顶的习惯也使

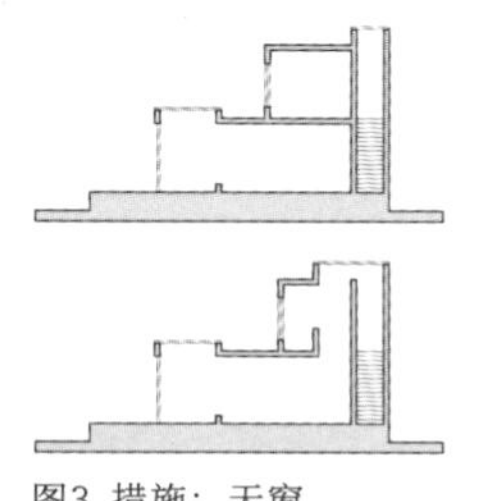
图3 措施：天窗

得他们有机会人工调节天窗以适应中午的过热或是夜晚、冬季的寒冷。这样，建筑中就会两个“热源”：一个是南侧由大面积水平长窗构成的阳光间，一个是北侧由垂直方向天窗构成的楼梯间（图3）。

2. 遵循洁净观的平面和剖面空间组织策略

洁净观是藏民在解读生活形式与物质空间关系时的核心观念，其中涉及的要素是圈养牲畜的生产性空间和厕所。其中，藏民的洗漱问题需要特别关注。以往藏民的日常洗漱和洗衣会在院中的井边进行。在定居点，藏民会在院中自行铺设水管至院中进行洗漱和洗衣。由此可见，在洁净观的影响下，藏民对于与马桶在一个房间中进行洗漱有所抵触。

图4 措施：院子 建筑 入口

（1）措施1

在之前的功能计划中建议考虑在院子中圈养牲畜的可操作性。生产性和生活性院子需要界定不同领域，不宜用合院的方式处理。即便是没有牲畜的以贮藏为主的生产性院子也最好与生活性院子相分离。因而建议在前院的基础上设置边院，或可行的话，在北侧加设面积较小的贮藏性辅助院落（图4）。

北侧加设院落在藏区很少有实例，主要是北侧院子没有阳光，在严寒地区，这对日常生活和圈养牲畜都是非常不利的。但当下院子的辅助性功能发生了变化，北侧院子可以用于停车和杂物贮藏。同时，设置边院和北院也有助于分散不同入口的位置，建立入口之间的等级性差异。北侧院墙可以缓解因为生活空间的下移而导致的北面开窗面积增大、与传统形式特征不相符合的问题。

（2）措施2

从平面布局中分离室内厕所与其他空间的方法：①当紧贴主建筑时，利用楼梯将厕所突出建筑体量之外；②与主建筑分离，通过室内连廊连接。在剖面关系上，无论是设置室内还是室外厕所，均需要设置明显的高差（2级踏步，300mm）来明确卫生间与生活空间在剖面上的分离关系。

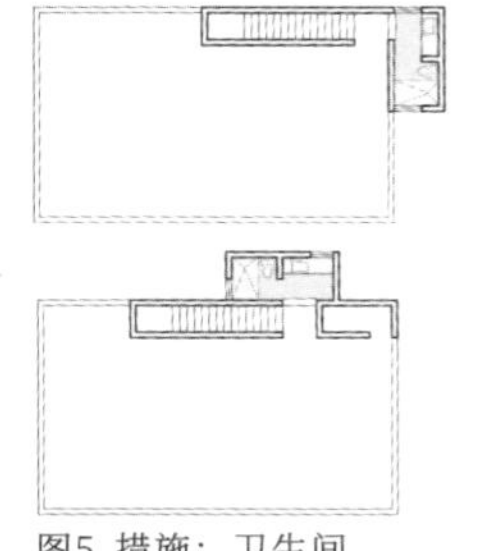
图5 措施：卫生间

（3）措施3

将洗漱区域从卫生间分离出来，并且注重平面布局的分离关系（图5）。在可能的情况下，沿用原有定居点的设计策略，设置内外双厕所。

3. 重塑中柱特征的结构体系策略

房间中的柱是藏民的世界观、节日活动和日常活动的载体，是藏式空间特征的重要表现。但是，当下建造方式的改变使得空间有柱的特性失去了建造依据，而且，空间中的柱子对生活便利性产生了影响。

鉴于空间中柱在观念、藏民日常行为和塑造地域特征上的意义，建议采用框架结构，其有机会让建造与文化含义再次重叠复合在一起。

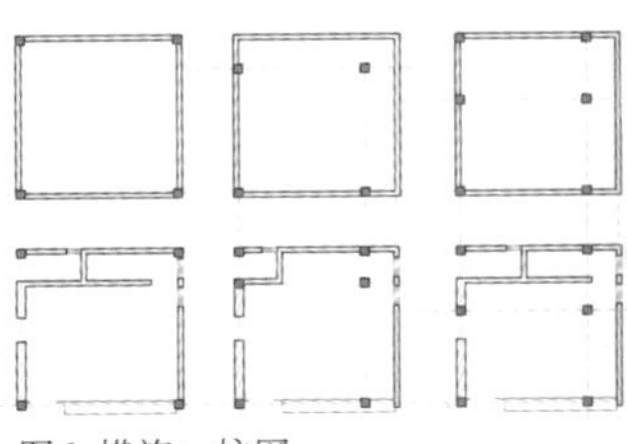
图6 措施：柱网

（1）措施1：重新认识框架结构体系中柱与填充墙的关系，利用填充墙的错位，将柱子“孤立”在空间中（图6）。

（2）措施2：避免将柱子设在房间中心，利用柱子与墙体限定领域，诸如过道领域、家具的领域或是行为的领域等。

（3）措施3：从柱网的经济性和传统空间尺寸来看，柱网尺寸建议为4.8～5.4m，大约是两柱间的空间尺寸，去掉柱子宽度，半跨柱距在2.2～2.5m之间。

4. 延续和发展气候适应性的空间组织策略

藏式传统民居应对严寒气候的空间组织关系为我们提供了基础，建议：

（1）措施1：控制体量。在体量方正的基础上，控制层高。层高建议为2.8m。

（2）措施2：维持南北房间的串联关系。北侧房间为辅助空间，并与南侧房间形成串联关系，尽量压缩过道空间。

（3）措施3：维持房间独立性，避免房间穿越性。以阳光间作为组织空间的核心要素，这样，避免了传统上以屋外平台连接南侧房间的弊端，因为室外连接会受到气候因素的影响。

（4）措施4：利用楼梯间的天窗和南侧阳光间形成双热源。结合此策略，在不同区域的墙体采用不同蓄热和保温性能的材料来应对不同情况，并且提高楼地面，尤其是楼面的蓄热性能（图7）。

图7 措施：材料

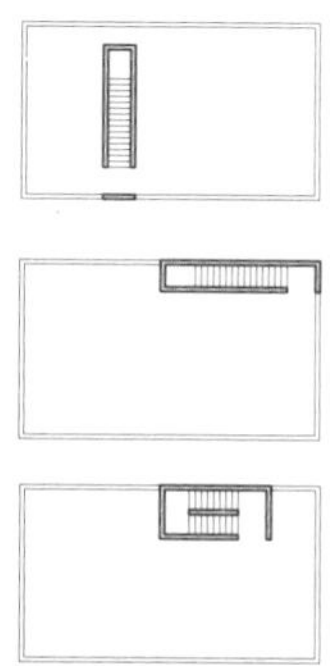

图8 楼梯类型

四、户型的空间模式研究

参照上述设定的建筑面积标准和措施，户型的研究以楼梯类型和位置为分类标准（图8），以三室（包括佛堂，3～4人户）、四室（5～6人户）为主要研究对象。对于外部形态设计，研究将进行简化处理。

以楼梯为切入点对户型进行分类研究，是基于前面提及的藏式民居空间组织的三个核心要素：屋前平台、楼梯和厕所。就空间组织模式而言，楼梯是其中最为重要的要素，它涉及平面和剖面的空间组织关系。

在空间模式中，以起居室与阳光间作为传统主室来组织生活，以结构形成空间有柱的氛围来回溯传统空间特征，以南北房间形成的串联关系为基本的空间关系。其中屋前平台的“行为”和“观念”的意义、院落不同入口的等级、院落中不同活动形成各自的领域、煨桑炉与路径感知的关联都是关注的焦点。

在类型“楼梯一”的研究中，涉及：

1）不同柱网结构对空间氛围的影响。以柱网横向尺寸大于纵向尺寸作为潜在制约条件，以此来回应传统藏式民居维持建筑扁长体量、使阳光尽量照到房间后部的策略。

2）天窗和内天井的空间组织方式研究。天窗的设置是为了与楼梯形成连续“向上”的空间体验。内天井，尽管不是拉萨地区的传统做法，但是它对于解决建筑内部光线问题和减少寒风对室外活动的干扰以及形成特定的空间氛围有其特定的作用，况且藏区其他地方也存在内天井的空间组织模式。

3）贯穿两层的挑空空间。两层高的空间与天窗一起形成的“光柱”与结构的柱在空间中形成了双重“柱”的感知。两层高空间尽管在夜晚对于空间热量的保持有所不利，但天窗与之结合，在白天可以形成“阳光间”之外的热源，在夜晚可以利用活动性设施对玻璃天窗进行必要遮挡以减少热量损失。

4）厨房与起居室的关系研究。其中涉及空间的分离与连续性的讨论。

这些问题的讨论没有在类型“楼梯二”和“楼梯三”中全部展开，是因为它们的原则与“楼梯一”是一致的，在此就不再重复推导了。

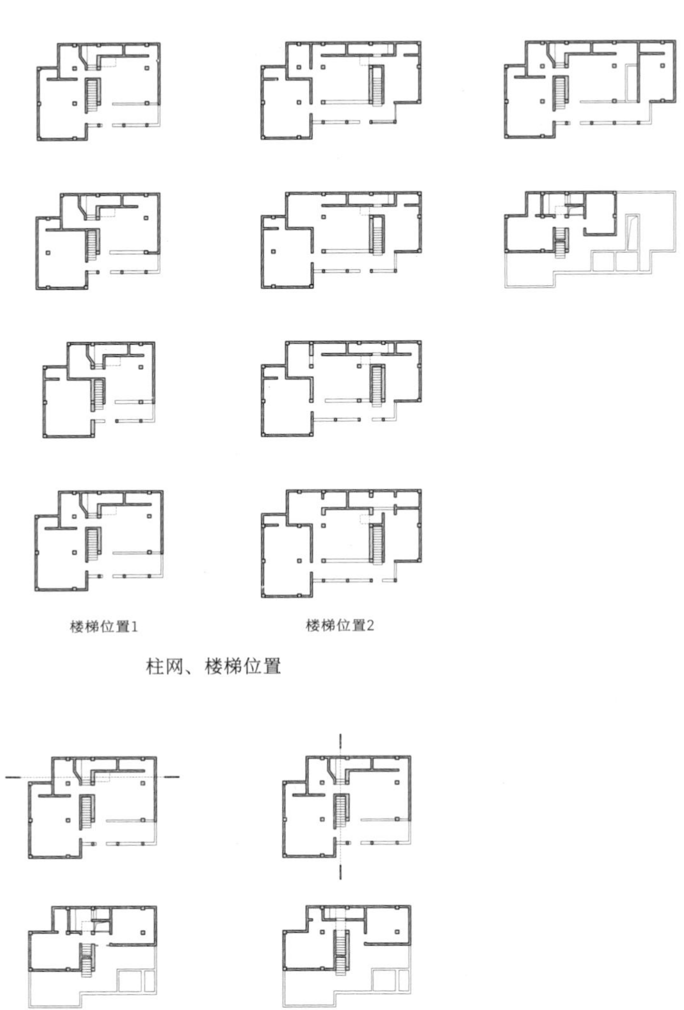

柱网、楼梯位置

楼梯 — 天窗 — 挑空

楼梯一

户型（有挑空空间）

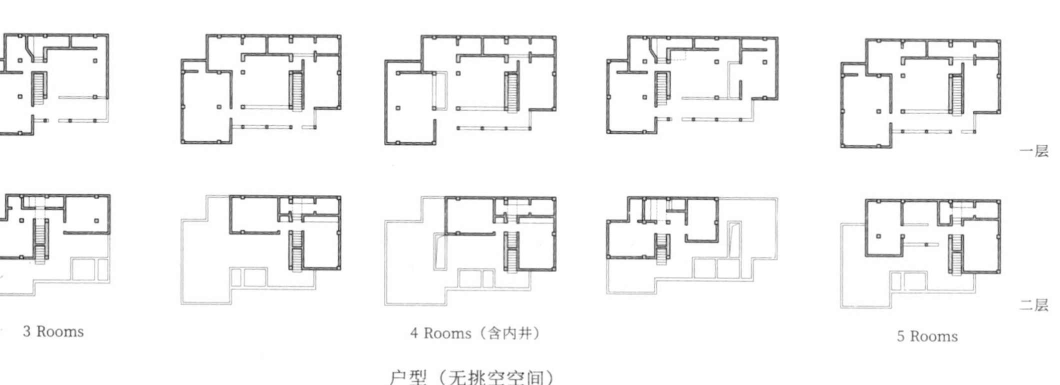

户型（无挑空空间）

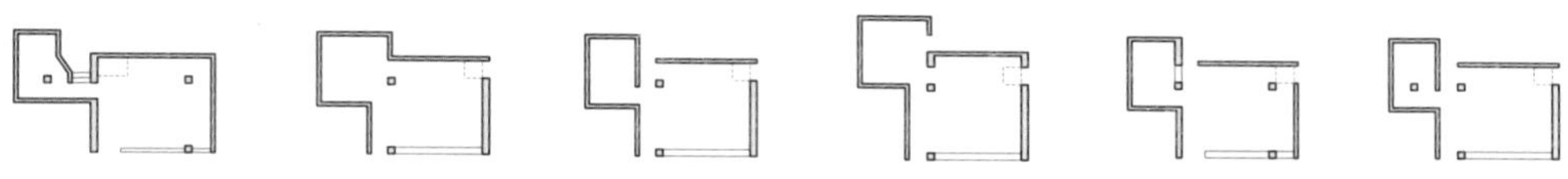

厨房 — 起居室 — 光“柱”

3 Rooms

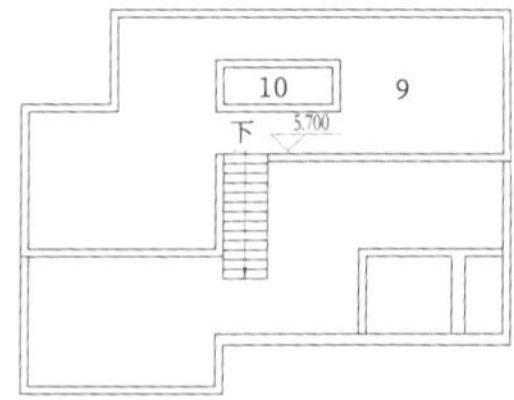

屋顶平面图

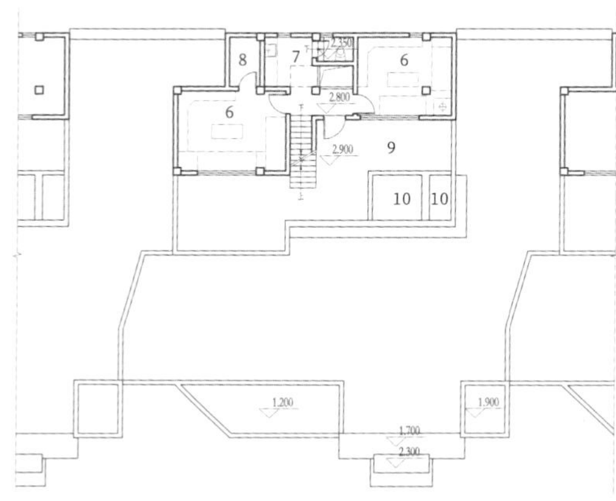

二层平面图

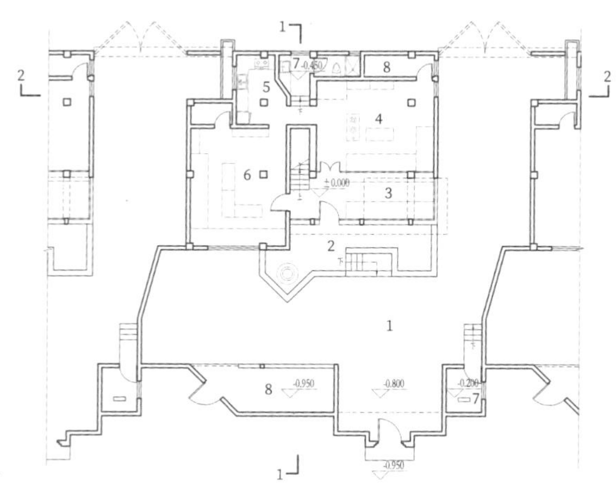

1-院落
2-屋前平台
3-阳光间
4-起居室
5-厨房
6-卧室
7-卫生间
8-储藏
9-屋顶平台
10-天窗

一层平面图

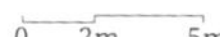

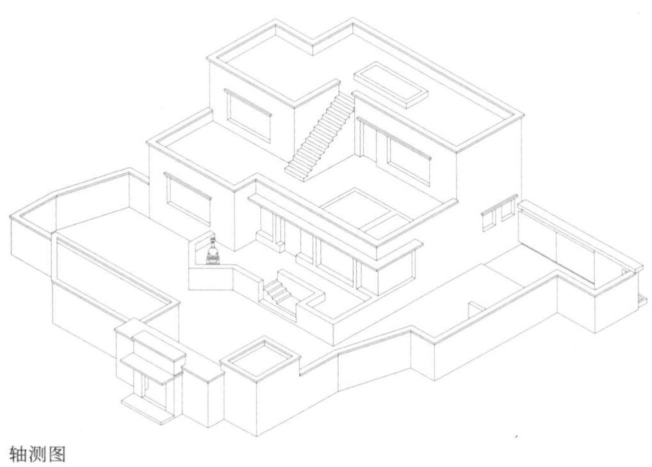

轴测图

楼梯场景图1

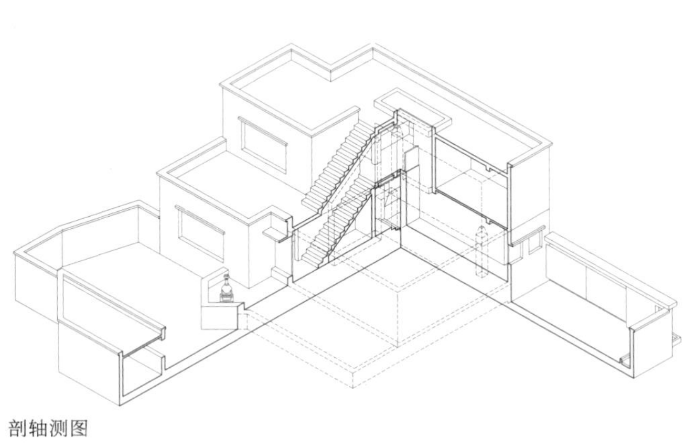

剖轴测图

楼梯场景图2

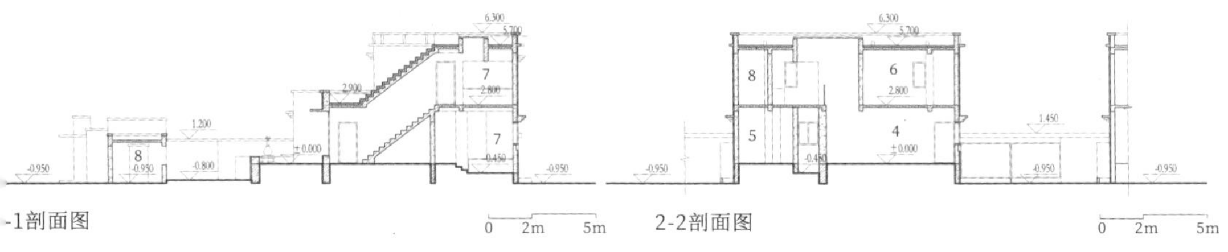

-1剖面图

2-2剖面图

楼梯1 其他方案

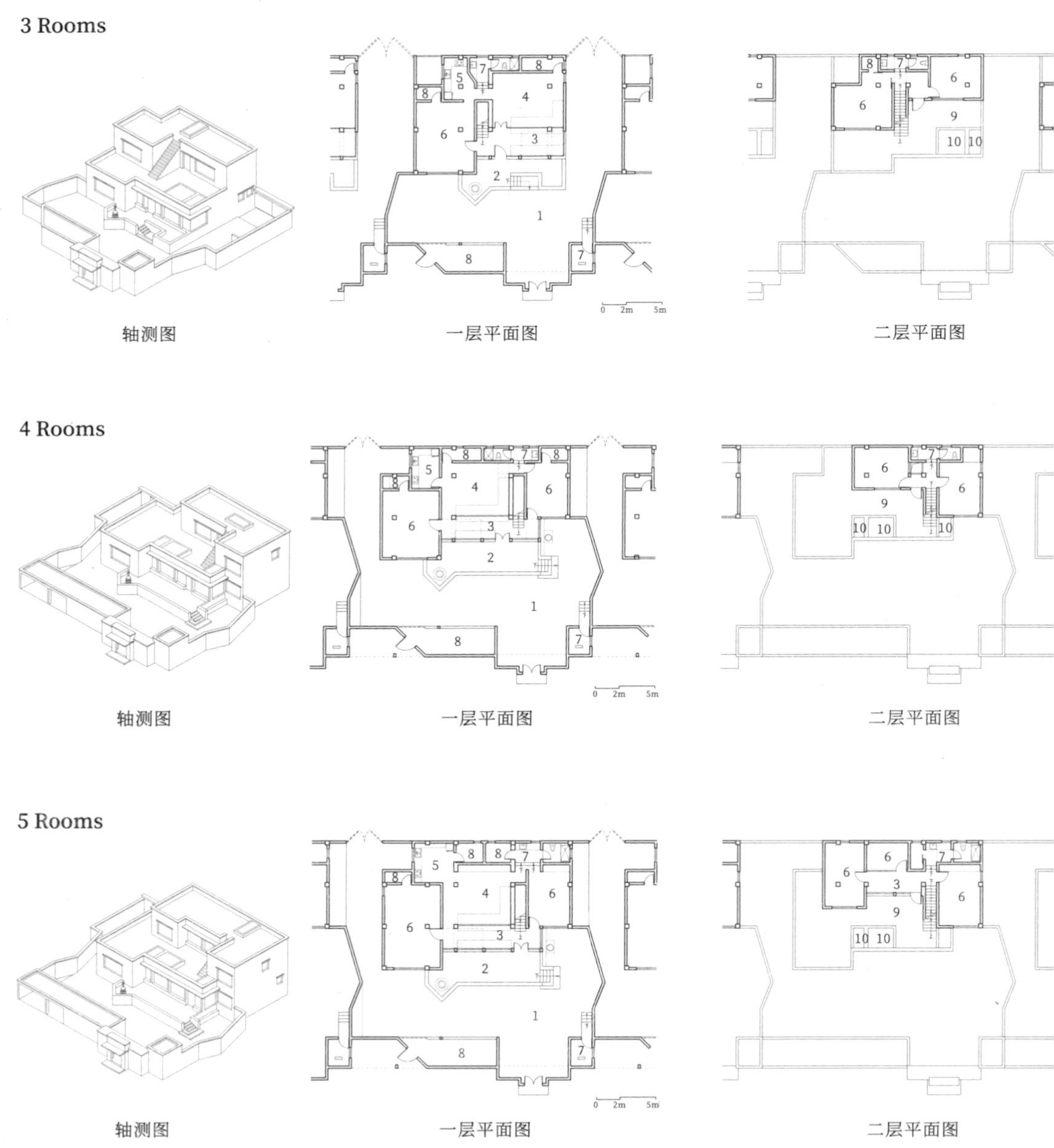

1-院落；2-屋前平台；3-阳光间；4-起居室；5-厨房；6-卧室；7-卫生间；8-储藏；9-屋顶平台；10-天

方案一

方案二

方案三

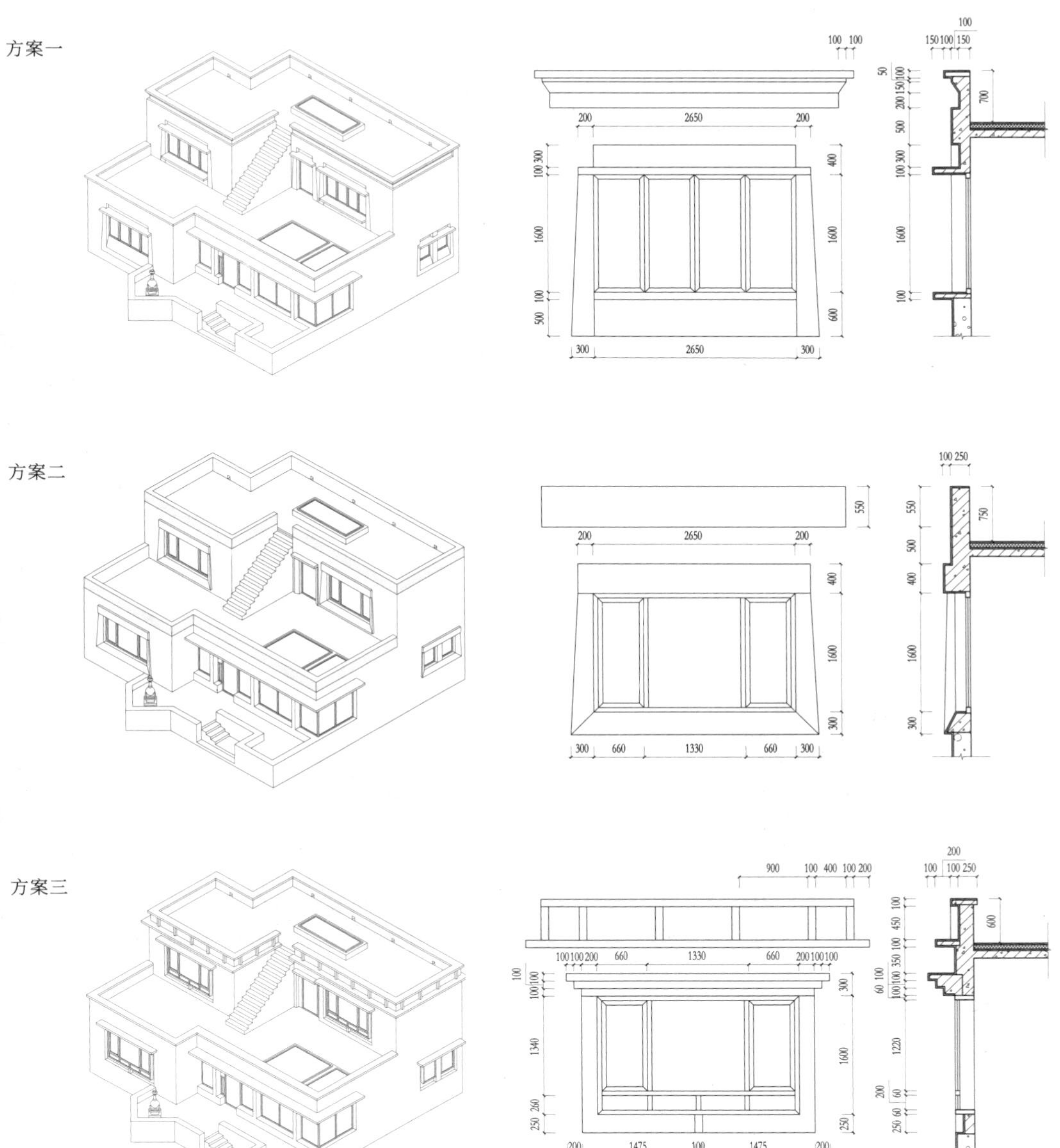

室内场景不同材质氛围比较

室内场景不同材质氛围比较

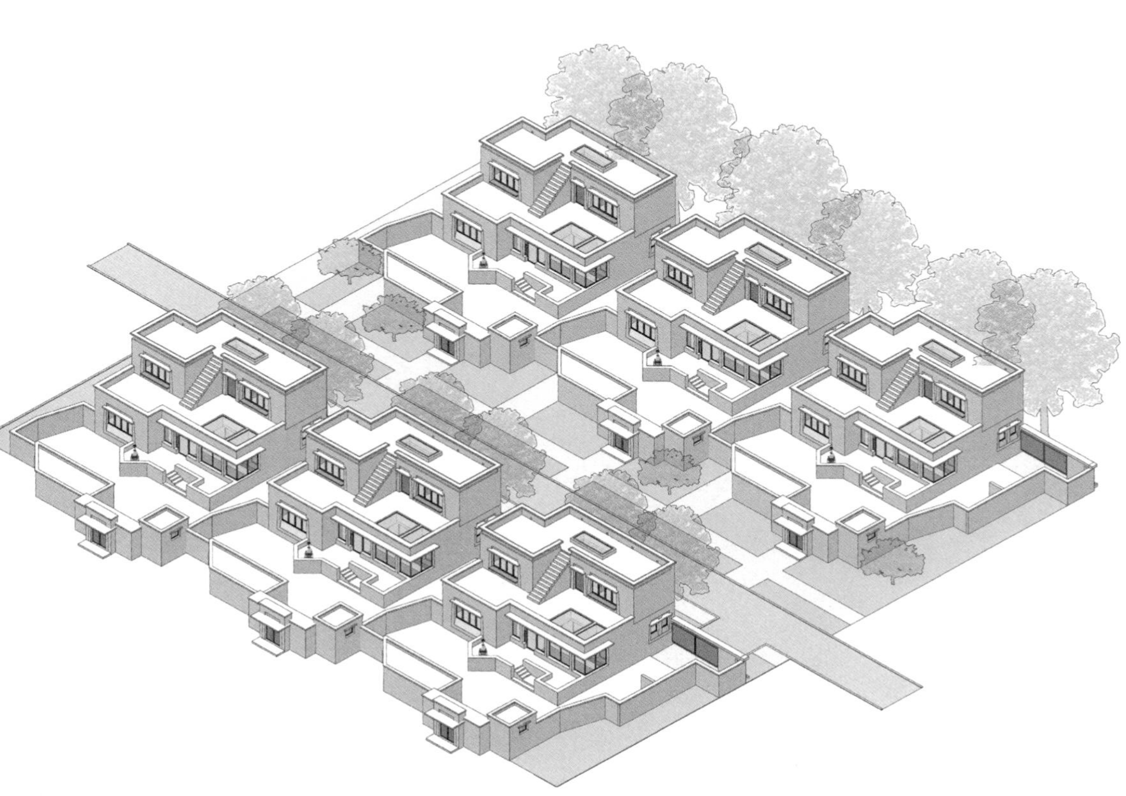

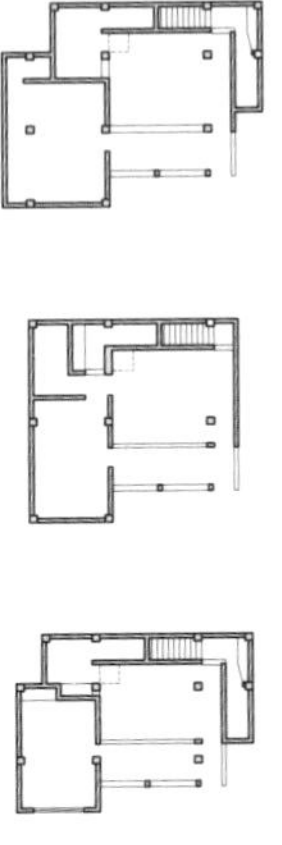

柱网

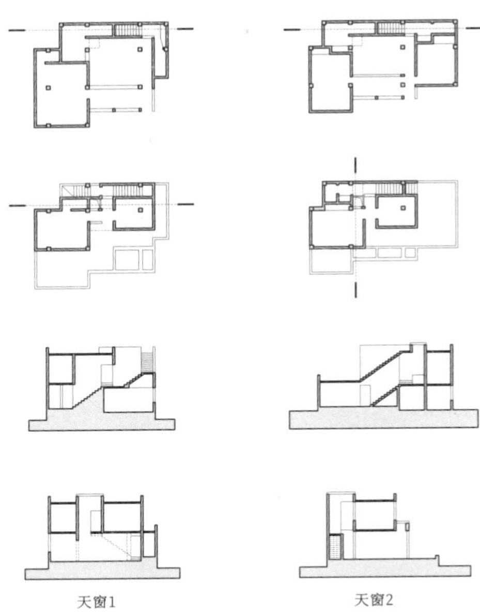

楼梯 — 天窗 — 挑空

楼梯二

楼梯组织

户型

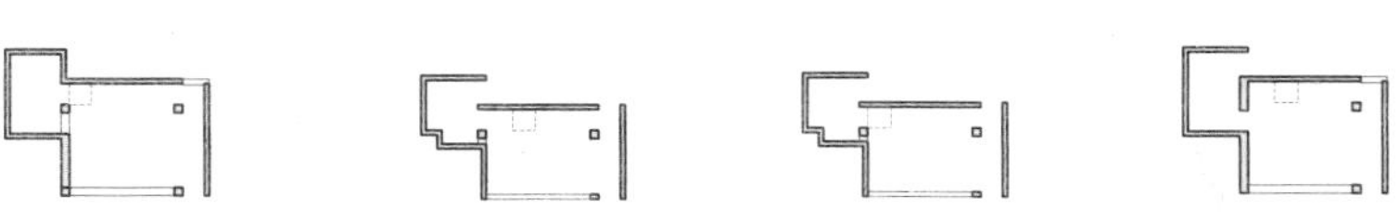

厨房 — 起居室 — 光“柱”

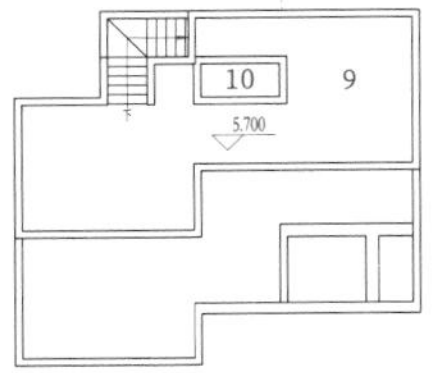

屋顶平面图

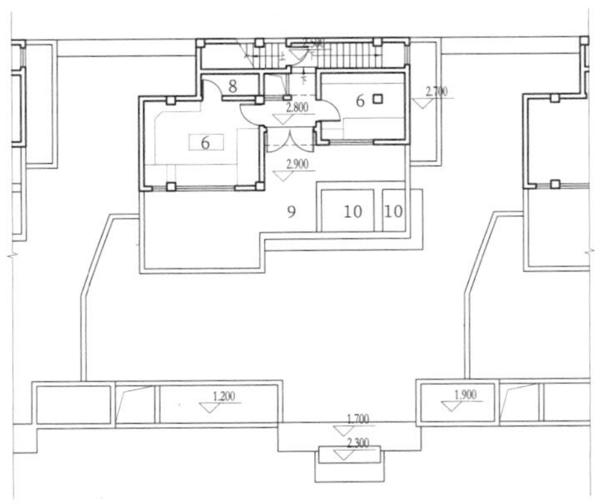

二层平面图

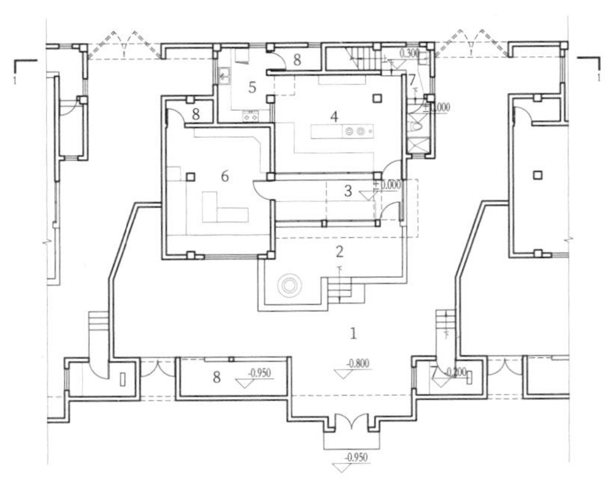

一层平面图

0　2m　5m

1–院落
2–屋前平台
3–阳光间
4–起居室
5–厨房
6–卧室
7–卫生间
8–储藏
9–屋顶平台
10–天窗

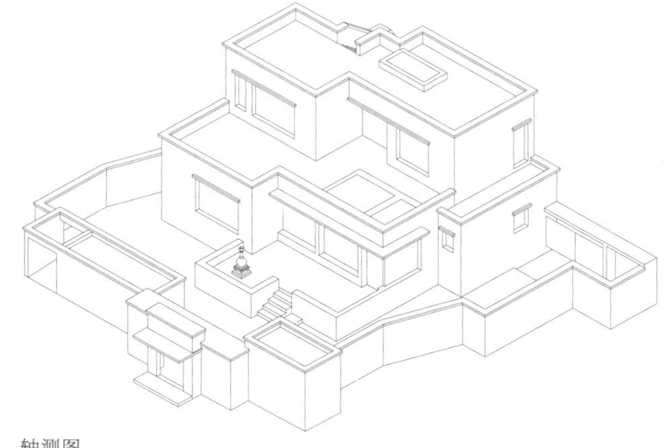

轴测图

楼梯场景图1

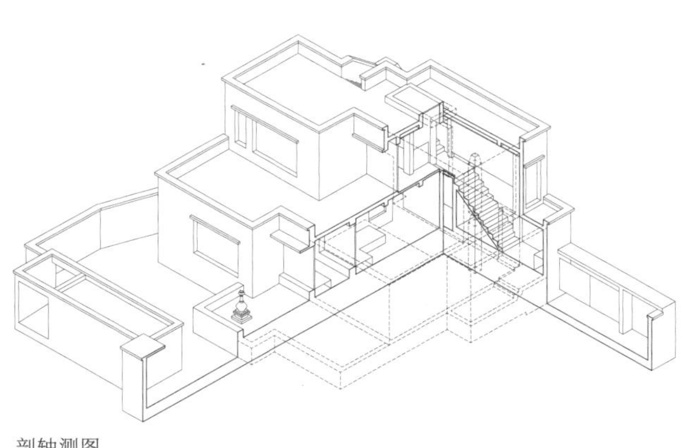

剖轴测图

楼梯场景图2

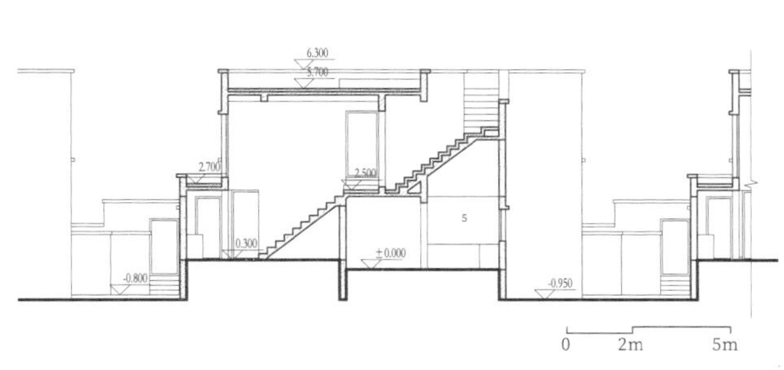

1-1剖面图

楼梯场景图3

楼梯2 其他方案

4 Rooms

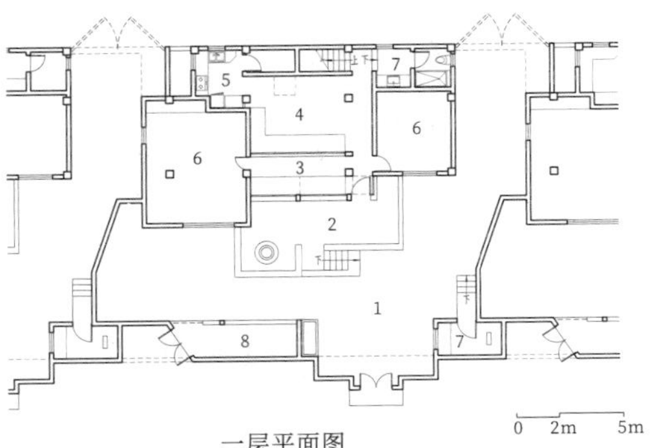

一层平面图

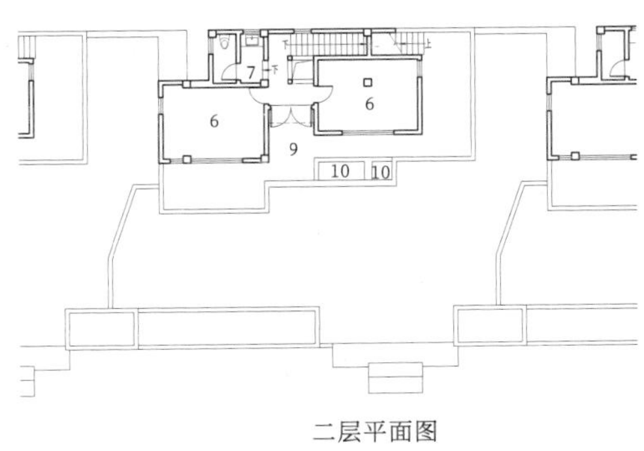

二层平面图

5 Rooms

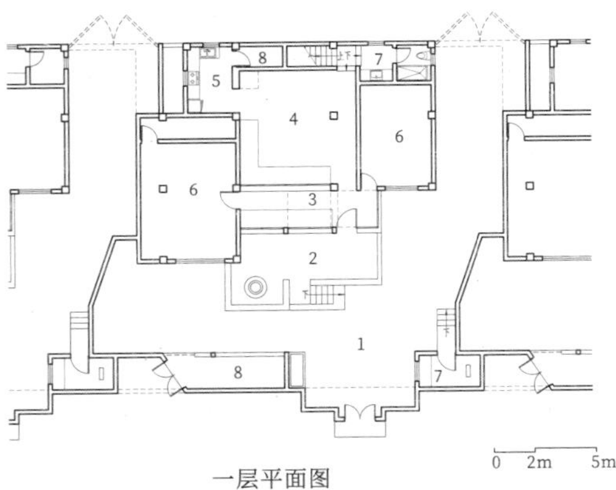

一层平面图

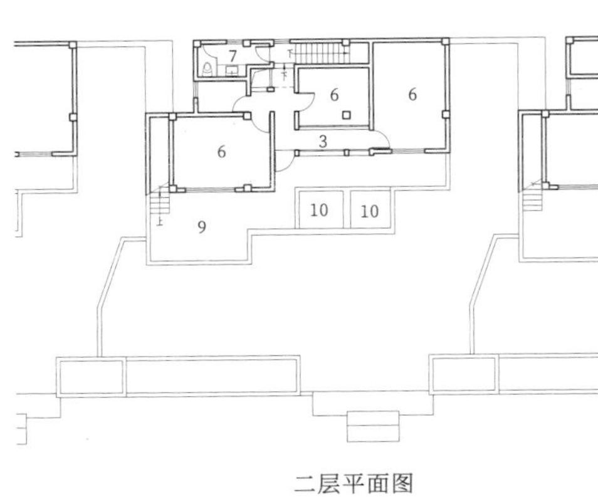

二层平面图

1–院落；2–屋前平台；3–阳光间；4–起居室；5–厨房；6–卧室；7–卫生间；8–储藏；9–屋顶平台；10–天

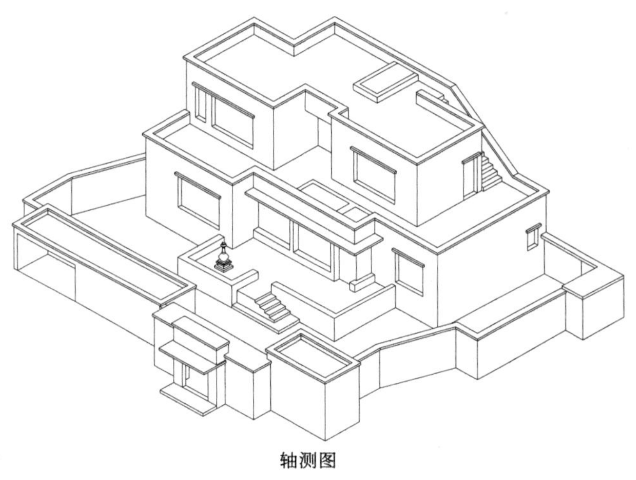

轴测图

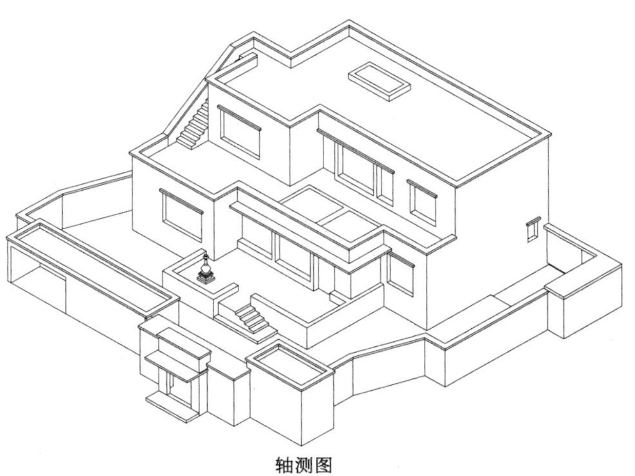

轴测图

户型

楼梯 — 天窗 — 挑空

3 Rooms

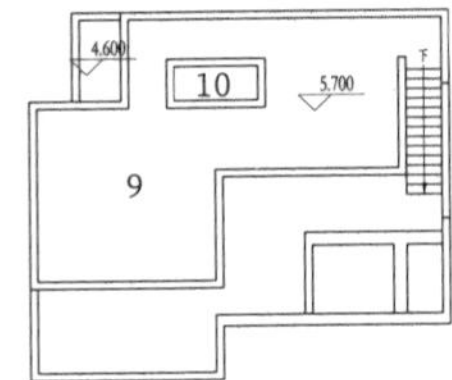

屋顶平面图

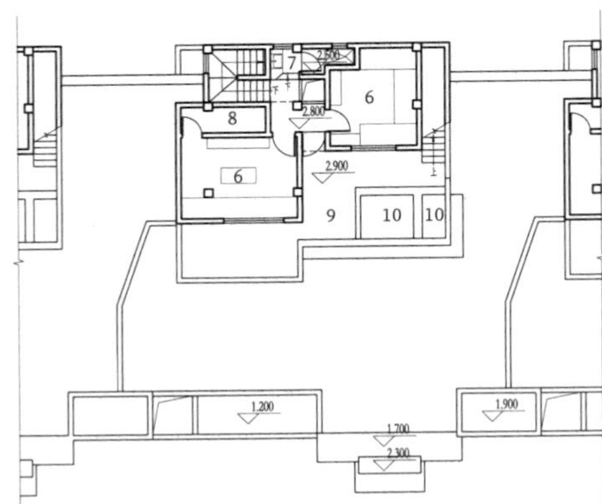

二层平面图

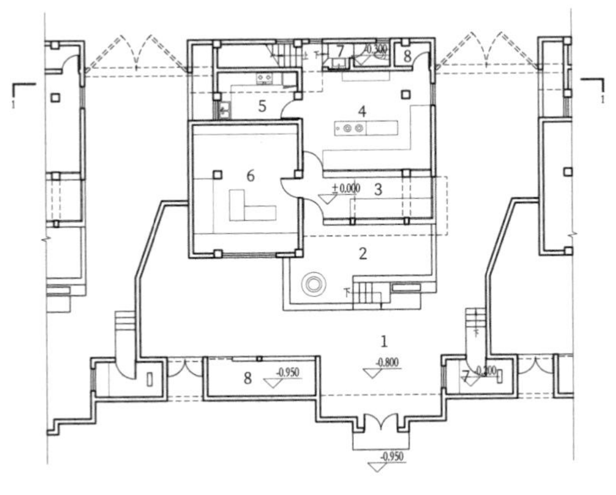

1–院落
2–屋前平台
3–阳光间
4–起居室
5–厨房
6–卧室
7–卫生间
8–储藏
9–屋顶平台
10–天窗

一层平面图

0 2m 5m

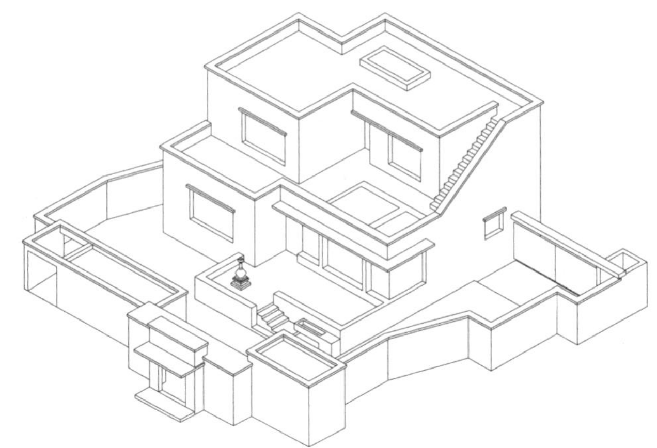

轴测图

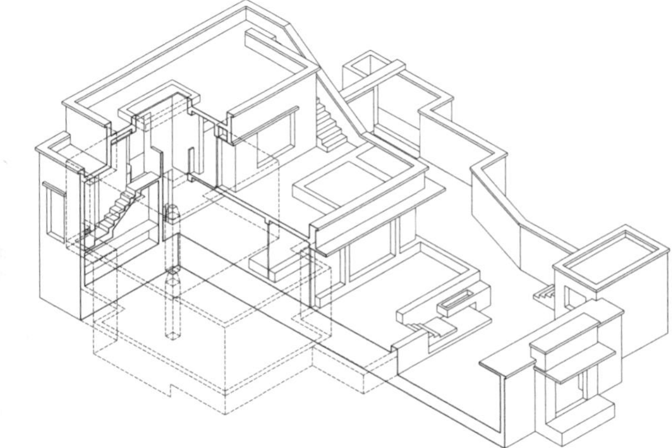

剖轴测图

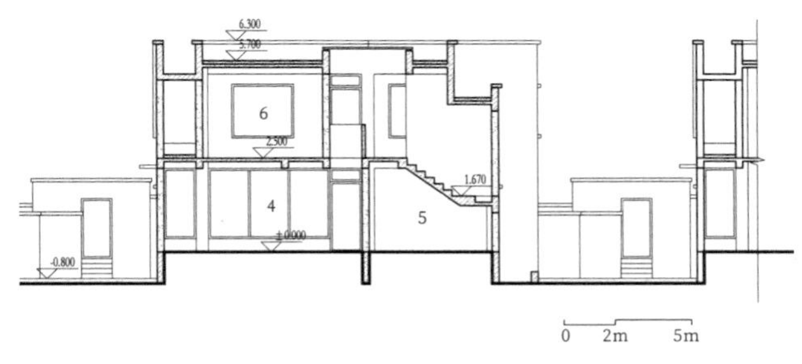

-1剖面图

3 Rooms楼梯场景图

4 Rooms楼梯场景图

楼梯3 其他方案

4 Rooms

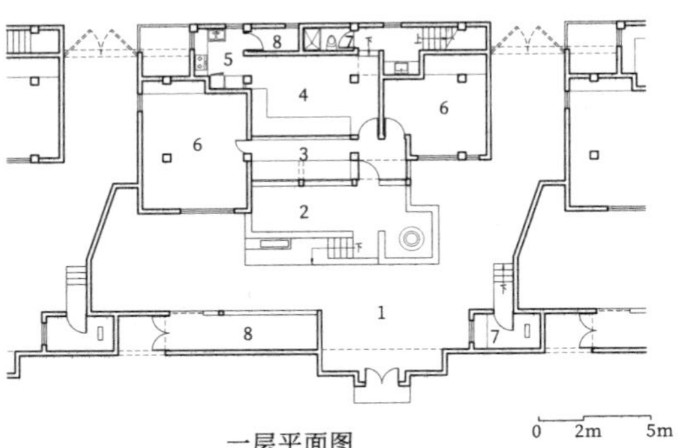

一层平面图

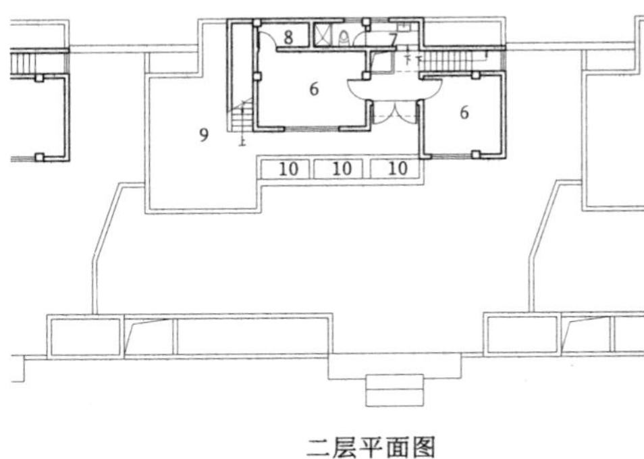
二层平面图

5 Rooms

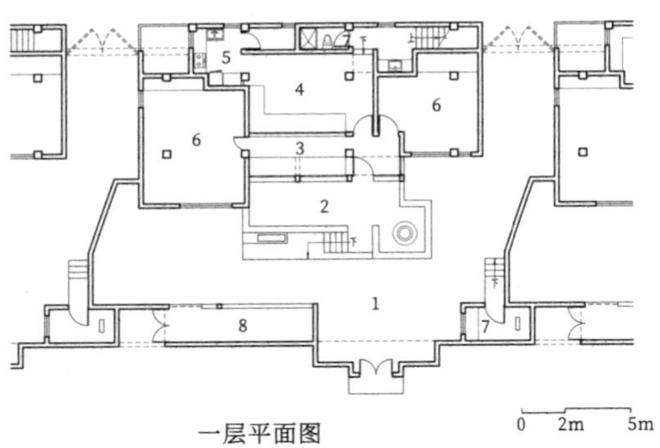

一层平面图

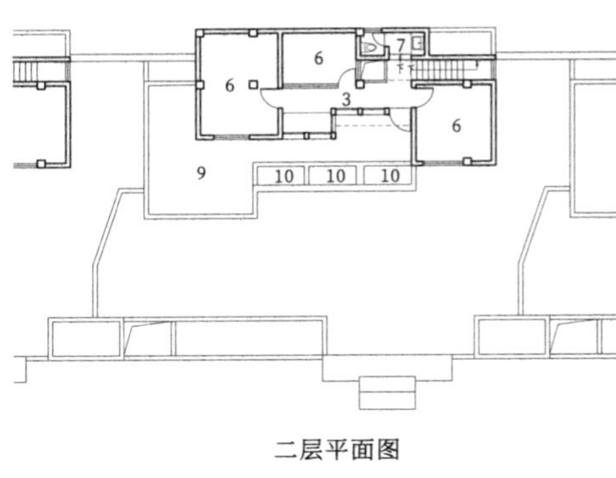
二层平面图

1-院落；2-屋前平台；3-阳光间；4-起居室；5-厨房；6-卧室；7-卫生间；8-储藏；9-屋顶平台；10-天

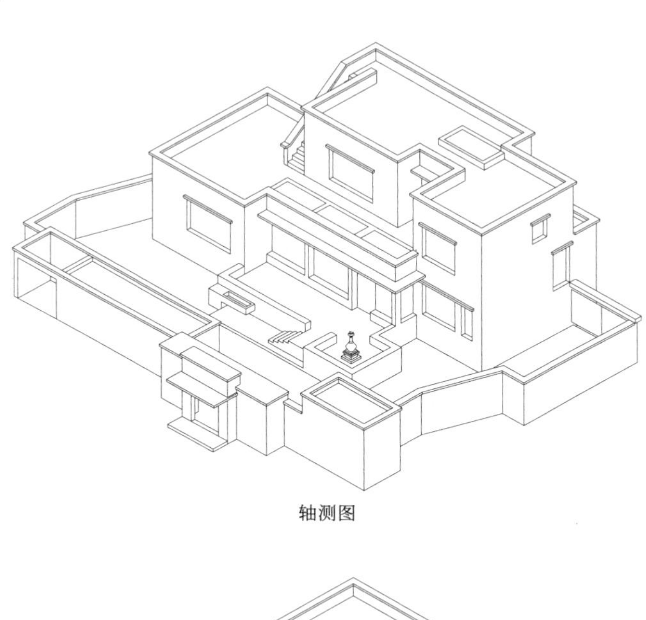

轴测图

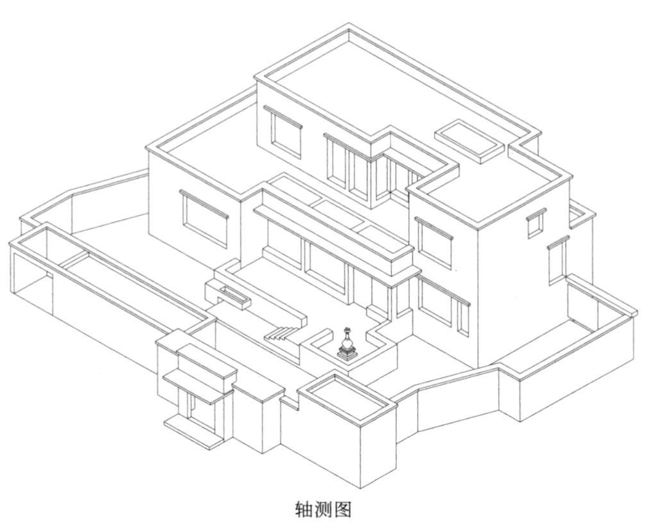

轴测图

结语

在分析了1980年代以来藏区民居的演变以及对比了传统藏式民居之后，我们关注了：

在传统藏式建筑和民居的物质空间层面：

1）藏式空间的平面中心、感知中心与行为中心存在“错位”关系。

2）藏式空间组织关注垂直方向上的空间延展性重于水平方向的延展。

3）屋前平台承载了生活、观念、行为、空间组织和建立房间关系的多重意义。同时屋前平台保证了房间的独立、不被穿越的特性。

4）其空间组织特征在于串联的房间关系和过道的消解，并且这是收缩建筑体量以应对严寒气候的重要策略。

5）空间有柱的氛围特征是观念、行为和建造共同协作的结果。建造是基础，在此基础上附加了文化观念，激发了行为。

6）屋架主梁与次梁布置的原则。它不是依据空间长短轴，而是以开窗的方位为原则来布置的。在有柱的空间氛围之外，需要关注主梁与椽子呈现出的结构感知特性。

7）建筑形式是生活和建造共同作用的结果。藏区较为明显的表现是仪式活动和日常活动（牛粪）对民居形式特征的影响。

在文化动因层面：

1）强调“家”的观念与物质空间之间的关联以及“共居一屋”的空间意识。

2）关注自然观、天梯说带动的“观念、身体行为与体验、物质空间特性，尤其是空间组织”三者之间的关联。

3）关注等级差异性，强调它是传统村落多样性面貌的形成动因。

4）解释“中心说”与藏区缺少中心对称式空间布局这两者之间看似矛盾的对立。

在民居演变方面：

1）建造体系和生活形态的变化是引发民居演变最核心的动力。

2）乡村建造以经济性为基础，以生活舒适性为最根本的目的。

3）当下演变的本质变化是从传统的建造与文化观念的合一走向两者分离的状态。承载文化观念的要素指向“装饰”构件，与建造相脱离。

4）空间组织关系是生活的框架，提出了藏式民居的3个核心要素：屋前平台、楼梯和厕所。

5）在经济的制约下，确定建造体系。以此为基础，重构文化、建造、生活和空间的关联性。

国内从20世纪90年代开始的大规模城市建设，进展到21世纪10年代的城市建设和乡村建设并举，交通基础设施的快速改善是其背后重要的基础。城市面貌和生活方式因为资本大量且快速的投入，在过去30年间发生了巨变，而乡村建设刚刚起步，正在变革中。

乡村研究在此背景下成为重要的话题，大量的建筑师介入到乡村建设中。变革中的乡村为我们在**研究对象**上提供了新的视角，从传统民居研究转向对当下转变的研究。当下乡村的演变研究，其重要性在于它可以帮我们理清乡村民居发展的核心动力是什么，村民作为主体在面对巨变时选择的依据是什么，也就是建造的本质是什么。在理清后，发现事实如此简单：村民是在经济性制约下选择建造方式的，生活的舒适性是乡村建造的根本目的。面对村民的选择，面对他们对“差异性”的追求，我们站在什么立场去评论和判断？当我们急于批判诸如用欧式构件去装点自家民宅时，我们是否曾主动去了解村民自建时做出这种选择的背后动因并试图通过设计为这个诉求提供框架？

从研究对象来看，当下研究的另外一个支点是传统民居的绿色性能研究。研究者围绕传统民居的材料和建造方式与热舒适性的关联、传统技术的在地性以及绿色建筑标准展开研究。这些研究的价值不可否认，但若是将名词作为标签，用数据化来解释共识作为研究的核心内容和成果，用绿色性能指标作为惟一准绳去指导建设而不是作为一个平衡要素去参与设计，可能“驻扎”乡村的建筑师和村民自己建的房子更有参考价值。

从研究方法来看，人类学和社会学的介入开拓了建筑物质空间与社会、行为和文化观念之间的关联性研究，这成了当下乡村研究的主流方法。在研究者不断从广度和深度上去拓展对各地区民居的认知时，因为交叉学科的介入出现的苗头让我回想起巫鸿先生曾经说过的一段话，大意是：绘画的研究在某个时期只关注画背后的“故事”，不关心画自身基本的问题，诸如画的形式、构图和色彩等。我们期待的是多学科的交叉帮助我们比前辈在20世纪20年代和50年代所做的对建筑物质层面的研究往前多走一小步。借助他山之石扶正和拓展自身的框架，毫无疑问是具有潜力和价值的，但它也需建立在明确自身基本骨架的核心内涵的基础上。

图录

1980—1990年代自建住屋

林周县江热夏乡加荣村尼玛仓曲家（1970 年代）

堆龙德庆区贾热村普布家（1980 年代）

林周县江热夏乡联巴村查斯家（1987 年）

墨竹工卡县赤康村果吉家（1992 年）

尼玛仓曲家 1970年代

林周县江热夏乡加荣村

基本信息

用地面积（345.35m²）

主屋占地面积:	149.95m²
辅助用房占地面积:	103.07m²
院落占地面积:	92.33m²

主屋建筑面积（137.88m²）

主屋一层面积:	137.88m²

家中主要是48岁的尼玛仓曲一人常住。她平时以从事农牧业为主，基本上在加建的阳光间就寝。儿子在外地打工，偶尔回家，会在东侧的主室睡觉。对房屋进行装修和加建时曾享受过政府补贴。

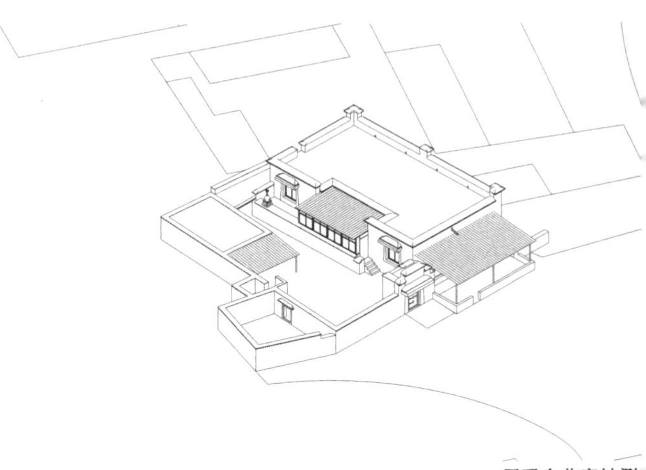

尼玛仓曲家轴测

村落总平面

尼玛仓曲家院内场景图

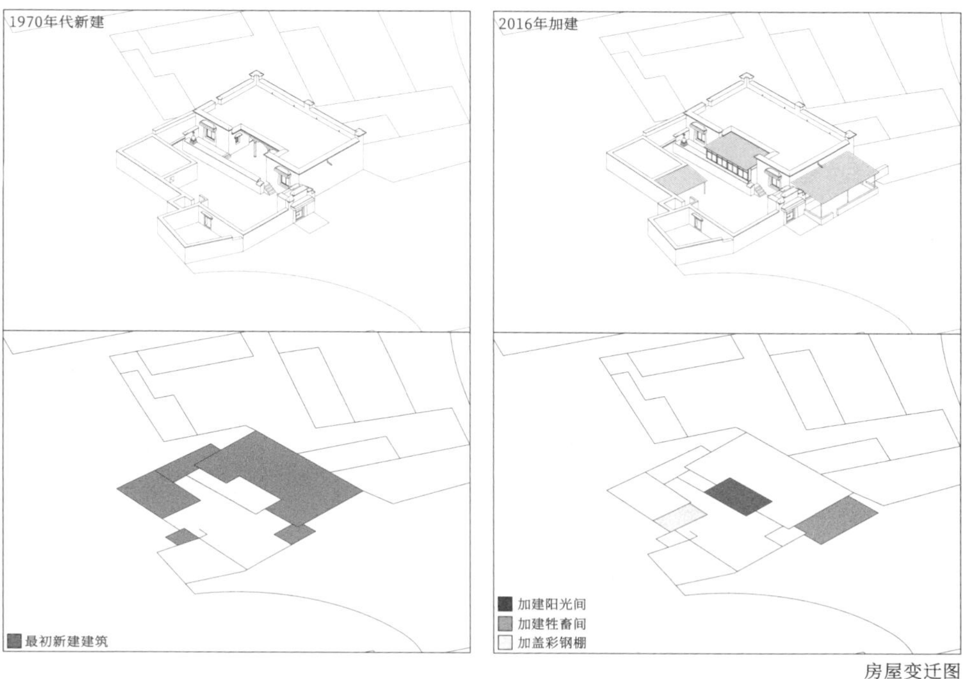

房屋变迁图

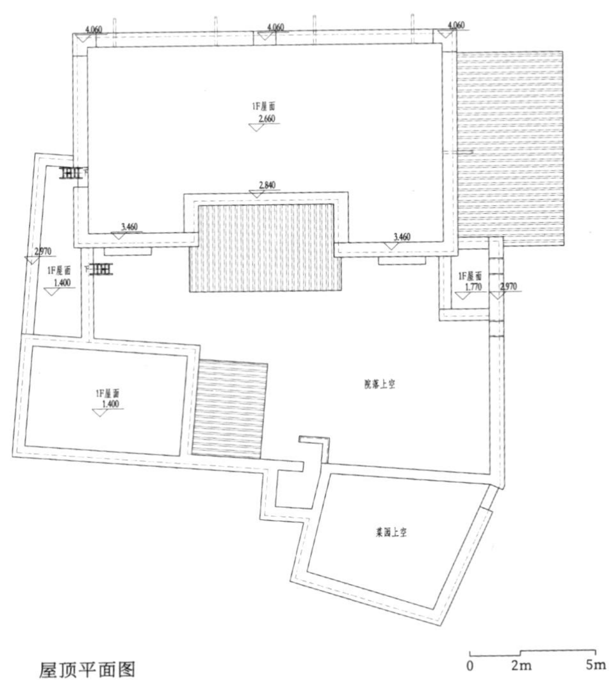
4.060
4.060
4.060
1F屋面
2.660
2.840
3.460
3.460
2.970
1F屋面
1.400
1F屋面
1.770
2.970
1F屋面
1.400
院落上空
菜园上空
0
2m
5m

屋顶平面图

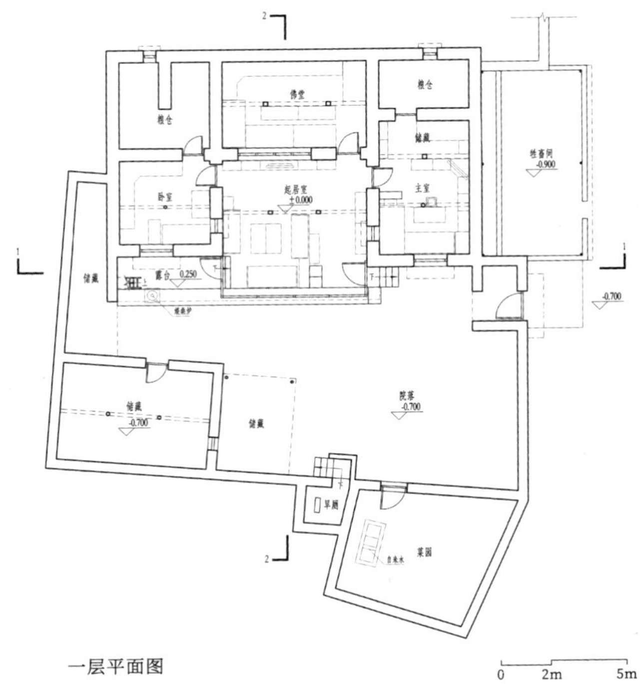
粮仓
佛堂
粮仓
储藏
牲畜间
-0.900
卧室
起居室
±0.000
主室
储藏
露台
0.250
-0.700
院落
-0.700
储藏
-0.700
储藏
旱厕
自来水
菜园
0
2m
5m

一层平面图

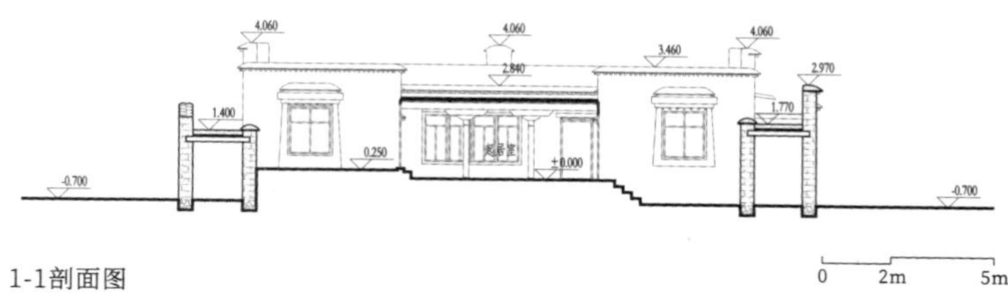

1-1剖面图

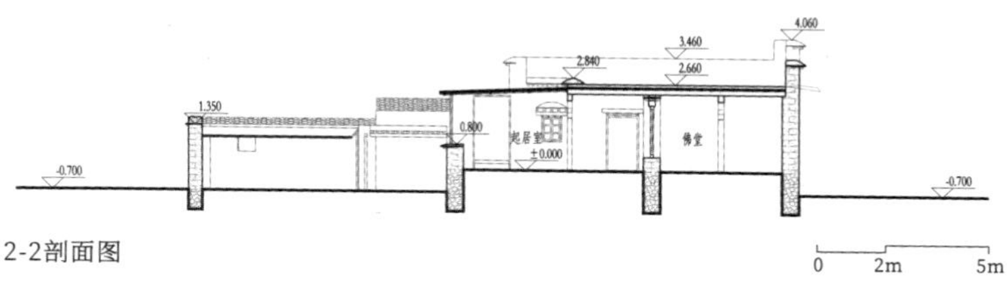

2-2剖面图

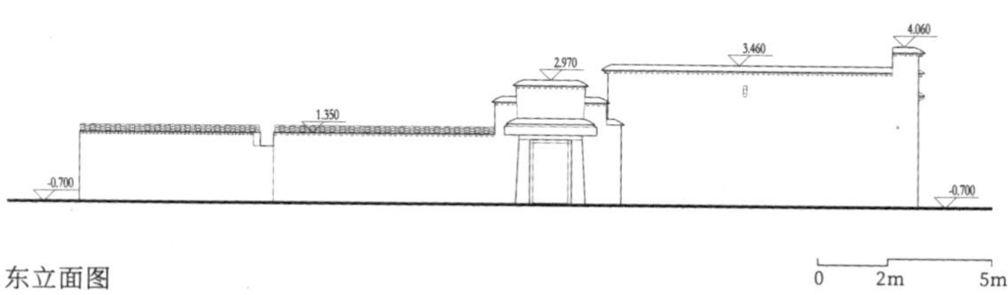

东立面图

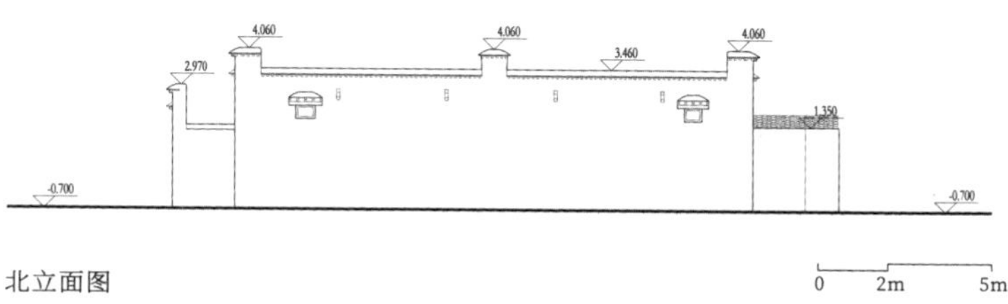

北立面图

空间组织

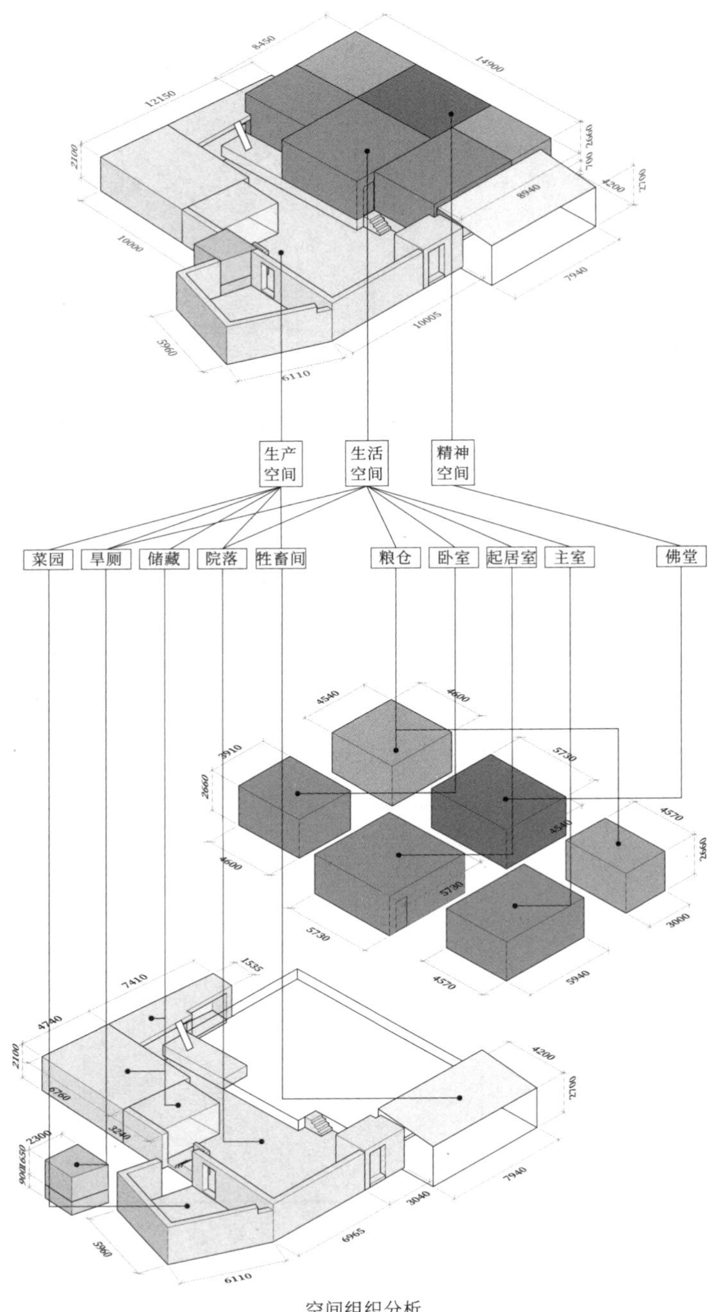

空间组织分析

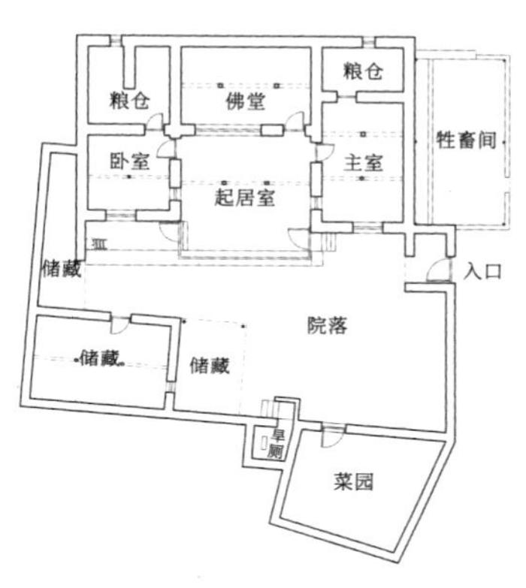

一层平面图

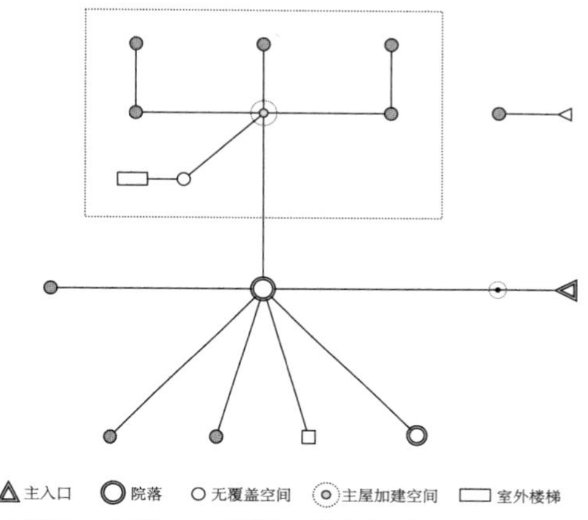

功能连接分析

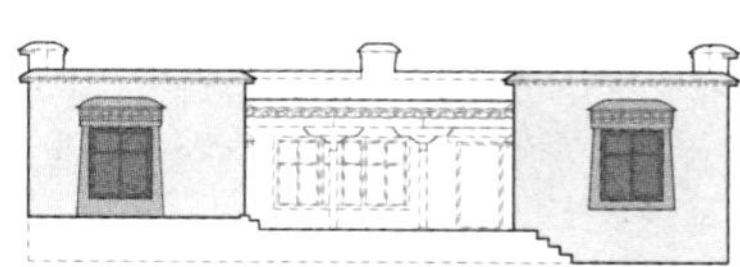

南立面窗墙比
含门窗套：0.26；不含门窗套：0.12

东立面窗墙比
含门窗套：0；不含门窗套：0

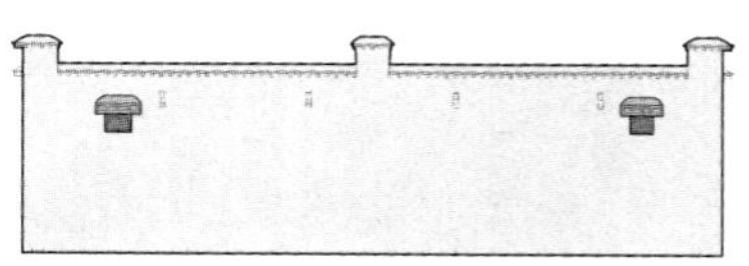

北立面窗墙比
含门窗套：0.02；不含门窗套：0.01

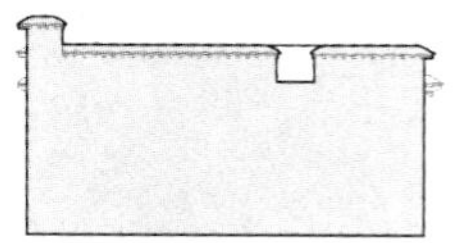

西立面窗墙比
含门窗套：0；不含门窗套：0

洞口分析

院落生活场景

1.一层院落使用面积：86.18m²
2.院落入口灰空间面积：3.61m²
3.主屋入口平台使用面积：5.84m²
4.牲畜间使用面积：30.20m²
5.储藏使用面积：22.41m²
6.菜园使用面积：27.59m²

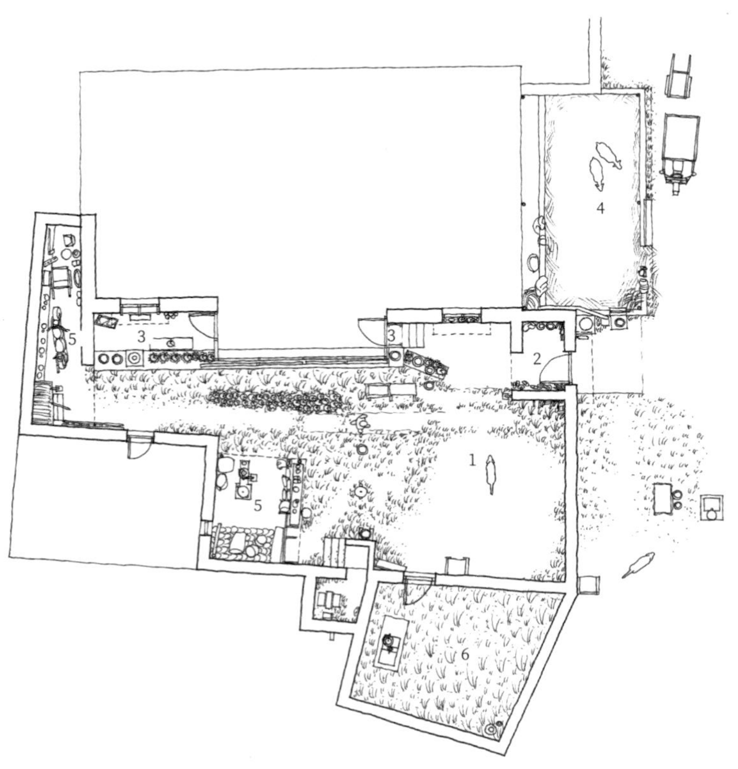

一层院落生活平面图

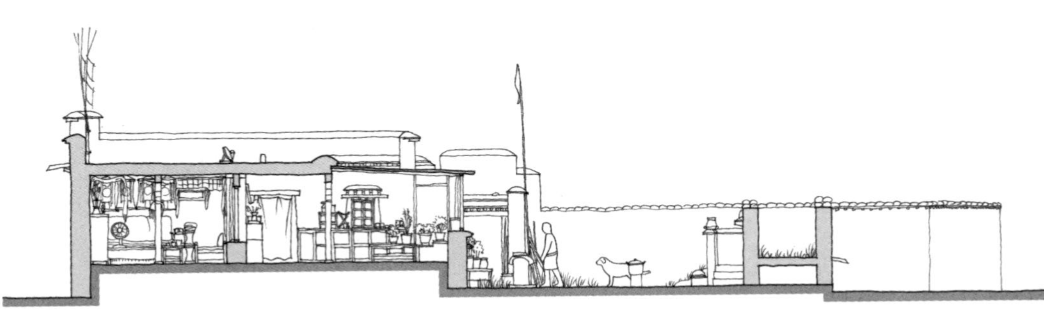

生活场景剖面图

屋顶平台使用面积：99.26m²

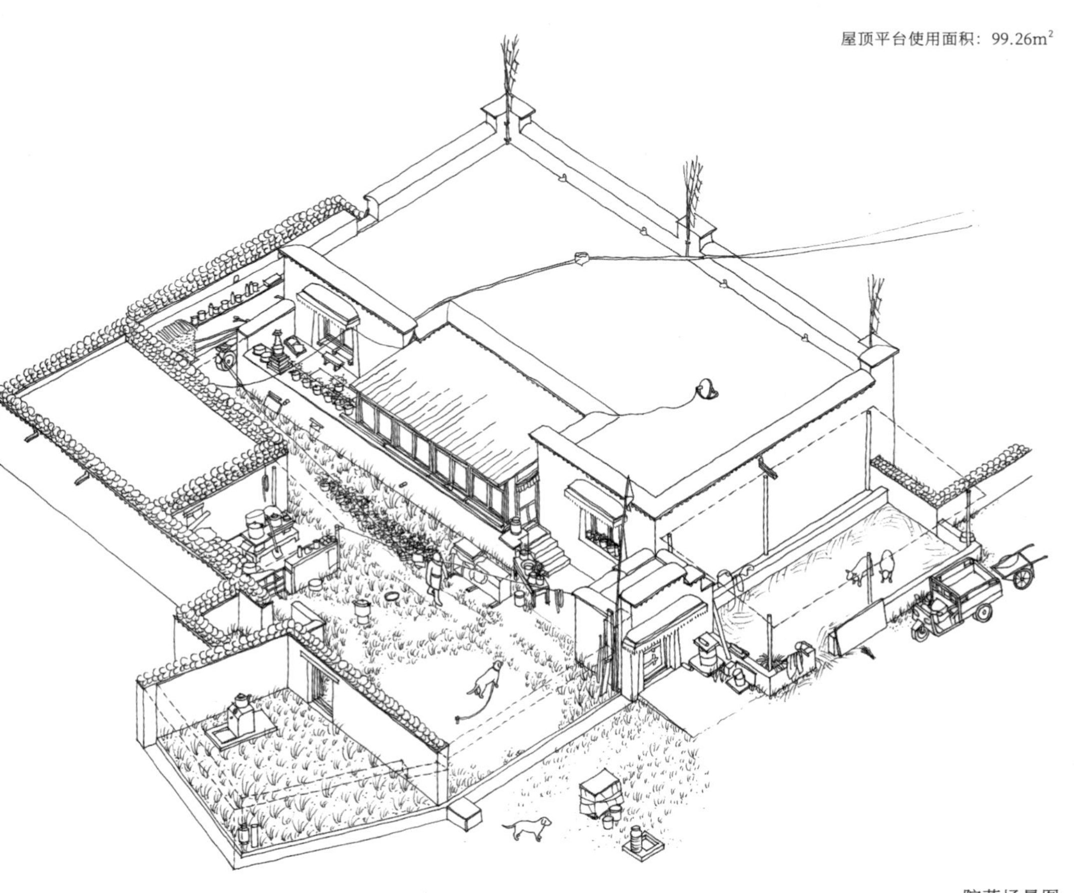

院落场景图

室内生活场景

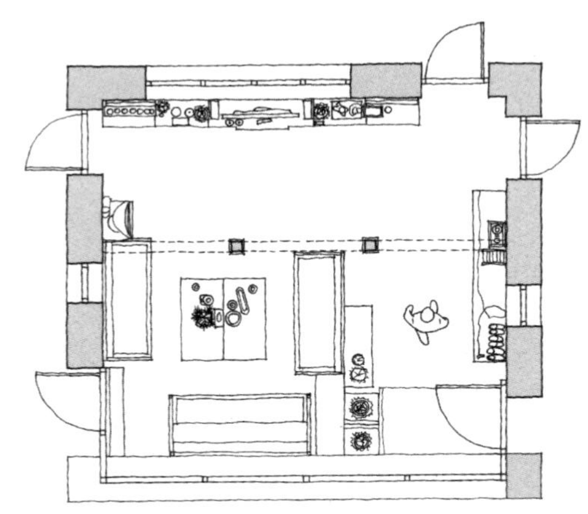

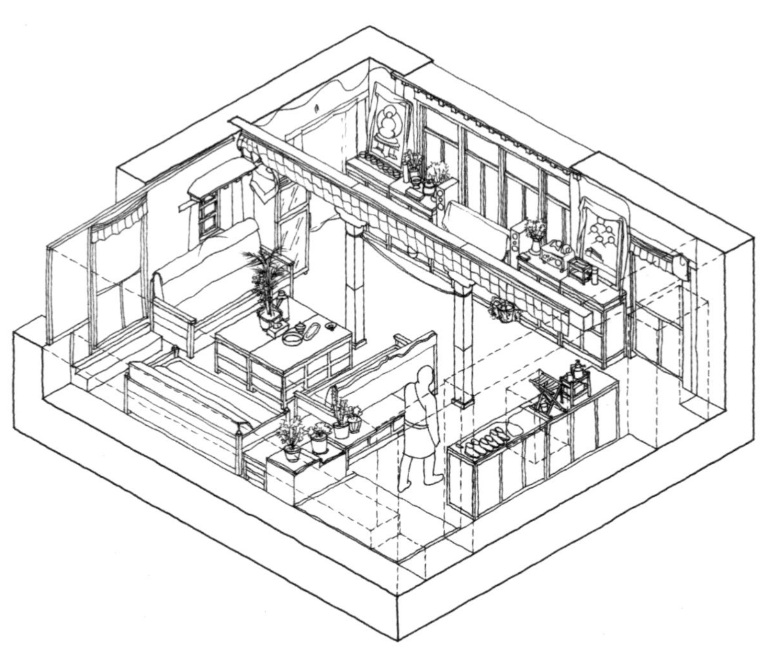

起居室场景图

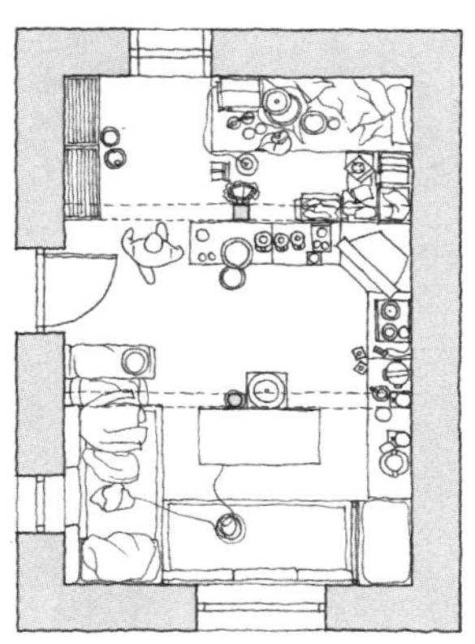

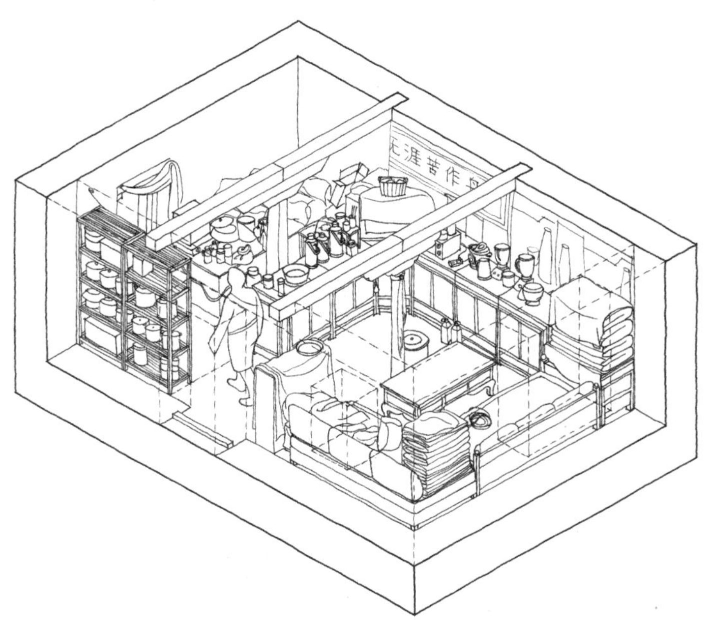

主室场景图

主要生活空间

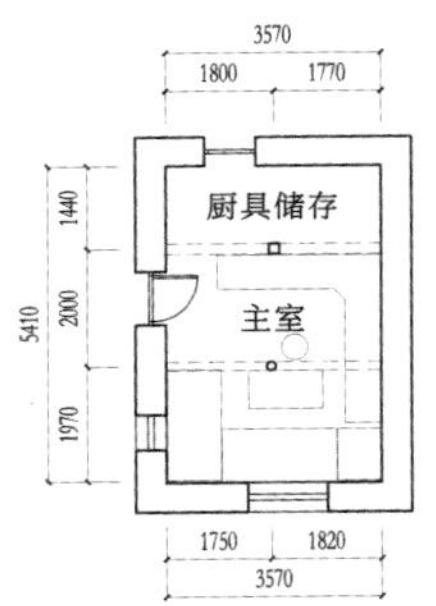

使用面积S=19.42m^2 层高H=2.66m
净高h=2.16m

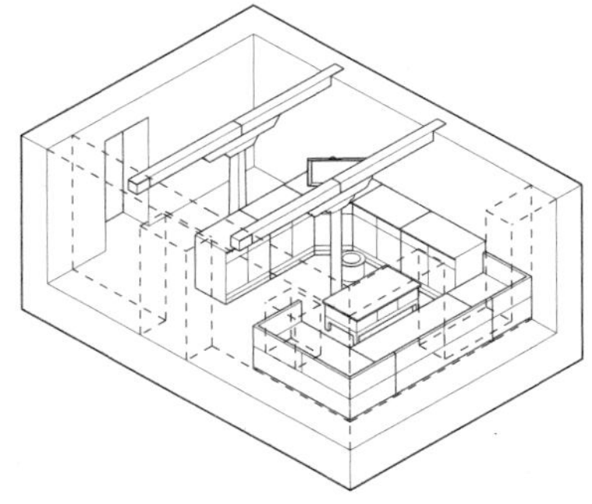

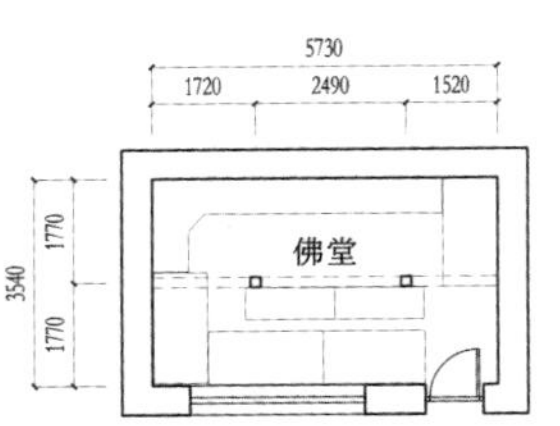

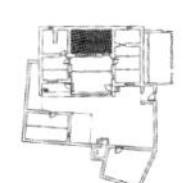

使用面积S=20.23m^2 层高H=2.66m
净高h=2.16m

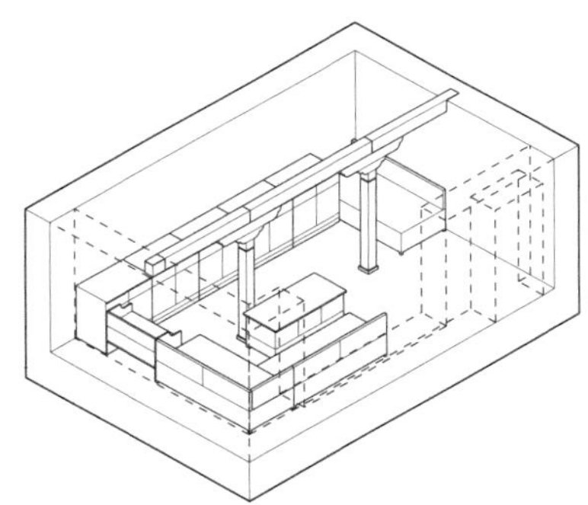

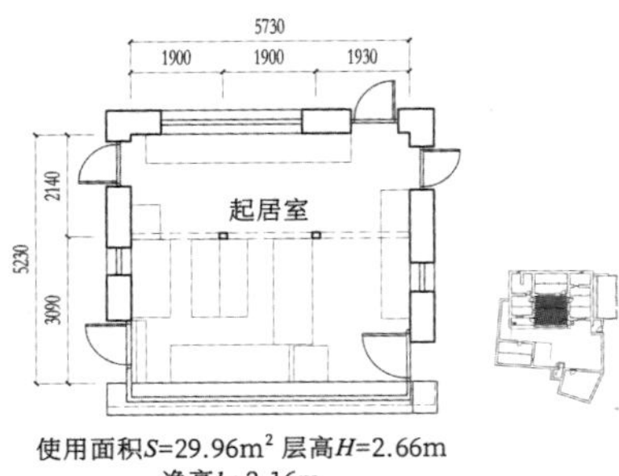

使用面积S=29.96m^2 层高H=2.66m
净高h=2.16m

房间平面图

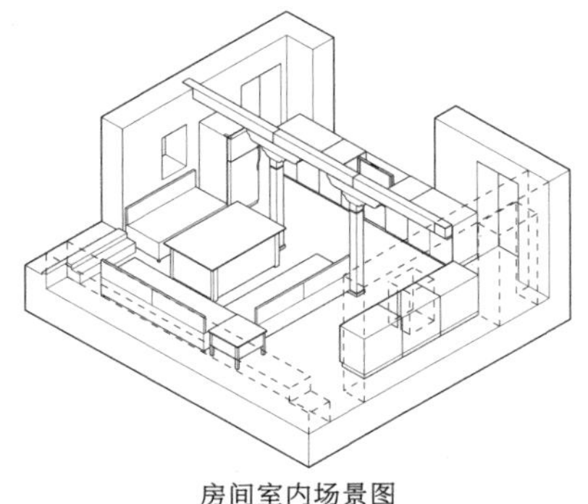

房间室内场景图

向窗地比：1/9.66
向窗为内窗

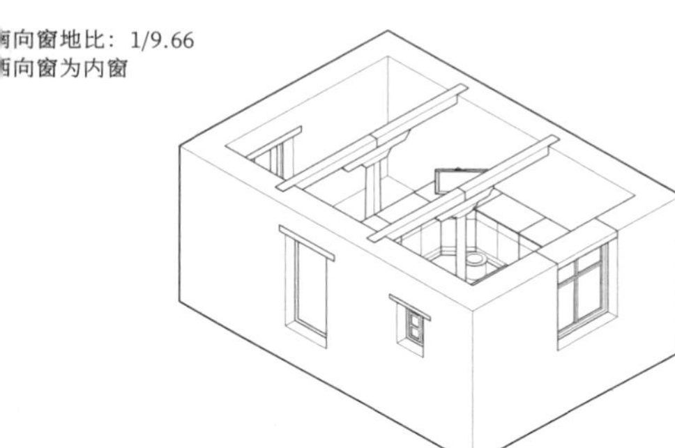

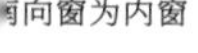

向窗为内窗

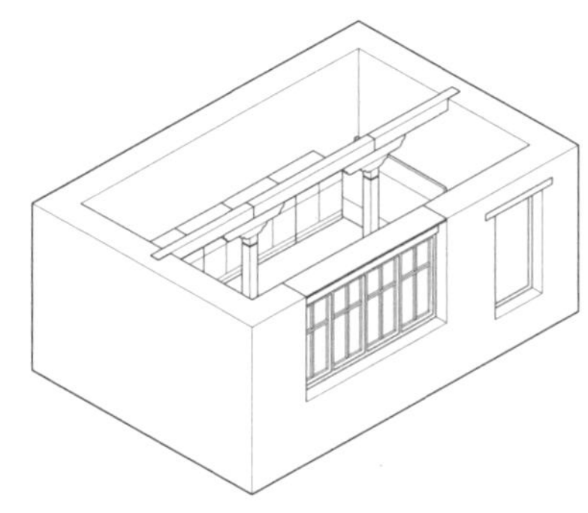

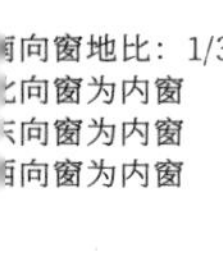

向窗地比：1/3.44
向窗为内窗
向窗为内窗
向窗为内窗

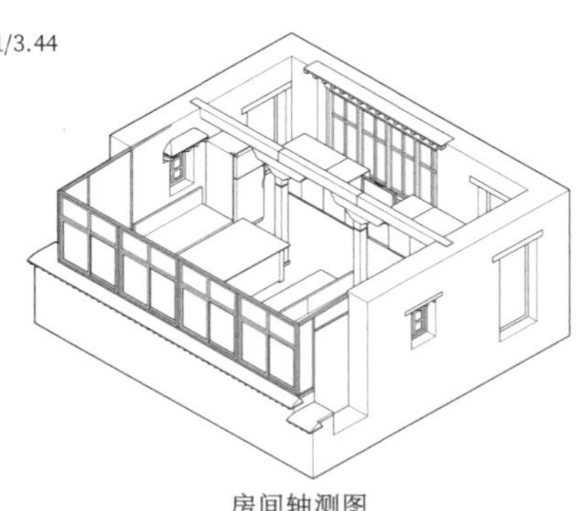

房间轴测图

室内照片

结构与材料

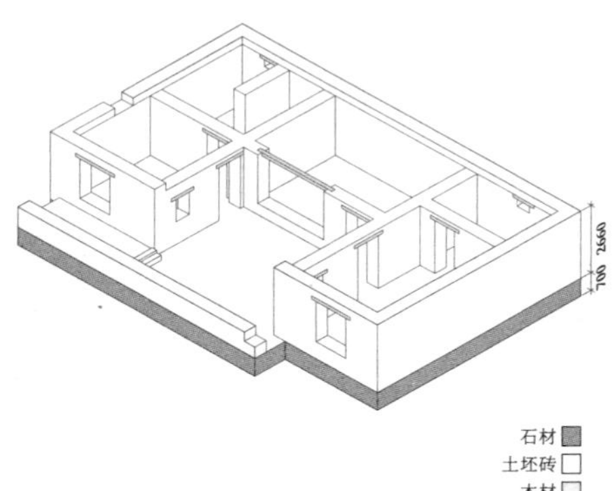

外墙材料转换示意图

主屋建筑材料信息表

部位	材料	部位	材料
外墙	1、3	柱子	4
内墙	3	梁	4
屋面	2、4	门	4、6、7
地面	2、8	窗	4、6、7
		挑檐口	2、4、6

辅助用房建筑材料信息表

部位	材料	部位	材料
外墙	1、3	柱子	4、5
内墙	3	梁	4、5
屋面	2、4、5	门	4、6
地面	2	窗	4、6
		挑檐口	2、4

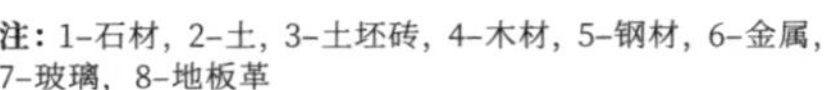

注：1–石材，2–土，3–土坯砖，4–木材，5–钢材，6–金属，7–玻璃，8–地板革

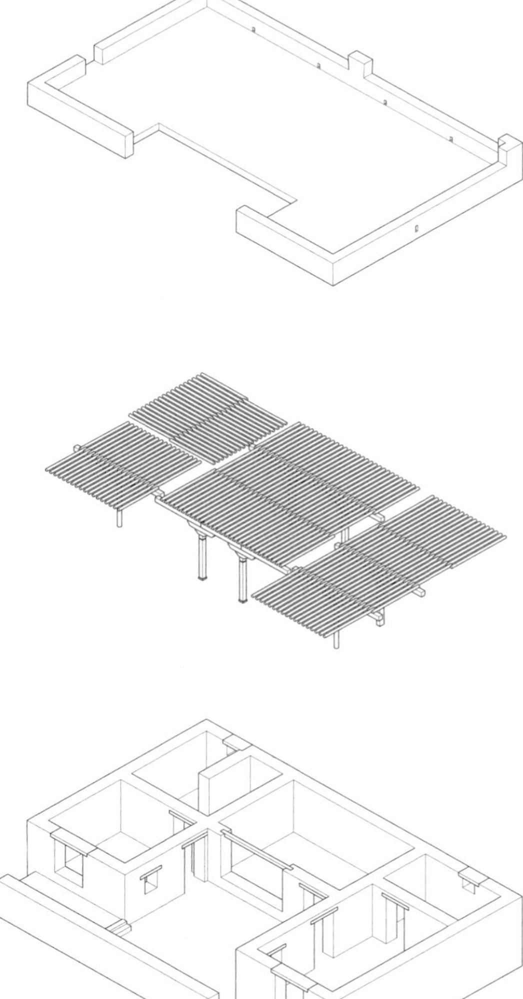

结构分析图

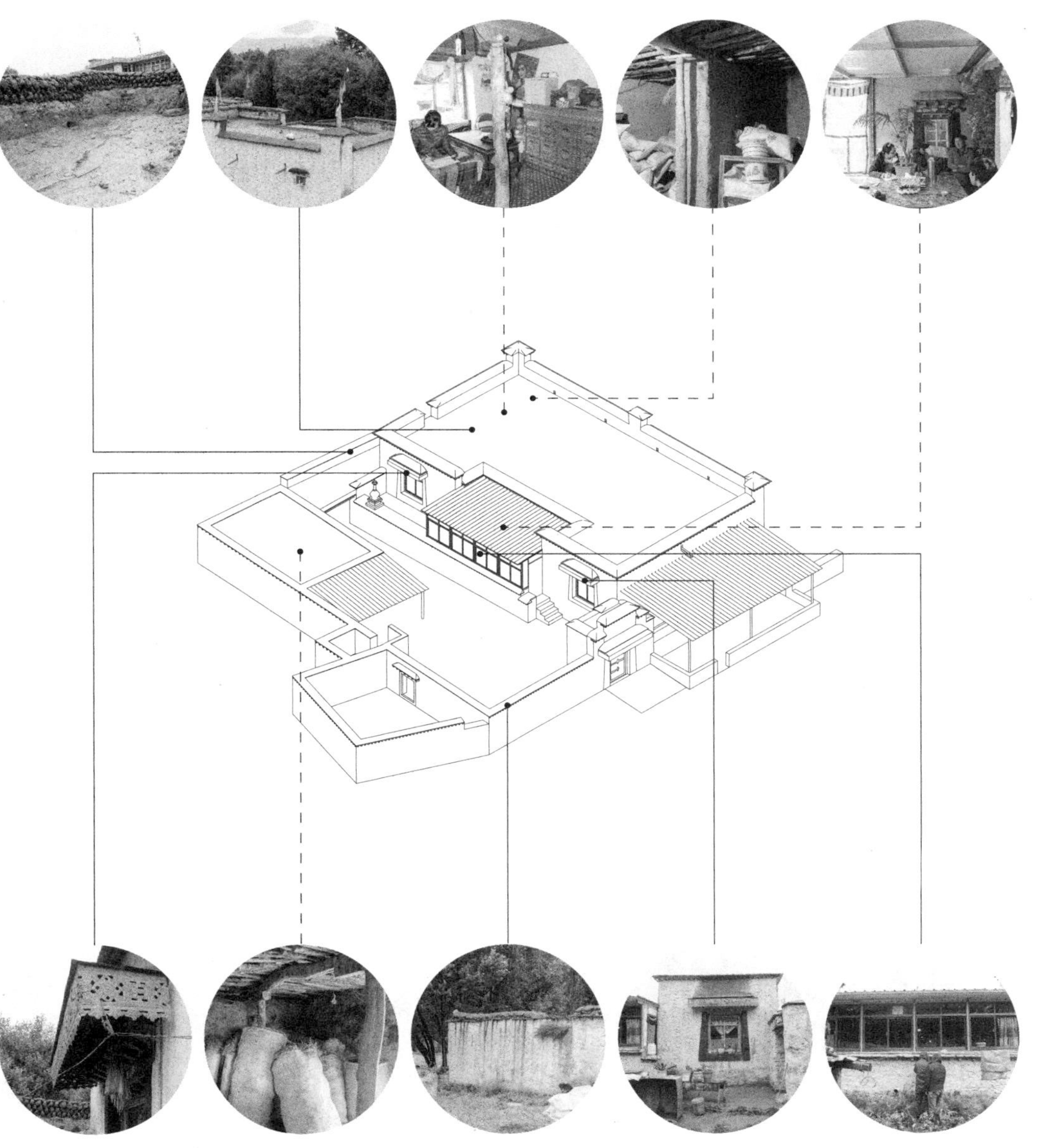

材料使用示意图

普布家　　1980年代

堆龙德庆区贾热村

基本信息

用地面积（558.64m²）

主屋占地面积:	201.07m²
辅助用房占地面积:	220.61m²
院落占地面积:	136.96m²

主屋建筑面积（189.08m²）

主屋一层面积:	189.08m²

48岁的普布与妻子以及2个上小学的儿子4人在家中常住，晚上基本上都睡在加建的阳光房中。家中以从事农牧业为主。房屋在加建时没有得到政府补贴。

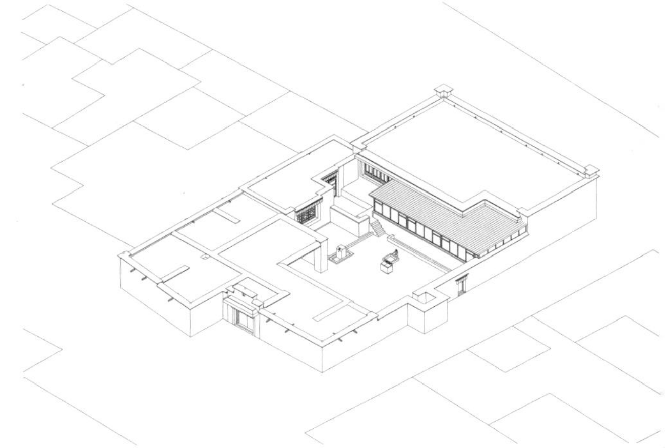

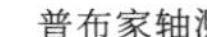

普布家轴测

村落总平面

普布家院内场景图

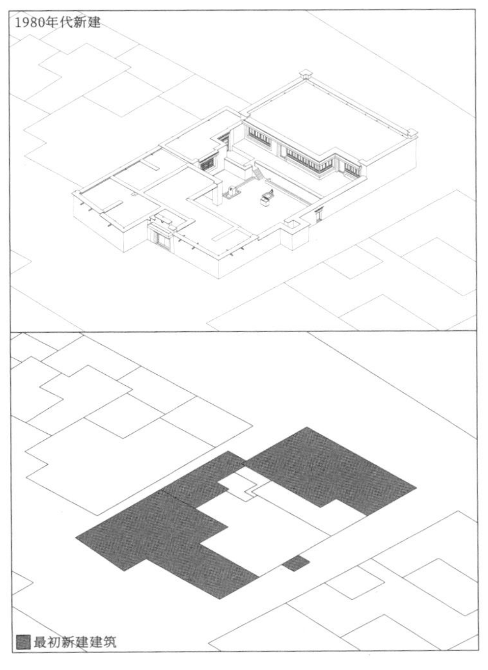

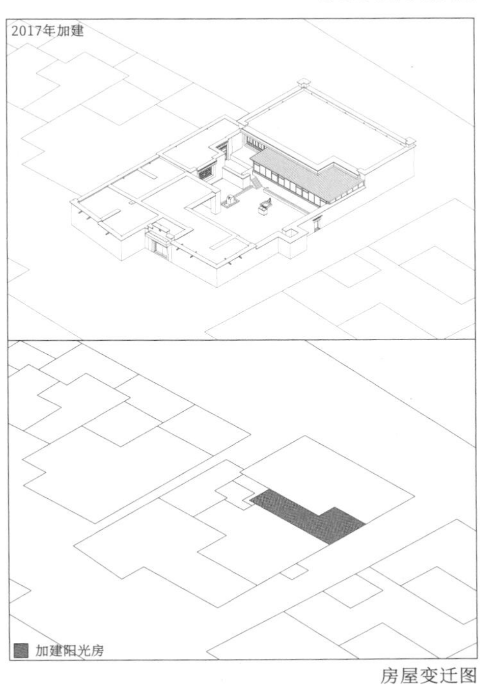

房屋变迁图

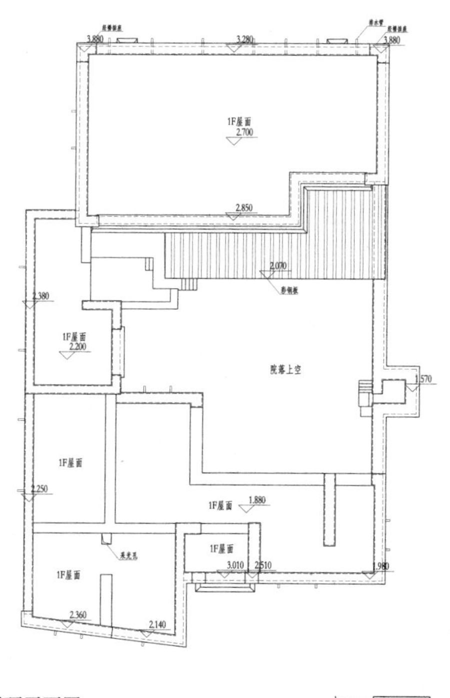

屋顶平面图　0　2m　5m

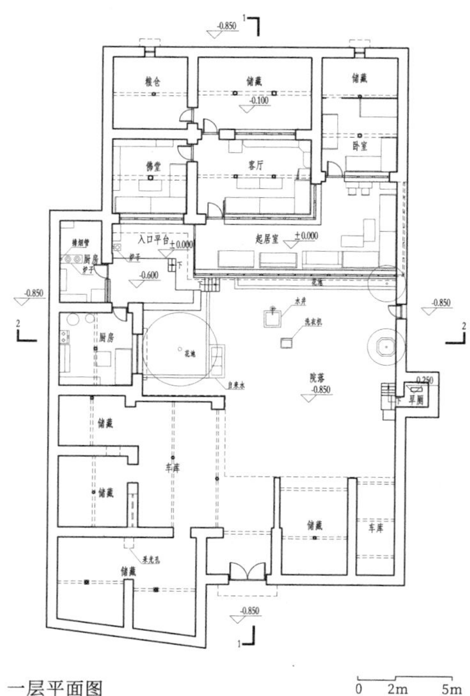

一层平面图　0　2m　5m

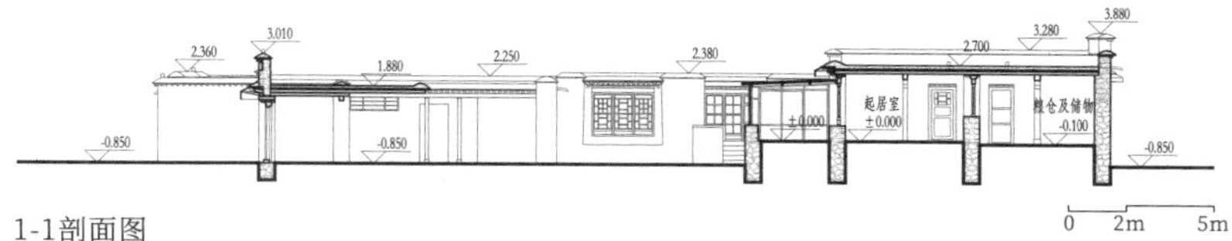

1-1剖面图

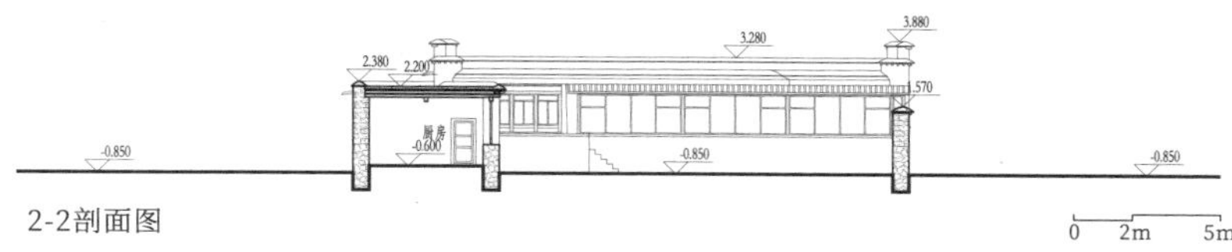

2-2剖面图

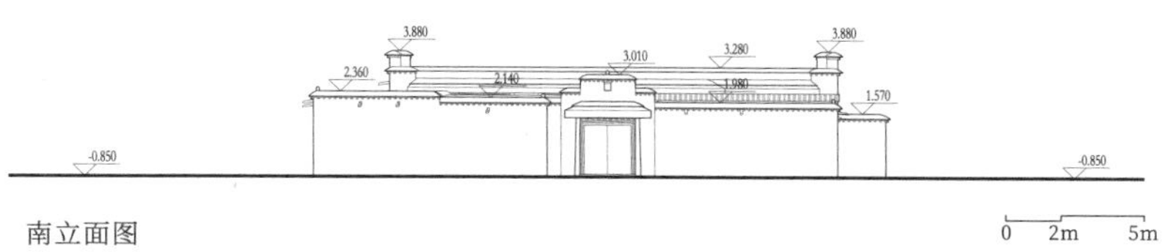

南立面图

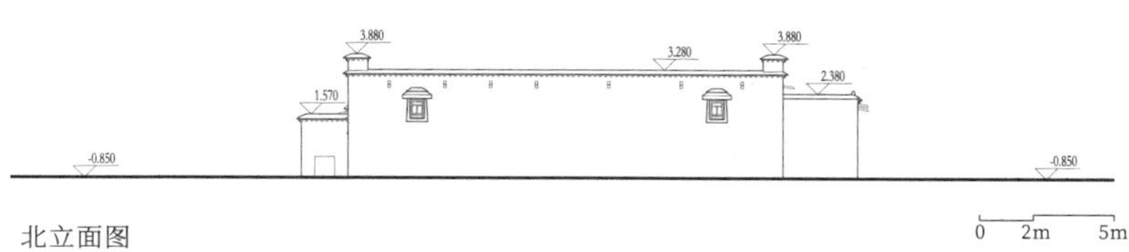

北立面图

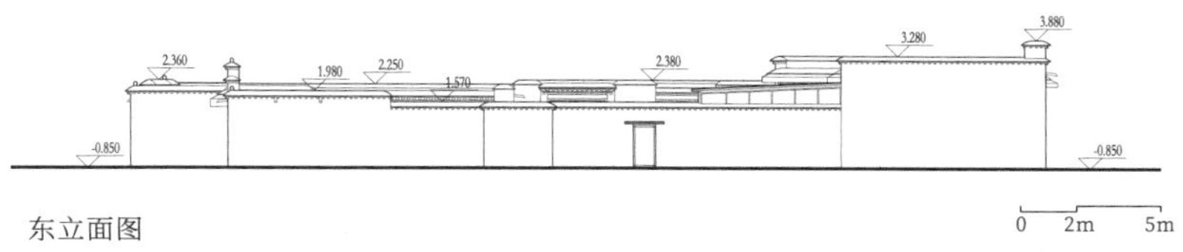

东立面图

空间组织

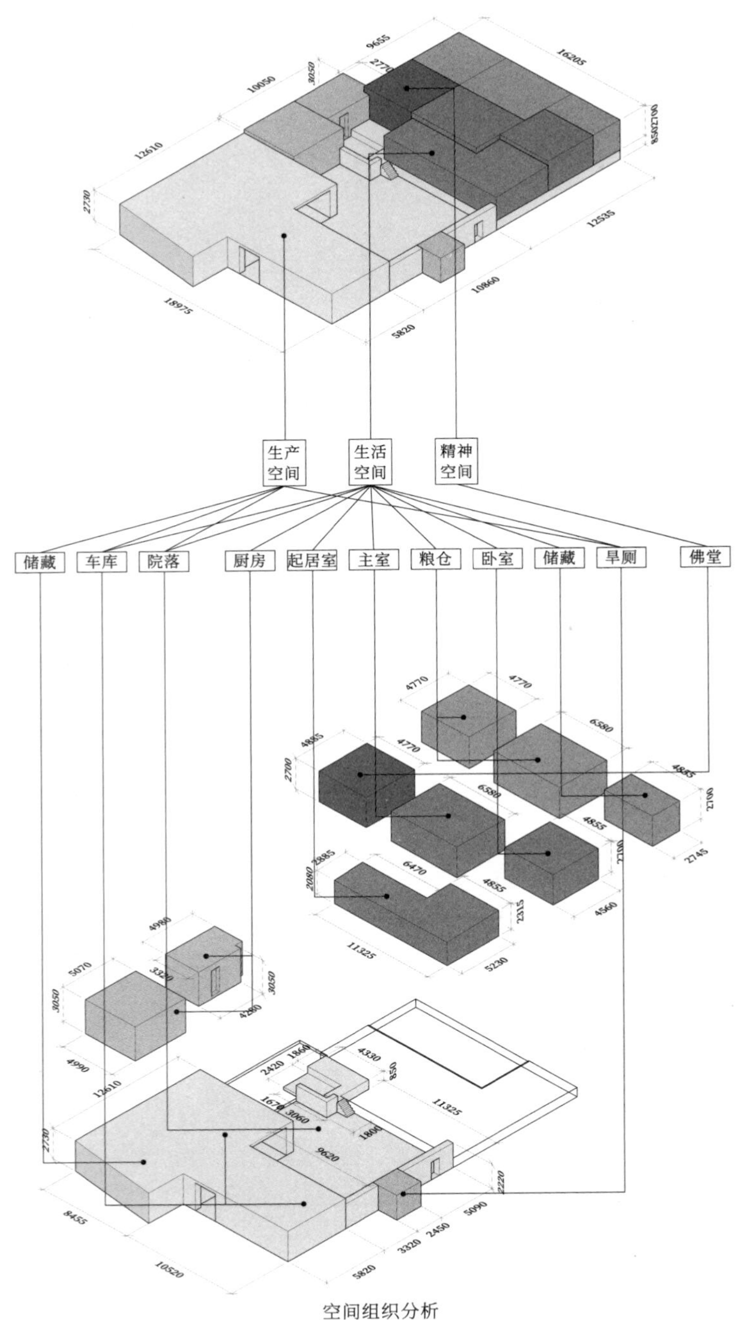

9655
16205
2770
10050
3050
12610
2730
850
2700
12535
10860
18975
5820
生产
空间
生活
空间
精神
空间
储藏
车库
院落
厨房
起居室
主室
粮仓
卧室
储藏
旱厕
佛堂
4770
4770
6580
4865
4770
2700
4885
6580
2700
4855
2885
6470
2100
2745
2080
4855
2315
4560
11325
5230
4980
5070
3320
3050
3050
4280
4990
12610
2420
1860
4330
850
11325
1670
3060
1800
9620
2730
2220
8455
10520
5820
3320
2450
5090

空间组织分析

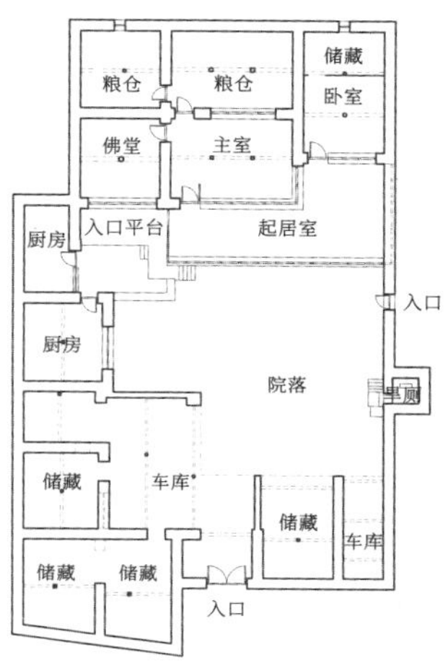

一层平面图

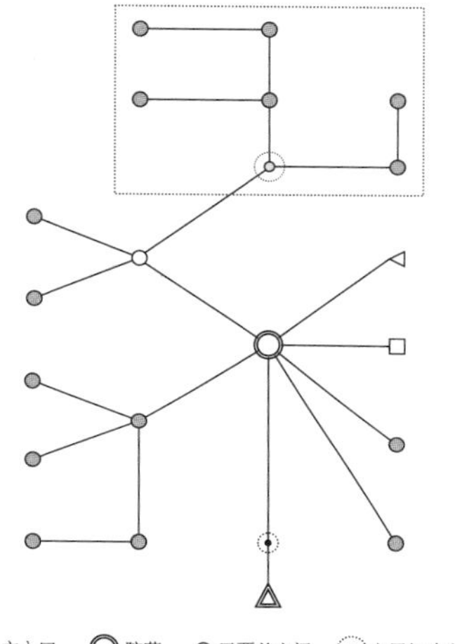

功能连接分析

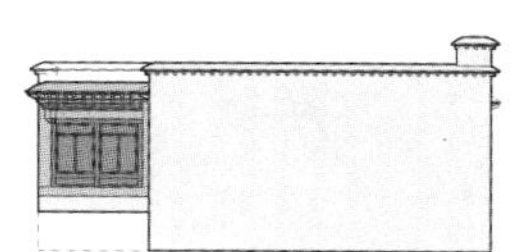

东立面窗墙比
含门窗套：0.16；不含门窗套：0.08

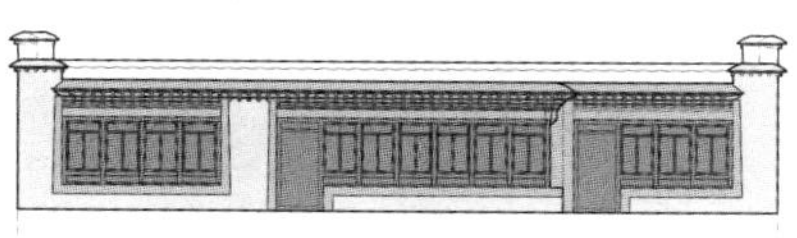

南立面窗墙比
含门窗套：0.76；不含门窗套：0.43

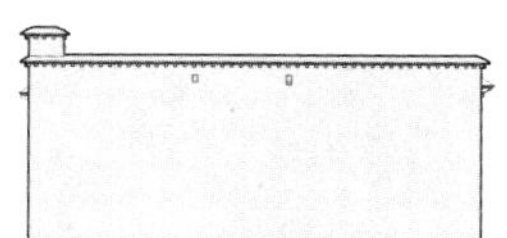

西立面窗墙比
含门窗套：0；不含门窗套：0

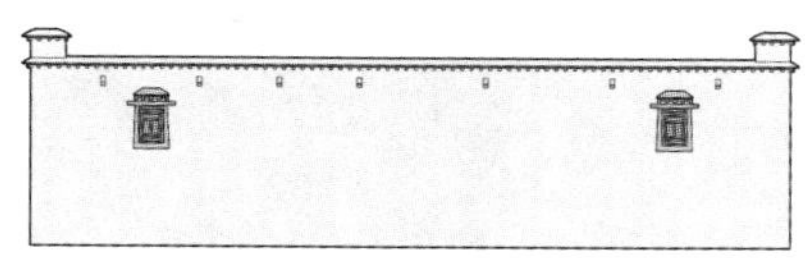

北立面窗墙比
含门窗套：0.03；不含门窗套：0.01

洞口分析

院落生活场景

1.一层院落使用面积：126.54m^2
2.院落入口灰空间面积：16.39m^2
3.主屋入口平台使用面积：10.09m^2
4.储藏使用面积：18.62m^2
5.车库使用面积：40.37m^2

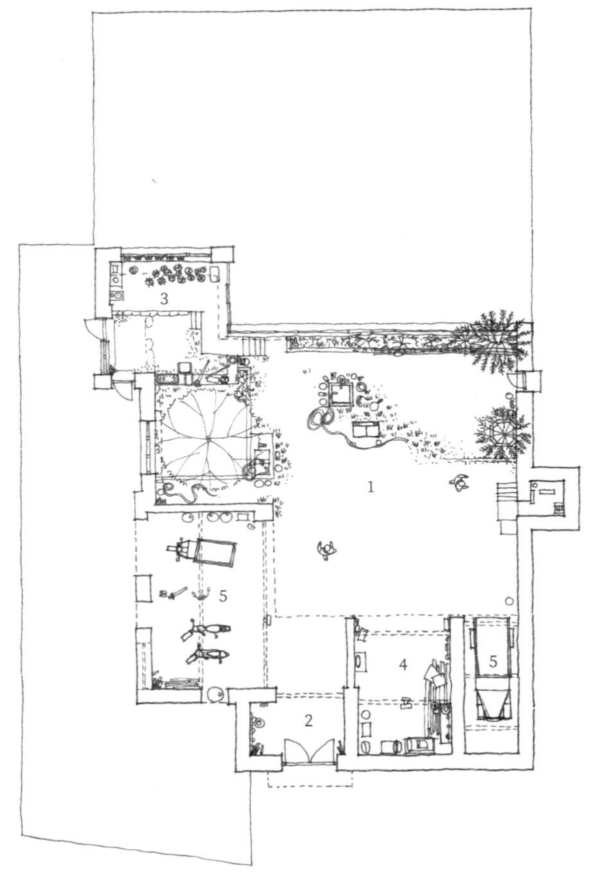

一层院落生活平面图

生活场景关系图

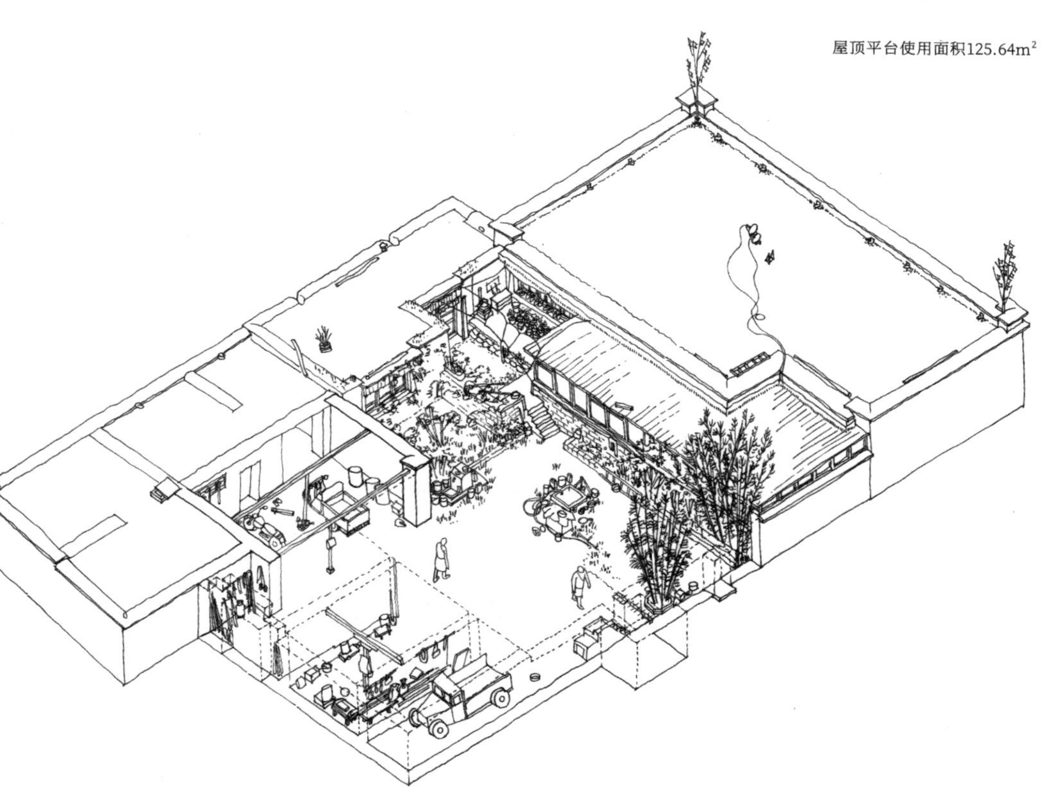

院落场景图

室内生活场景

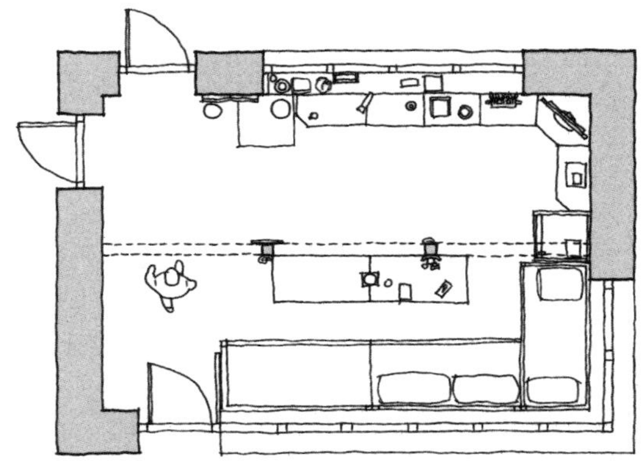

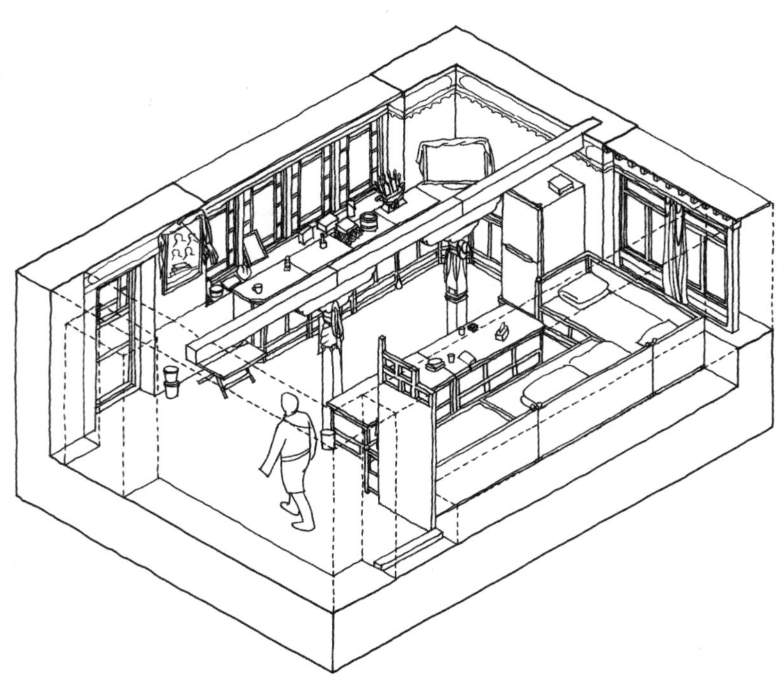

主室场景图

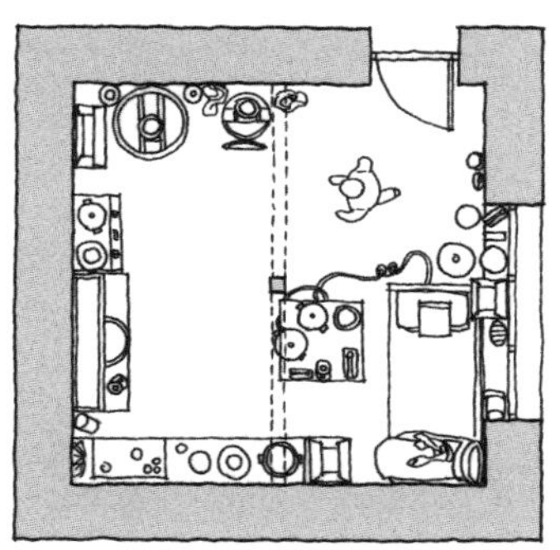

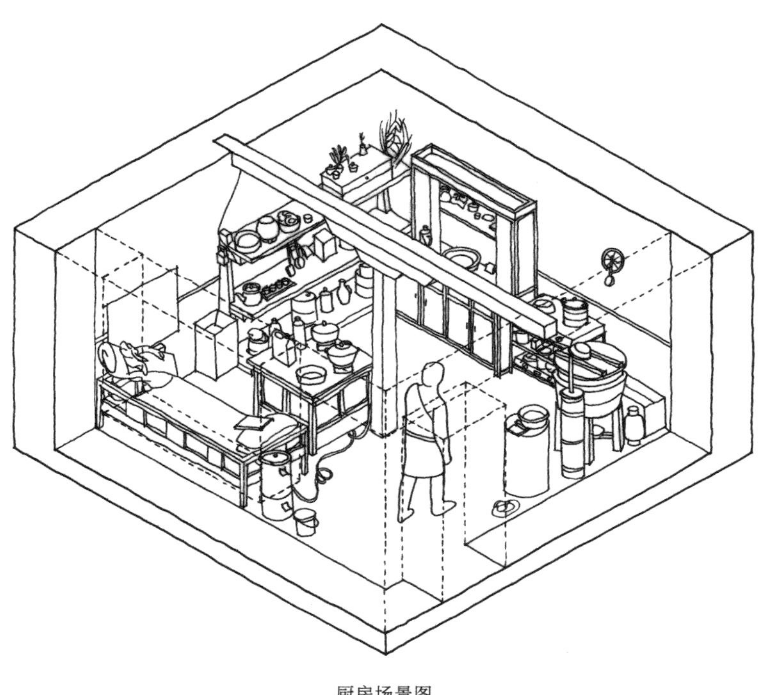

厨房场景图

主要生活空间

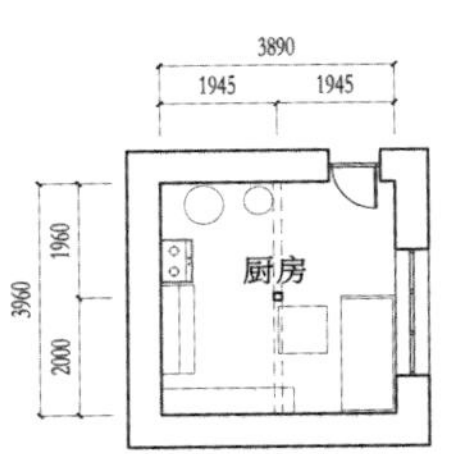

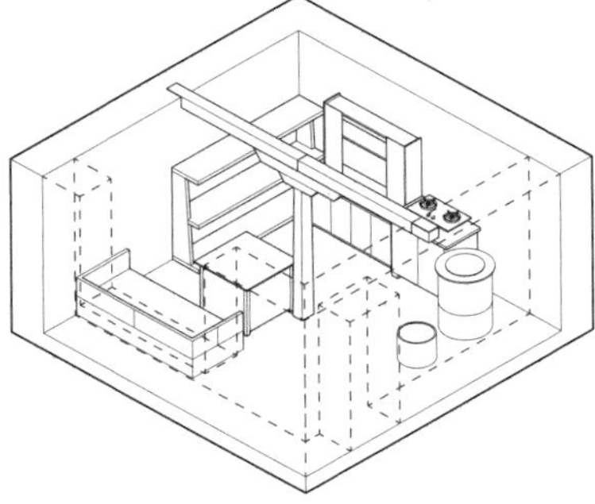

使用面积S=15.40m^2 层高H=2.80m
净高h=2.30m

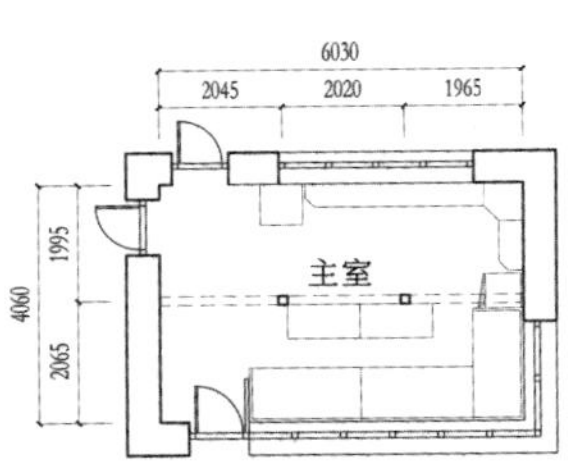

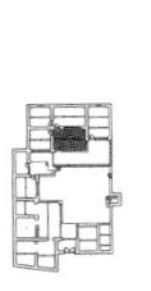

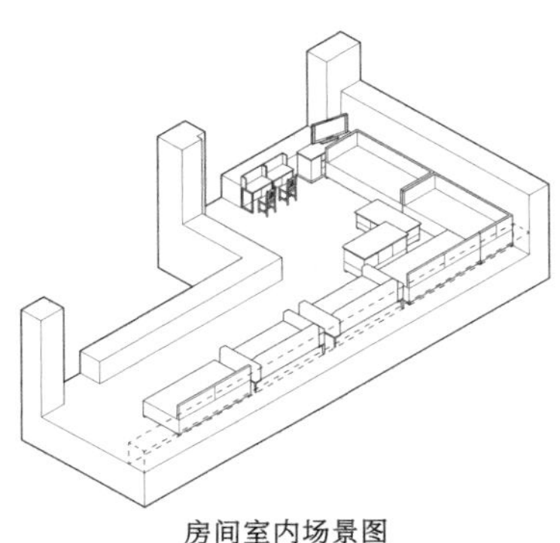

使用面积S=24.48m^2 层高H=2.70m
净高h=2.20m

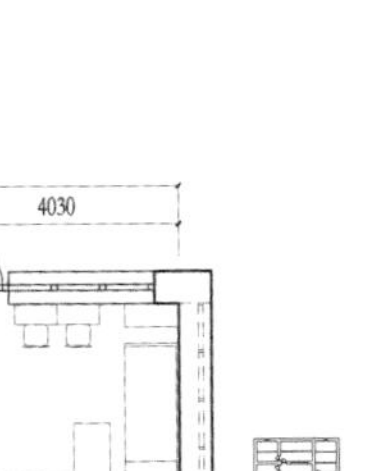

使用面积S=35.45m^2 层高H=2.70m
净高h=2.20m

房间平面图

房间室内场景图

东向窗地比：1/4.71

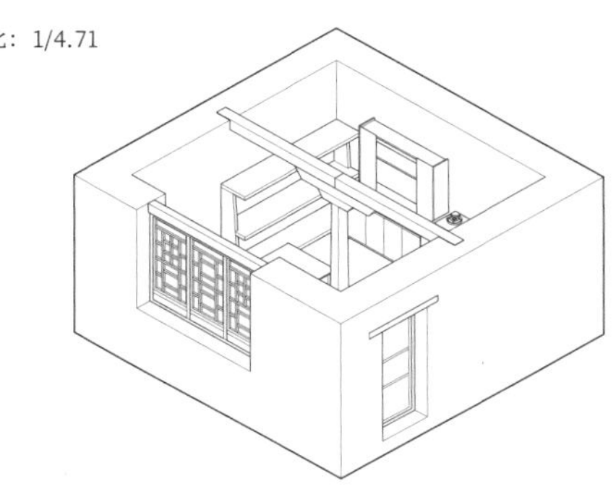

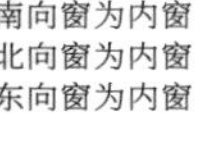

南向窗为内窗
北向窗为内窗
东向窗为内窗

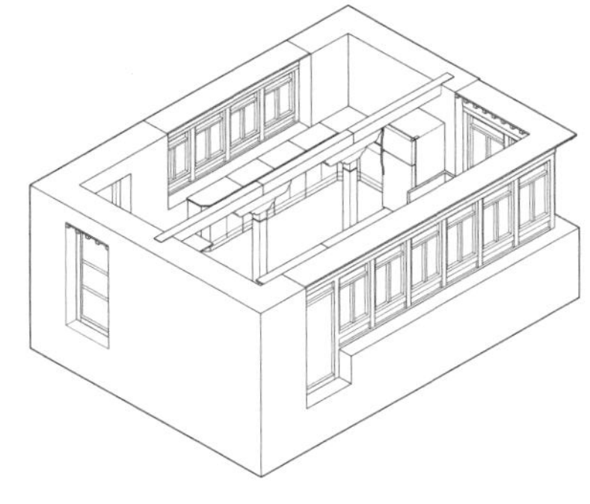

南向窗地比：1/2.33
北向窗为内窗
东向窗地比：1/11.04
西向窗地比：1/6.46

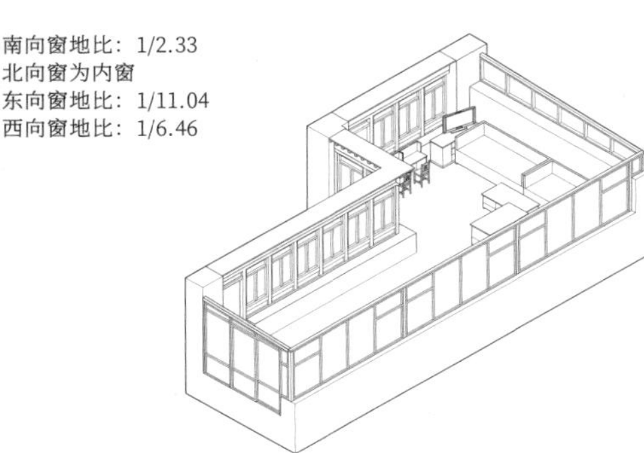

房间轴测图

室内照片

结构与材料

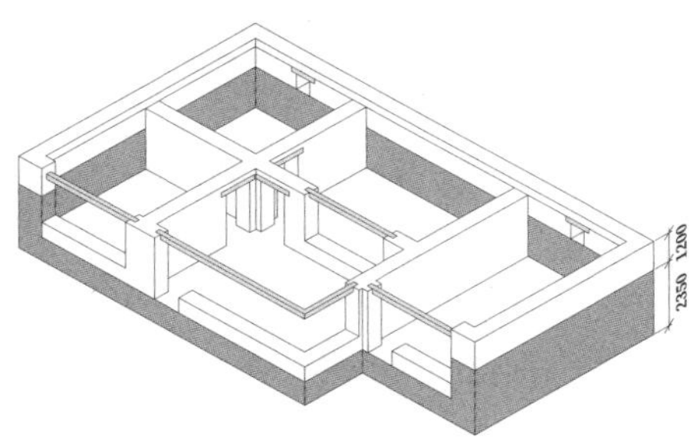

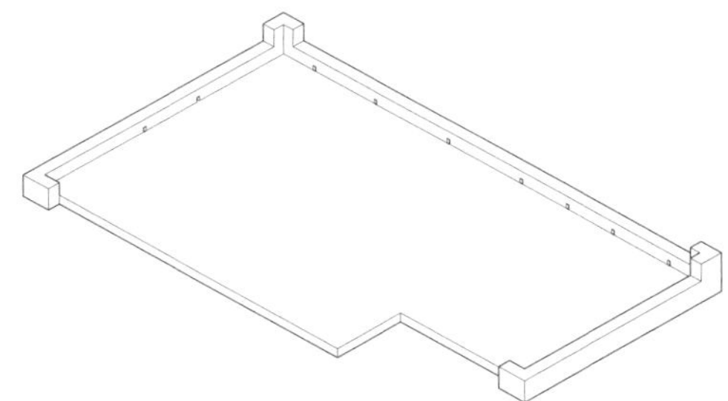

石材
土坯砖
木材

外墙材料转换示意图

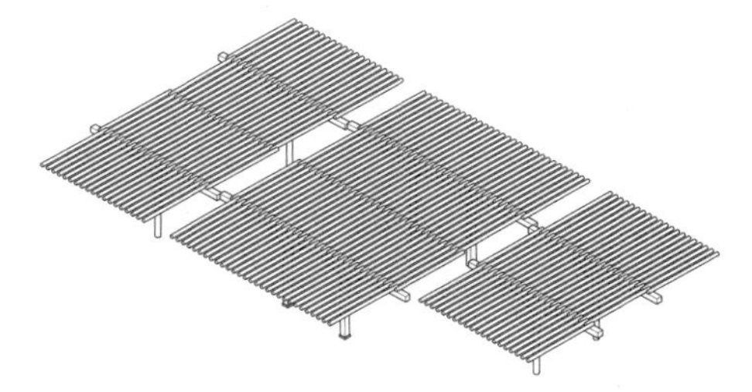

主屋建筑材料信息表

外墙	1、3	柱子	4
内墙	3	梁	4
屋面	2、4	门	4、6、7
地面	2、8、9	窗	4、6、7
		挑檐口	2、4、6

辅助用房建筑材料信息表

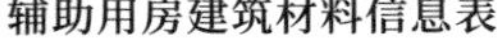

外墙	1、3	柱子	5
内墙	3	梁	5
屋面	2、4、5	门	4、6、7
地面	2、8	窗	4、6、7
		挑檐口	2、4

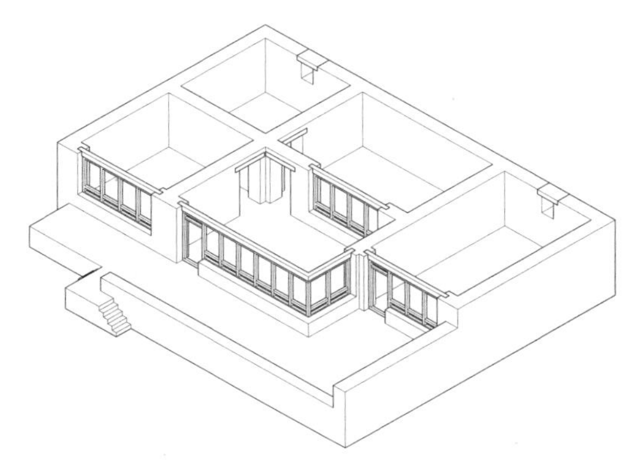

注：1–石材，2–土，3–土坯砖，4–木材，5–钢材，6–金属，7–玻璃，8–水泥砂浆，9–地板革

结构分析图

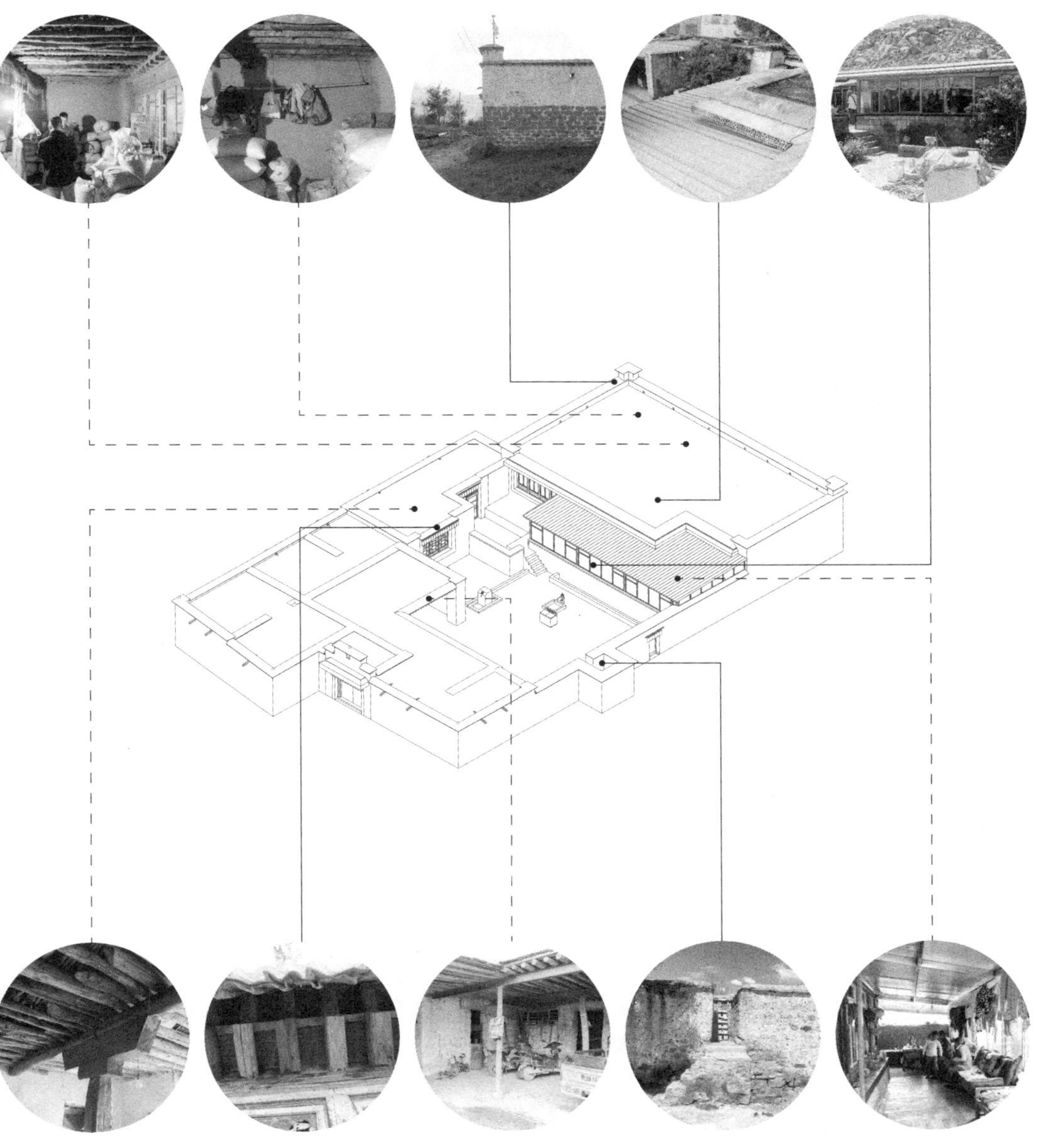

材料使用示意图

查斯家　　1987年

林周县江热夏乡联巴村

基本信息

用地面积（933.43m²）

主屋占地面积：	338.42m²
辅助用房占地面积：	194.86m²
院落占地面积：	400.47m²

主屋建筑面积（542.55m²）

主屋一层面积：	338.42m²
主屋二层面积：	204.13m²

55岁的查斯与丈夫在家常住，平时在主室睡觉，以从事农牧业为主。2个儿子、1个女儿以及2个孙女偶尔回来，在客厅和儿童房就寝。加建阳光房时享受了政府补贴。

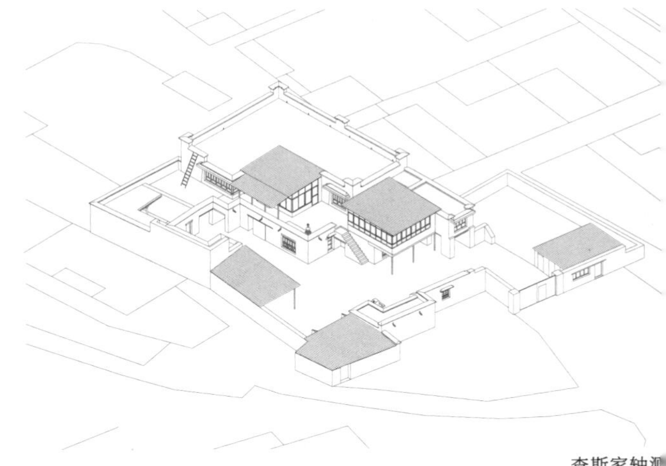

查斯家轴测

村落总平面

查斯家院内场景图

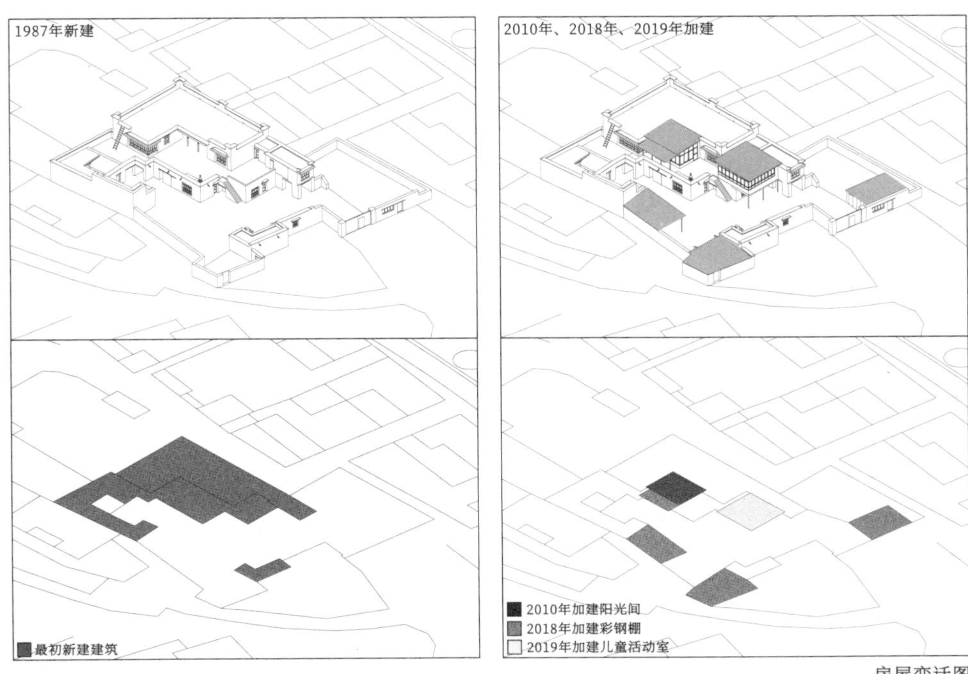

房屋变迁图

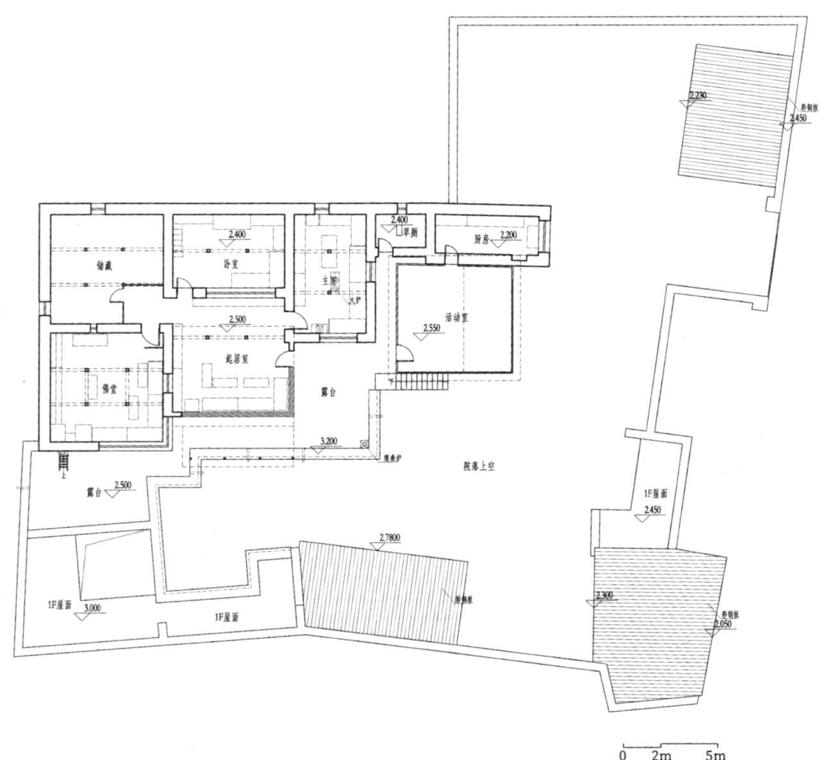
储藏
卧室
主室
卫厕
厨房
活动室
起居室
佛堂
露台
院落上空
露台
1F屋面
1F屋面
1F屋面
0 2m 5m

二层平面图

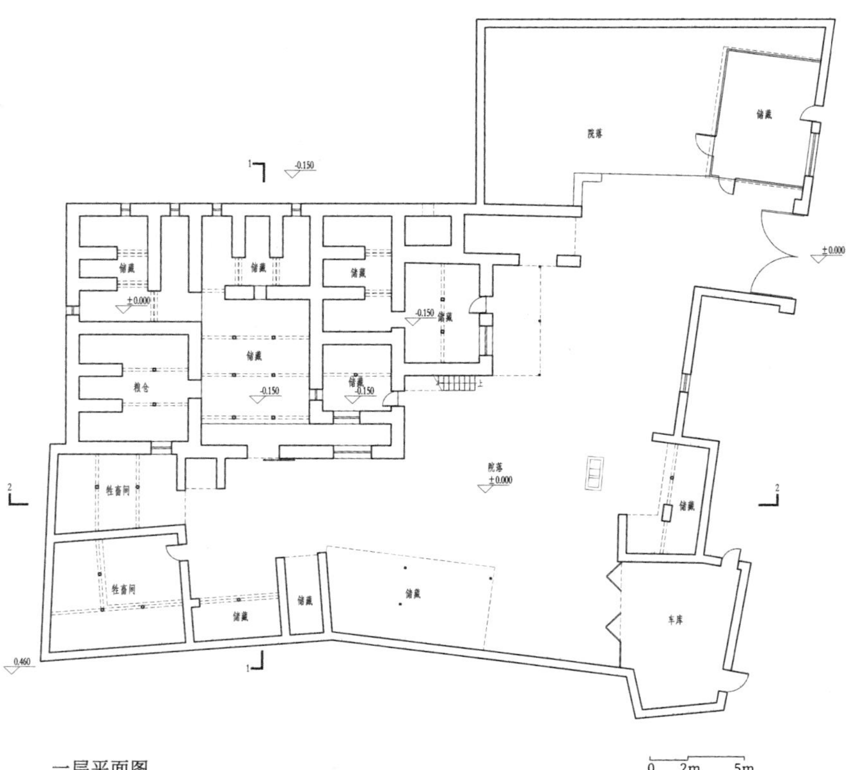
院落
储藏
储藏
储藏
储藏
储藏
粮仓
储藏
储藏
牲畜间
牲畜间
院落
储藏
储藏
储藏
储藏
车库
0 2m 5m

一层平面图

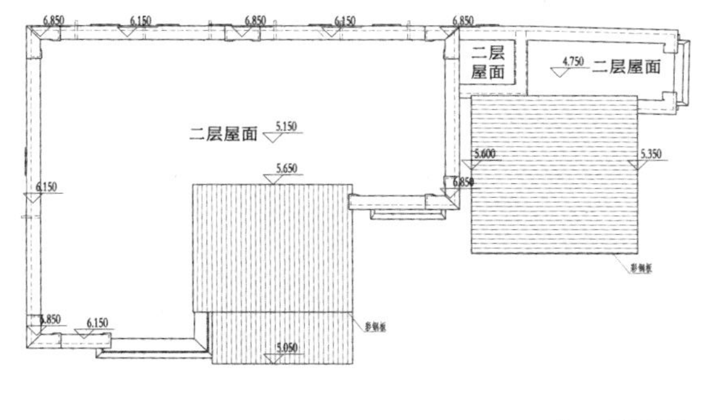

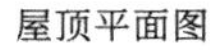

屋顶平面图

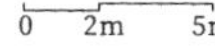

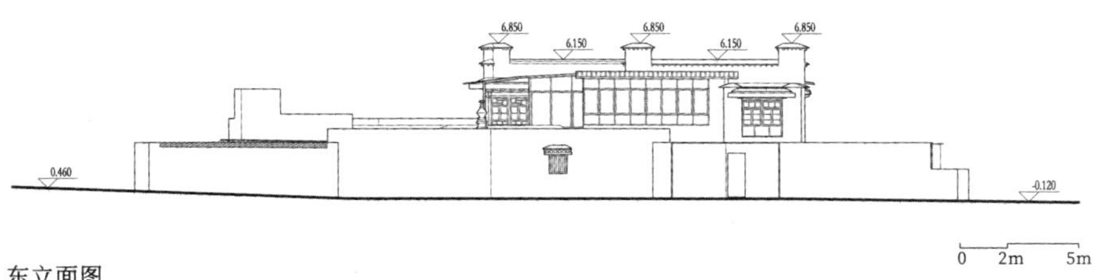

东立面图

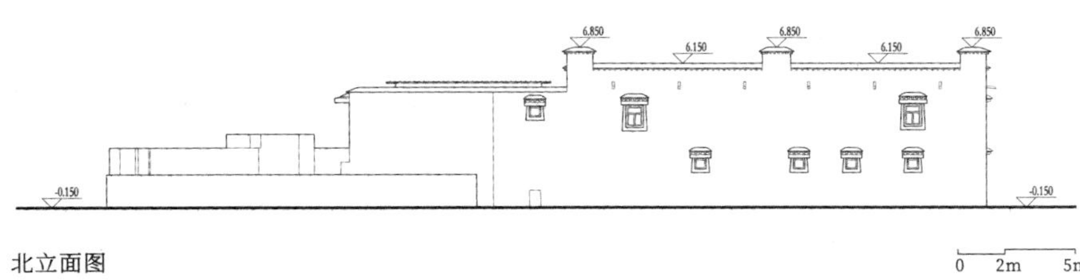

北立面图

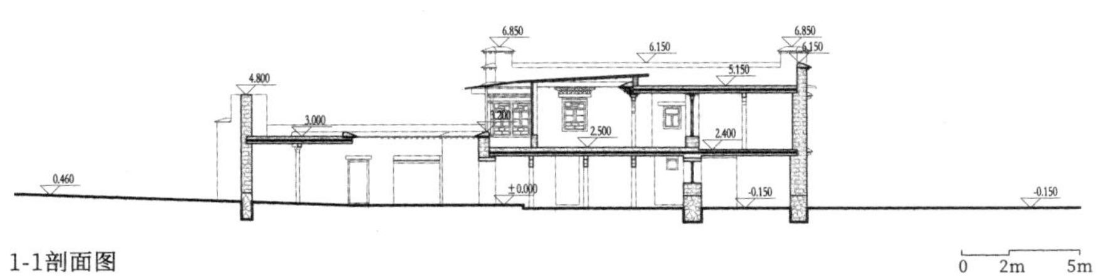

1-1剖面图

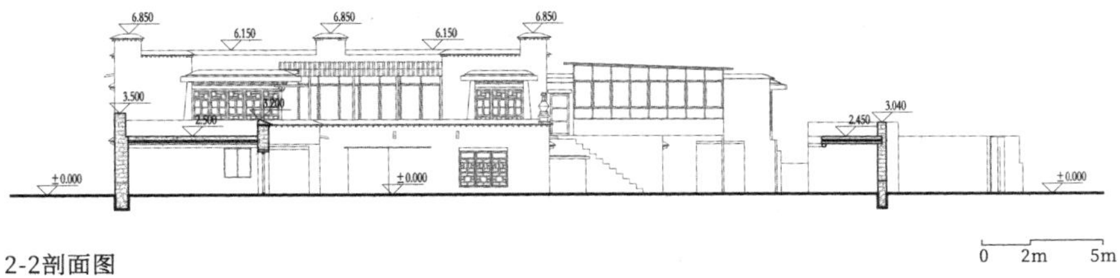

2-2剖面图

空间组织

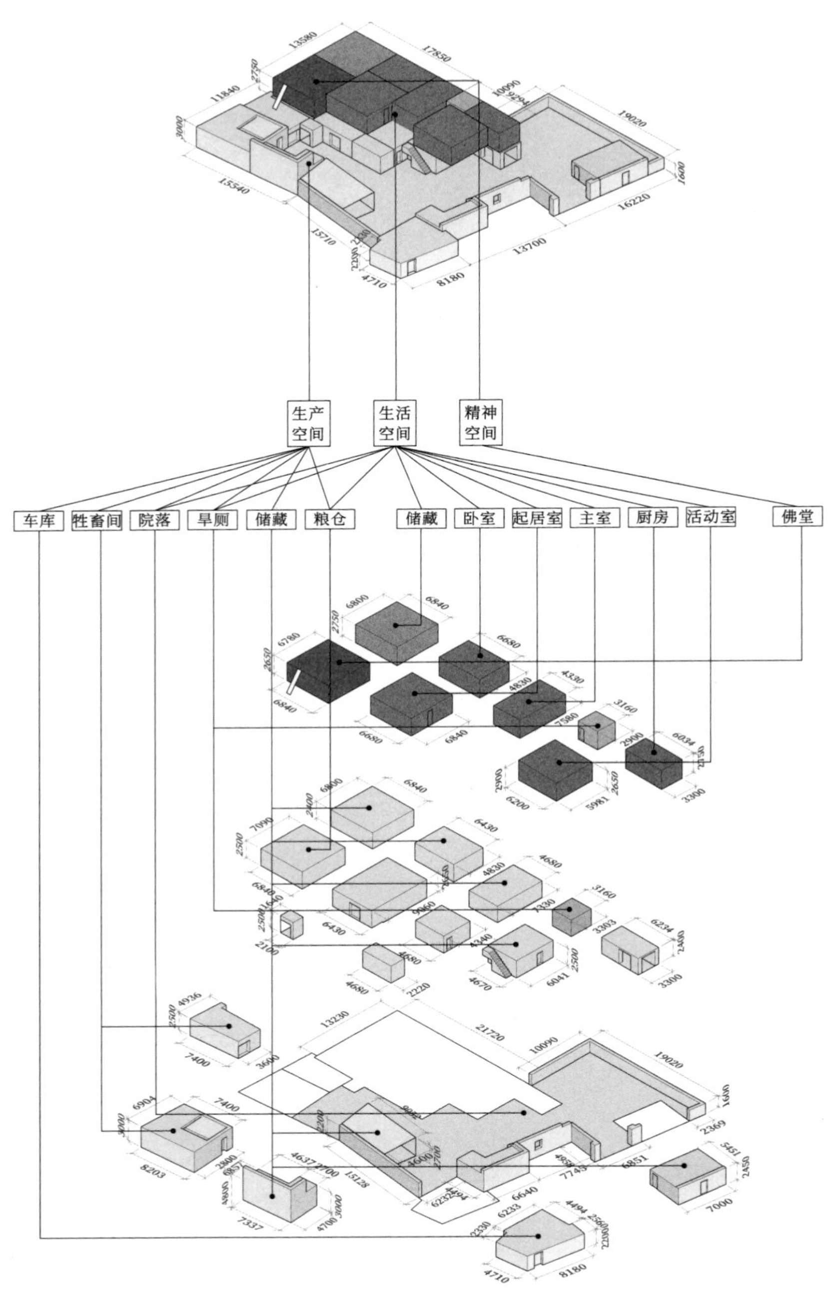

空间组织分析

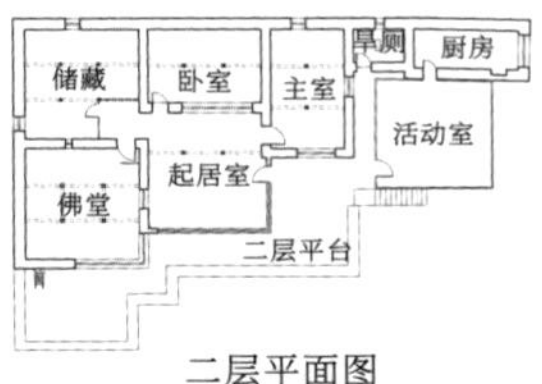

二层平面图

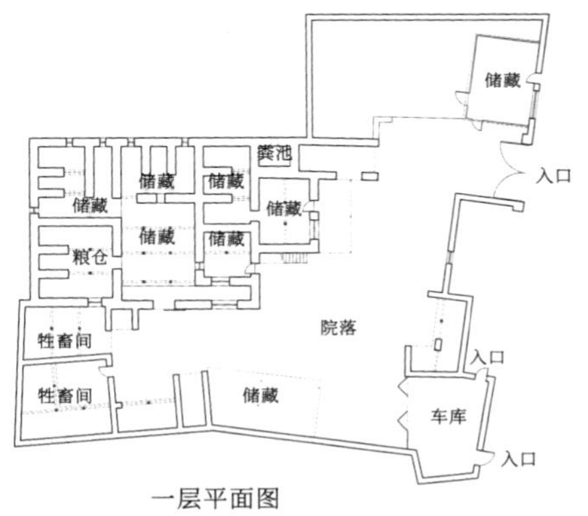

一层平面图

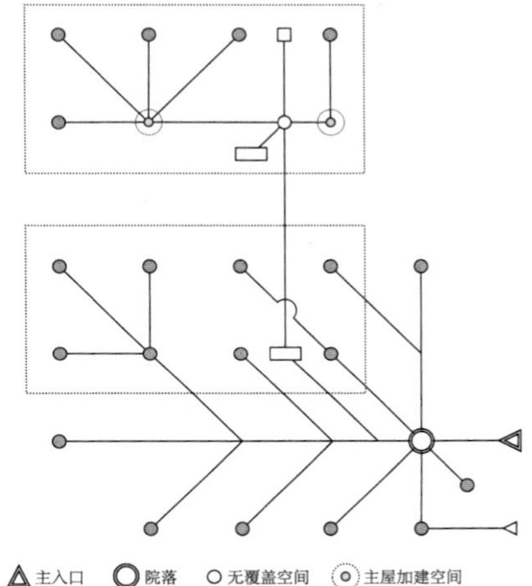

空间连接分析

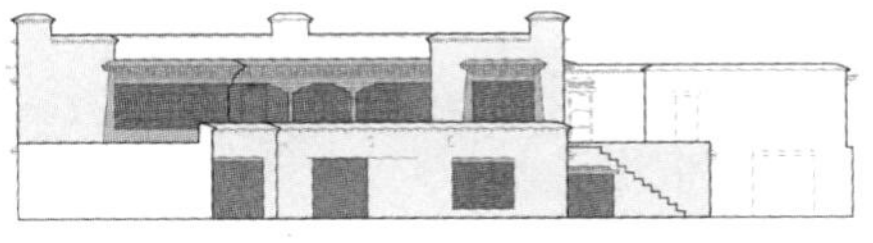

南立面窗墙比
含门窗套：0.43；不含门窗套：0.29

东立面窗墙比
含门窗套：0.29；不含门窗套：0.22

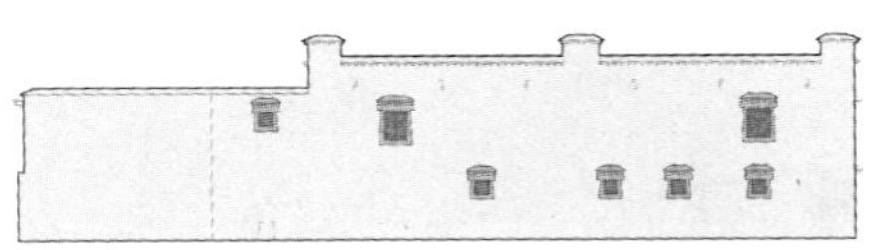

北立面窗墙比
含门窗套：0.05；不含门窗套：0.02

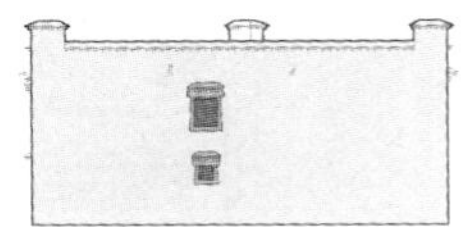

西立面窗墙比
含门窗套：0.03；不含门窗套：0.01

洞口分析

院落生活场景

二层平台使用面积：67.79m²

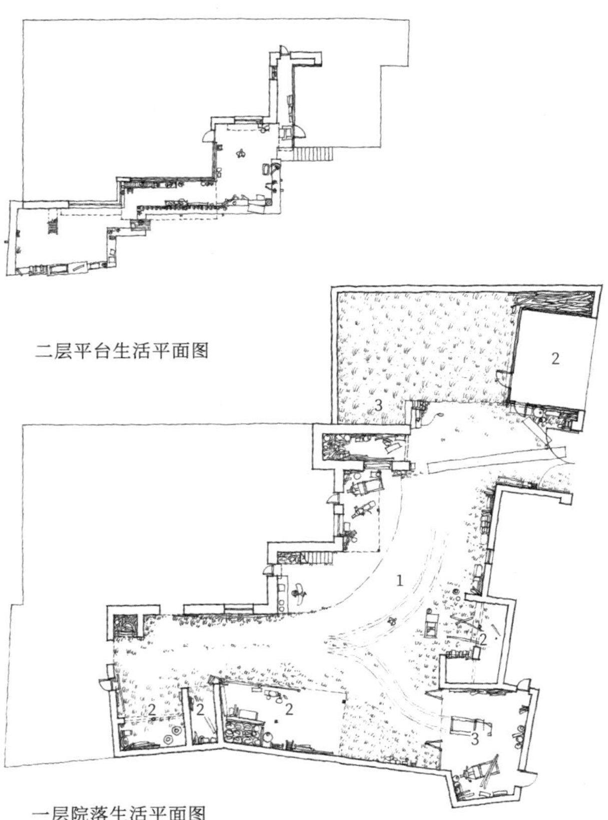

二层平台生活平面图

1.一层院落使用面积：86.18m²
2.储藏使用面积：103.45m²
3.车库使用面积：38.67m²

一层院落生活平面图

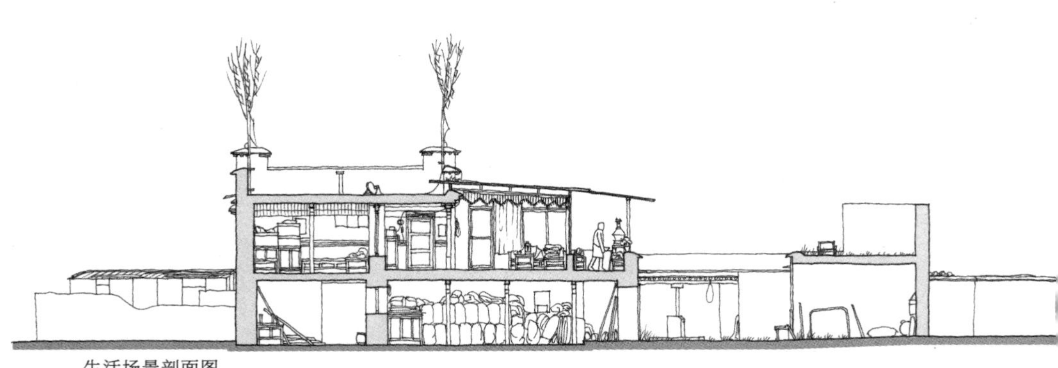

生活场景剖面图

屋顶平台使用面积：151.36m²

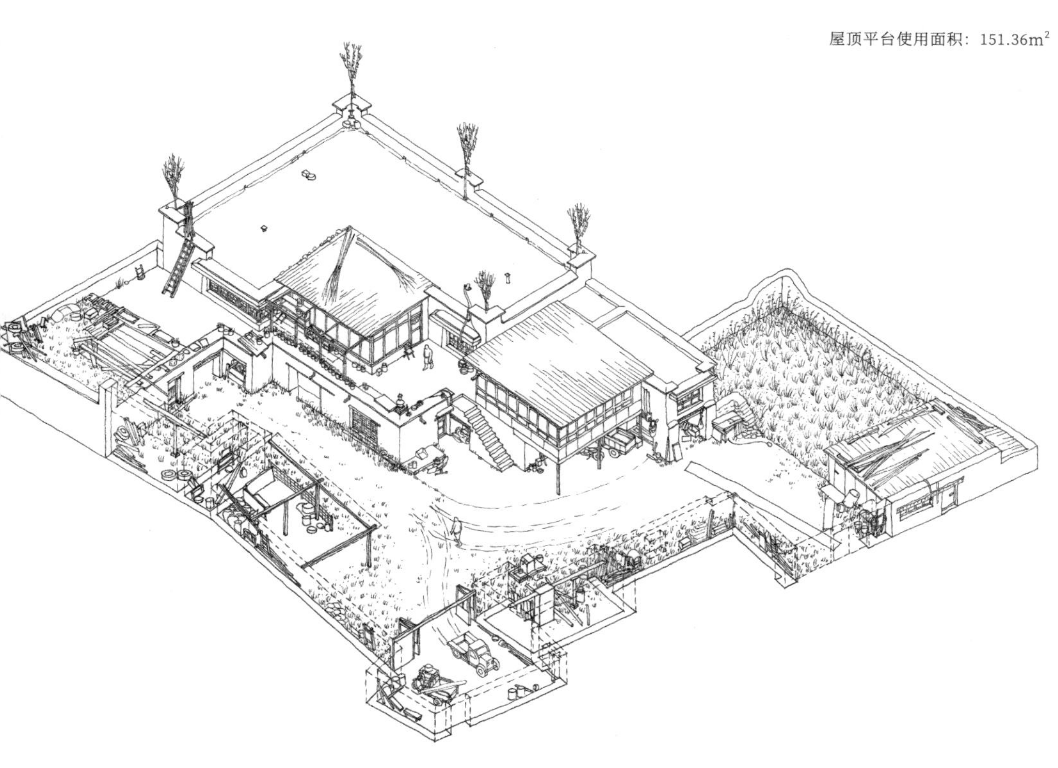

院落场景图

室内生活场景

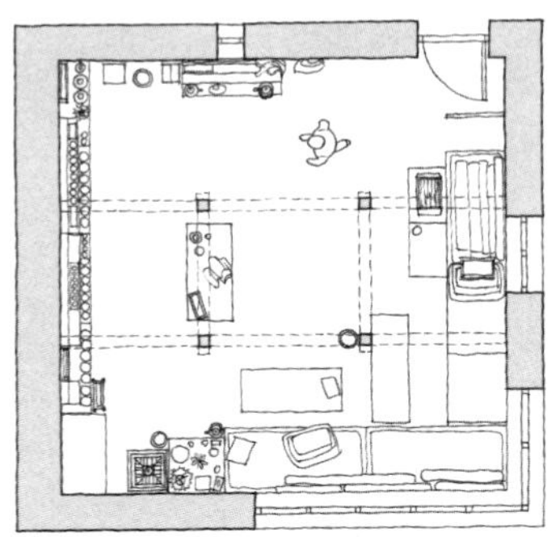

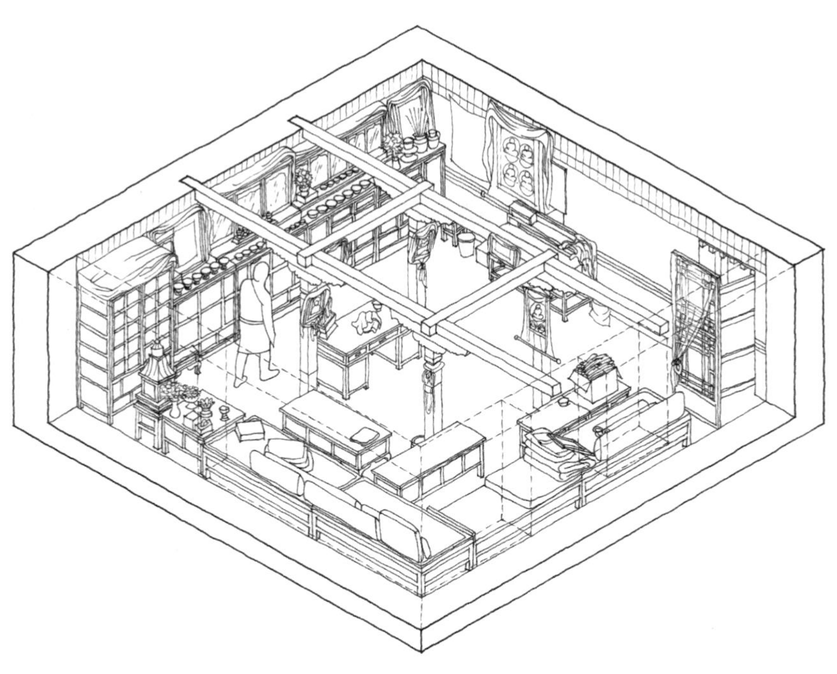

佛堂场景图

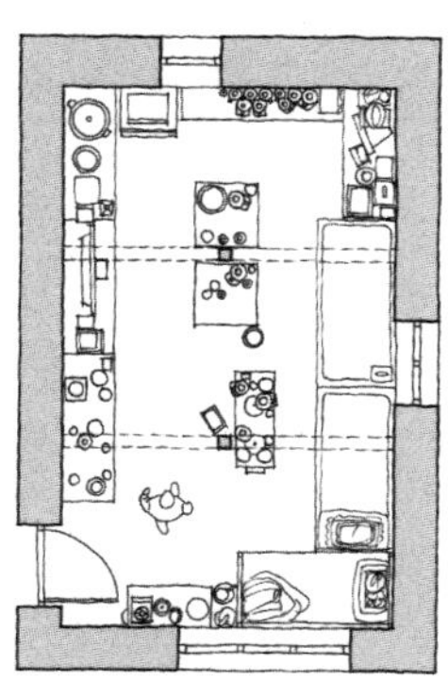

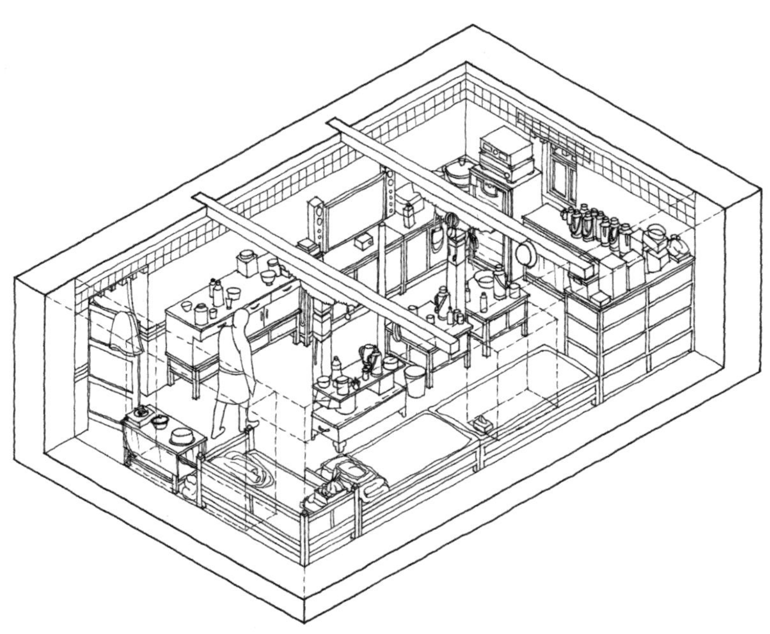

主室场景图

主要生活空间

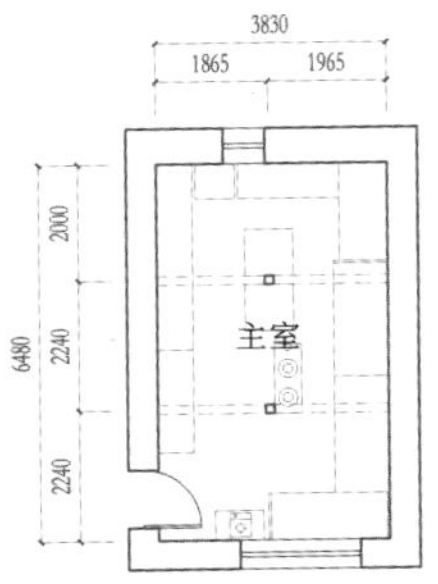

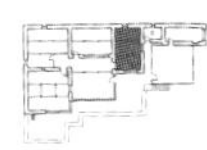

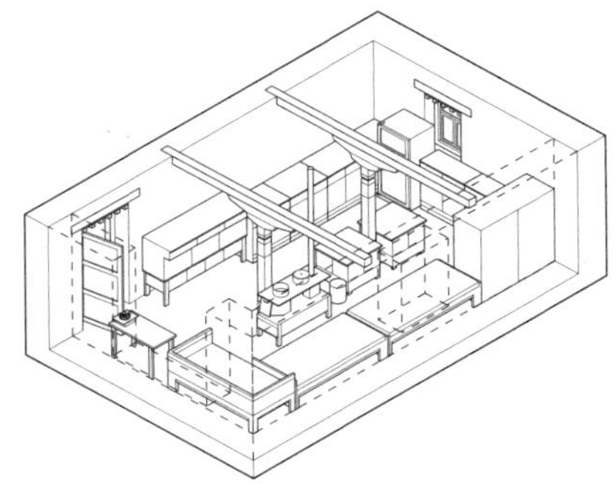

使用面积S=24.82m² 层高H=2.62m
净高h=2.12m

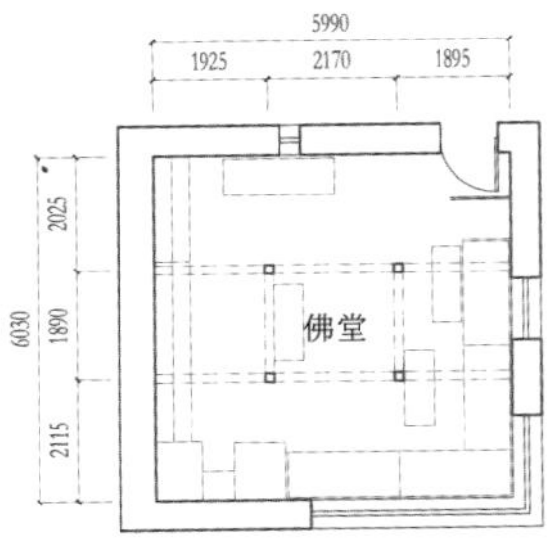

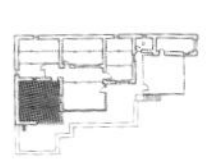

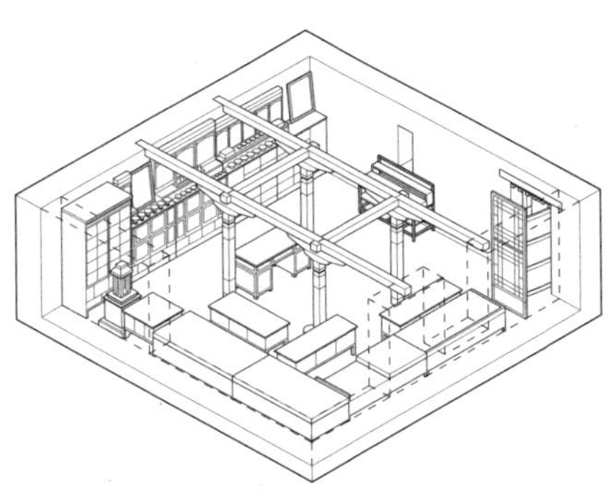

使用面积S=36.12m² 层高H=2.62m
净高h=2.12m

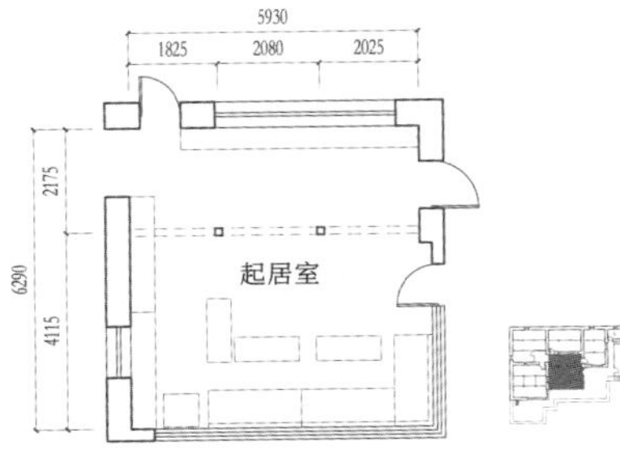

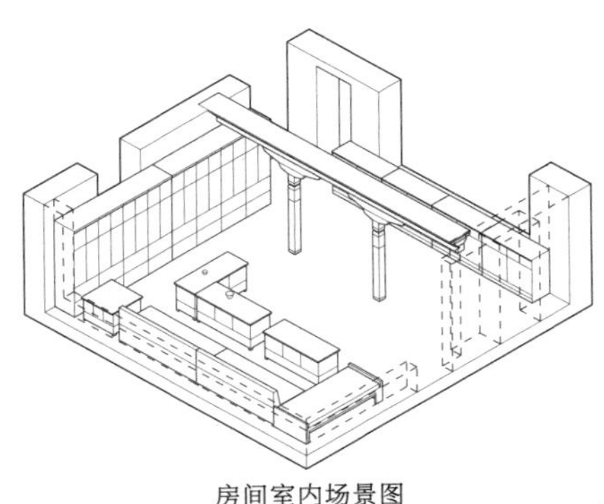

使用面积S=38.26m² 层高H=3.01m
净高h=2.60m

房间平面图

房间室内场景图

南向窗地比：1/9.93
北向窗地比：1/50.65

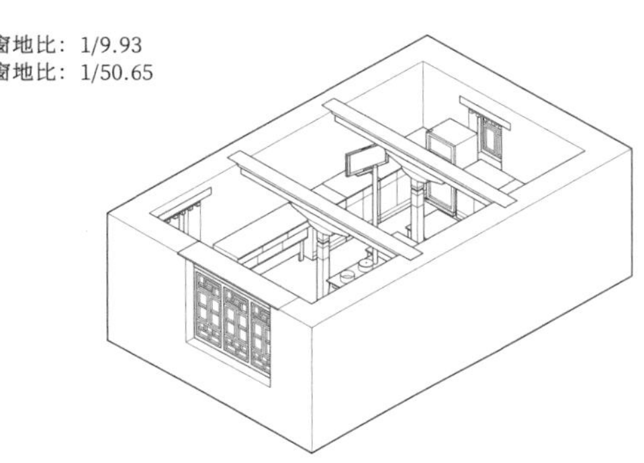

南向窗地比：1/8.25
东向窗地比：1/19.01
北向窗为内窗

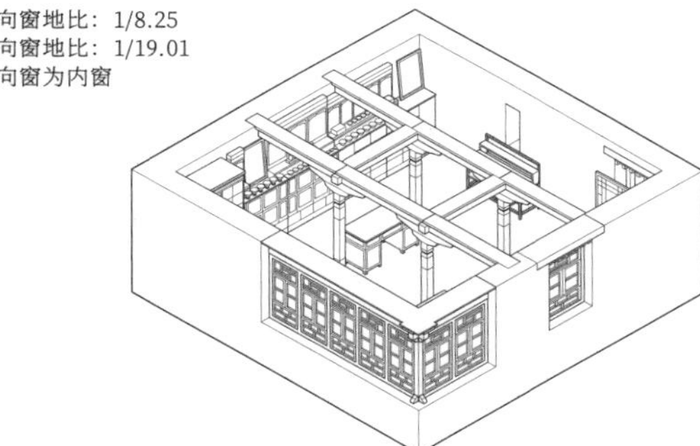

南向窗地比：1/3.72
东向窗地比：1/8.26
北向窗为内窗
西向窗为内窗

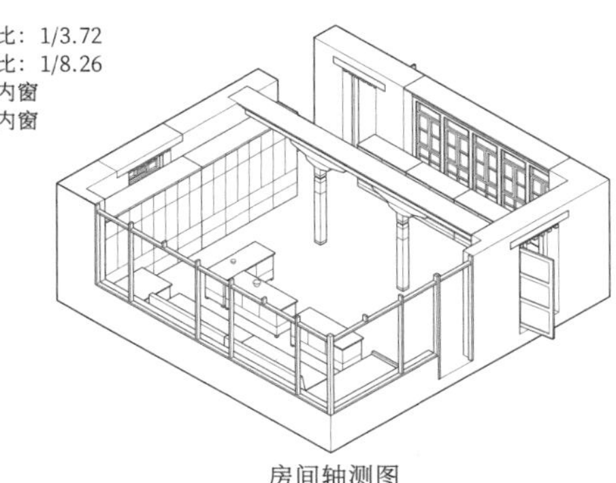

房间轴测图

室内照片实景

结构与材料

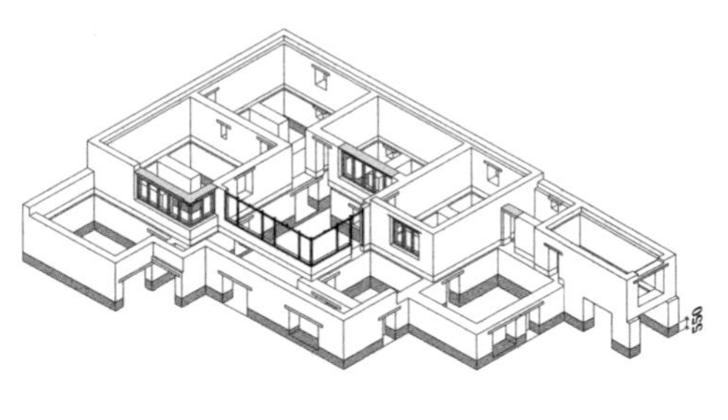

外墙材料转换示意图

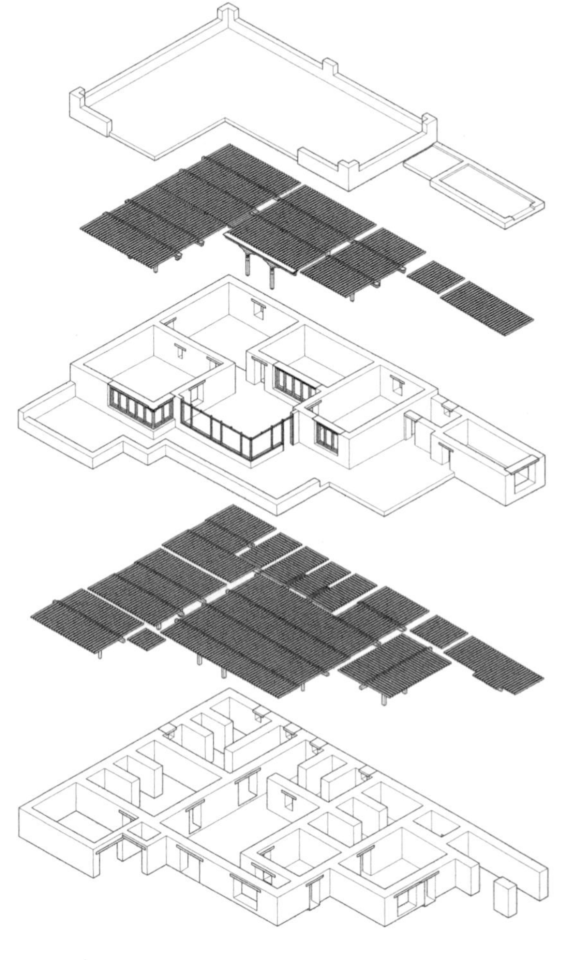

主屋建筑材料信息表

外墙	1、3	柱子	4
内墙	3	梁	4
屋面	2、4	门	4、6、7
地面	2、8	窗	4、6、7
		挑檐口	2、4、6

辅助用房建筑材料信息表

外墙	1、3	柱子	4、5
内墙	3	梁	4、5
屋面	2、4、5	门	4、6
地面	2	窗	4、6
		挑檐口	2、4

注：1-石材，2-土，3-土坯砖，4-木材，5-钢材，6-金属，7-玻璃，8-地板革

结构分析图

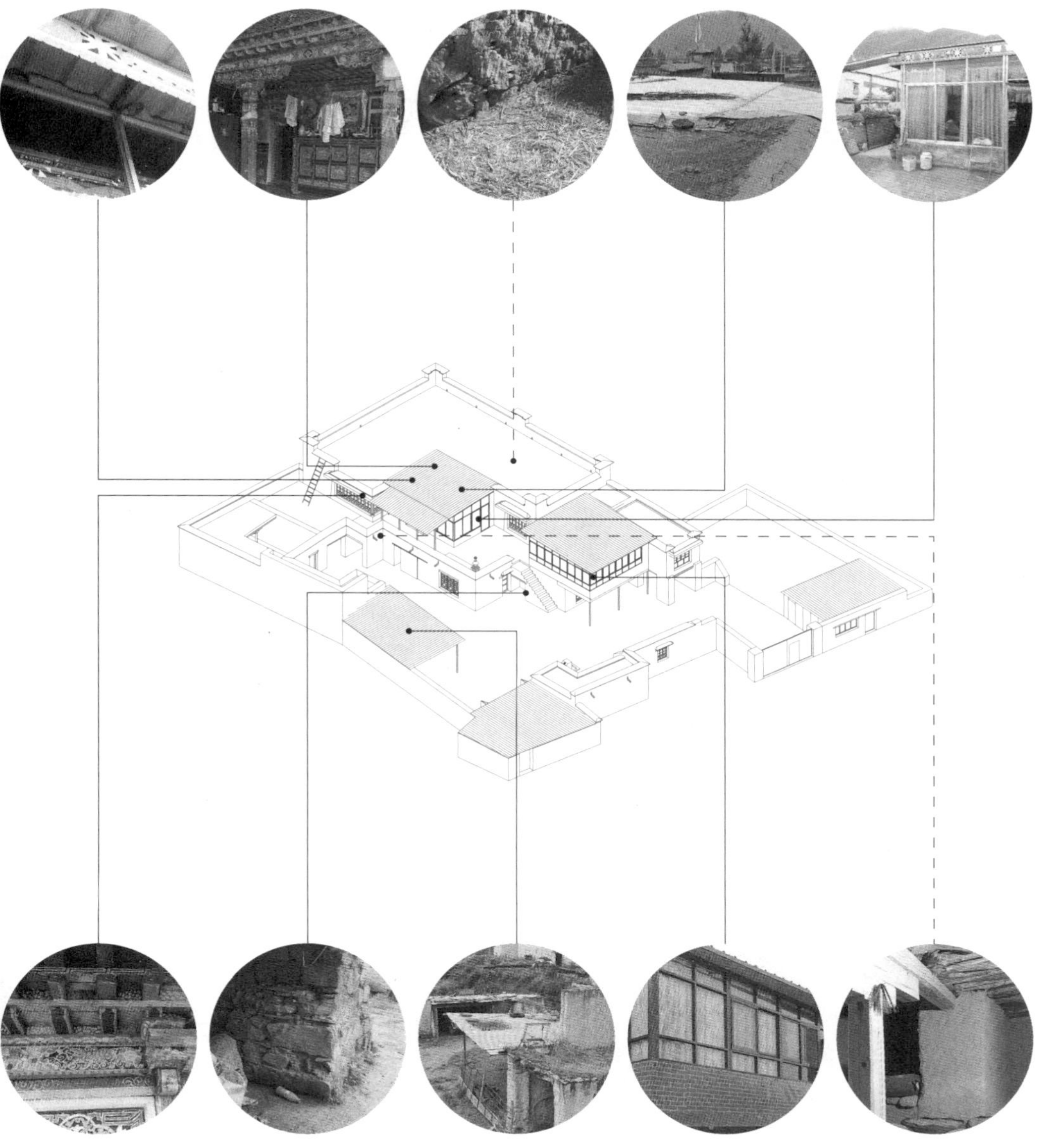

材料使用示意图

果吉家　　1992年

墨竹工卡县赤康村

基本信息

用地面积（905.72m²）

主屋占地面积：	264.35m²
辅助用房占地面积：	237.66m²
院落占地面积：	403.71m²

主屋建筑面积（354.67m²）

主屋一层面积：	53.01m²
主屋二层面积：	186.75m²
主屋三层面积：	114.91m²

52岁的果吉与弟弟、妹妹、母亲4人在家常住，以从事农牧业为主。弟弟住在二楼的卧室，果吉与妹妹还有母亲晚上在主室就寝。果吉的2个女儿偶尔回来住在起居室。加建三层时得到了政府补贴。

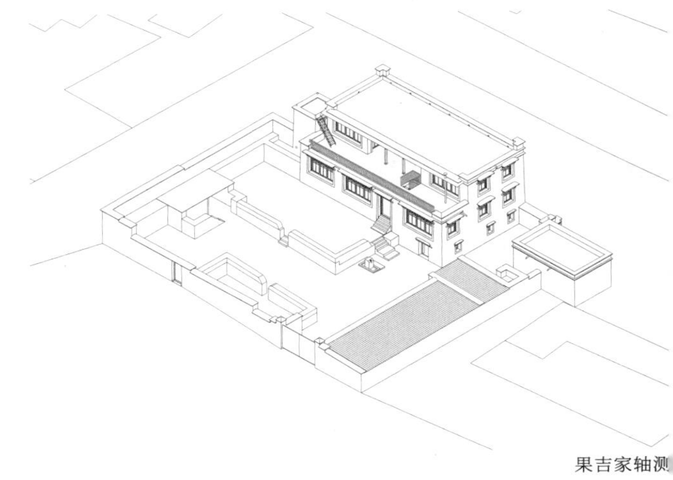

果吉家轴测

村落总平面

果吉家院内场景图

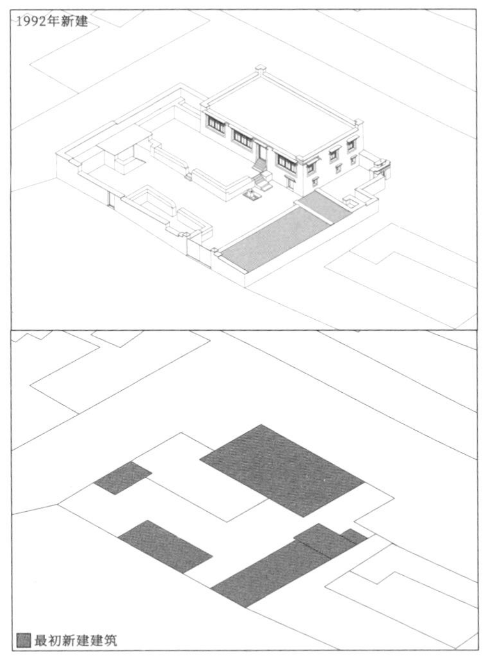

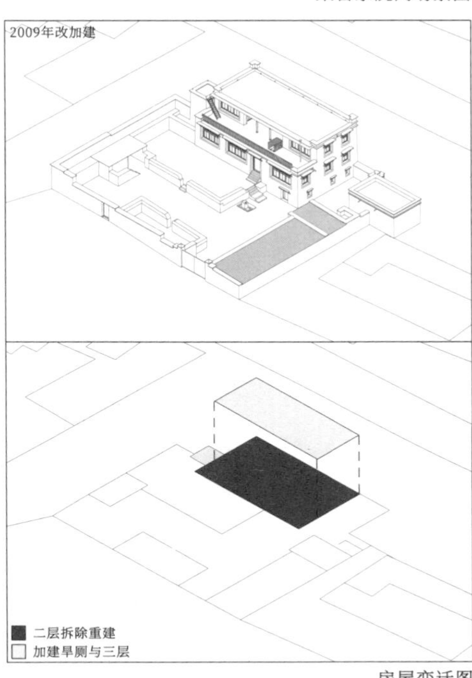

房屋变迁图

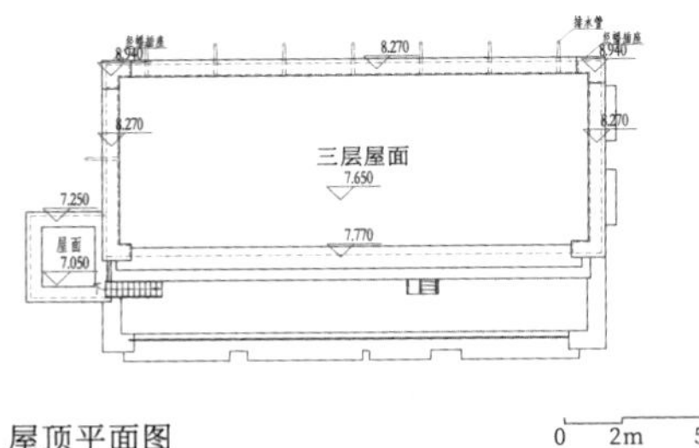

屋顶平面图

0 2m 5m

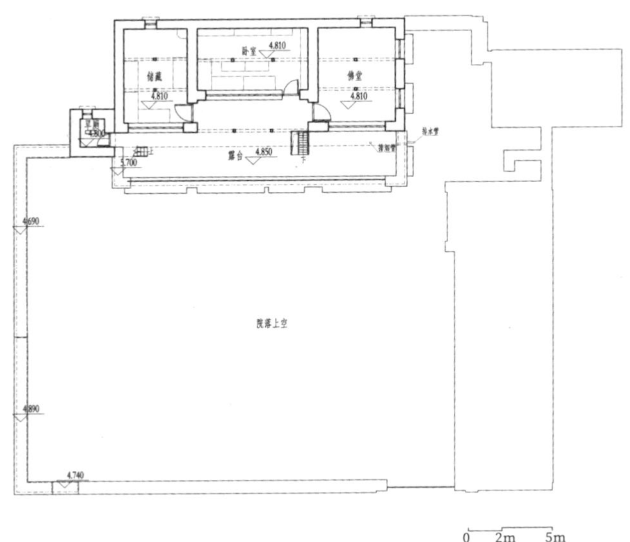

0 2m 5m

三层平面图

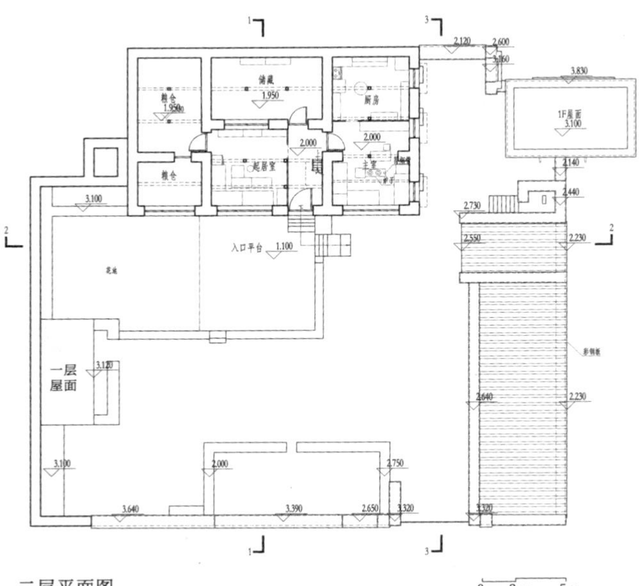

二层平面图

0 2m 5m

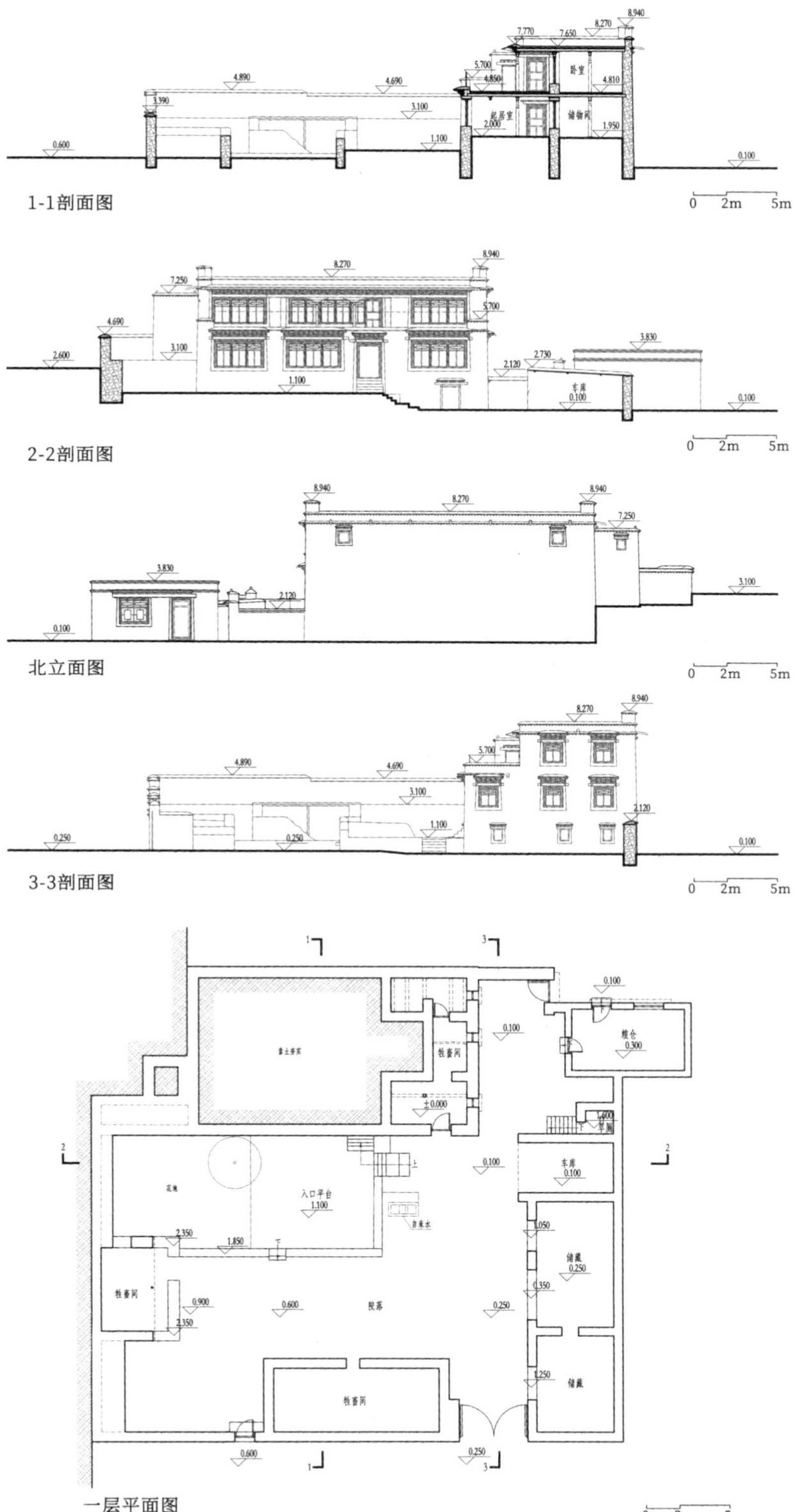

1-1剖面图
2-2剖面图
北立面图
3-3剖面图
一层平面图

空间组织

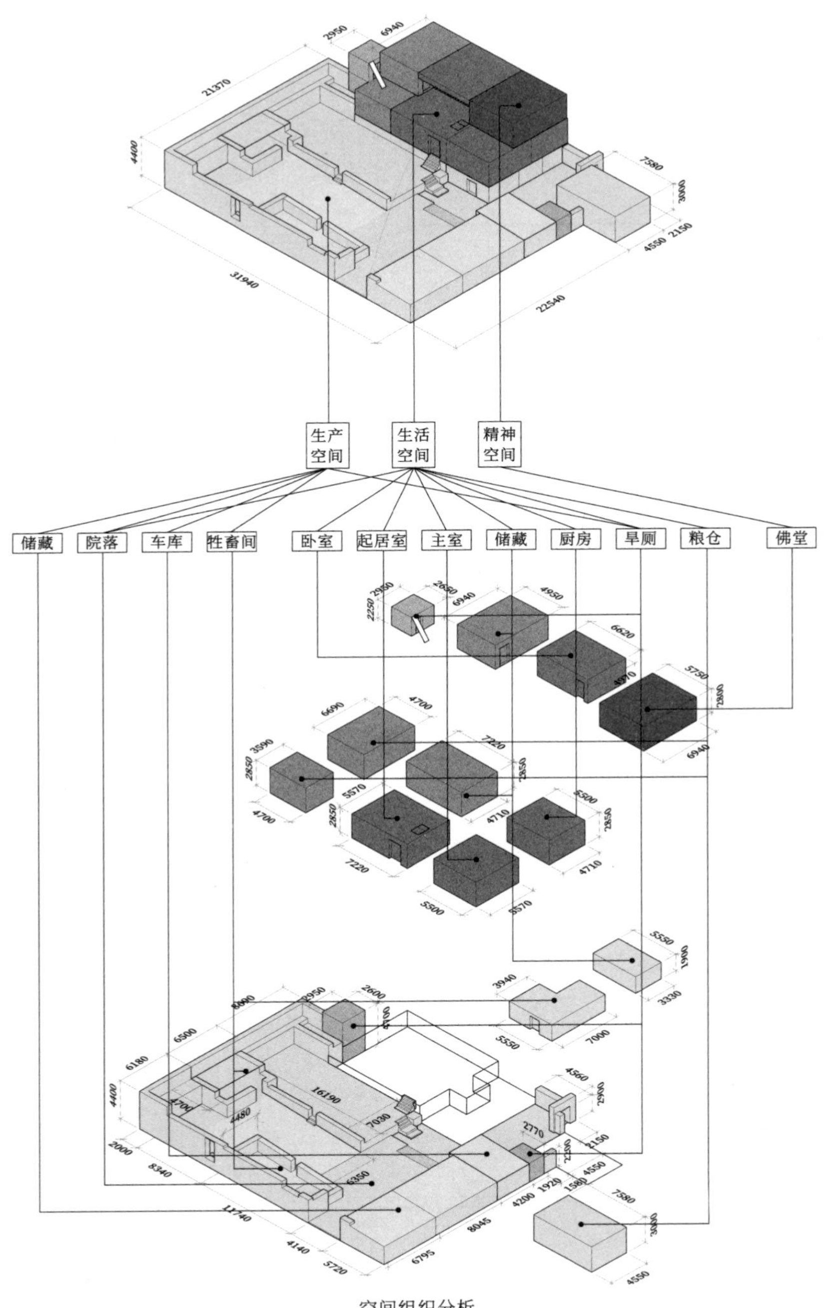

空间组织分析

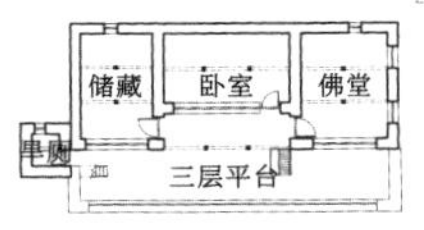

三层平面图

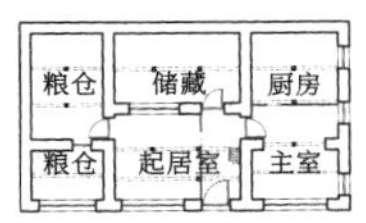

二层平面图

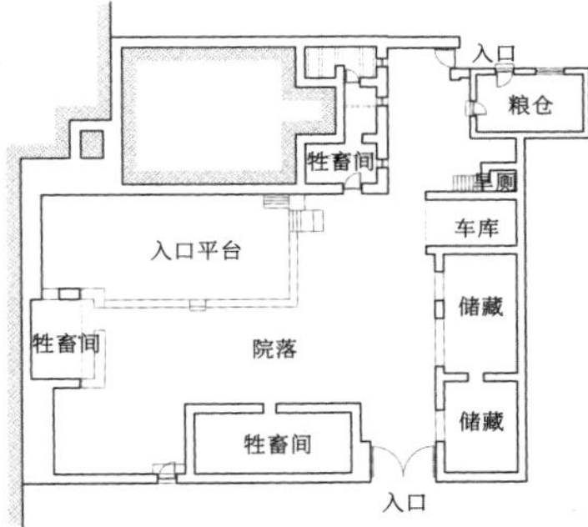

一层平面图

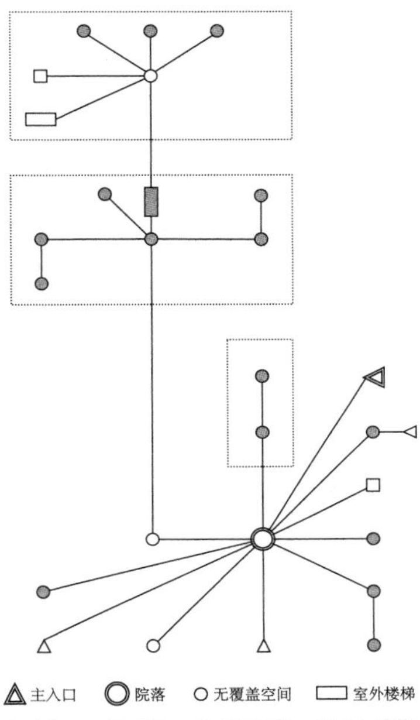

功能连接分析

南立面窗墙比
含门窗套：0.55；不含门窗套：0.31

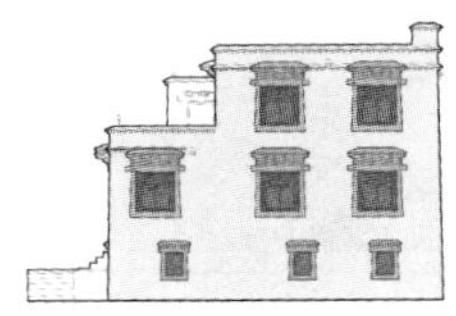

东立面窗墙比
含门窗套：0.27；不含门窗套：0.11

北立面窗墙比
含门窗套：0.02；不含门窗套：0.01

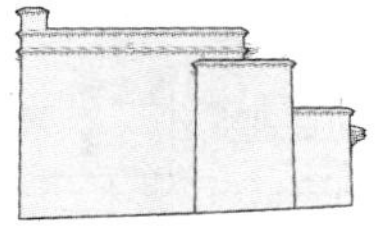

西立面窗墙比
含门窗套：0；不含门窗套：0

洞口分析

院落生活场景

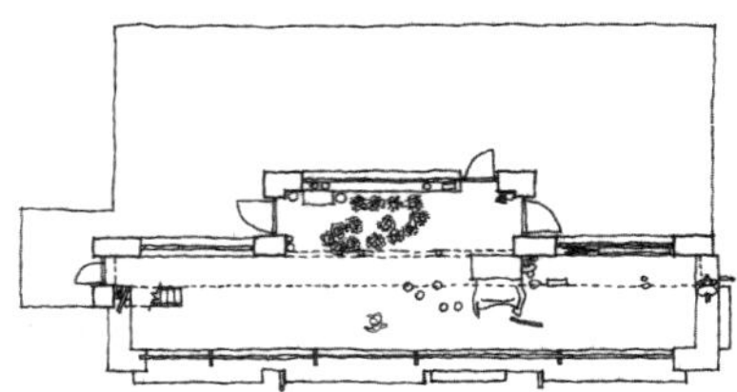

二层平台使用面积：58.64m²

二层平台生活平面图

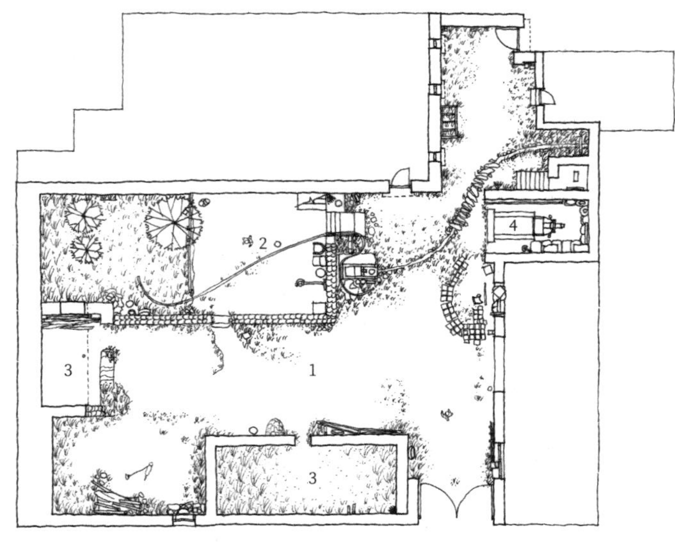

1.一层院落使用面积：126.54m²
2.主屋入口平台使用面积：10.09m²
3.牲畜间使用面积：59.37m²
4.车库使用面积：40.37m²

一层院落生活平面图

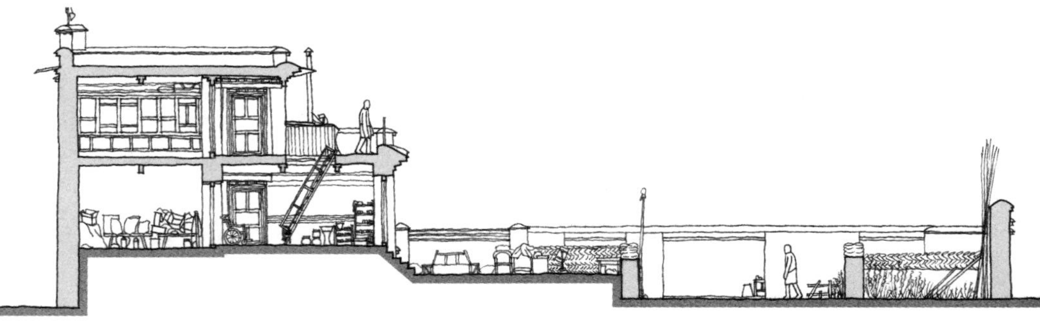

生活场景剖面图

屋顶平台使用面积：101.48m^2

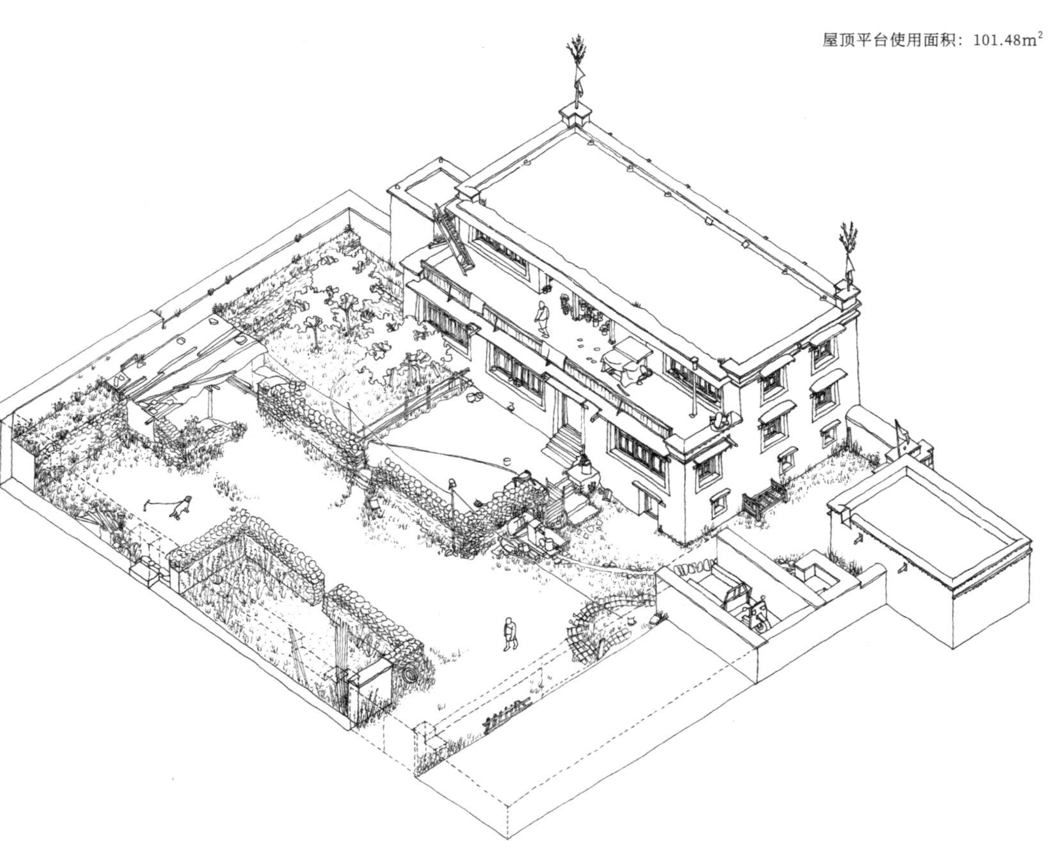

院落场景图

室内生活场景

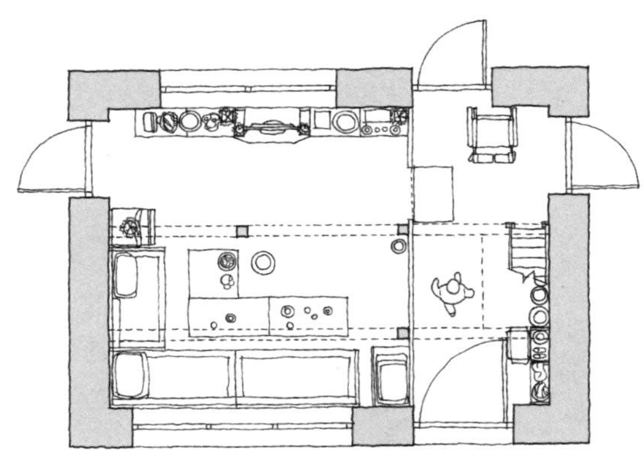

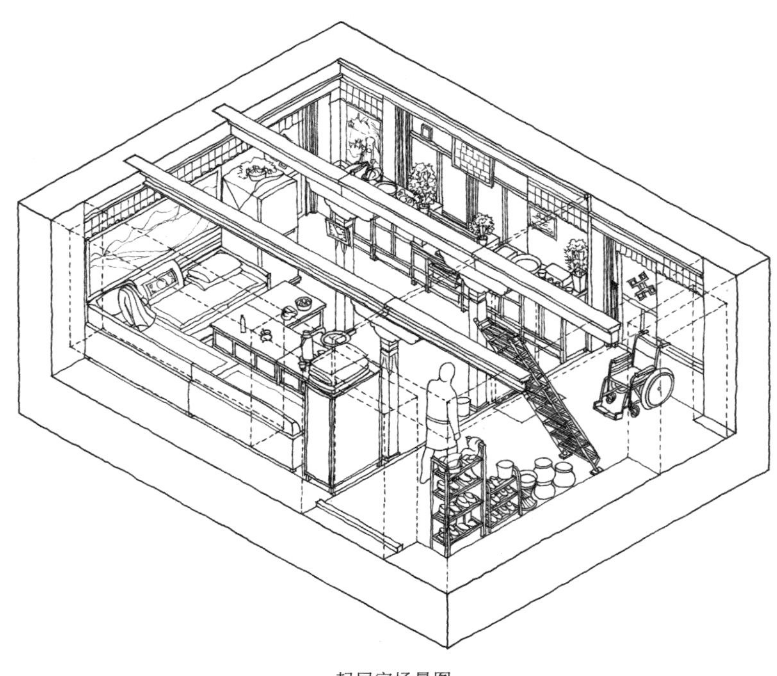

起居室场景图

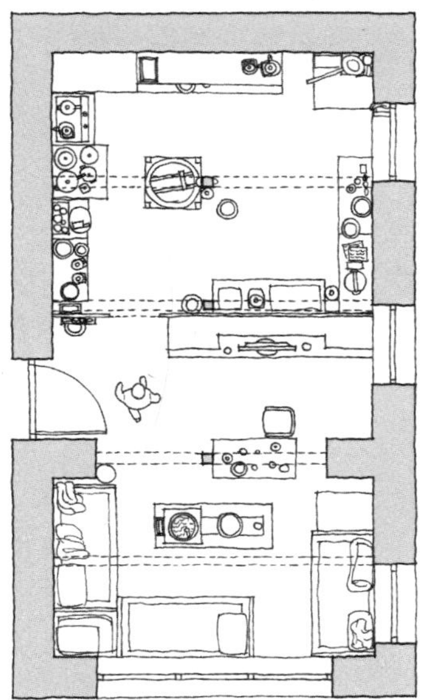

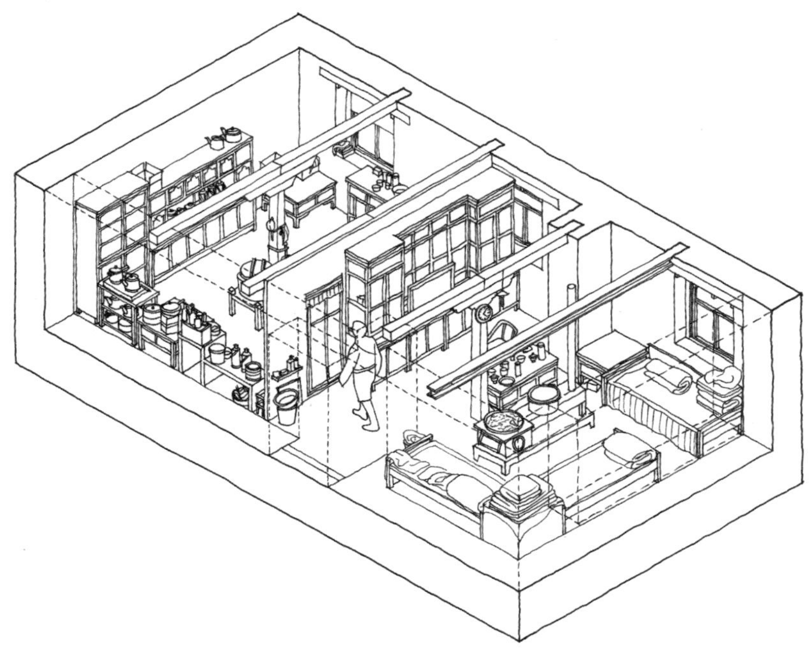

主室、厨房场景图

主要生活空间

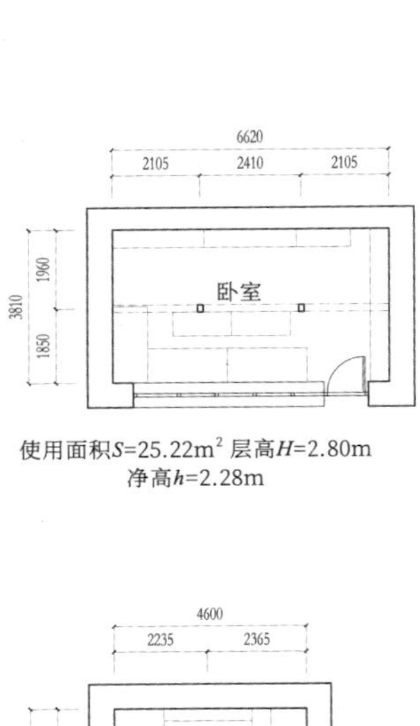

使用面积S=25.22m^2 层高H=2.80m
净高h=2.28m

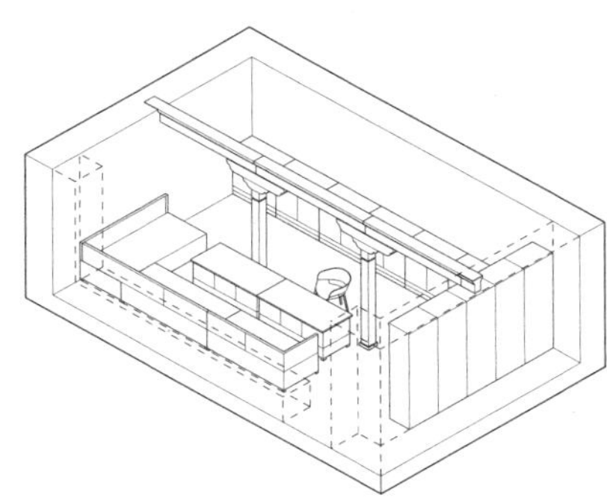

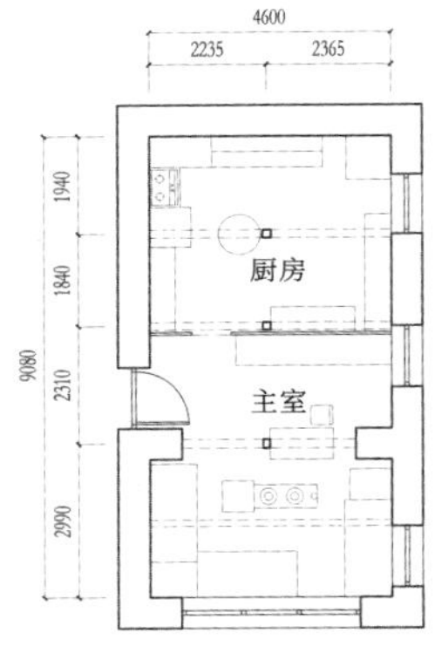

使用面积S=40.98m^2 层高H=2.85m
净高h=2.29m

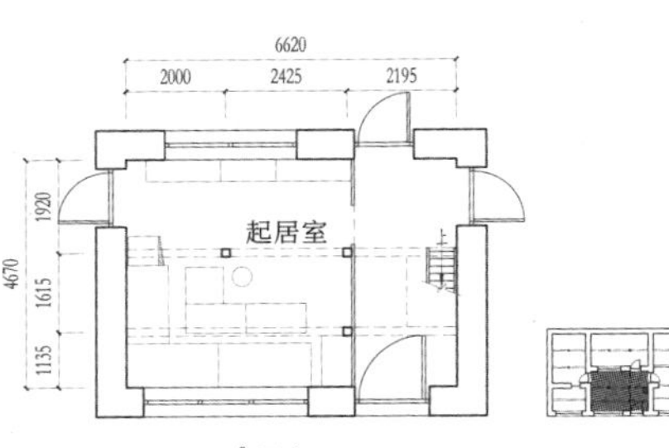

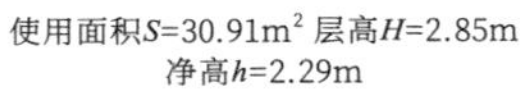

使用面积S=30.91m^2 层高H=2.85m
净高h=2.29m

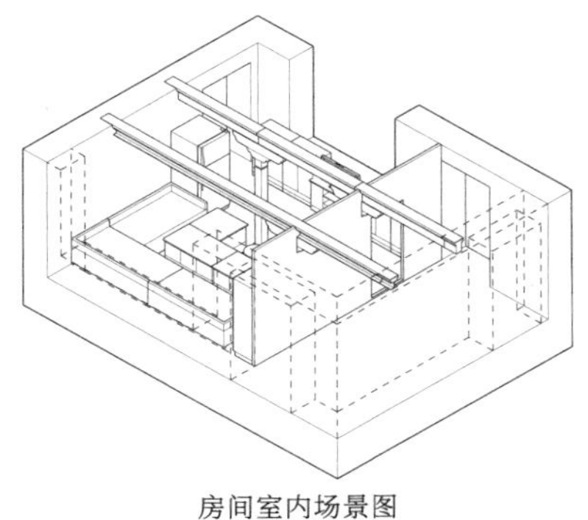

房间平面图

房间室内场景图

向窗地比：1/3.35

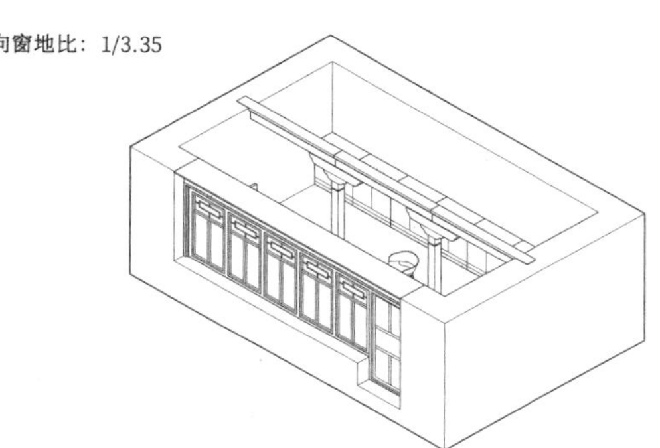

向窗地比：1/8.08
向窗地比：1/9.17

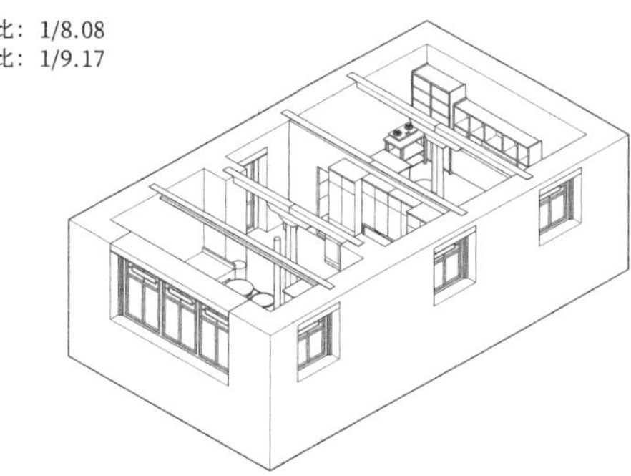

向窗地比：1/5.67
向窗为内窗

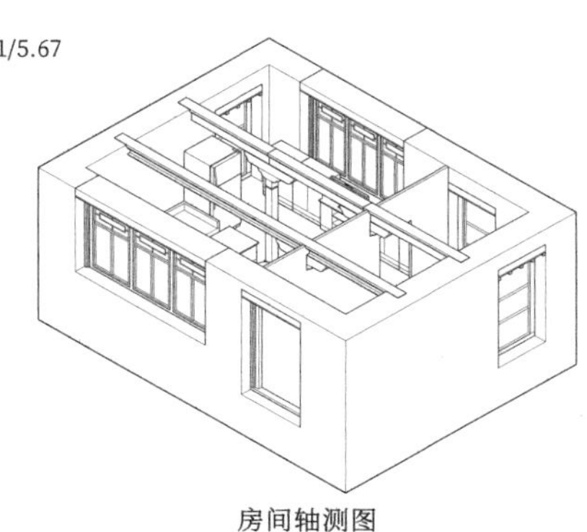

房间轴测图

室内照片

结构与材料

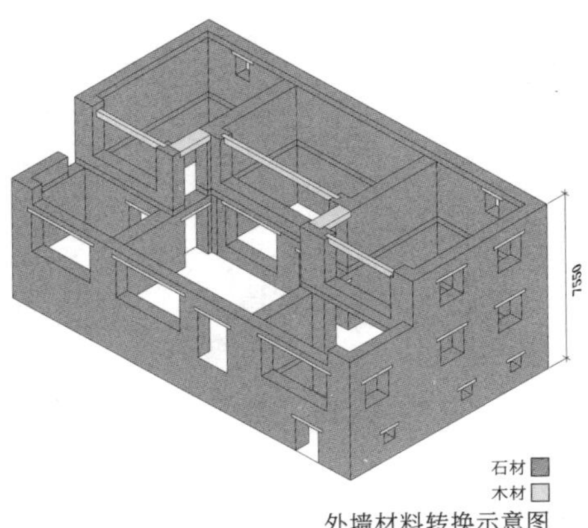

外墙材料转换示意图

主屋建筑材料信息表

外墙	1	柱子	4
内墙	1	梁	4、5
屋面	2、4	门	4、6、7
楼面	2、4、8	窗	4、6、7
地面	2、8	挑檐口	2、4、6

辅助用房建筑材料信息表

外墙	1、3	柱子	5
内墙	3	梁	5
屋面	2、4、5	门	4、6、7
地面	2、8	窗	4、6、7
		挑檐口	2、4、6

注：1-石材，2-土，3-土坯砖，4-木材，5-钢材，6-金属，7-玻璃，8-水泥砂浆

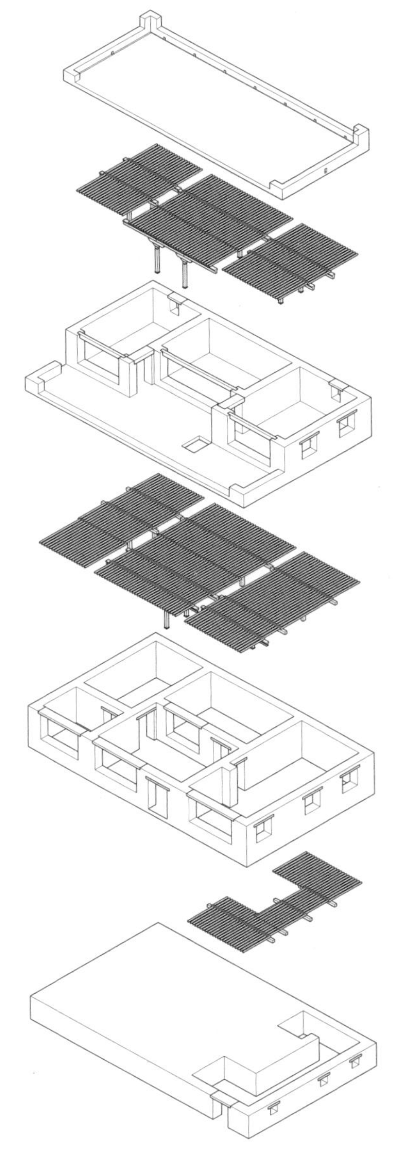
结构分析图

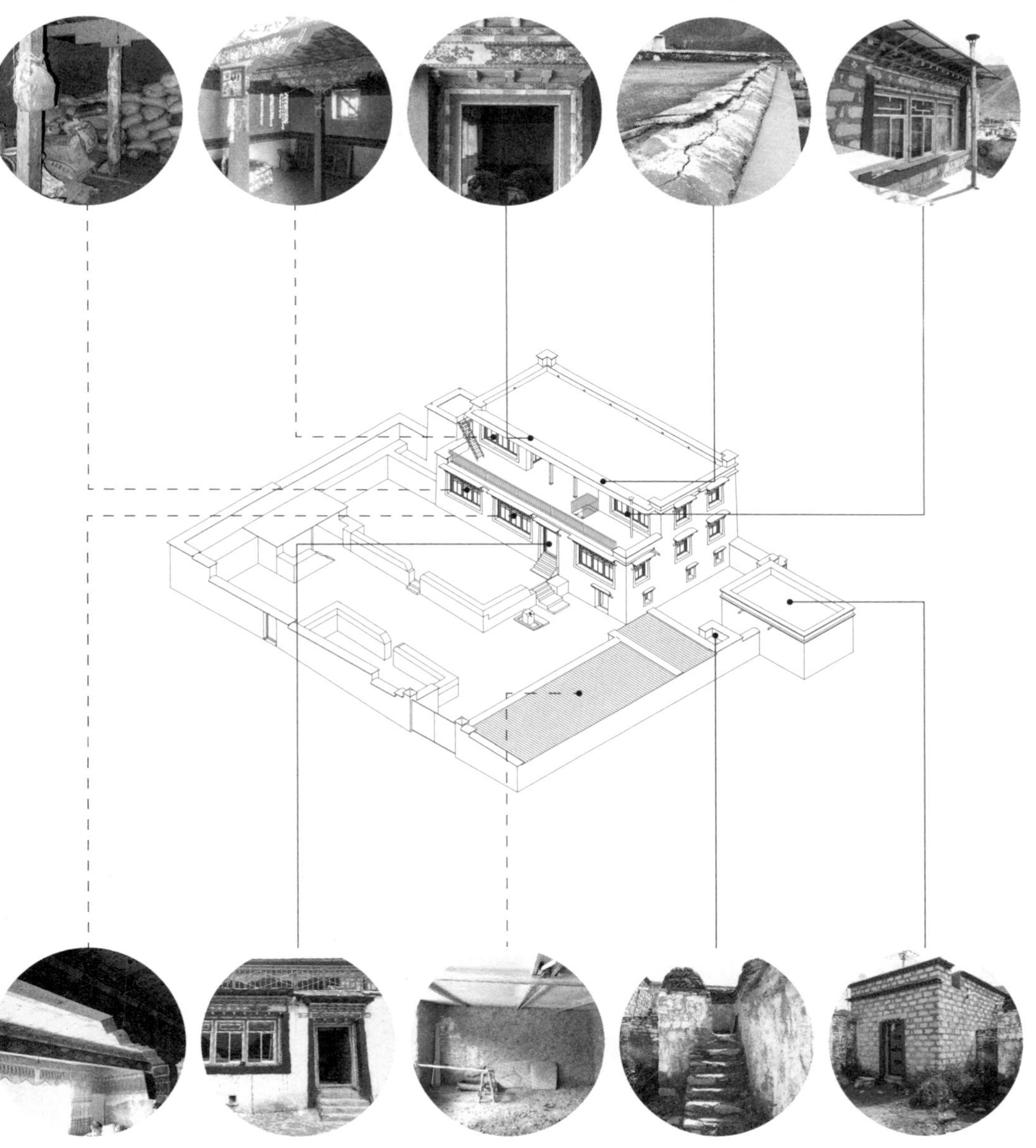

材料使用示意图

该时期典型门窗墙体详图

门窗详图

普布家

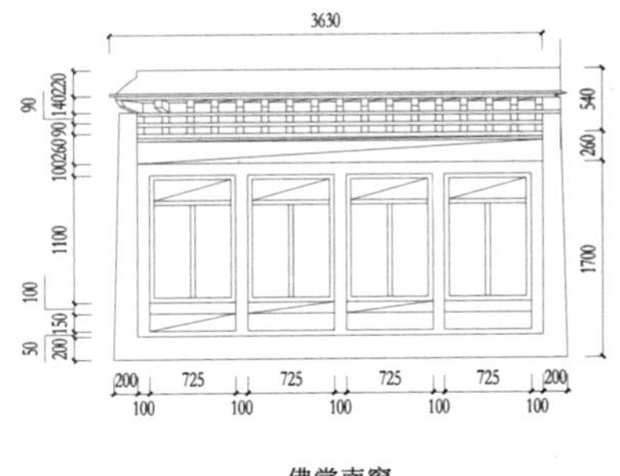

佛堂南窗

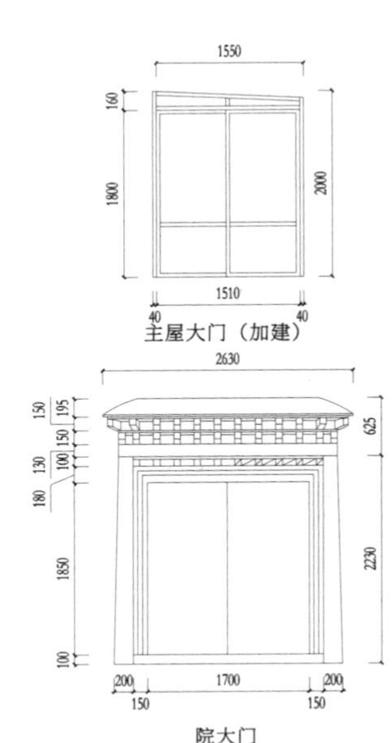

主屋大门（加建）

院大门

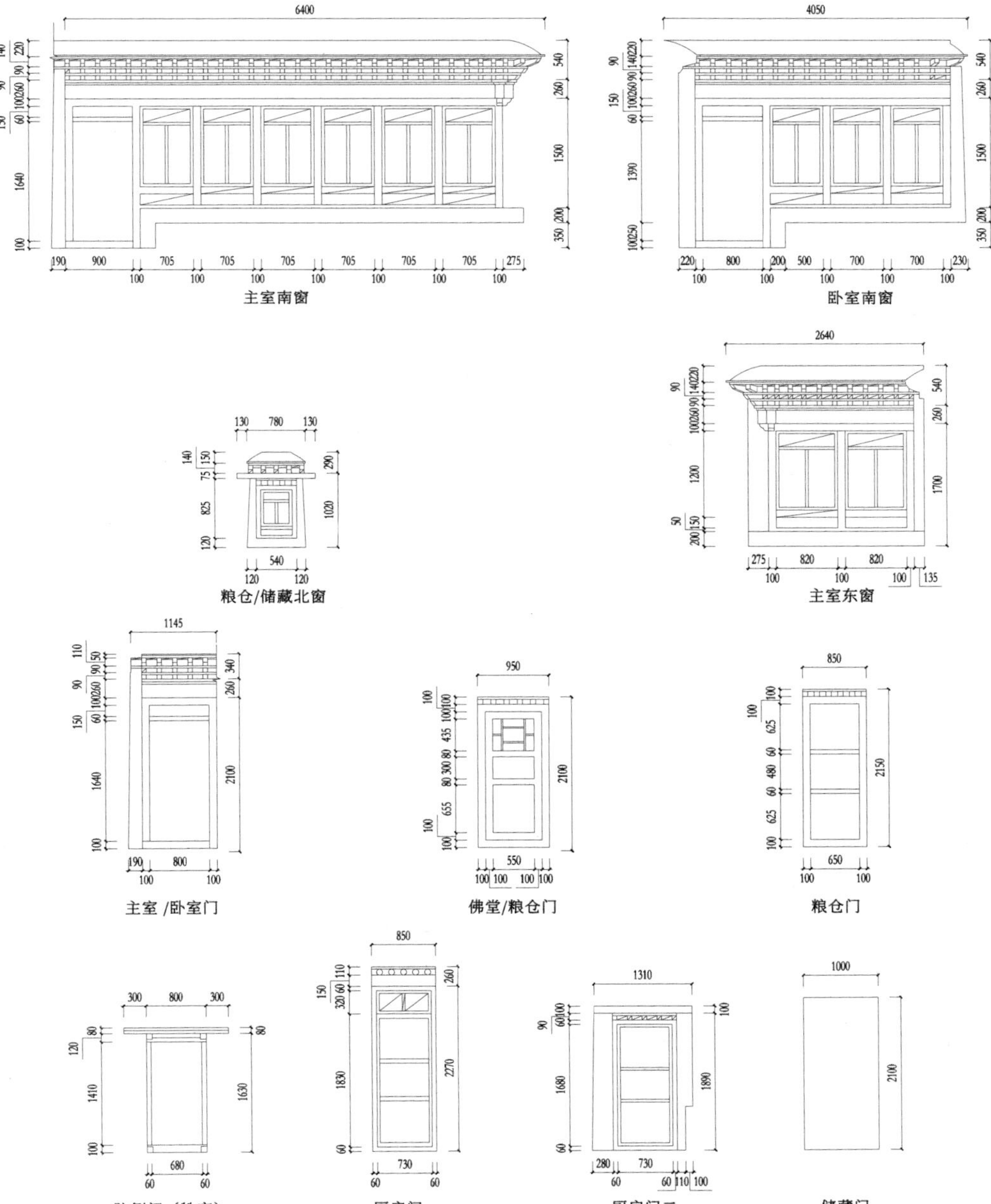
主室南窗
卧室南窗
粮仓/储藏北窗
主室东窗
主室 /卧室门
佛堂/粮仓门
粮仓门
院侧门（牲畜）
厨房门一
厨房门二
储藏门

门窗详图

果吉家

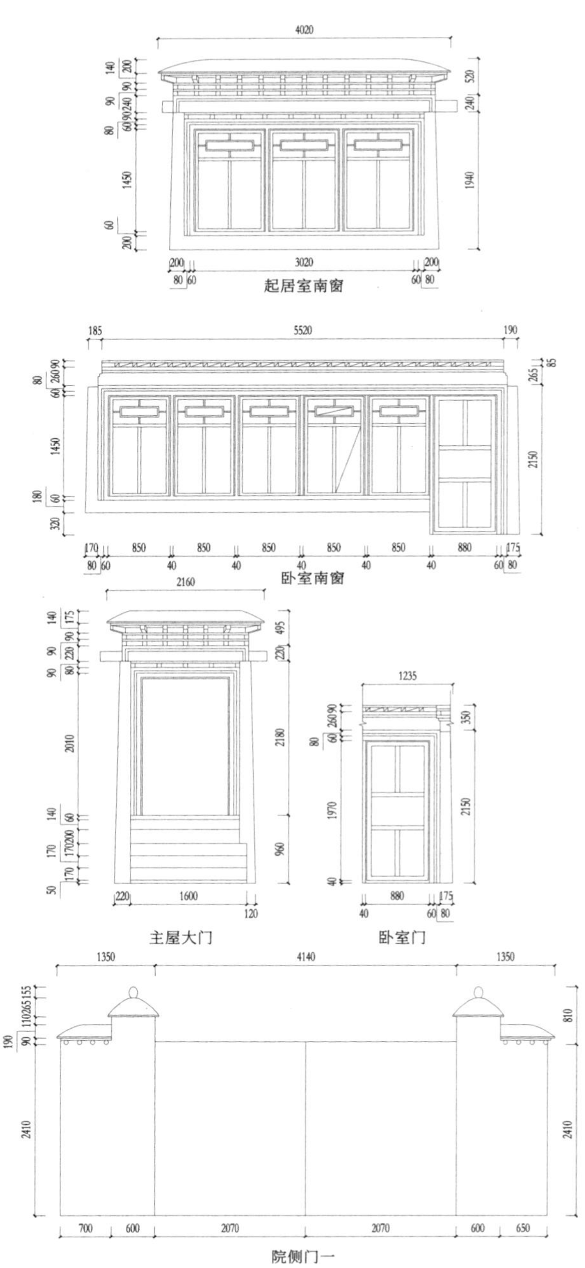

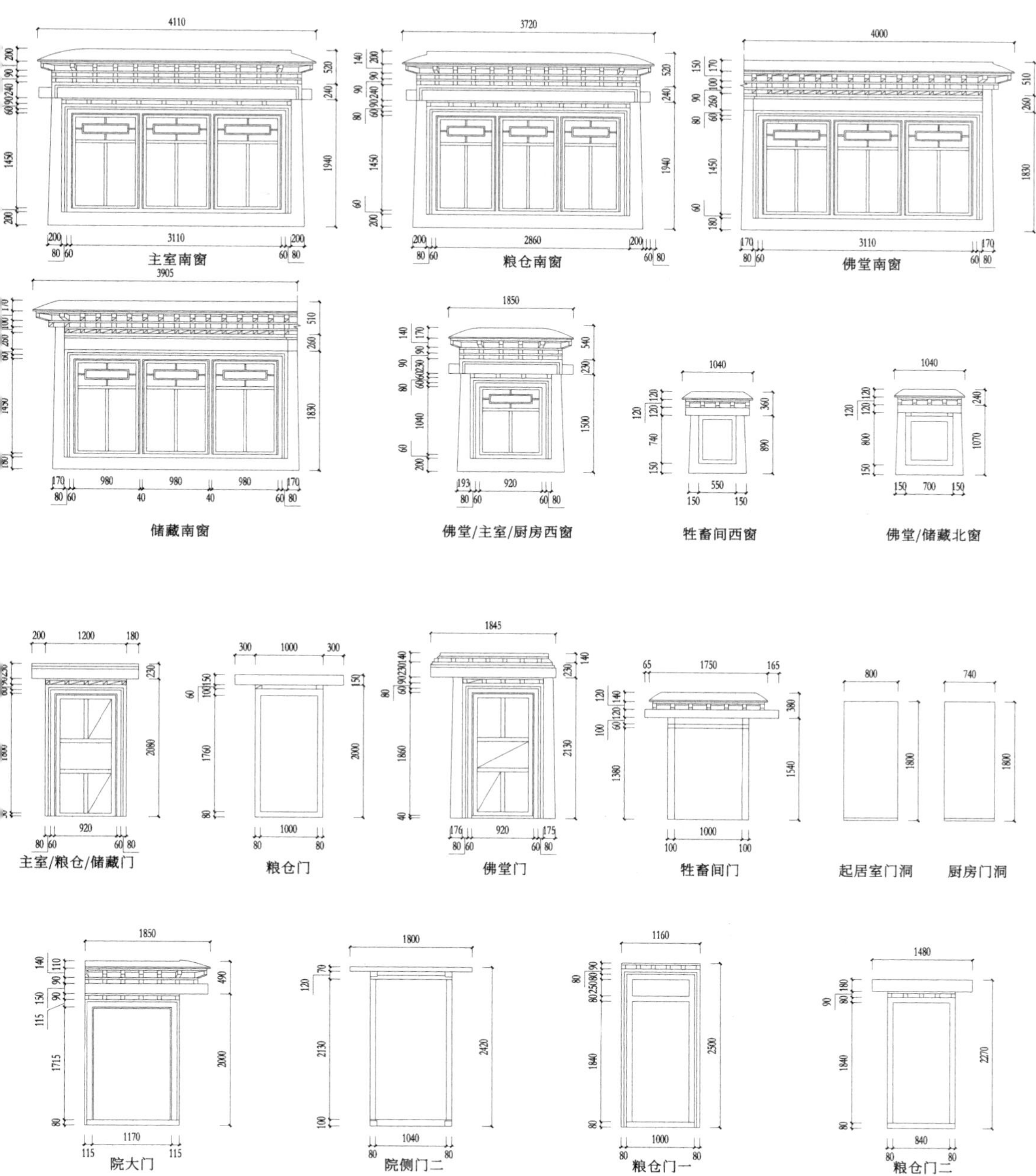
主室南窗
粮仓南窗
佛堂南窗
储藏南窗
佛堂/主室/厨房西窗
牲畜间西窗
佛堂/储藏北窗
主室/粮仓/储藏门
粮仓门
佛堂门
牲畜间门
起居室门洞
厨房门洞
院大门
院侧门二
粮仓门一
粮仓门二

墙体详图

普布家

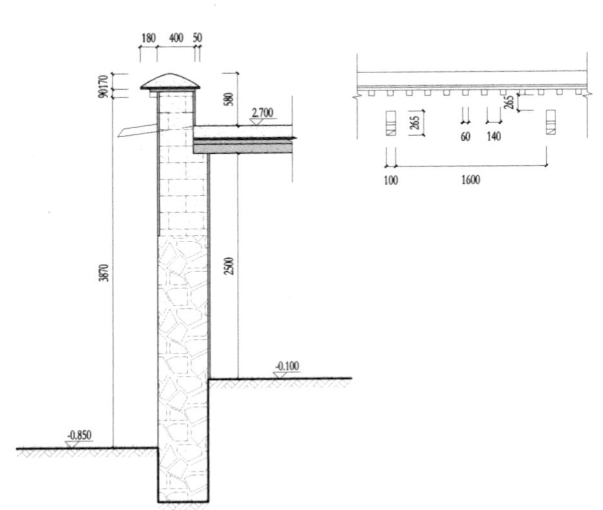

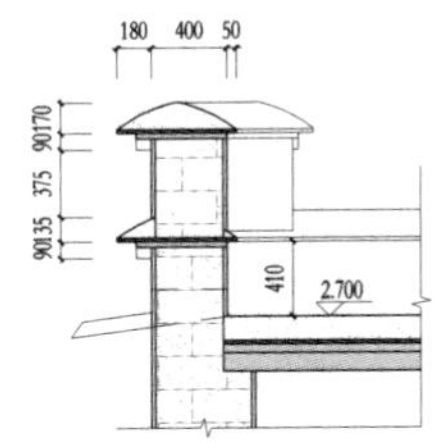

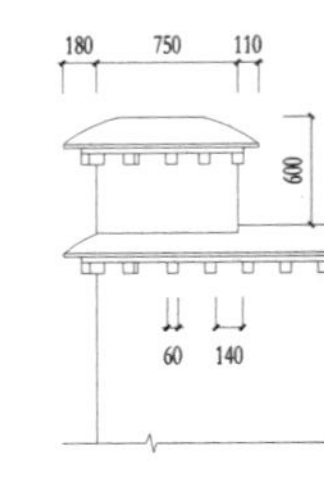

A 主屋外墙

B屋顶经幡垛

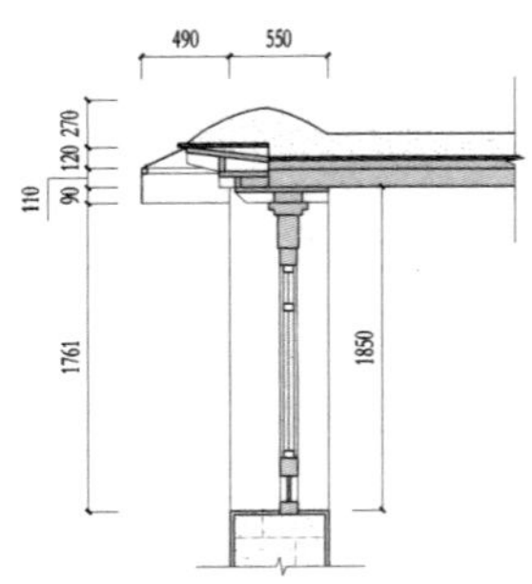

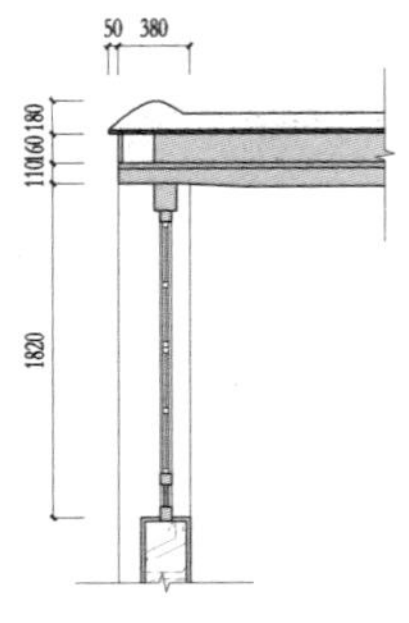

a主室/佛堂/卧室南窗

b厨房东窗一

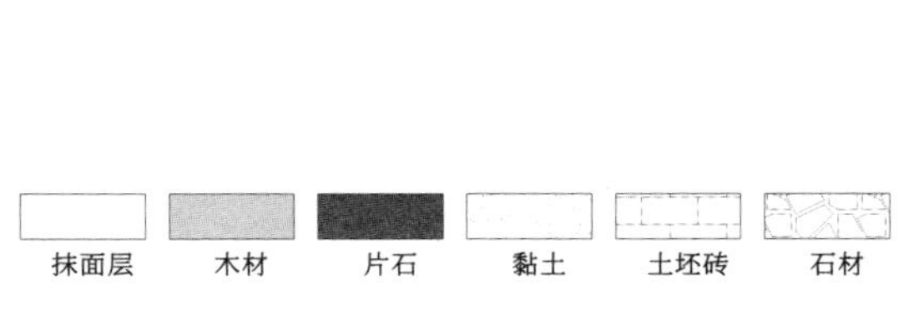

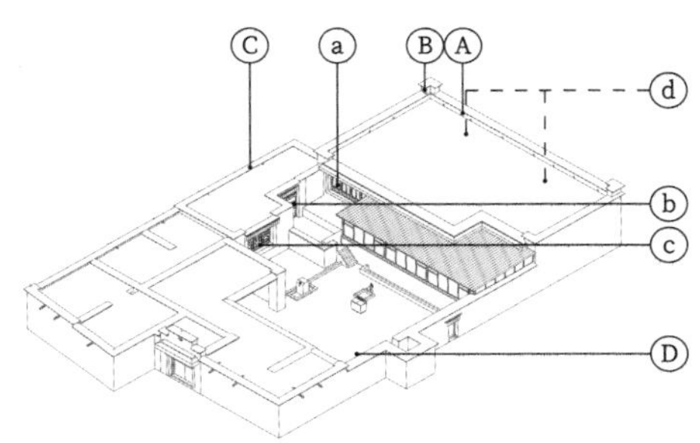

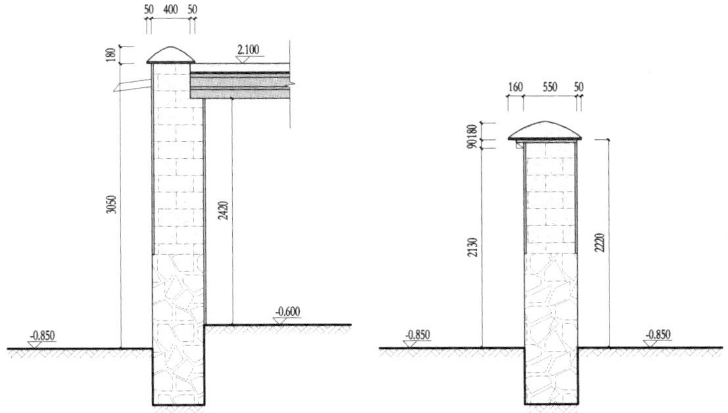

C院内厨房外墙

D院墙

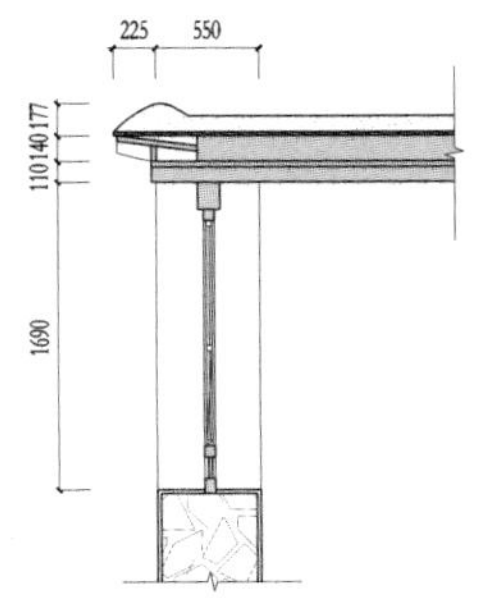

c厨房东窗二

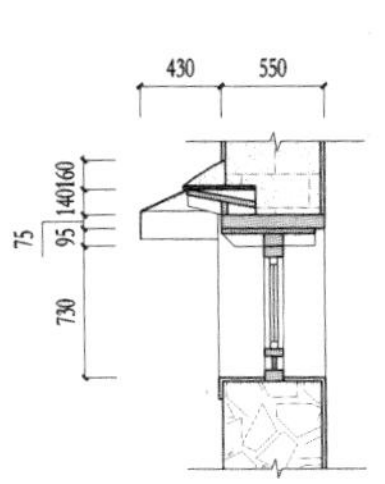

d粮仓北窗

墙体详图

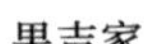

果吉家

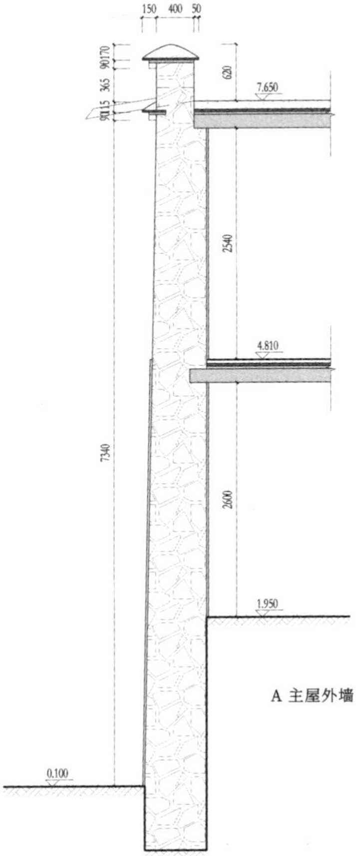

A 主屋外墙

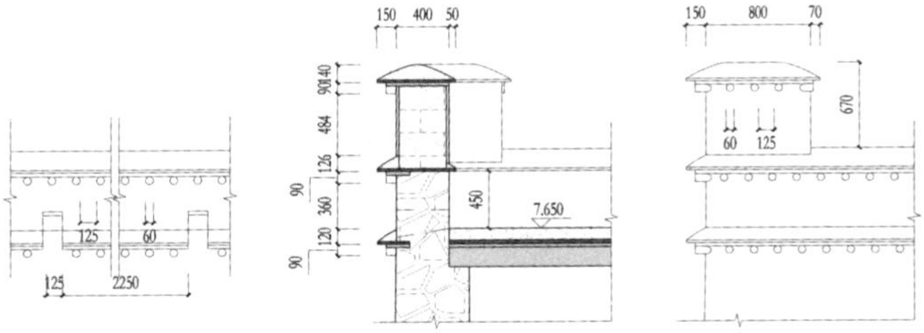

B屋顶经幡垛

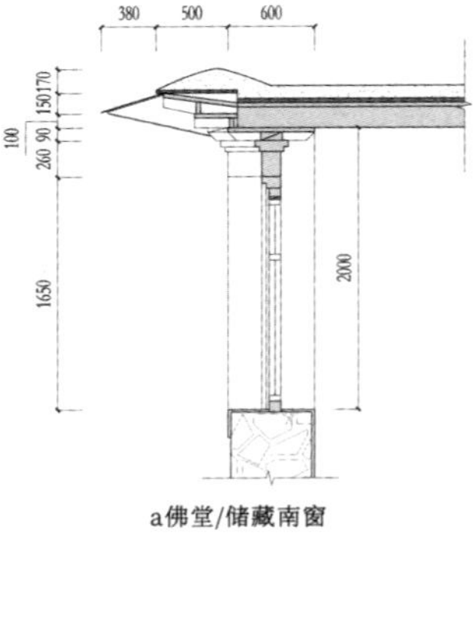

a佛堂/储藏南窗

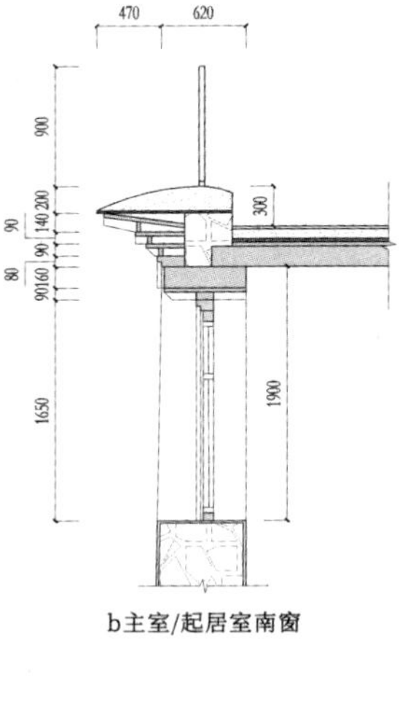

b主室/起居室南窗

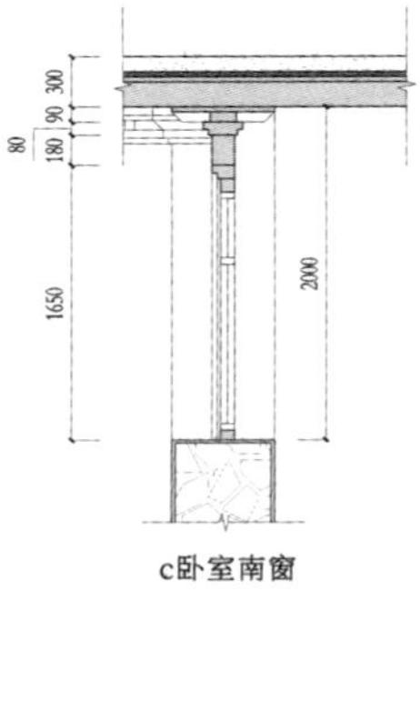

c卧室南窗

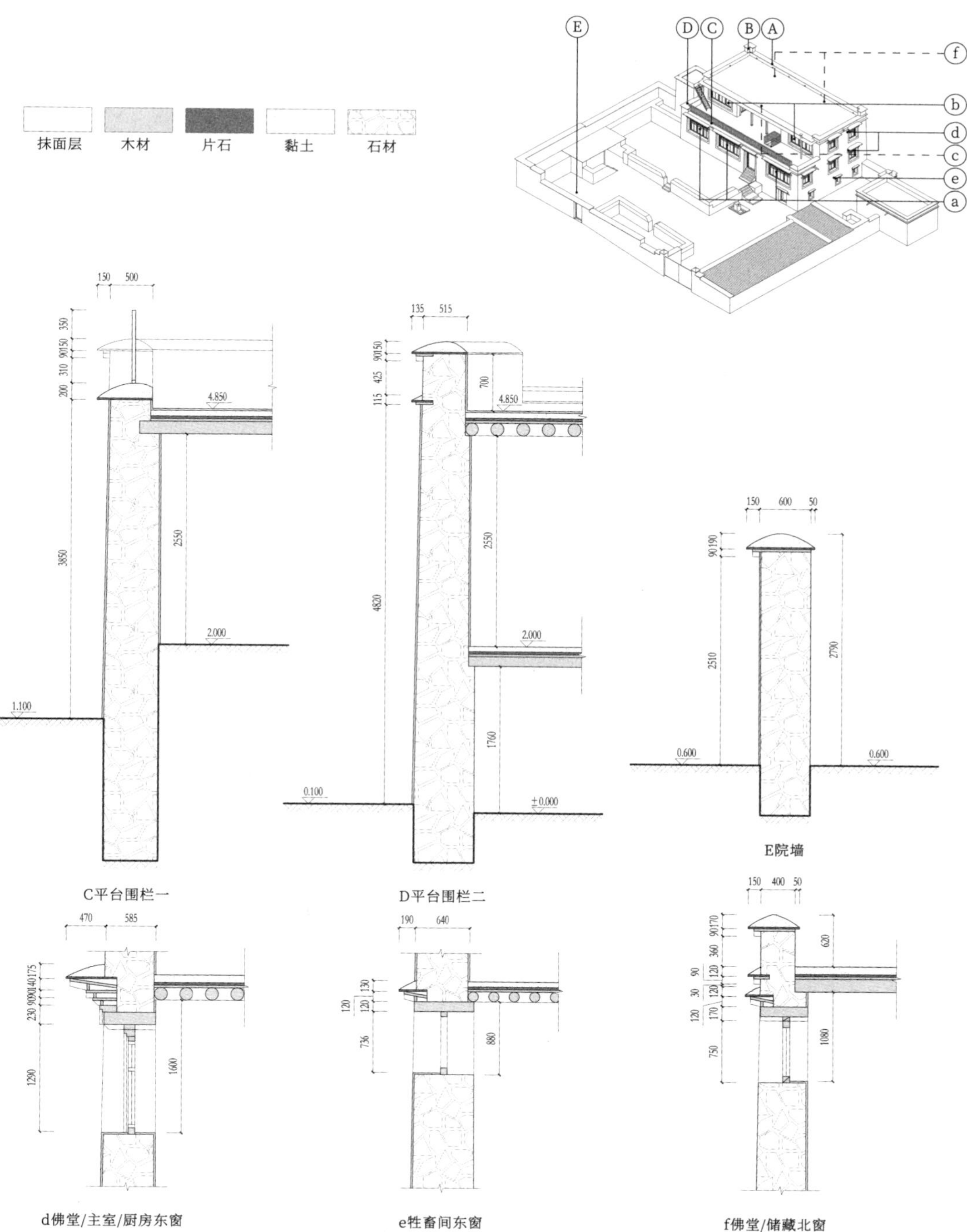
抹面层
木材
片石
黏土
石材
C平台围栏一
D平台围栏二
E院墙
d佛堂/主室/厨房东窗
e牲畜间东窗
f佛堂/储藏北窗

2002—2013年自建住屋

堆龙德庆区古荣村达瓦家（2002 年）

堆龙德庆区贾热村丹增白姆家（2008 年）

堆龙德庆区桑木村阿努家（2008 年）

堆龙德庆区古荣村拉措家（2008 年）

林周县江热夏乡联巴村尼珍家（2004 年）

墨竹工卡县邦那村曲扎家（2008 年）

达瓦家 2002年

堆龙德庆区古荣村

基本信息

用地面积（553.53m²）

主屋占地面积:	151.29m²
辅助用房占地面积:	195.9m²
院落占地面积:	206.29m²

主屋建筑面积（287.49m²）

主屋一层面积:	151.29m²
主屋二层面积:	136.20m²

49岁的达瓦一人常住家中，在主室里睡觉。平日从事农业生产，家中没有牲畜。上中学的儿子周末回家，睡在起居室。另外一儿一女在外工作，偶尔回家。对房屋进行翻修时得到了政府补贴。

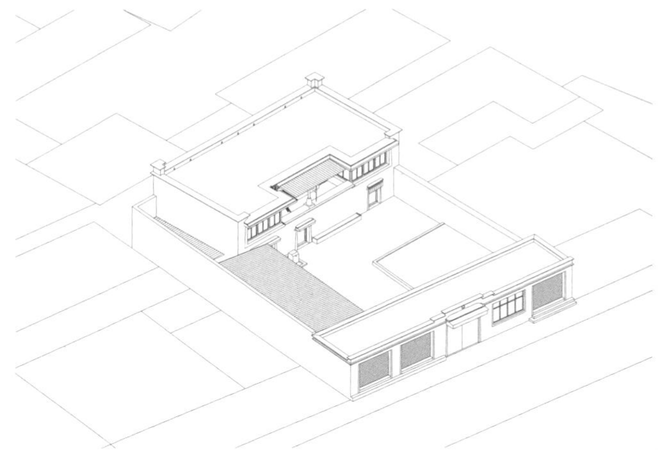

达瓦家轴测

村落总平面

达瓦家院内场景图

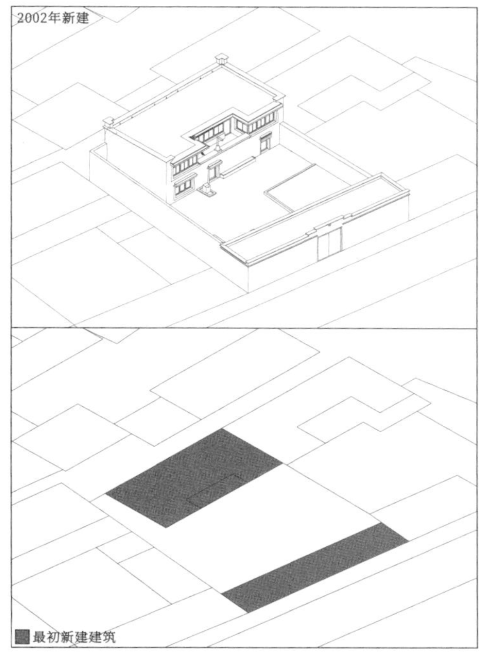

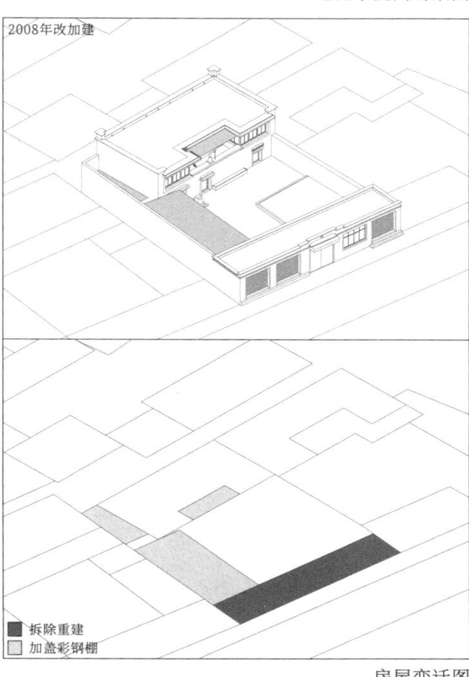

房屋变迁图

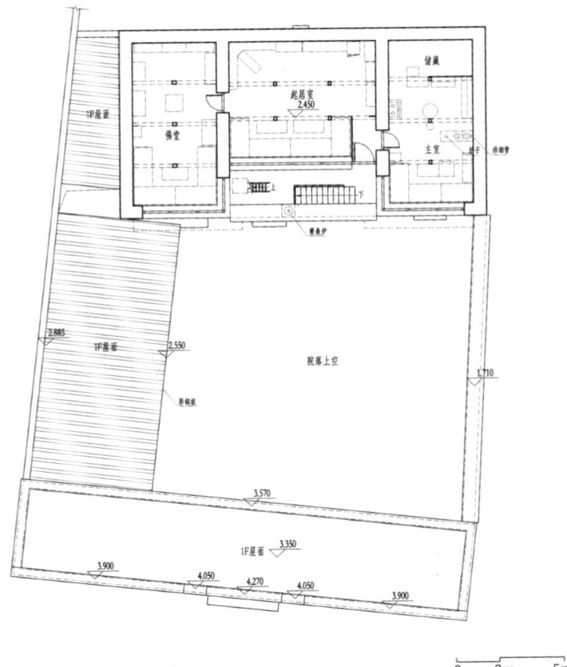

储藏
起居室
2.450
1F屋面
佛堂
主室
2.885
1F屋面
2.550
院落上空
1.710
3.570
1F屋面 3.350
3.900
4.050
4.270
4.050
3.900
0
2m
5m

二层平面图

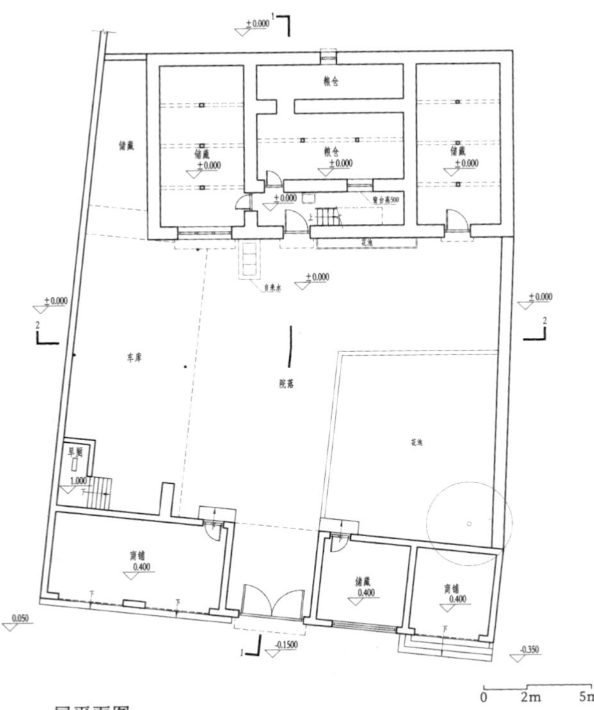

±0.000
储藏
粮仓
储藏
±0.000
粮仓
±0.000
储藏
±0.000
±0.000
±0.000
±0.000
±0.000
车库
院落
花池
旱厕
1.000
商铺
0.400
储藏
0.400
商铺
0.400
0.050
-0.1500
-0.350
0
2m
5m

一层平面图

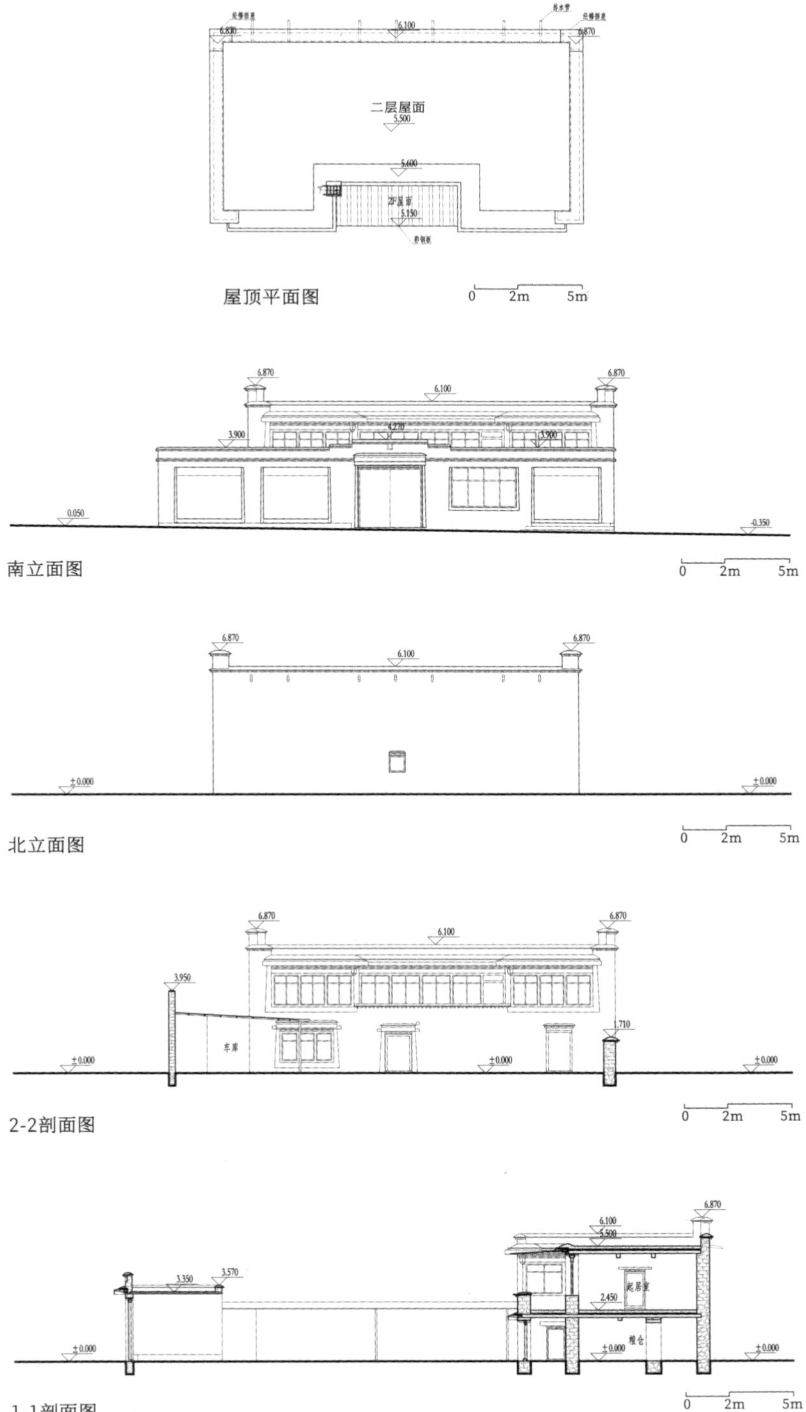

屋顶平面图

南立面图

北立面图

2-2剖面图

1-1剖面图

空间组织

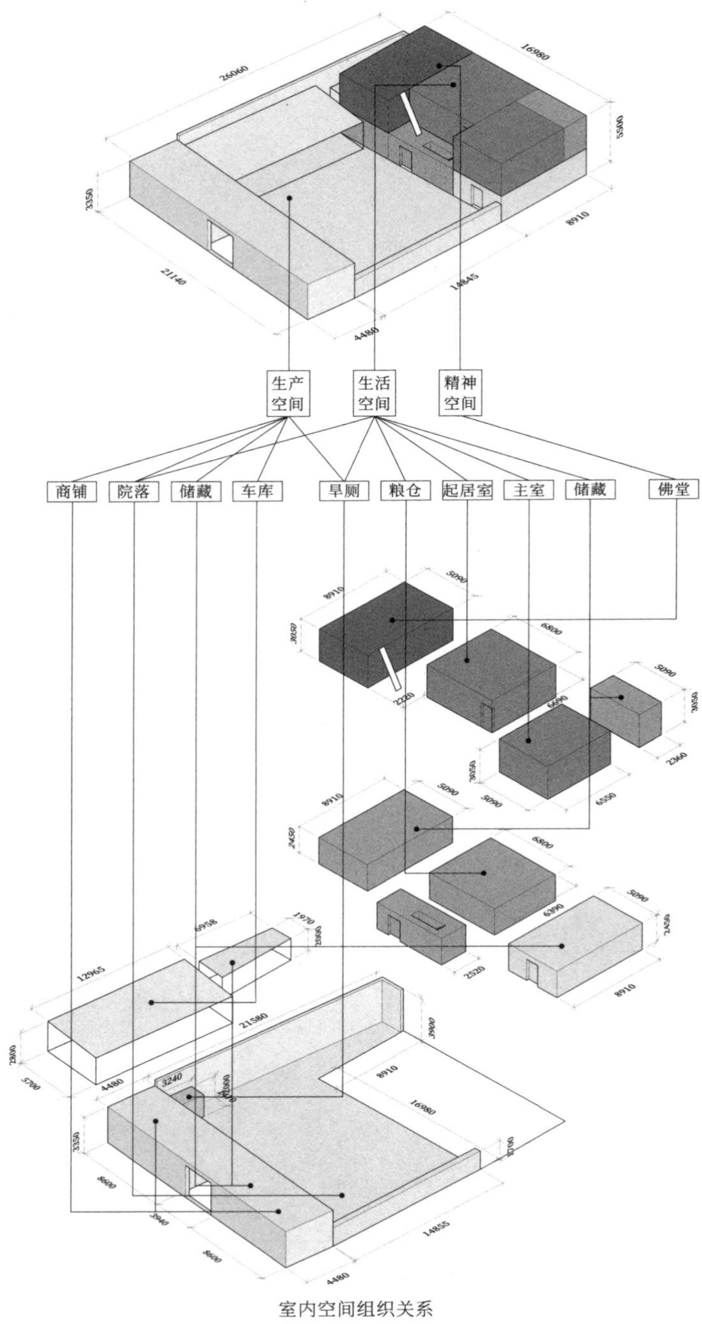

室内空间组织关系

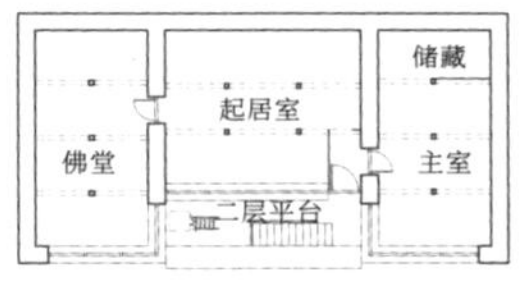

二层平面图

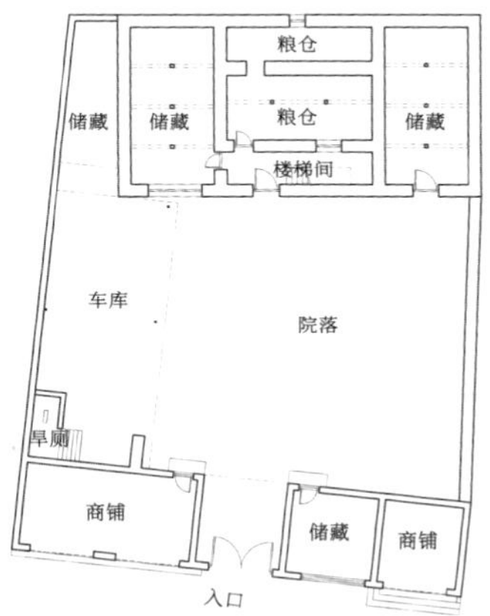

一层平面图

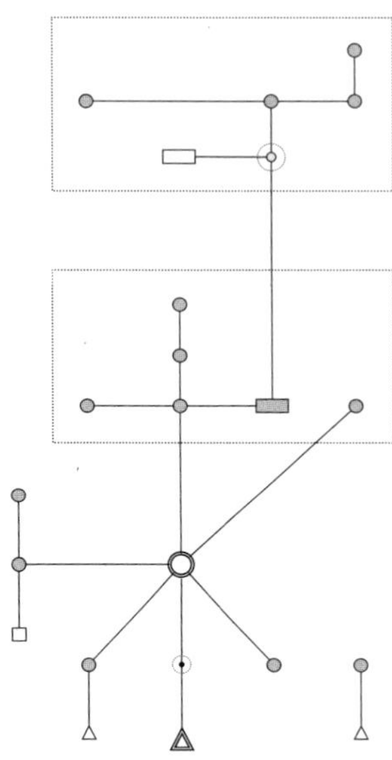

功能连接分析

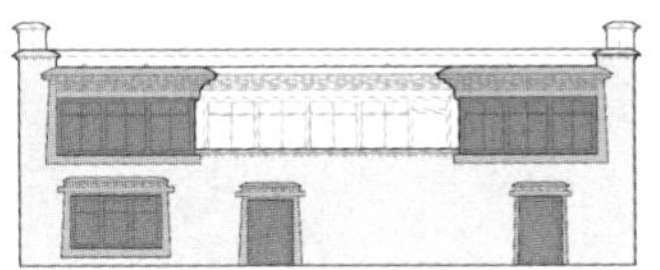

南立面窗墙比
含门窗套：0.46；不含门窗套：0.26

东立面窗墙比
含门窗套：0；不含门窗套：0

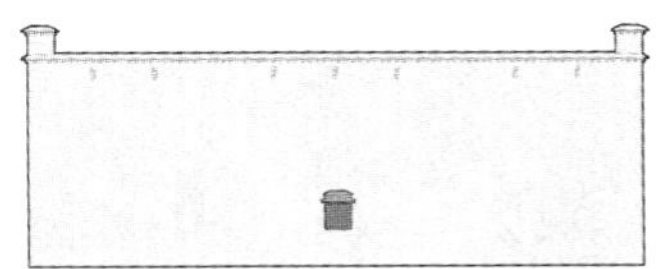

北立面窗墙比
含门窗套：0.01；不含门窗套：0.01

西立面窗墙比
含门窗套：0；不含门窗套：0

洞口分析

生活场景图

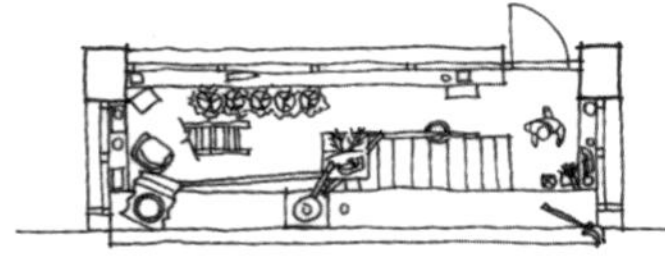

二层平台使用面积：11.30m²

二层平台生活平面图

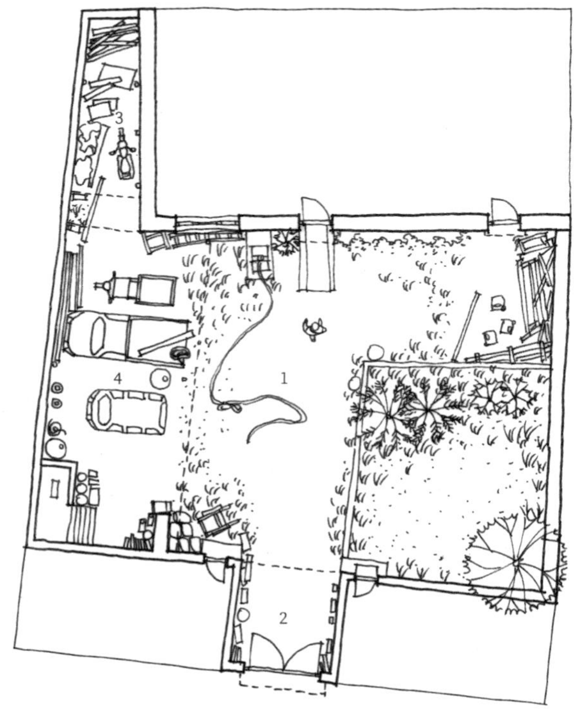

1.一层院落使用面积：192.65m²
2.院落入口灰空间面积：16.29m²
3.储藏使用面积：20.57m²
4.车库使用面积：68.87m²

一层院落生活平面图

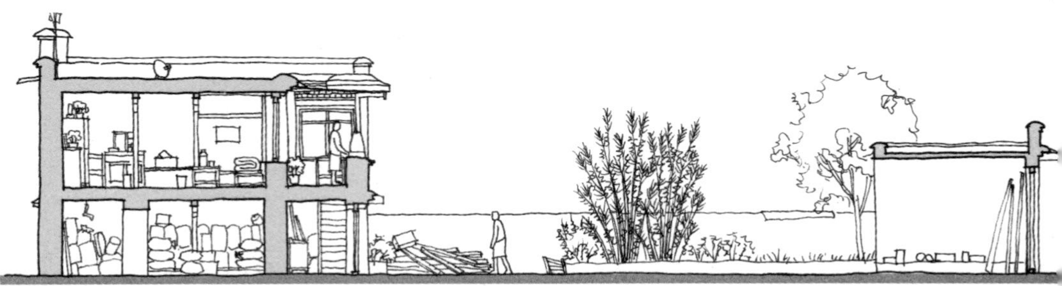

生活场景剖面图

屋顶平台使用面积：111.70m^2

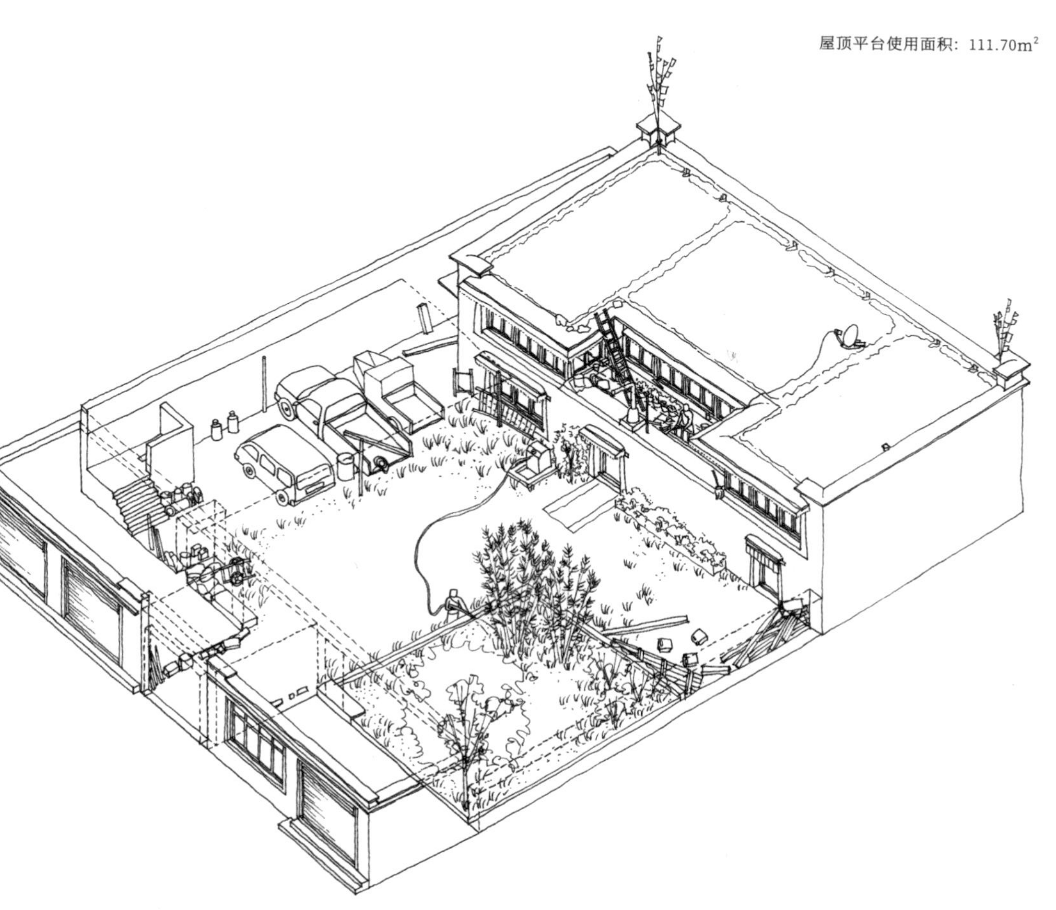

院落场景图

室内生活场景

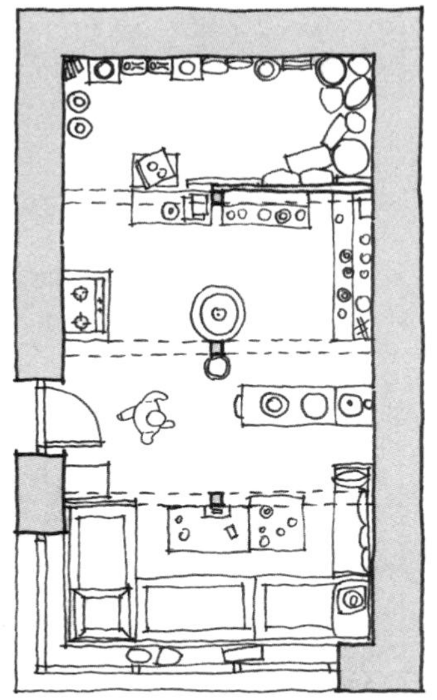

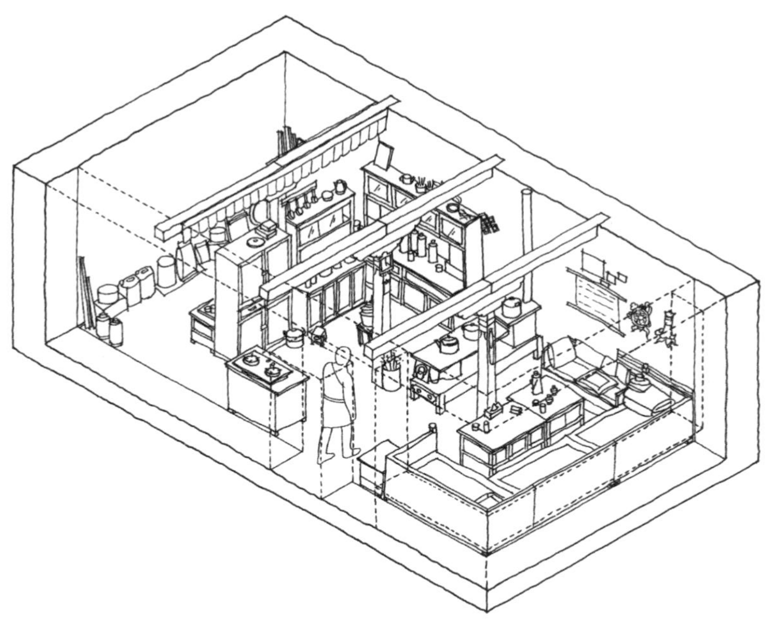

主室场景图

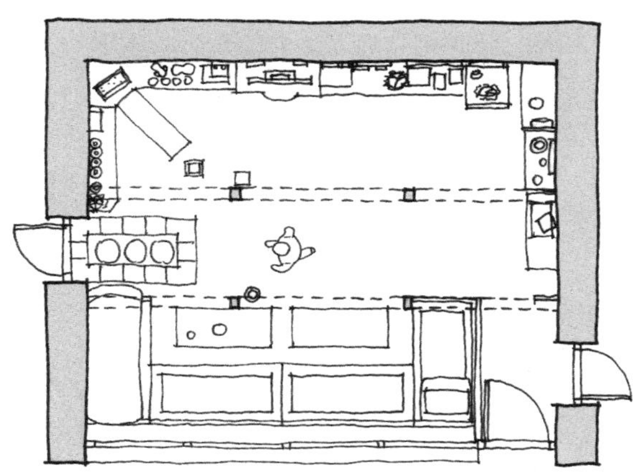

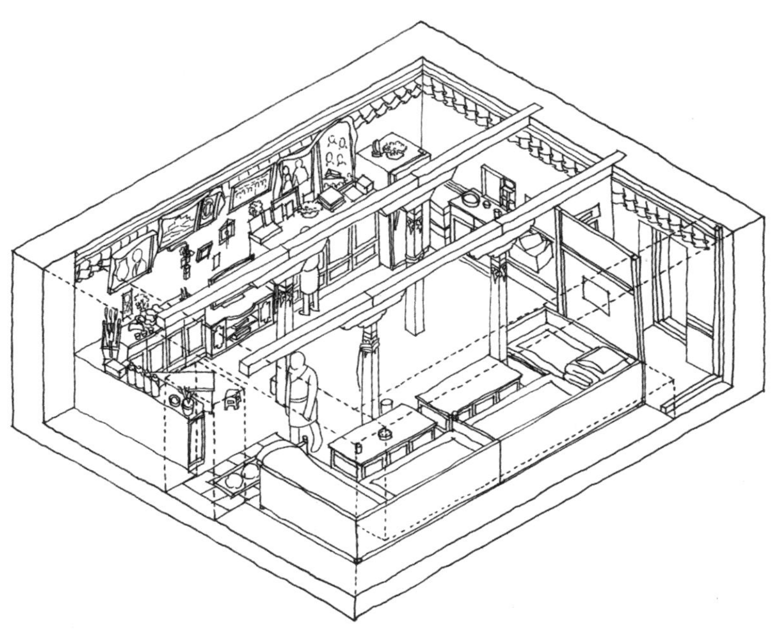

起居室场景图

主要生活空间

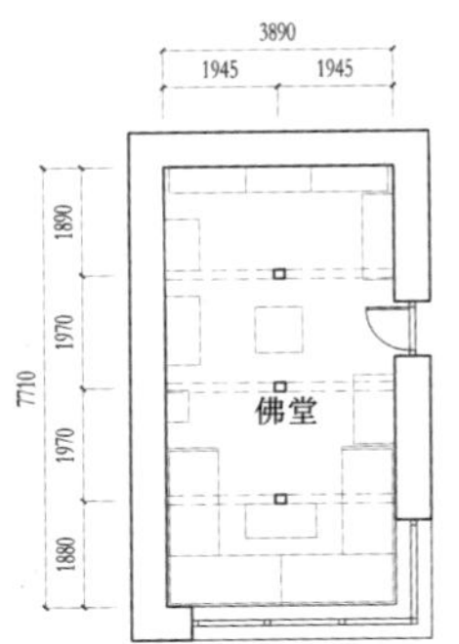

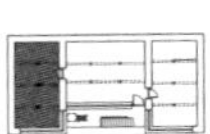

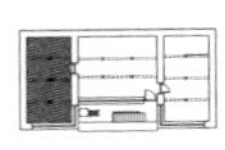

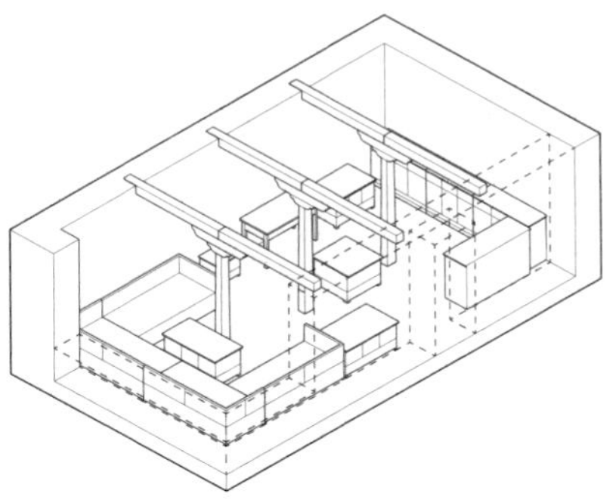

使用面积S=30.00m^2 层高H=3.05m
净高h=2.50m

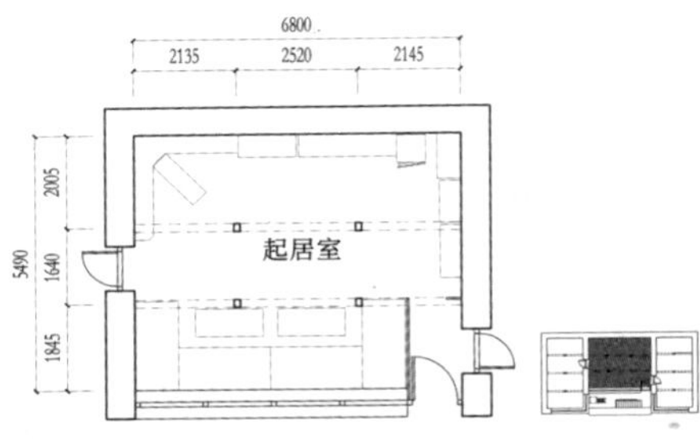

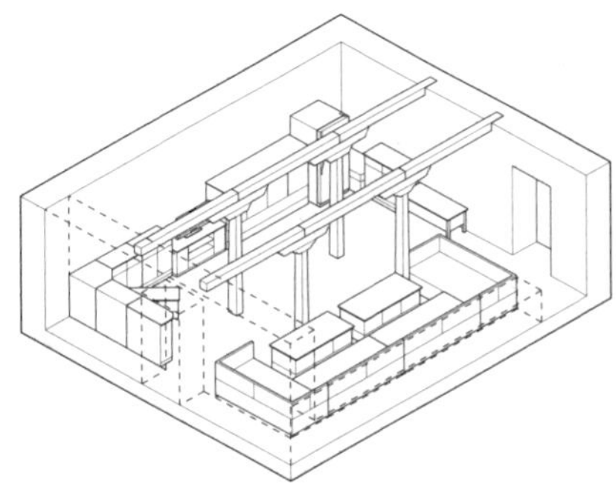

使用面积S=37.33m^2 层高H=3.05m
净高h=2.50m

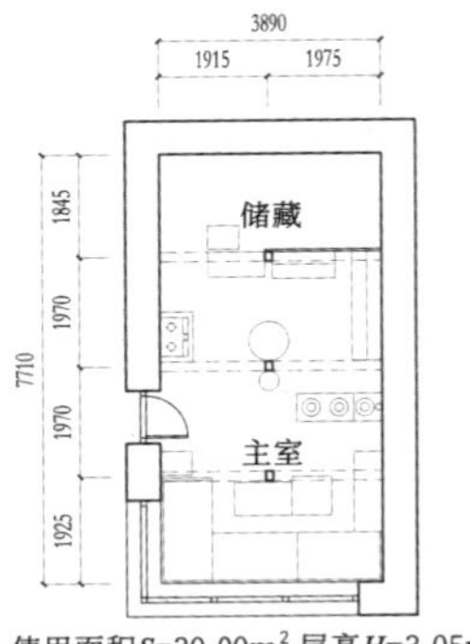

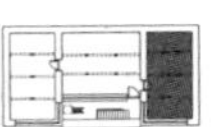

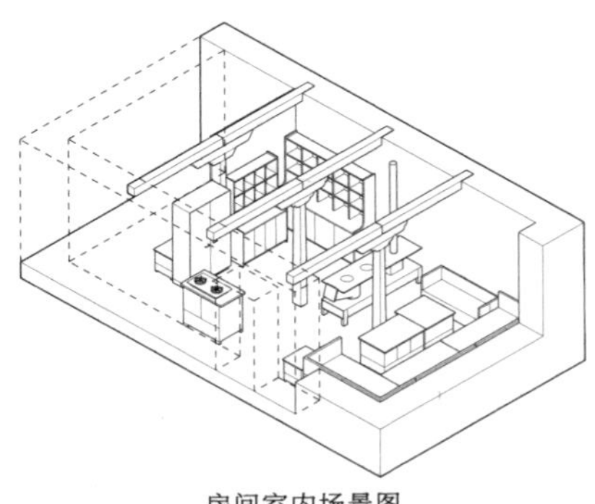

使用面积S=30.00m^2 层高H=3.05m
净高h=2.50m

房间平面图

房间室内场景图

向窗地比：1/4.92
向窗地比：1/10.13

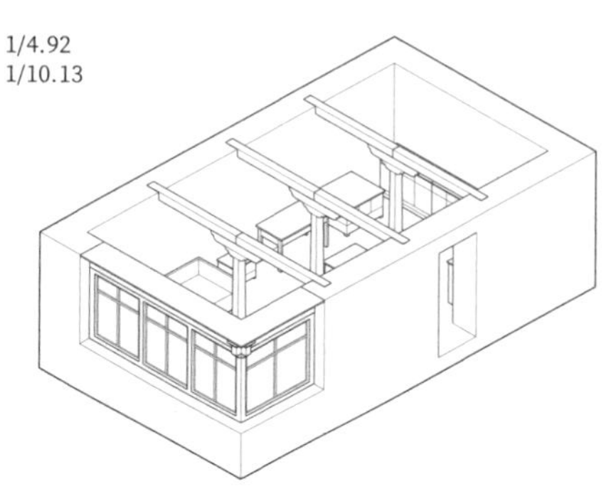

向窗地比：1/4.12

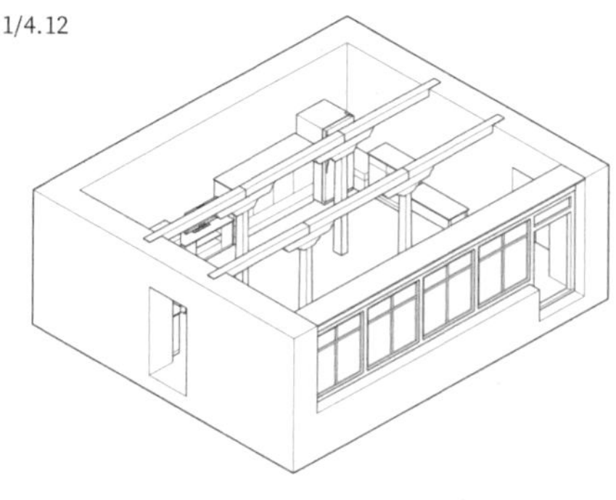

向窗地比：1/4.92
向窗地比：1/10.13

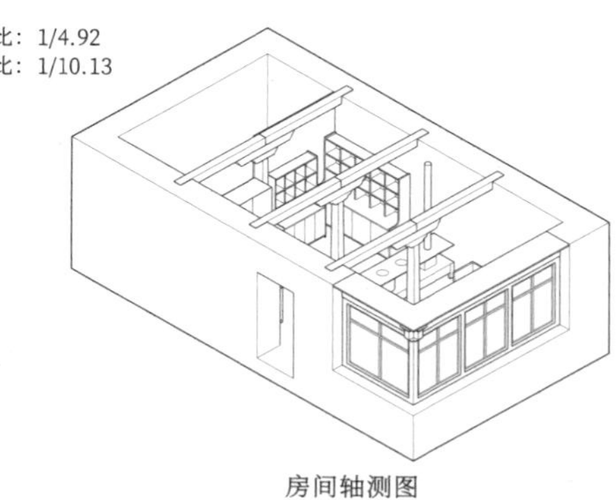

房间轴测图

室内照片

结构与材料

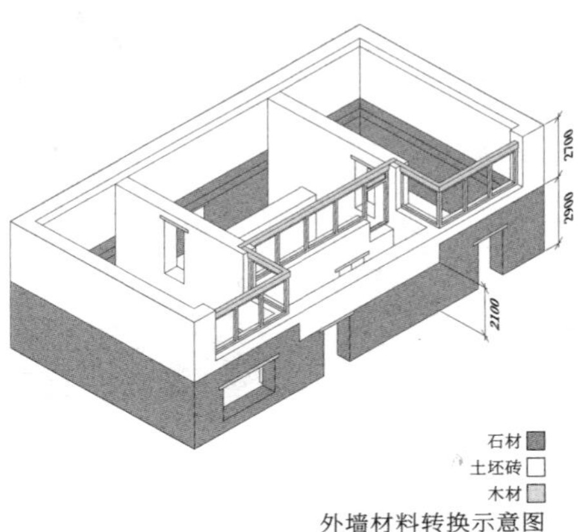

外墙材料转换示意图

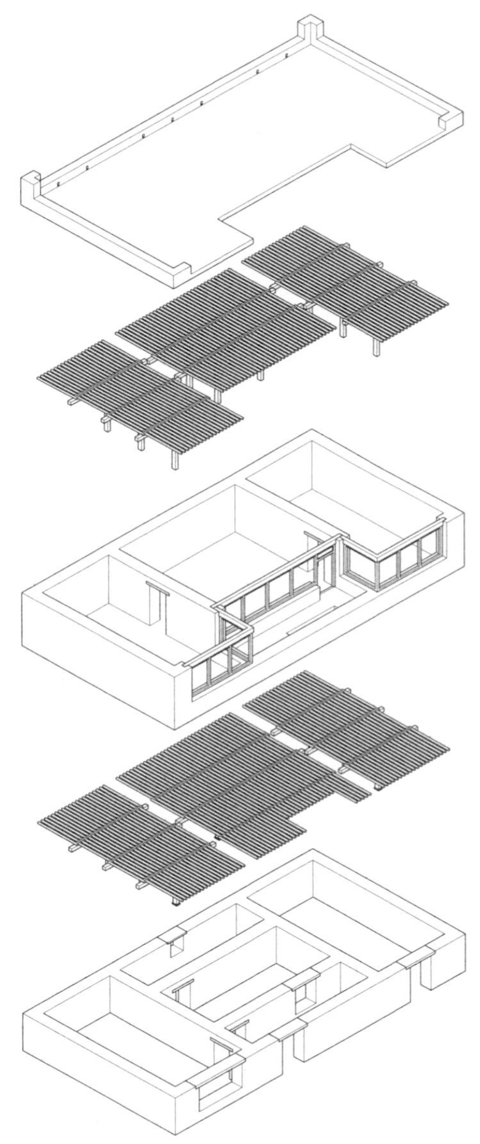
结构分析图

主屋建筑材料信息表

外墙	1、3	柱子	5
内墙	3	梁	5
屋面	2、5	门	5、7、8
楼面	2、5、6	窗	5、7、8
地面	2、5	挑檐口	2、5、7

辅助用房建筑材料信息表

外墙	1、3	柱子	6
内墙	1	梁	6
屋面	2、4	门	5、7、8
地面	9、10	窗	5、7、8
		挑檐口	5、7、11

注： 1–石材，2–土，3–土坯砖，4–钢筋混凝土，5–木材，6–钢材，7–金属，8–玻璃，9–水泥砂浆，10–混凝土，11–瓦

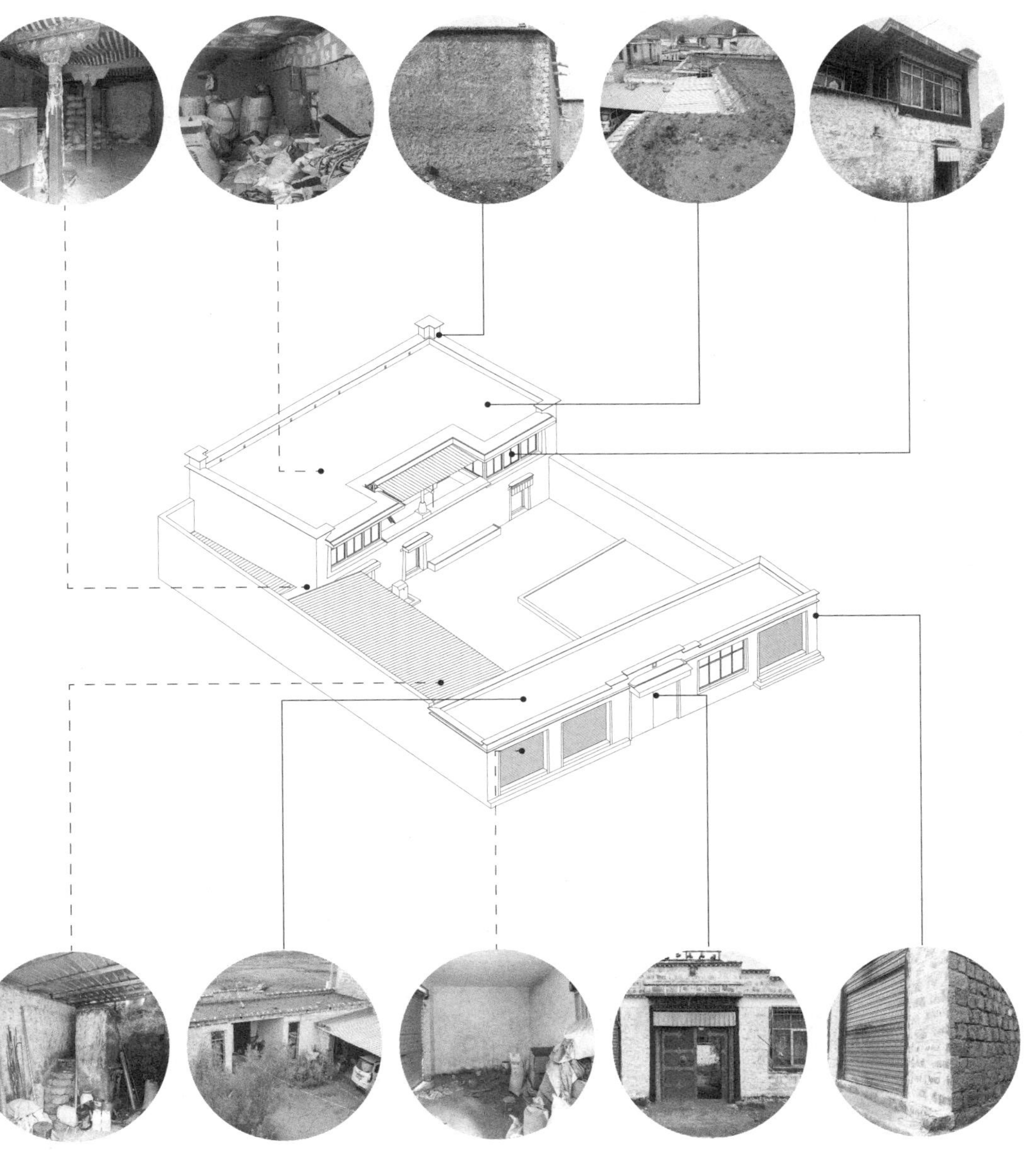

材料使用示意图

丹增白姆家　2008年

堆龙德庆区贾热村

基本信息

用地面积（577.65m²）

主屋占地面积：	235.30m²
辅助用房占地面积：	125.54m²
院落占地面积：	216.81m²

主屋建筑面积（230.55m²）

主屋一层面积：	230.55m²

57岁的丹增白姆与儿子、父亲还有小外孙在家常住，从事农牧生产活动。丹增白姆与小外孙晚上在主室睡觉，其父亲和儿子都有独立的卧室。其女儿在外地工作，偶尔回来在东侧卧室睡觉。新建房屋时有政府补贴。

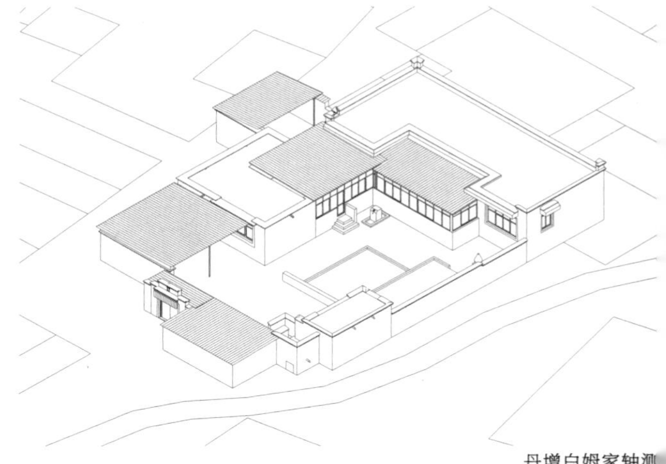

丹增白姆家轴测

村落总平面

丹增白姆家院内场景图

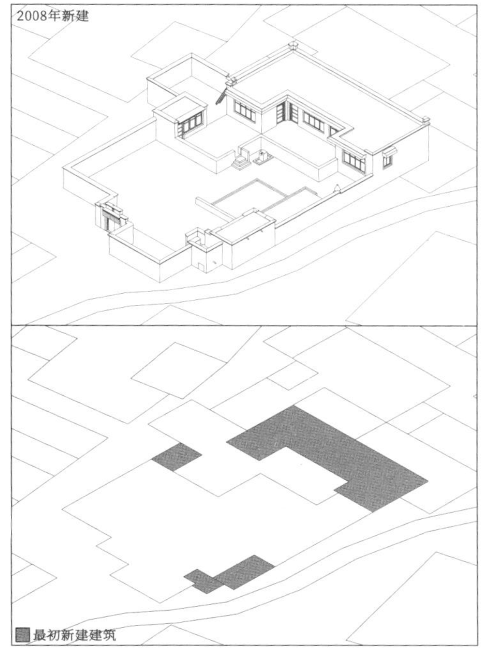

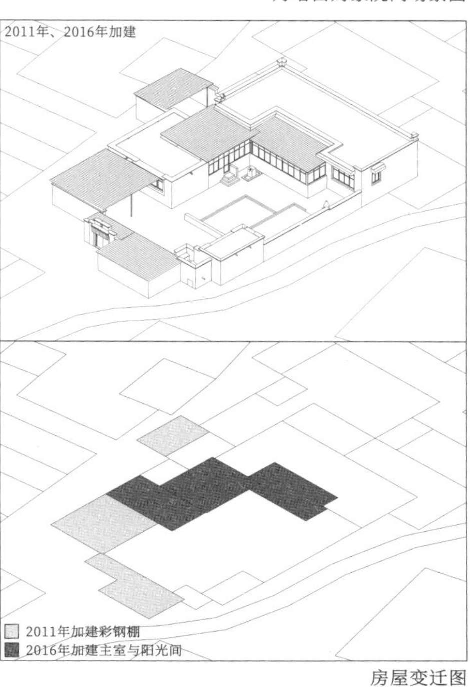

房屋变迁图

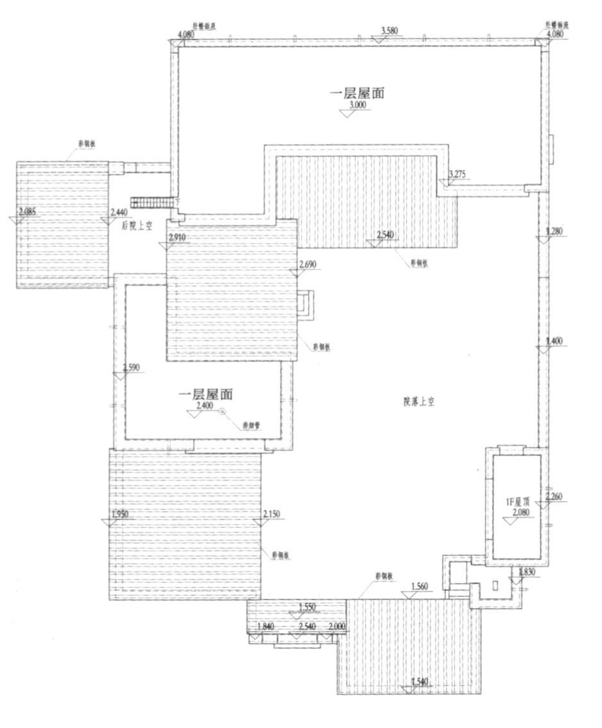

屋顶平面图

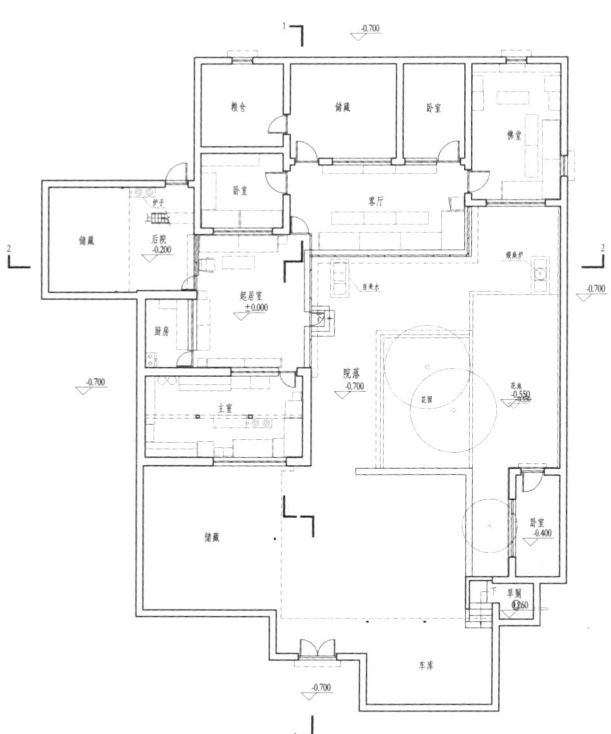

一层平面图

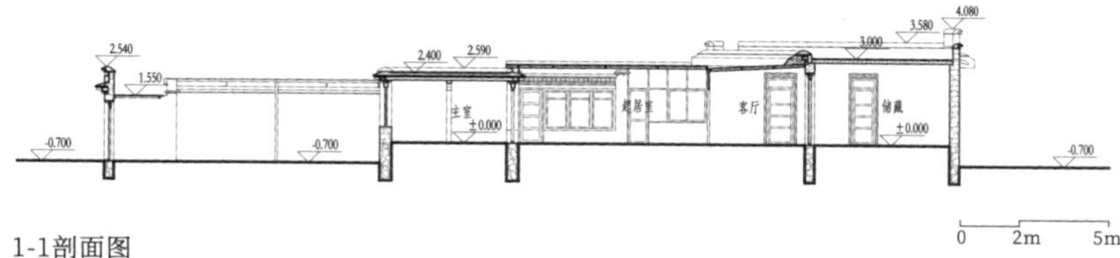

1-1剖面图

0 2m 5m

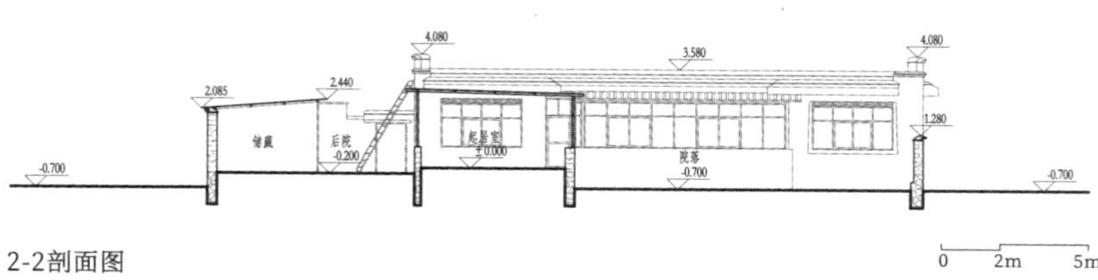

2-2剖面图

0 2m 5m

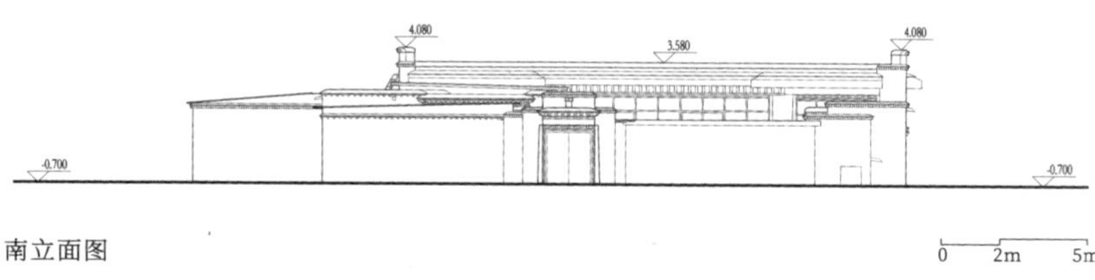

南立面图

0 2m 5m

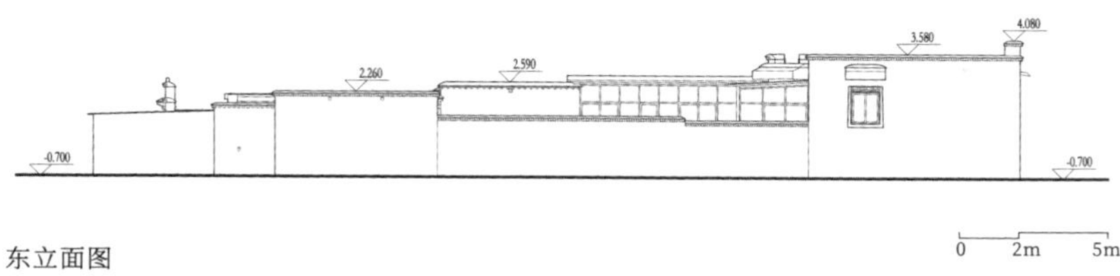

东立面图

0 2m 5m

空间组织

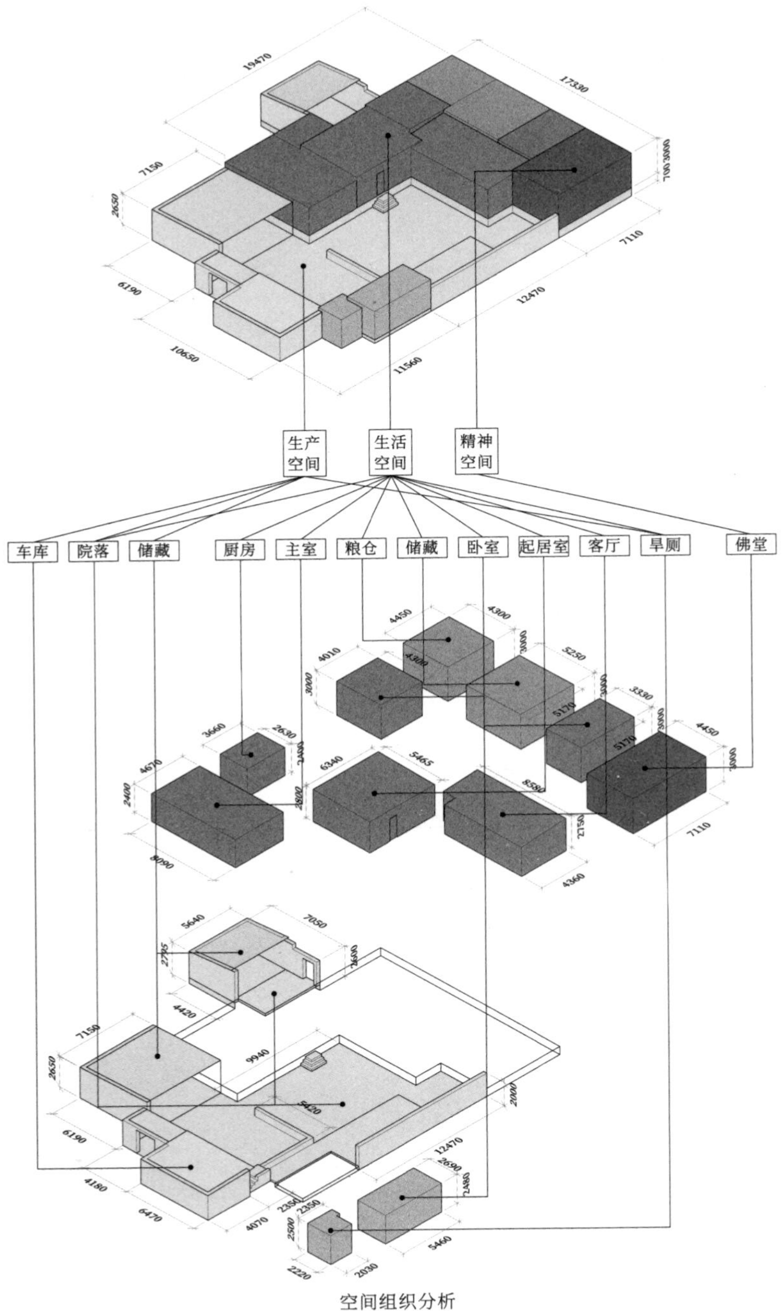

19470
17330
7150
2650
700 3000
7110
6190
12470
10650
11560
生产空间
生活空间
精神空间
车库
院落
储藏
厨房
主室
粮仓
储藏
卧室
起居室
客厅
旱厕
佛堂
4450
4300
3000
4300
4010
5250
3000
3330
5170
3660
2630
4670
2400
6340
5465
2400
3800
8580
5170
4450
2750
8090
4360
7110
5640
7050
2705
2600
4420
7150
9940
2650
5420
2000
6190
12470
2690
2480
4180
6470
4070
2350
2350
2500
5460
2220
2030

空间组织分析

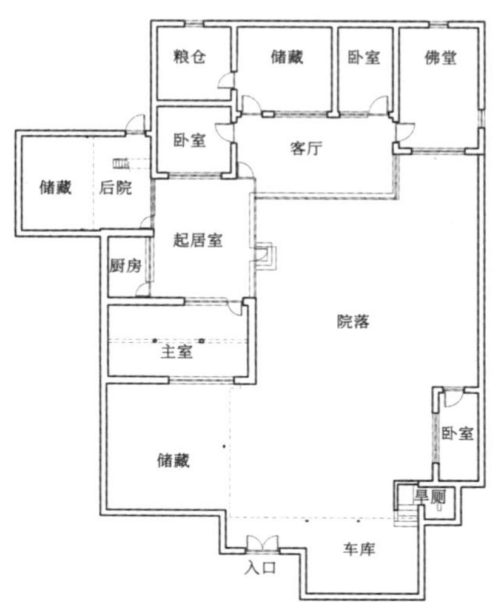

一层平面图

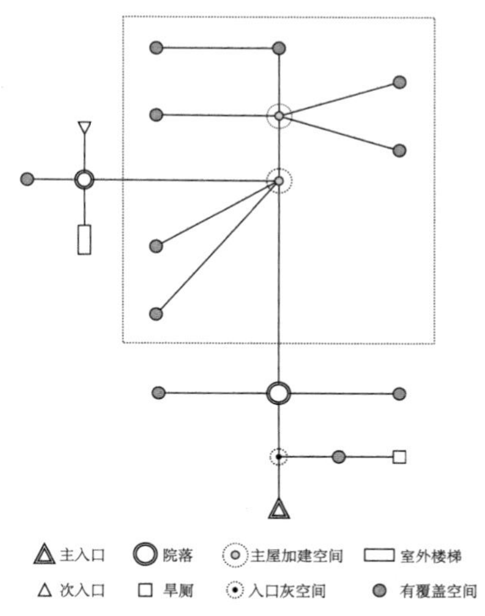

功能连接分析

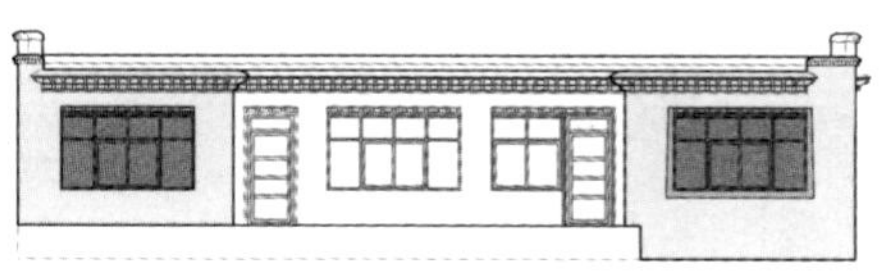

南立面窗墙比
含门窗套：0.55；不含门窗套：0.31

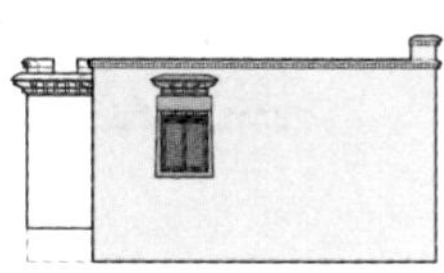

东立面窗墙比
含门窗套：0.08；不含门窗套：0.04

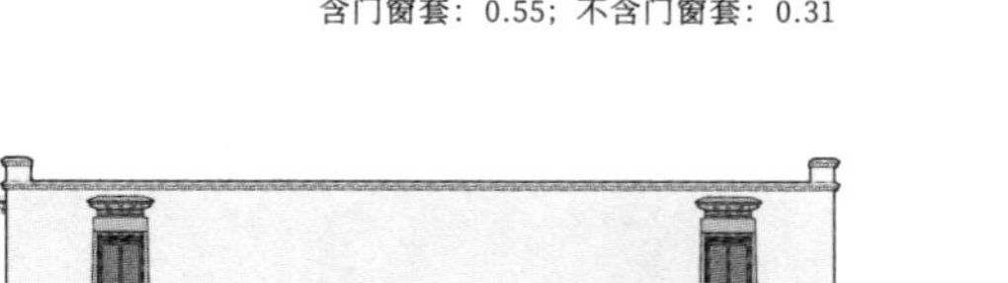

北立面窗墙比
含门窗套：0.07；不含门窗套：0.03

西立面窗墙比
含门窗套：0；不含门窗套：0

洞口分析

院落生活场景

1.一层院落使用面积：184.55m²
2.院落入口灰空间面积：7.02m²
3.储藏使用面积：60.98m²
4.车库使用面积：23.39m²

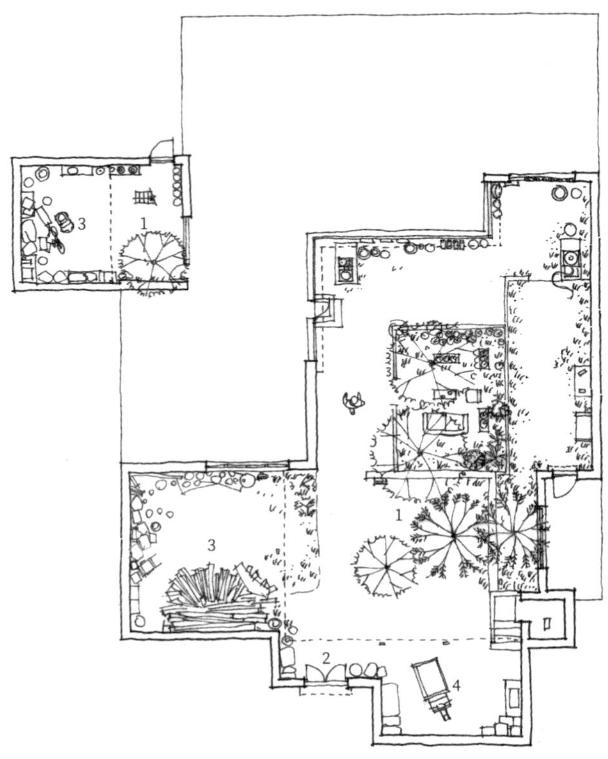

一层院落生活平面图

生活场景剖面图

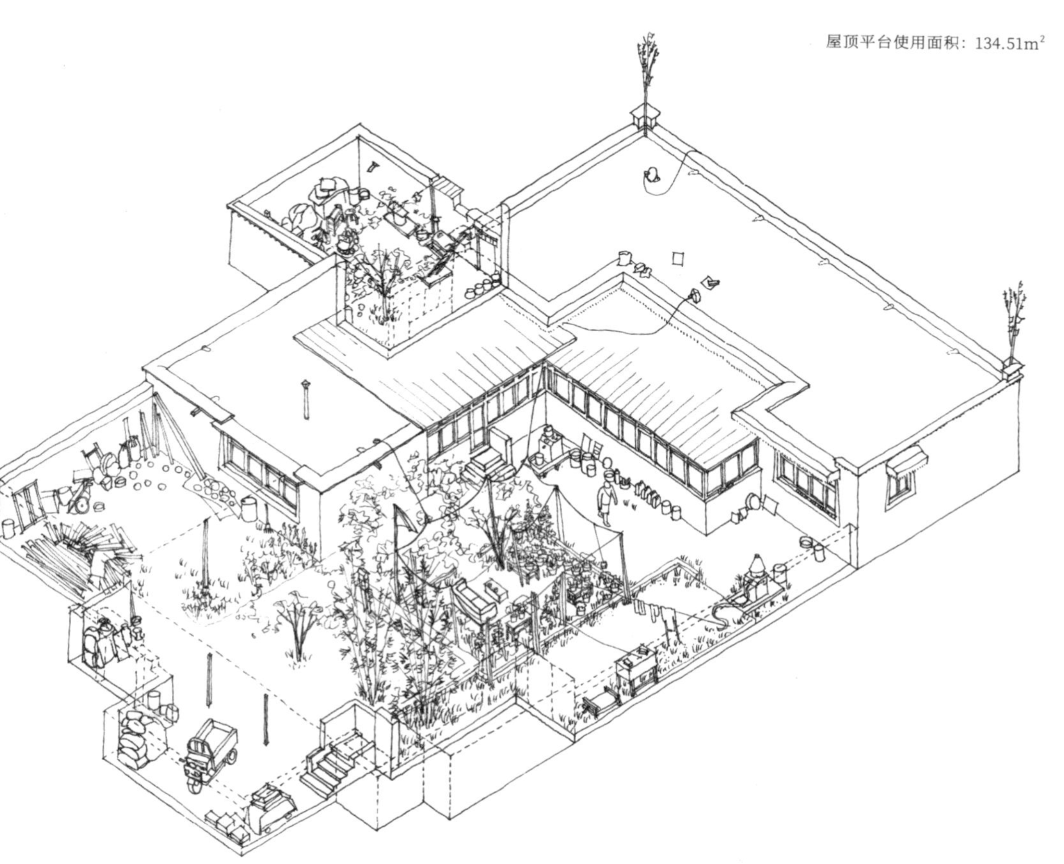

院落场景图

室内生活场景

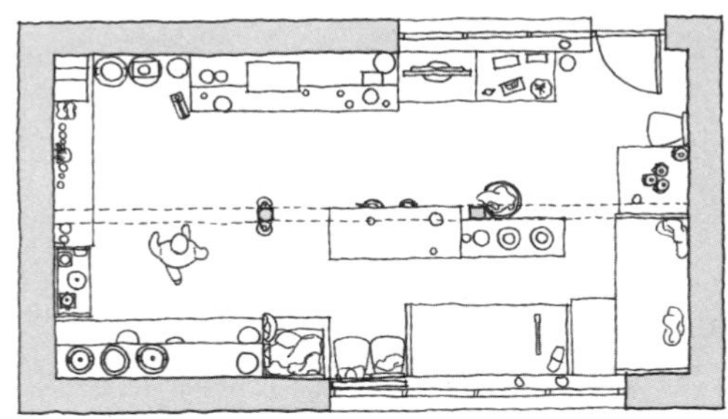

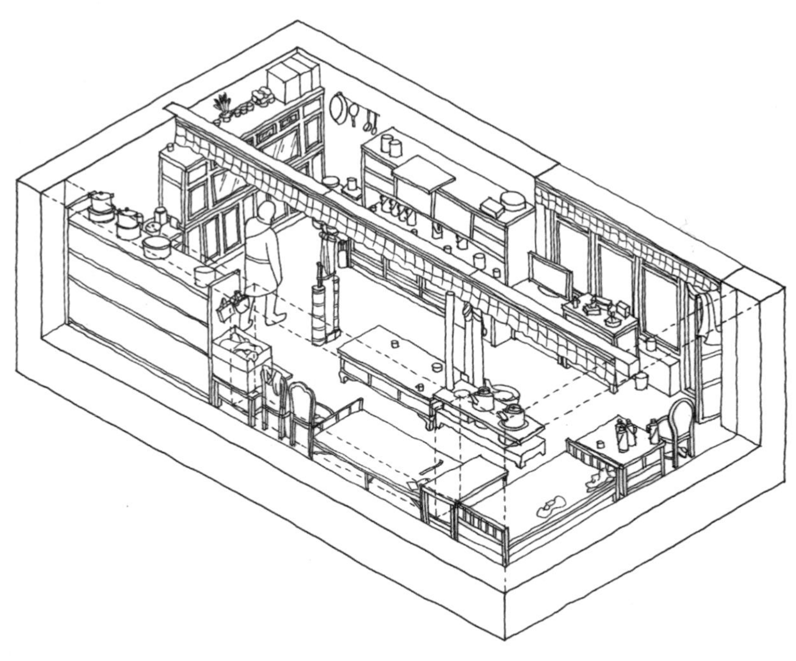

主室场景图

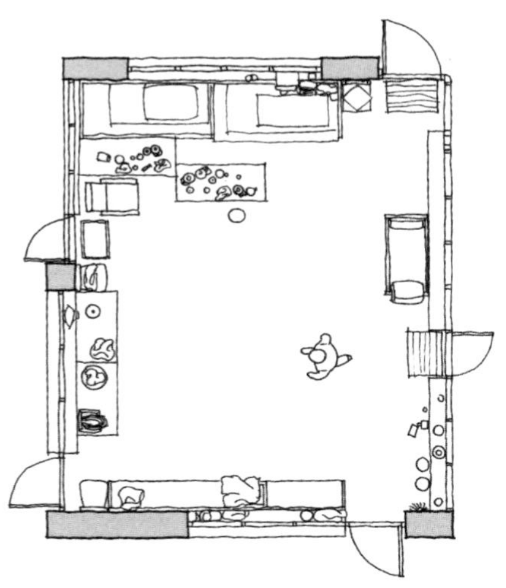

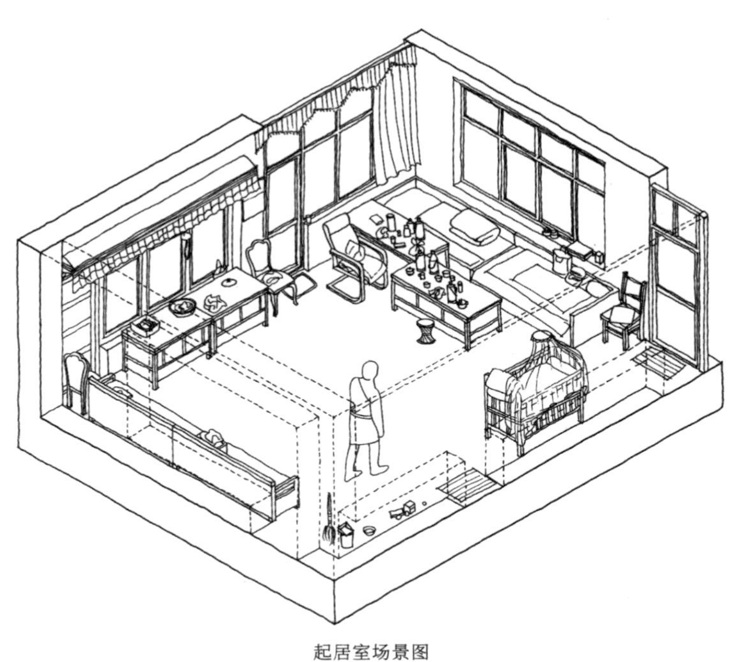

起居室场景图

主要生活空间

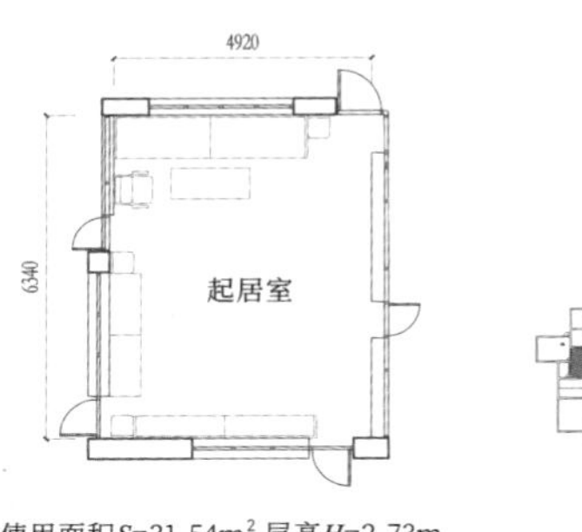

使用面积S=31.54m^2 层高H=2.73m
净高h=2.61m

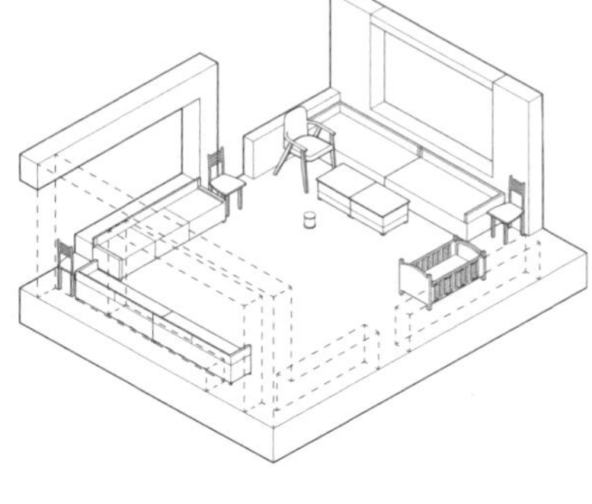

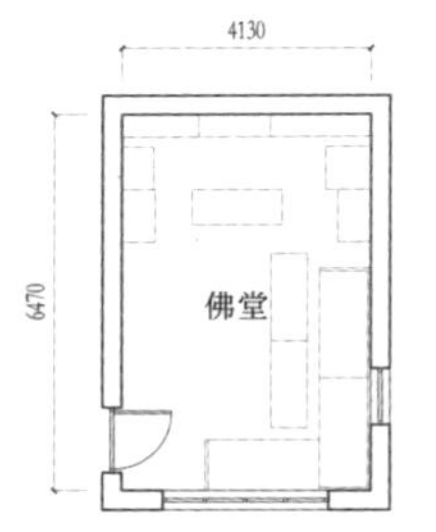

使用面积S=26.72m^2 层高H=3.00m
净高h=2.85m

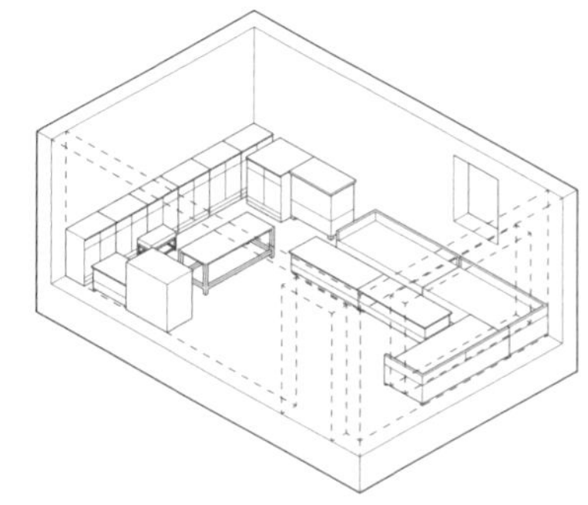

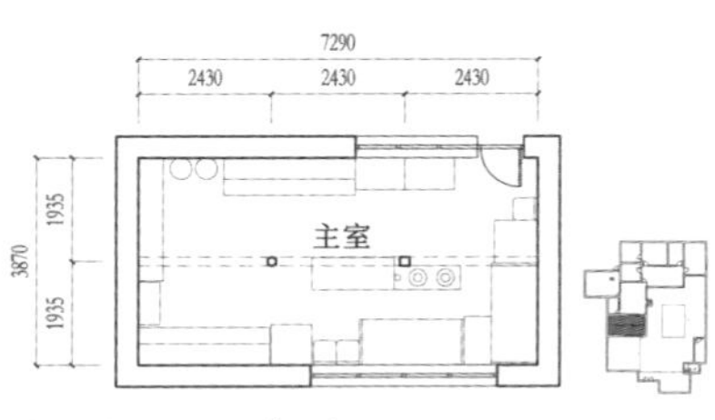

使用面积S=28.21m^2 层高H=2.40m
净高h=2.05m

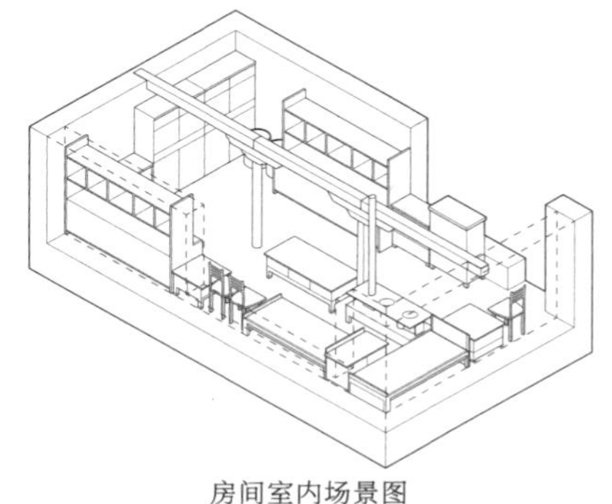

房间平面图

房间室内场景图

南向窗为内窗
北向窗为内窗
东向窗地比：1/2.41
西向窗为内窗

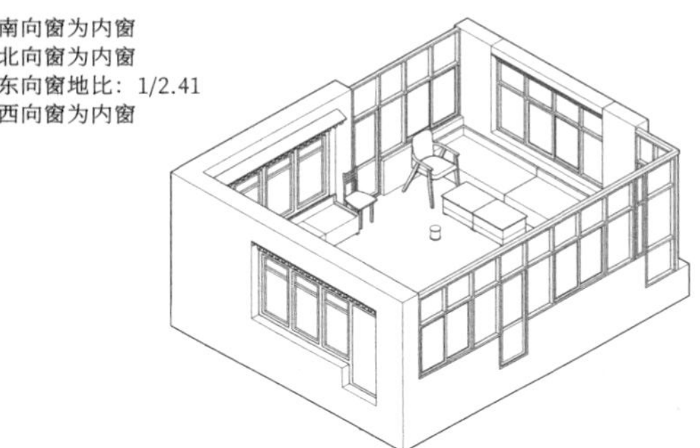

南向窗地比：1/6.19
东向窗地比：1/24.51

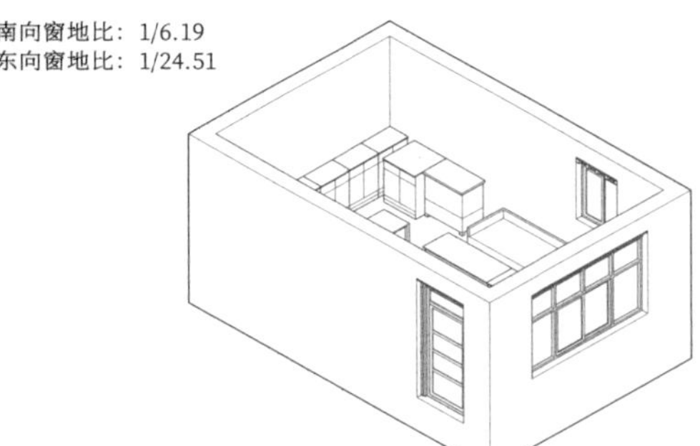

南向窗地比：1/6.15
北向窗为内窗

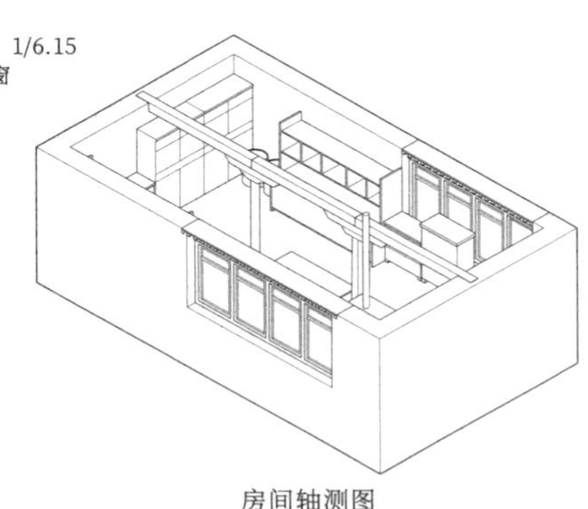

房间轴测图

室内照片

结构与材料

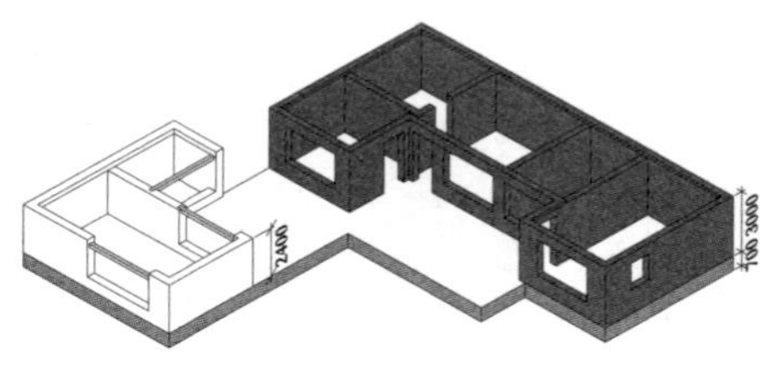

外墙材料转换示意图

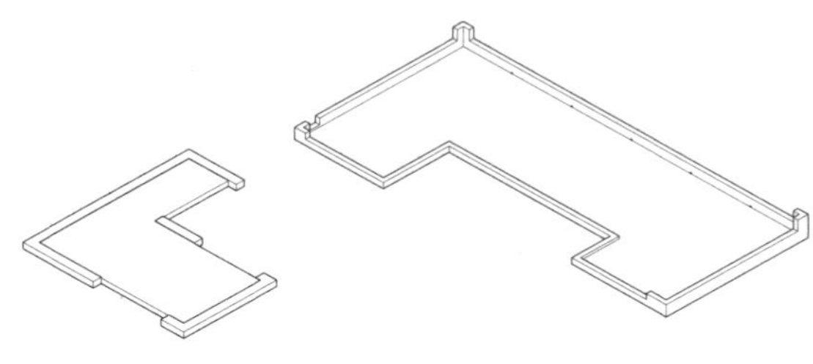

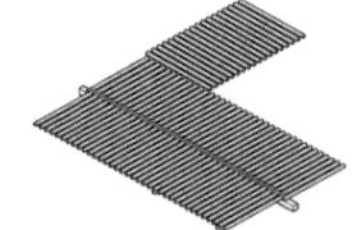

主屋建筑材料信息表

外墙	1、3、4	柱子	6
内墙	3、4	梁	6
屋面	5、7	门	6、8、9
地面	2、10、11	窗	6、8、9
		檐口	2、6、8

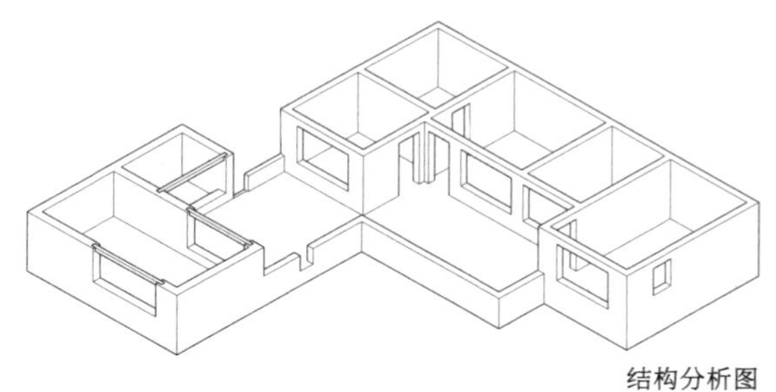
结构分析图

辅助用房建筑材料信息表

外墙	4	柱子	7
内墙	4	梁	7
屋面	5、7	门	6、8、9
地面	10	窗	6、8、9
		檐口	1、2、6

注：1–石材，2–土，3–土坯砖，4–水泥砖，5–钢筋混凝土，6–木材，7–钢材，8–金属，9–玻璃，10–混凝土，11–地板革

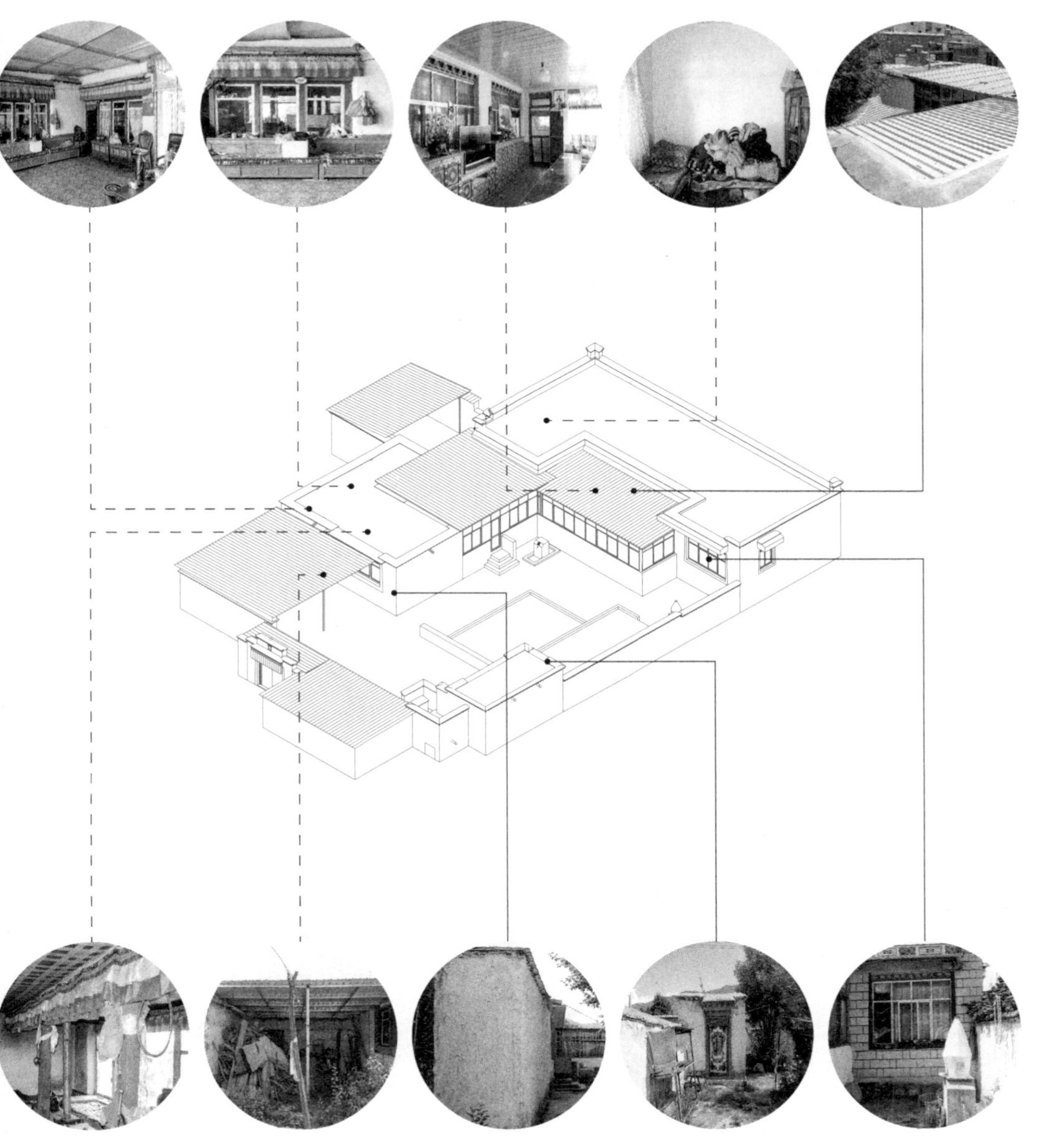

材料使用示意图

阿努家　　2008年

堆龙德庆区桑木村

基本信息

用地面积（499.11m²）

主屋占地面积：	180.25m²
辅助用房占地面积：	142.44m²
院落占地面积：	176.42m²

主屋建筑面积（306.86m²）

主屋一层面积：	181.22m²
主屋二层面积：	125.64m²

62岁的阿努与丈夫在家常住，没有从事生产活动，晚上在一楼卧室睡觉。2个儿子在那曲工作，很少回来。女儿和外孙偶尔回家。新建房屋时有政府补贴。

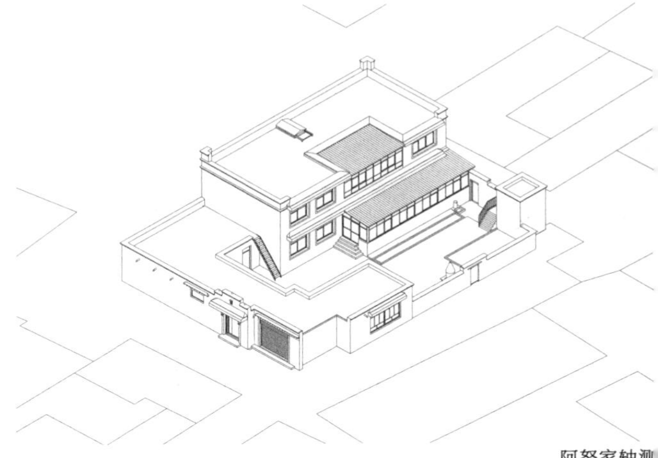

阿努家轴测

村落总平面

阿努家院内场景图

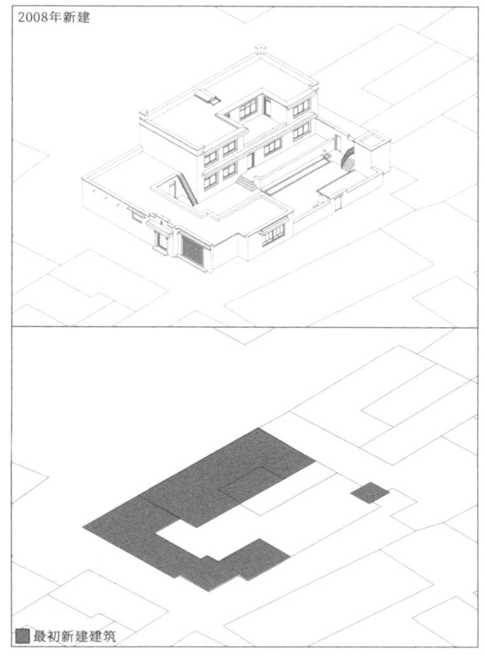

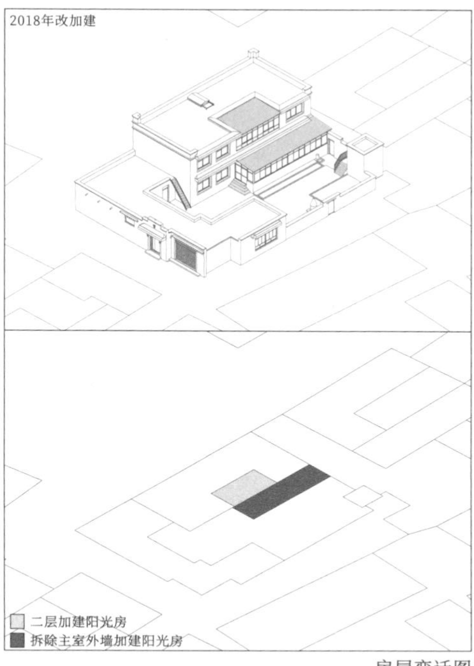

房屋变迁图

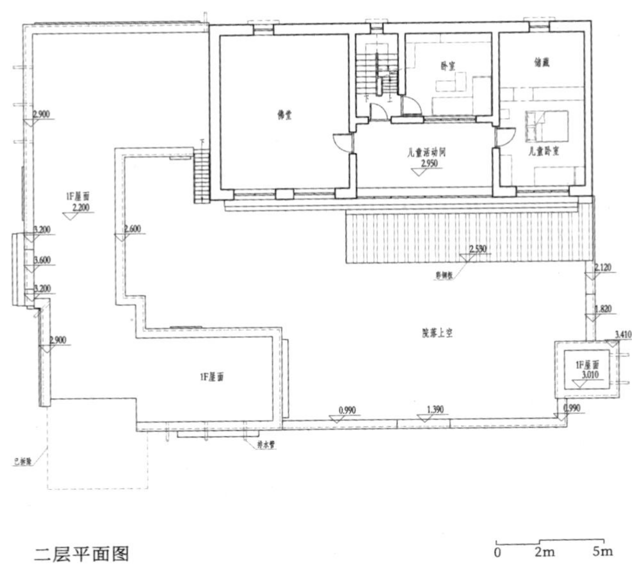

佛堂
卧室
储藏
儿童活动间
2.950
儿童卧室
1F屋面
2.200
2.900
3.200
3.600
3.200
2.900
2.600
2.530
2.120
1.820
院落上空
3.410
1F屋面
3.010
1F屋面
0.990
1.390
0.990
排水管
已拆除
0
2m
5m

二层平面图

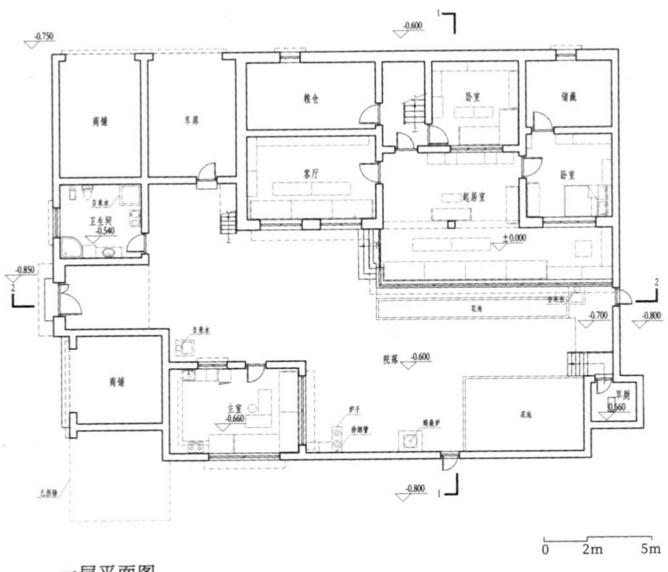

-0.600
-0.750
商铺
车库
粮仓
卧室
储藏
客厅
起居室
卧室
自来水
卫生间
-0.540
±0.000
-0.850
花池
-0.700
-0.800
自来水
院落 -0.600
商铺
主室
-0.660
炉子
排烟管
花池
旱厕
-0.800
已拆除
0
2m
5m

一层平面图

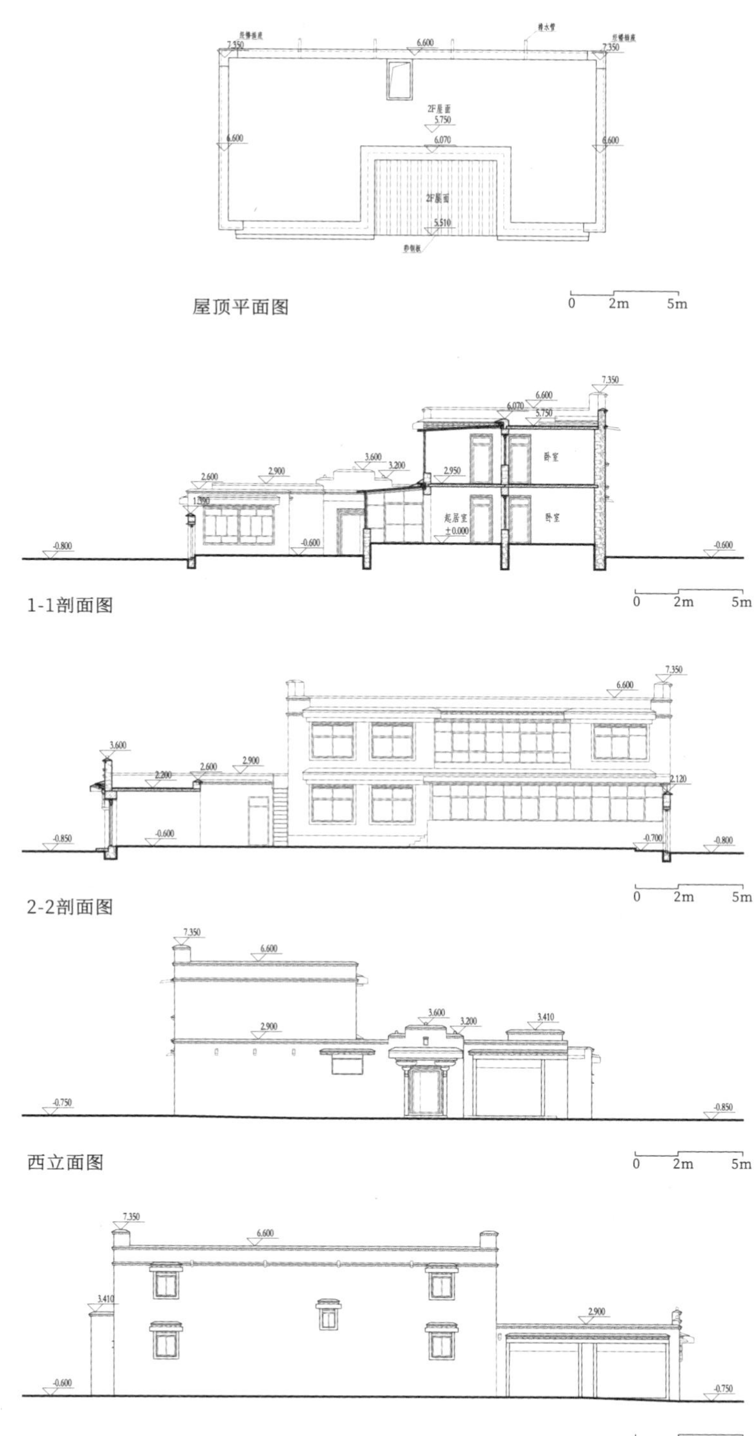
屋顶平面图
0 2m 5m
1-1剖面图
0 2m 5m
2-2剖面图
0 2m 5m
西立面图
0 2m 5m
北立面图
0 2m 5m

空间组织

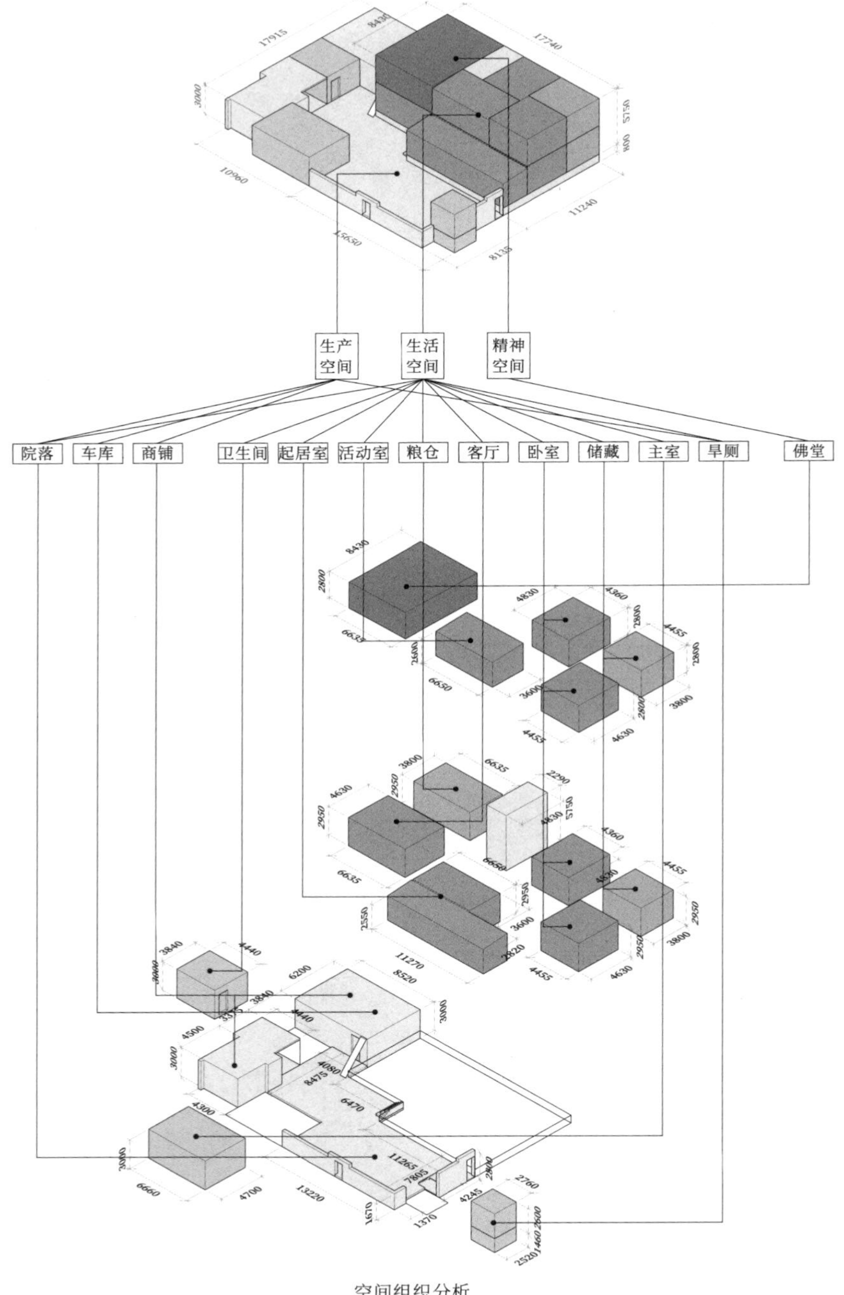

空间组织分析

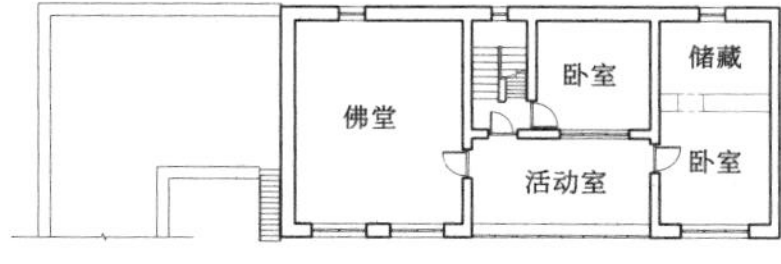

二层平面图

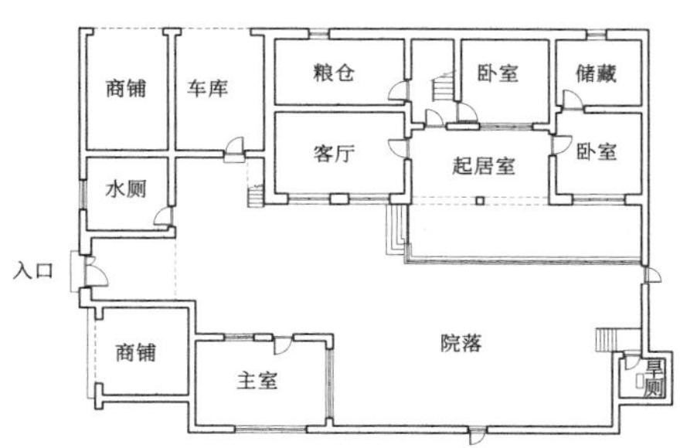

一层平面图

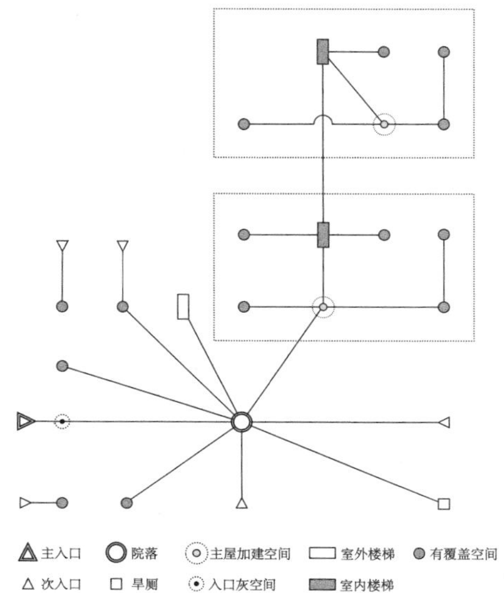

功能连接分析

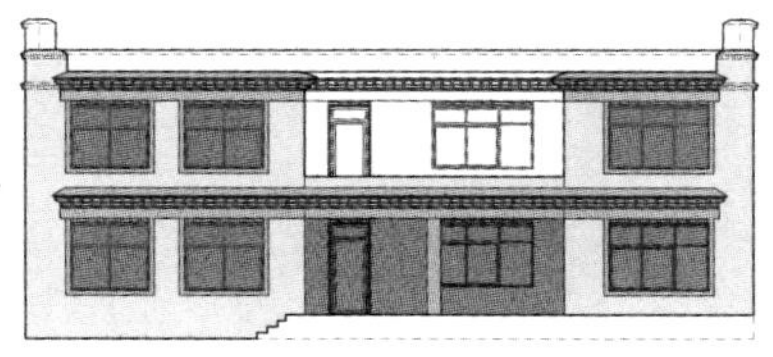

南立面窗墙比
含门窗套：0.64；不含门窗套：0.37

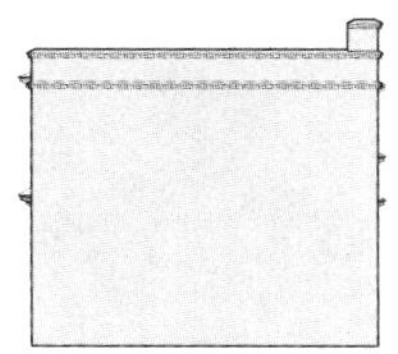

东立面窗墙比
含门窗套：0；不含门窗套：0

北立面窗墙比
含门窗套：0.08；不含门窗套：0.04

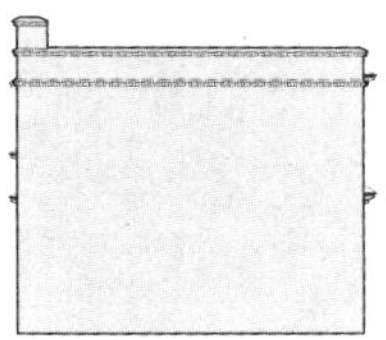

西立面窗墙比
含门窗套：0；不含门窗套：0

洞口分析

院落生活场景

1.一层院落使用面积：141.80m
2.院落入口灰空间面积：11.84

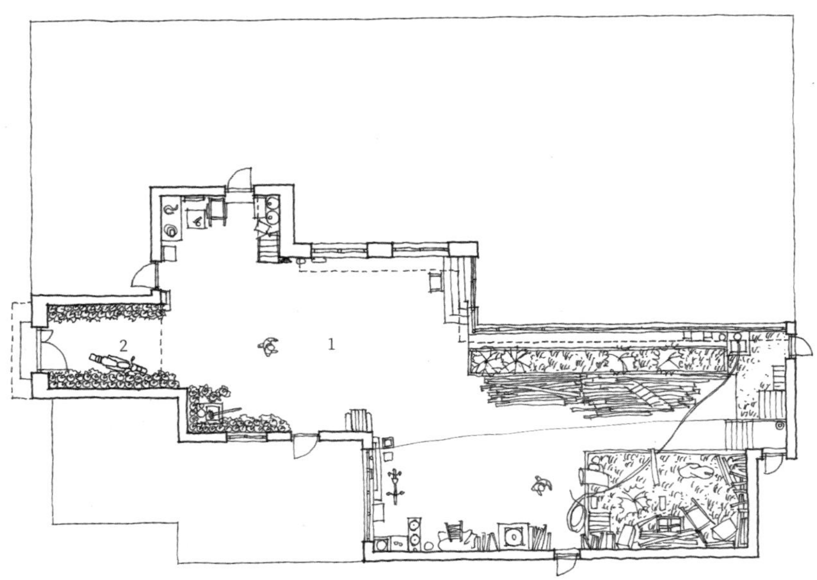

一层院落生活平面图

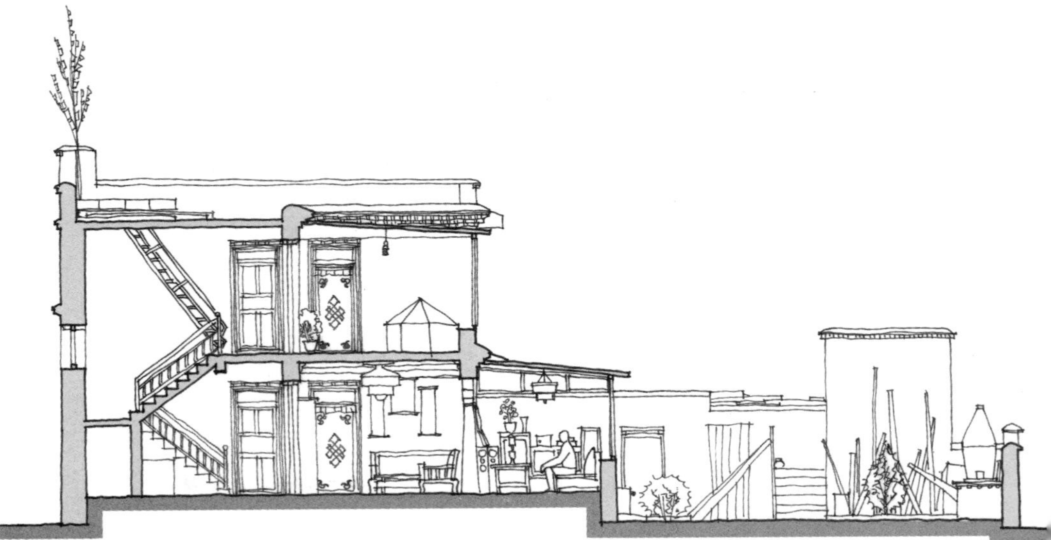

生活场景剖面图

屋顶平台使用面积：107.58m²

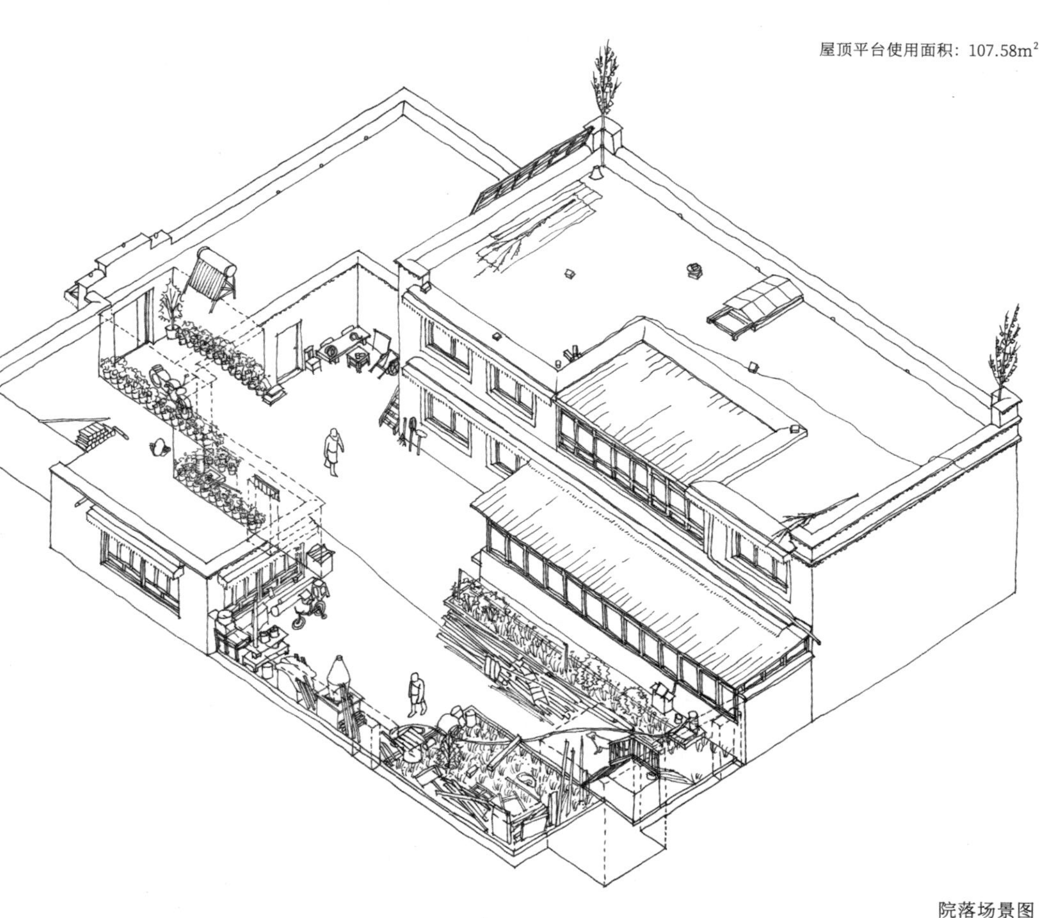

院落场景图

室内生活场景

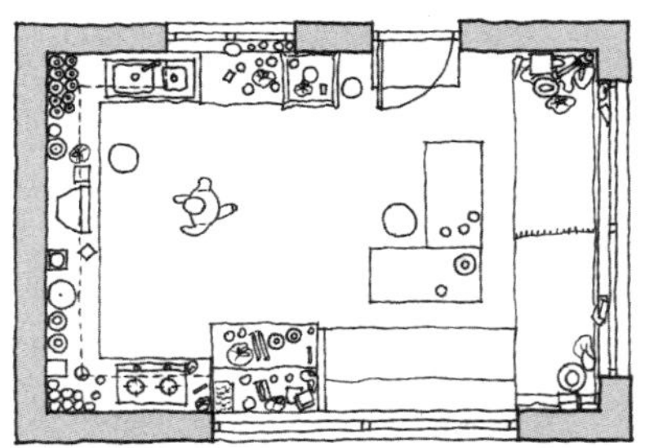

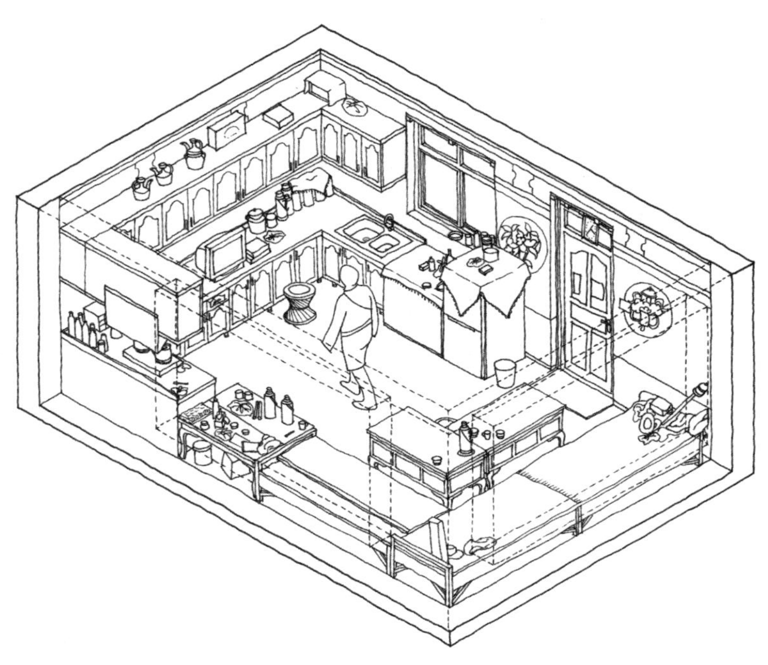

主室场景图

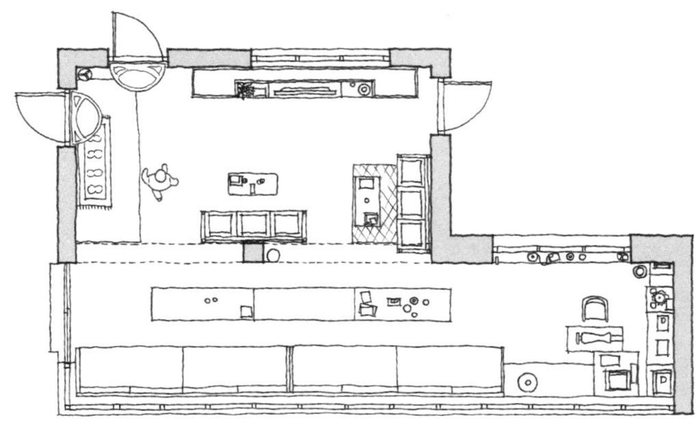

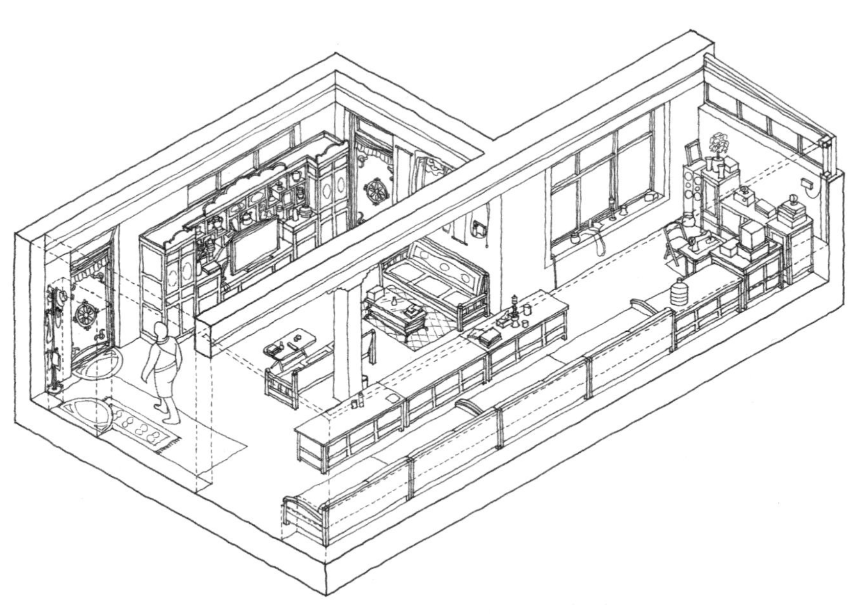

起居室场景图

主要生活空间

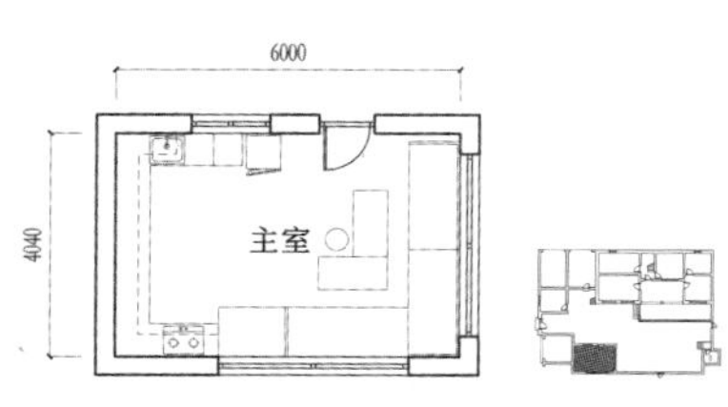

使用面积S=24.24m^2 层高H=2.86m
净高h=2.71m

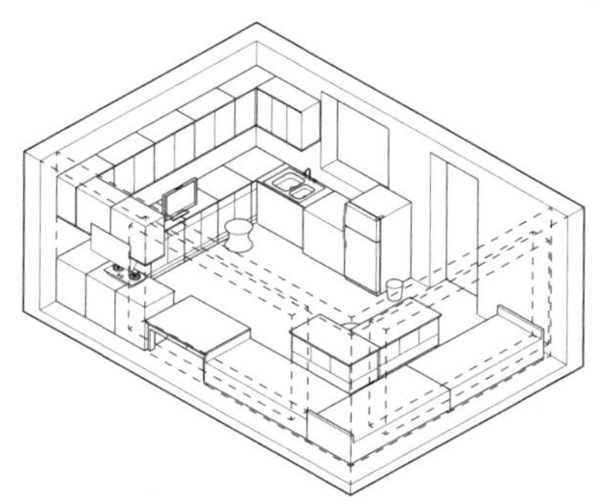

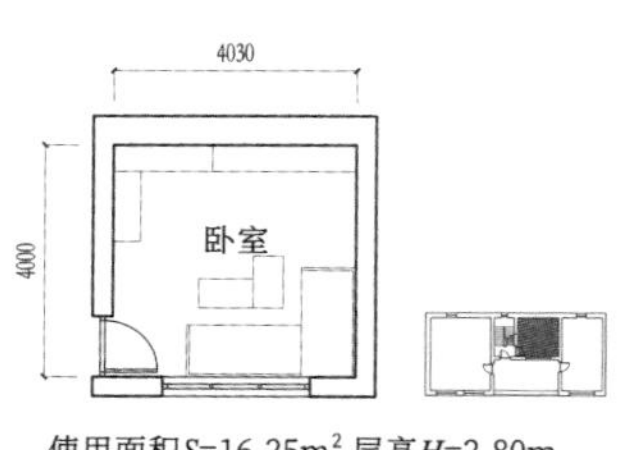

使用面积S=16.25m^2 层高H=2.80m
净高h=2.65m

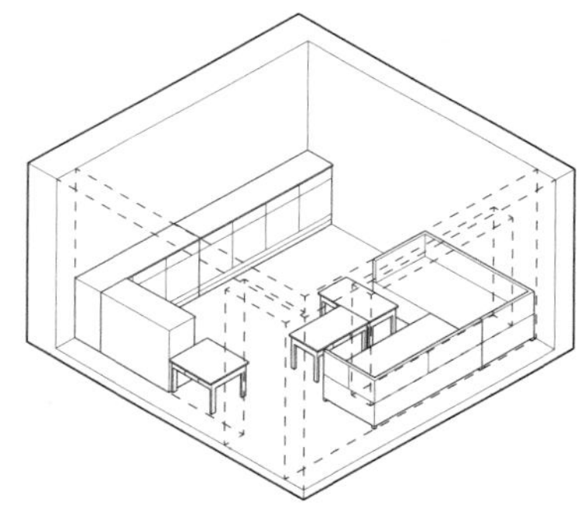

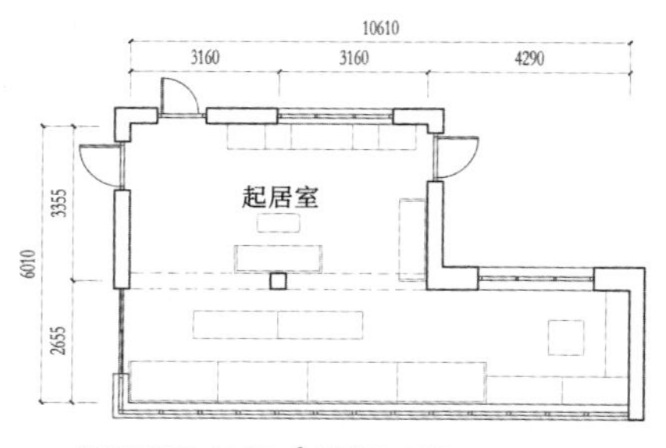

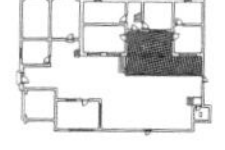

使用面积S=49.06m^2 层高H=2.95m
净高h=2.80 m

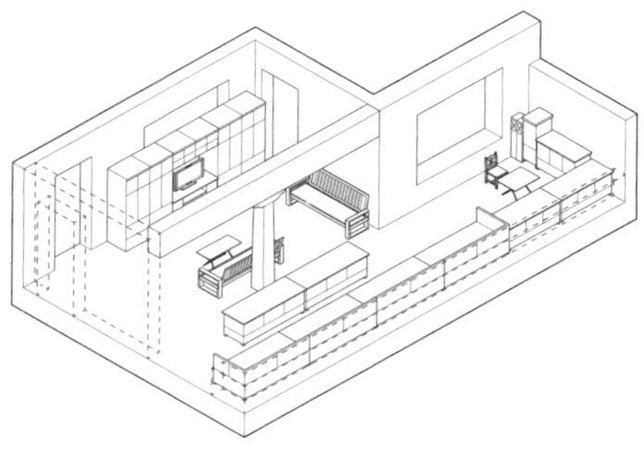

房间平面图

房间室内场景图

向窗地比：1/4.06
向窗地比：1/13.54
向窗地比：1/4.06

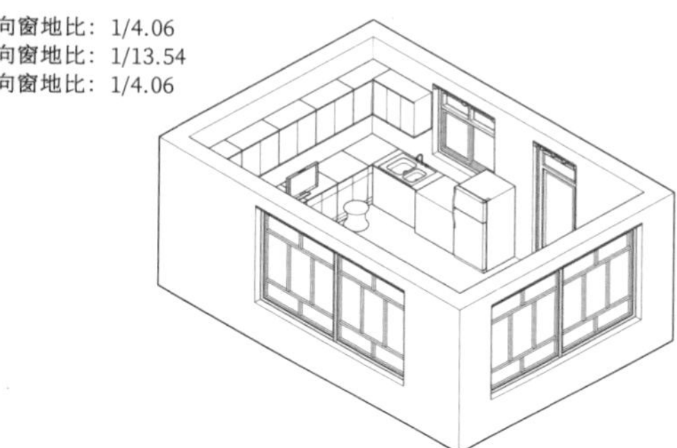

向窗为内窗

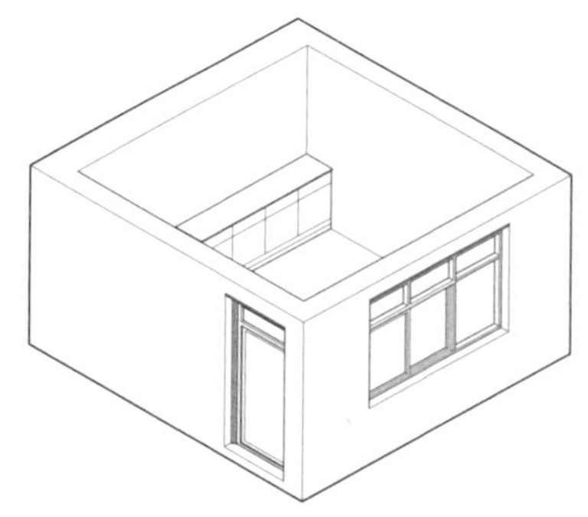

句窗地比：1/2.53
句窗为内窗
句窗地比：1/34.55
句窗地比：1/33.14

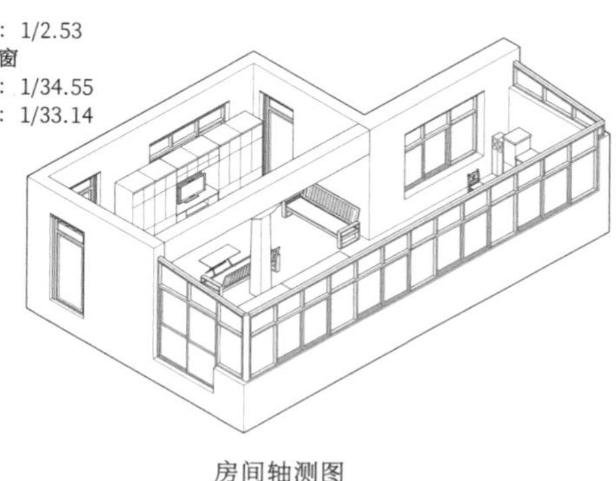

房间轴测图

室内照片

结构与材料

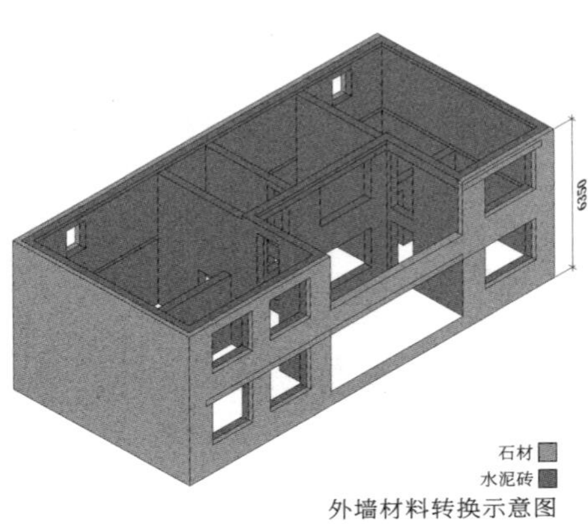

外墙材料转换示意图

主屋建筑材料信息表

外墙	1、2	柱子	3
内墙	2	梁	3
屋面	3	门	4、5、6
楼面	3、4	窗	4、5、6
地面	4、7、8	挑檐口	4、5

辅助用房建筑材料信息表

外墙	2	门	4、5、6
内墙	2	窗	4、5、6
屋面	3	挑檐口	4、5、9
地面	4、7、8		

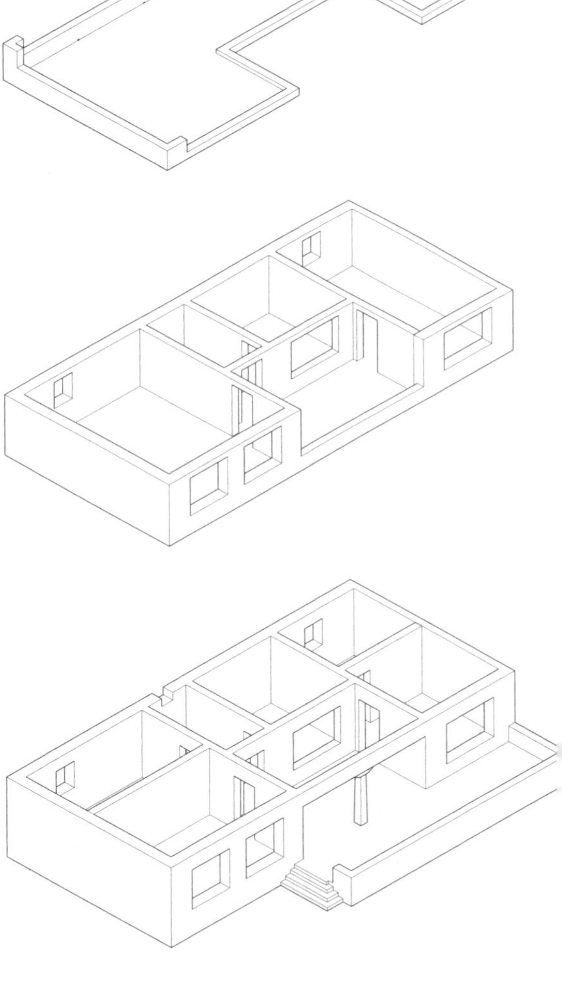
结构分析图

注： 1–石材，2–水泥砖，3–钢筋混凝土，4–木材，5–金属，6–玻璃，7–水泥砂浆，8–混凝土，9–GRC预制构件

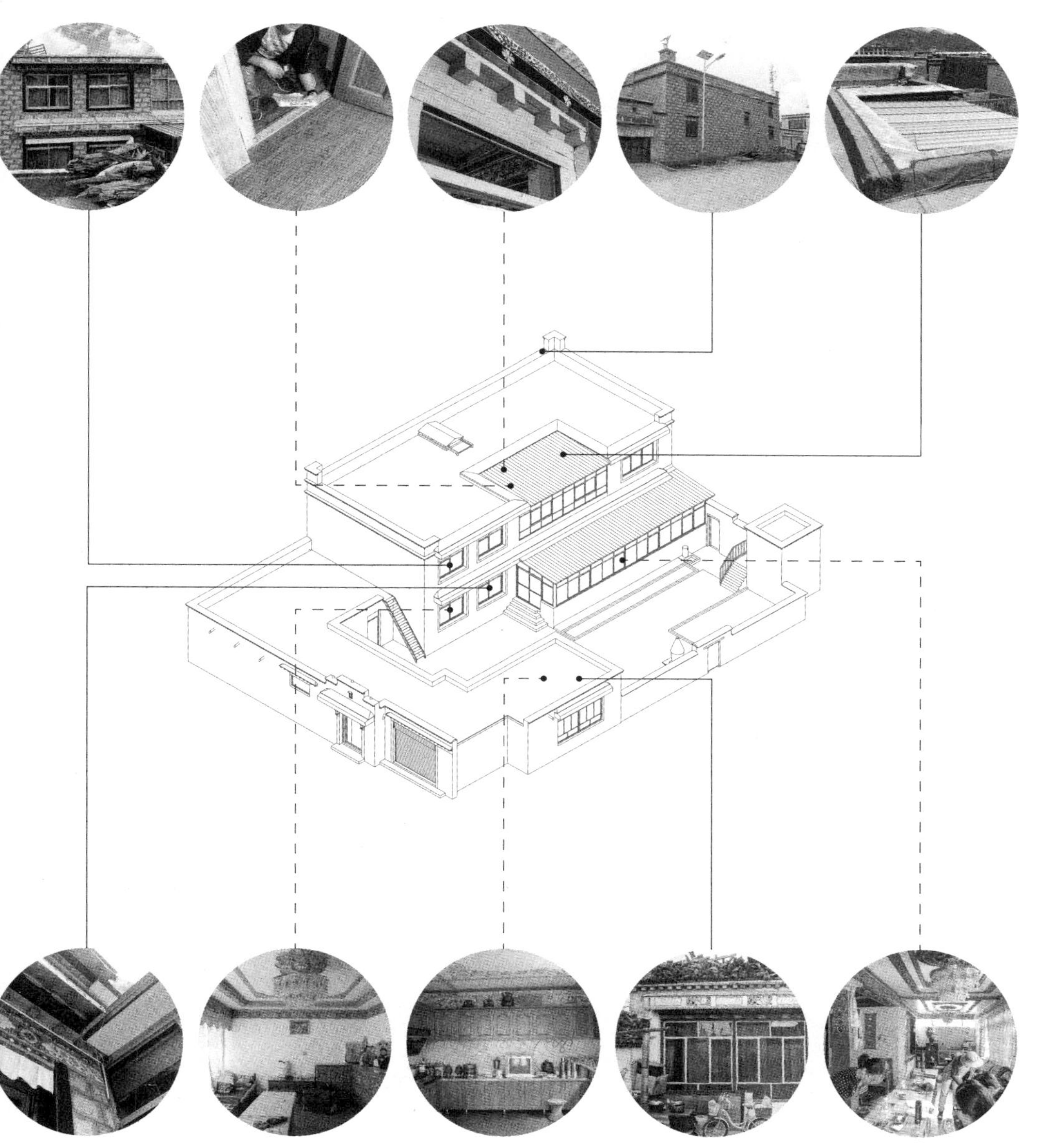

材料使用示意图

拉措家　2008年

堆龙德庆区古荣村

基本信息

用地面积（334.53m²）

主屋占地面积：	$171.93m^2$
辅助用房占地面积：	$41.66m^2$
院落占地面积：	$120.94m^2$

主屋建筑面积（326.24m²）

主屋一层面积：	$171.94m^2$
主屋二层面积：	$154.30m^2$

71岁的拉措与丈夫、儿子、儿媳和3个孙女在家常住，平日从事农牧业。拉措夫妇在主室睡觉，儿子、儿媳与小孙女在二层西侧卧室就寝，2个稍大的孙女在佛堂南侧卧室睡觉。房屋新建时得到政府补贴。

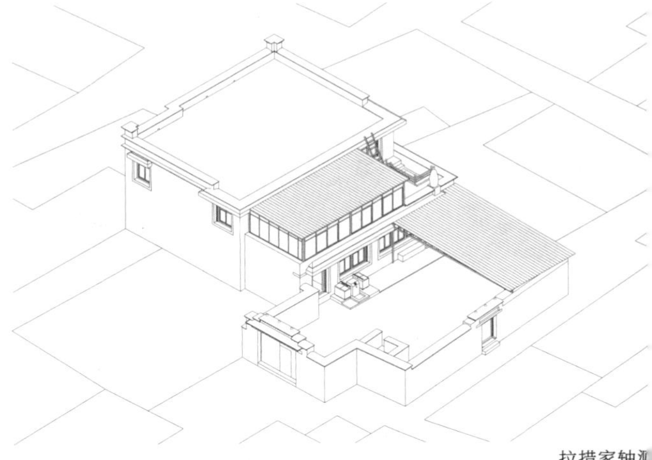

拉措家轴测

村落总平面

拉措家院内场景图

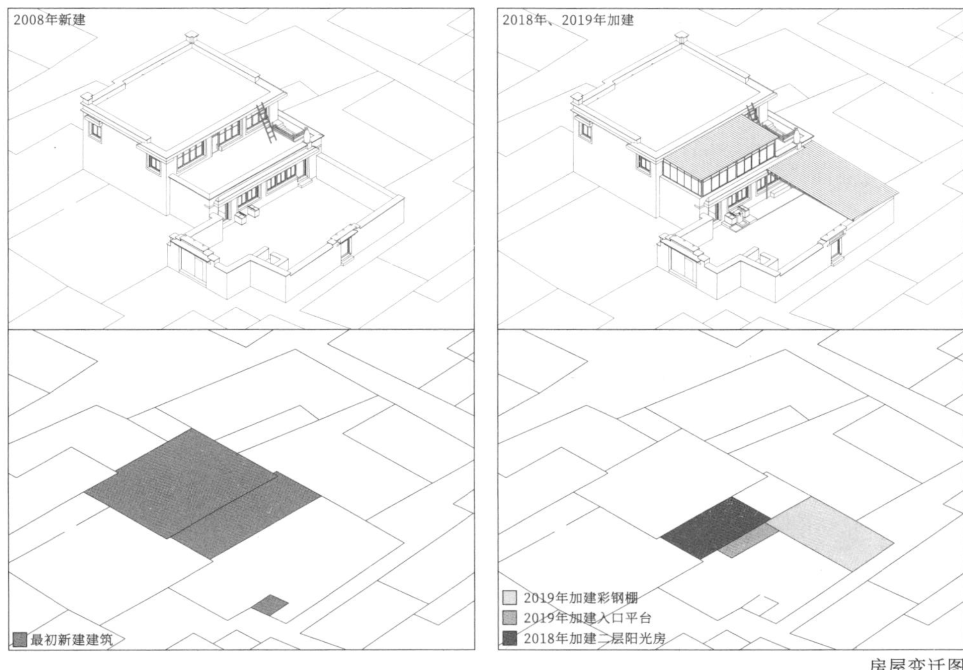

房屋变迁图

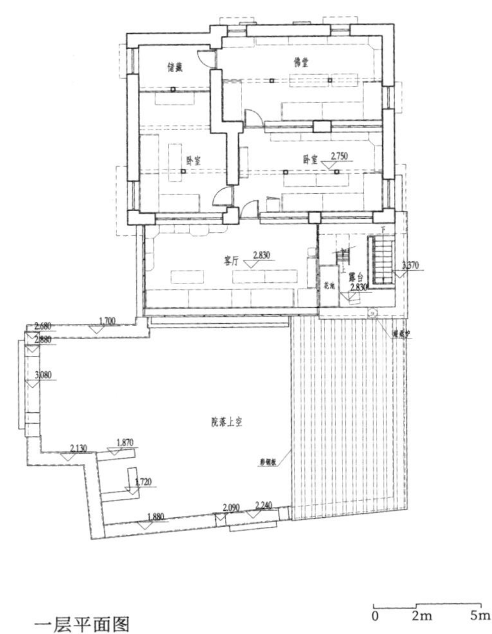

0 2m 5m

一层平面图

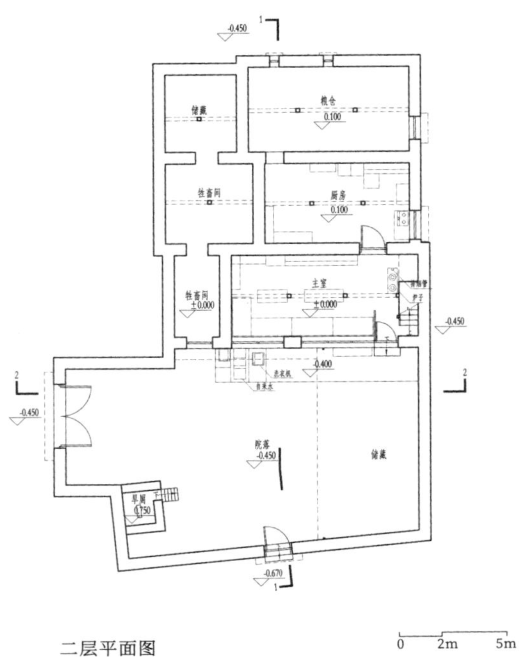

0 2m 5m

二层平面图

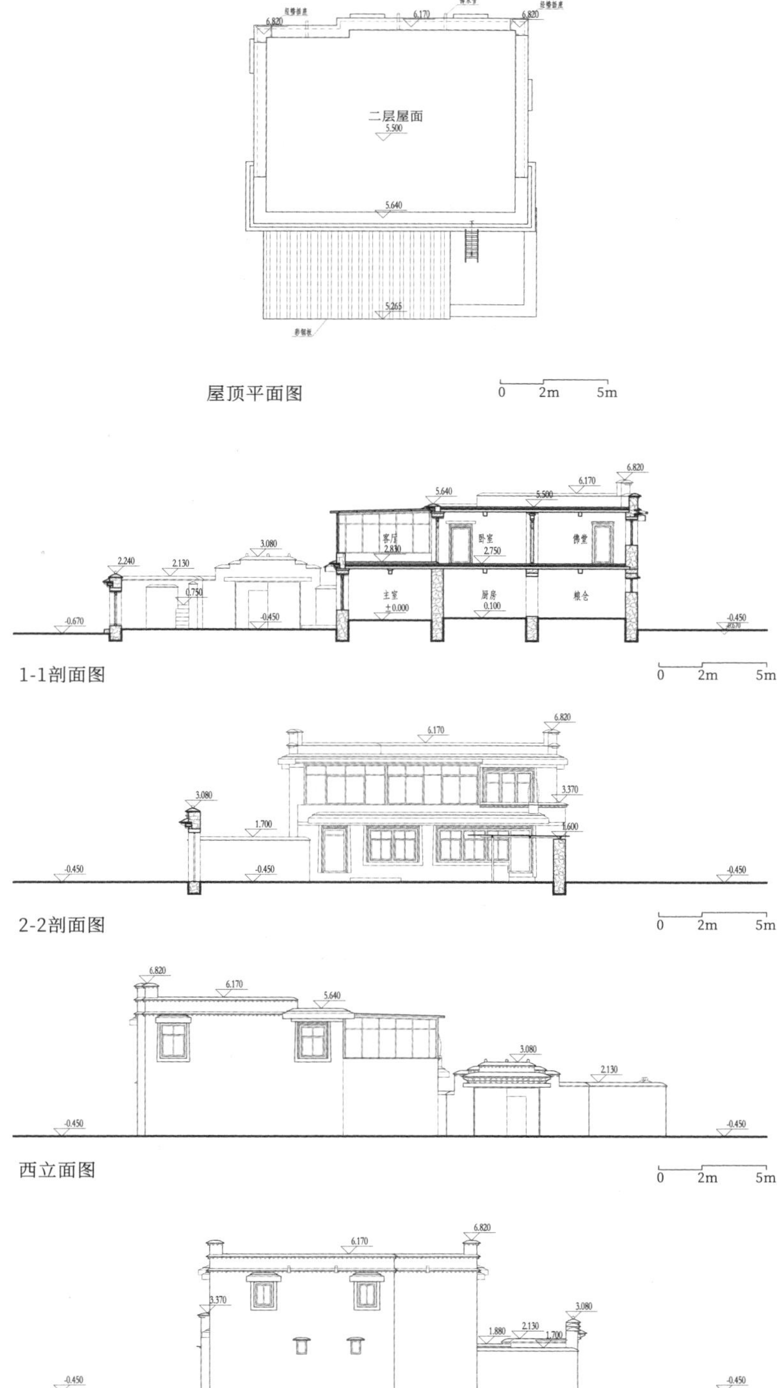

屋顶平面图

1-1剖面图

2-2剖面图

西立面图

北立面图

空间组织

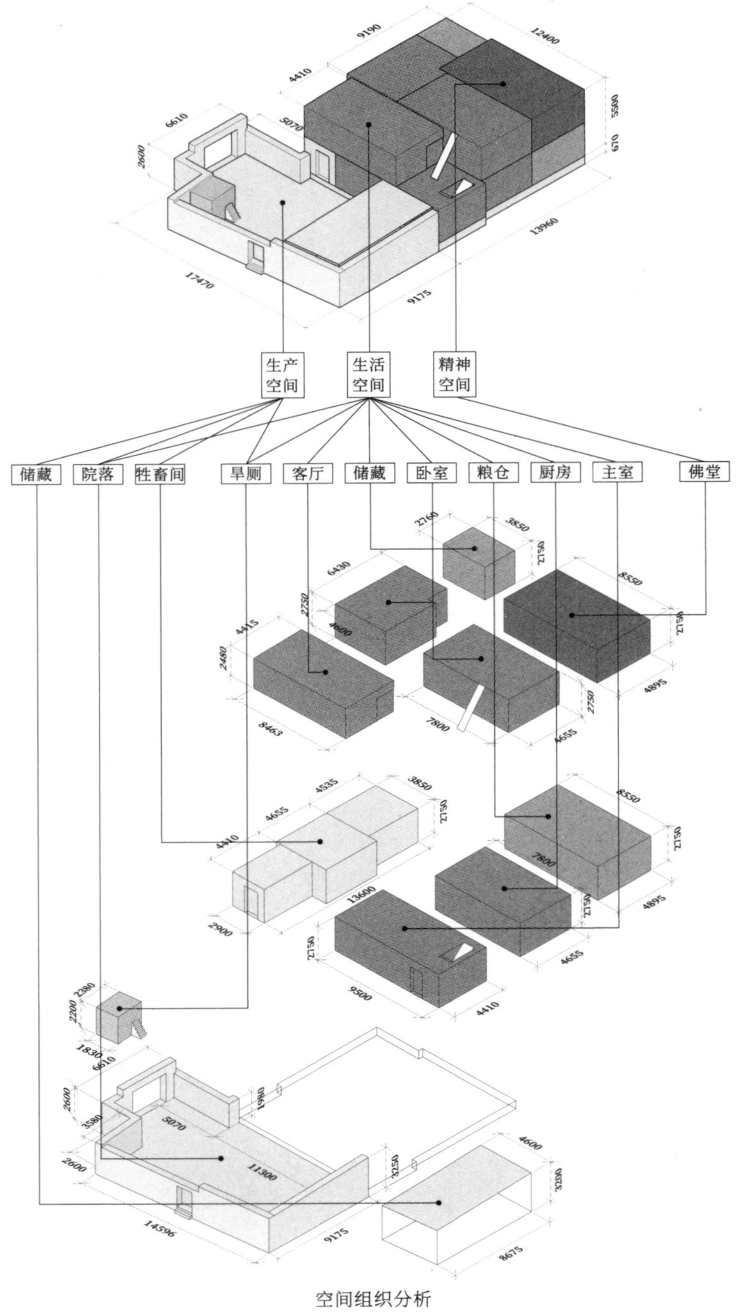

空间组织分析

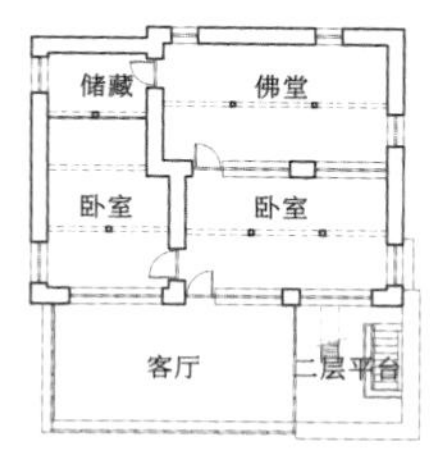

二层平面图

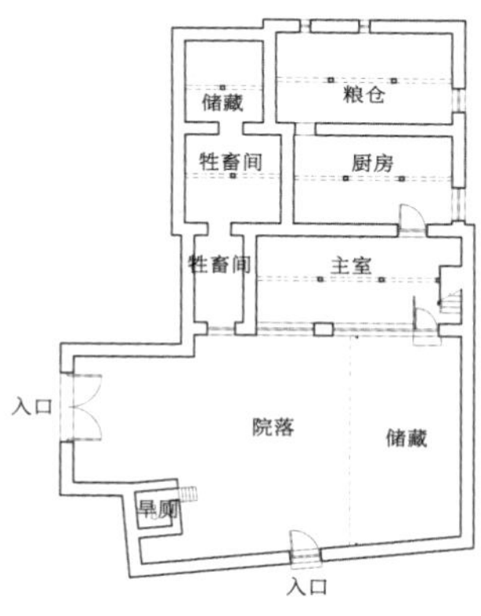

一层平面图

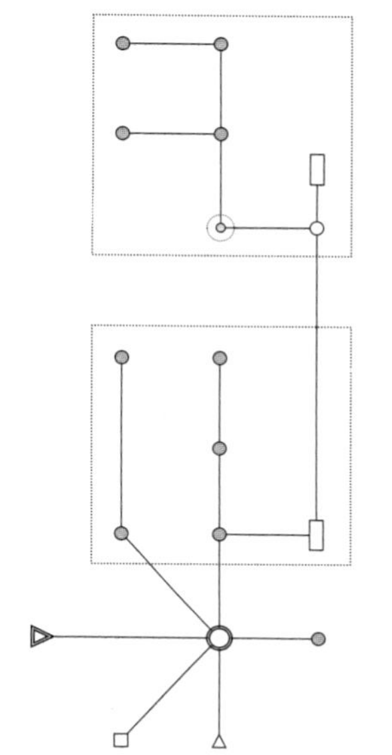

功能连接分析

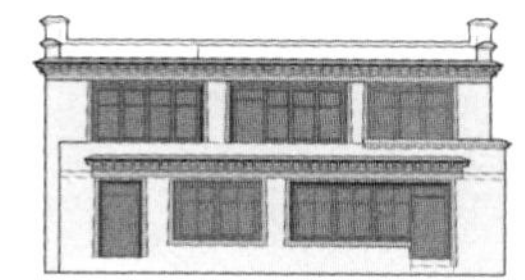

南立面窗墙比
含门窗套：0.63；不含门窗套：0.37

东立面窗墙比
含门窗套：0.18；不含门窗套：0.10

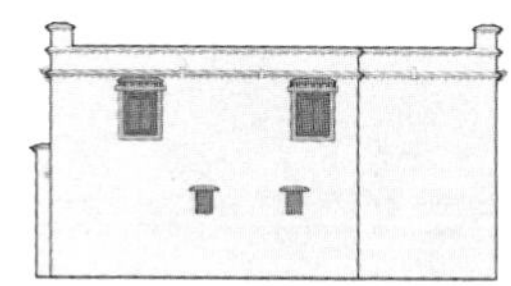

北立面窗墙比
含门窗套：0.06；不含门窗套：0.03

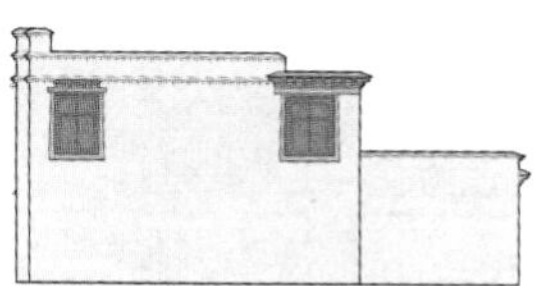

西立面窗墙比
含门窗套：0.10；不含门窗套：0.06

洞口分析

院落生活场景

二层平台使用面积：14.24m²

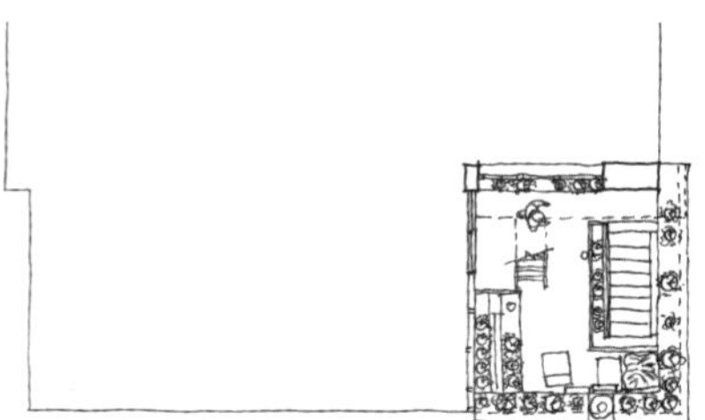

二层平台生活平面图

1.一层院落使用面积：184.55m²
2.储藏使用面积：60.98m²

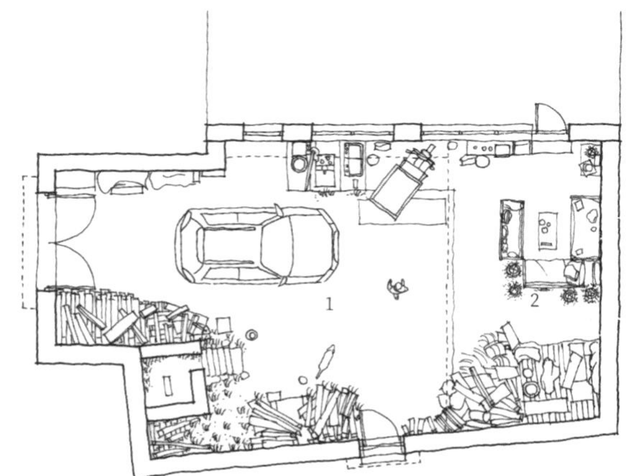

一层院落生活平面图

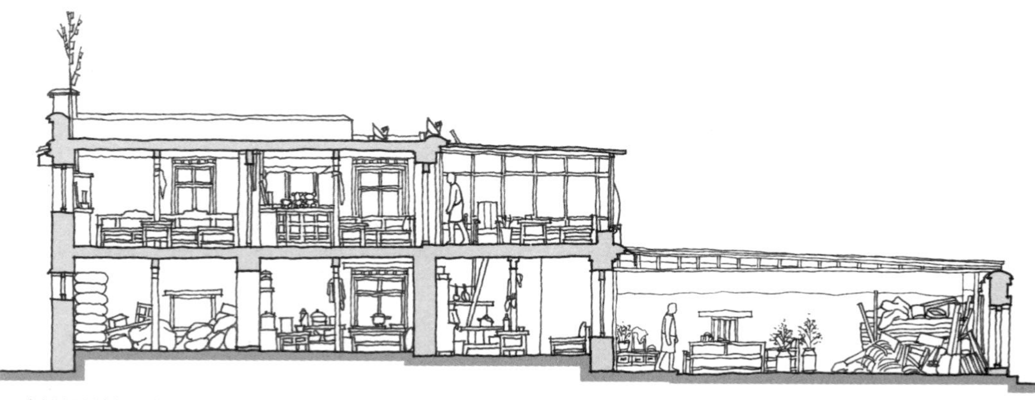

生活场景剖面图

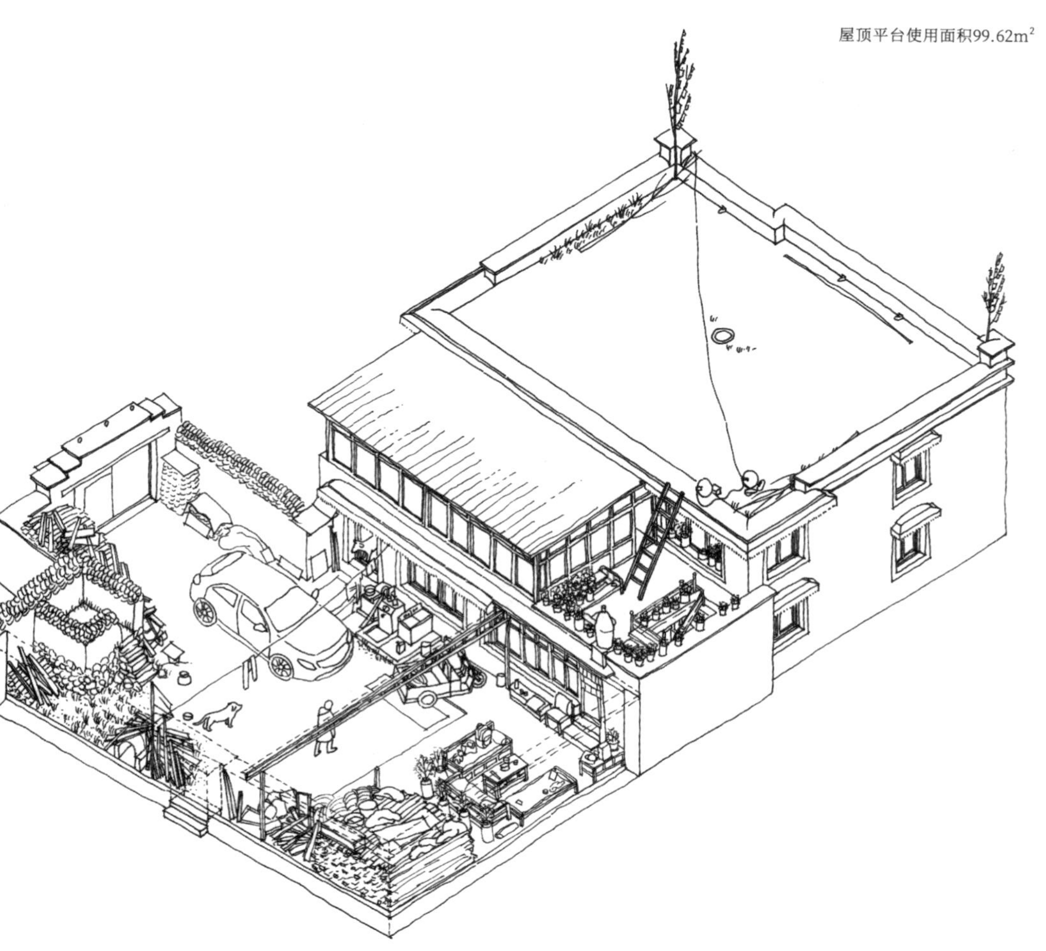

院落场景图

室内生活场景

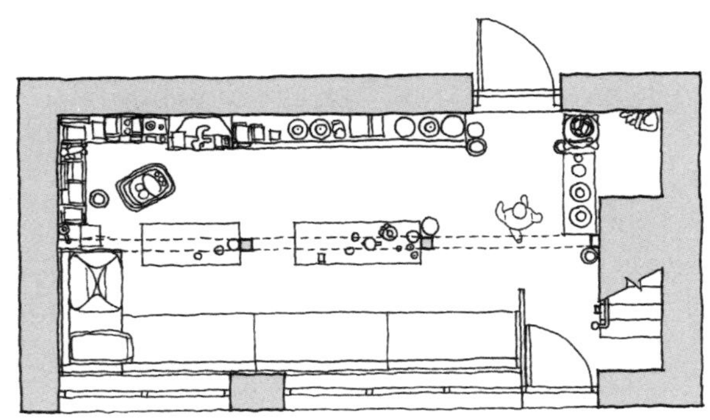

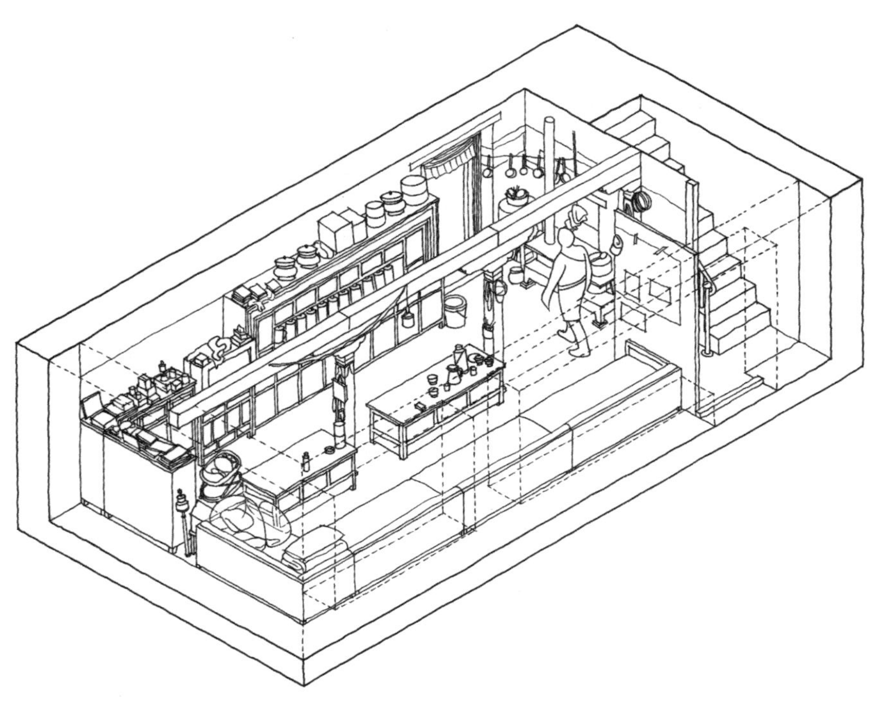

主室场景图

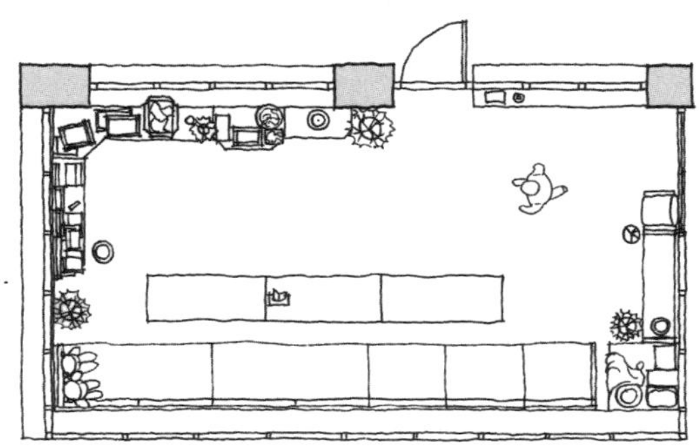

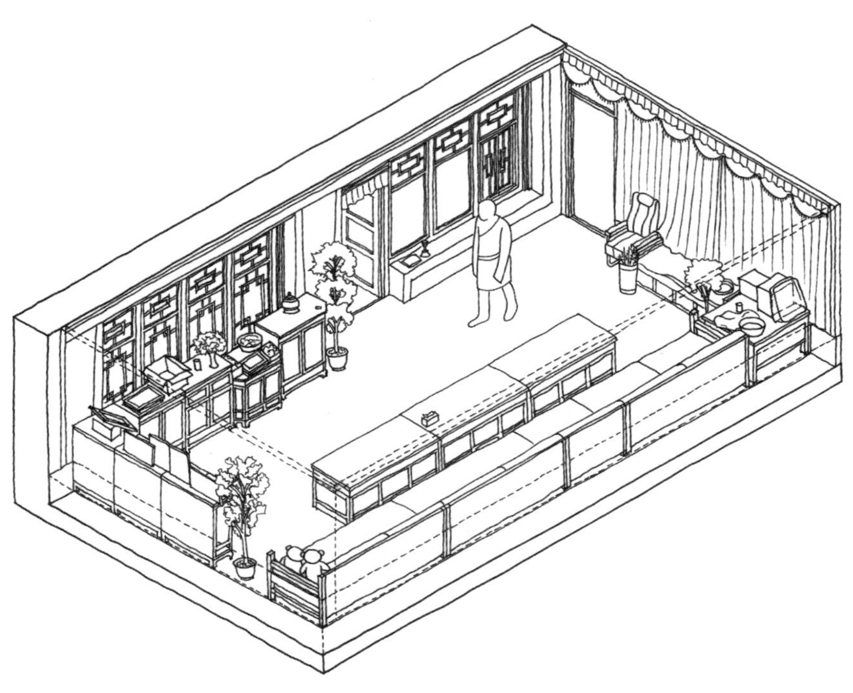

客厅场景图

主要生活空间

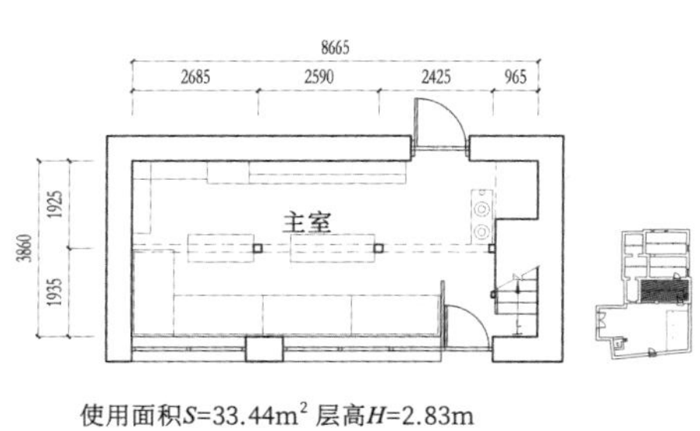

使用面积S=33.44m^2 层高H=2.83m
净高h=2.26m

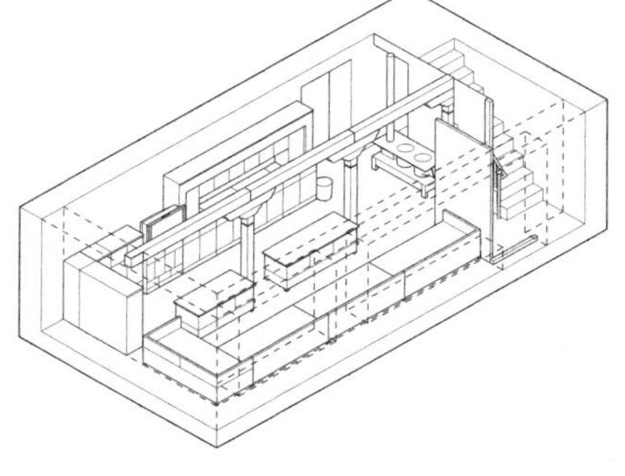

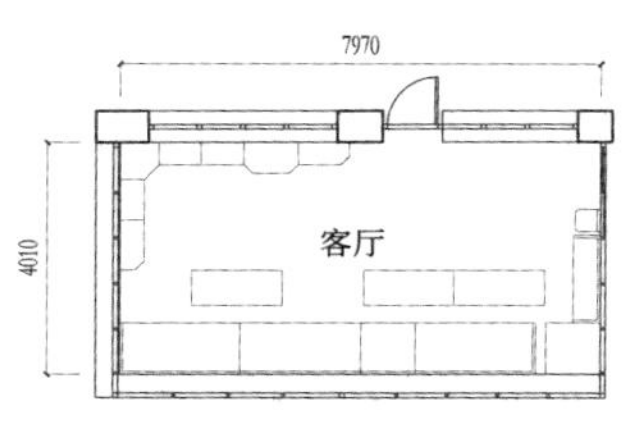

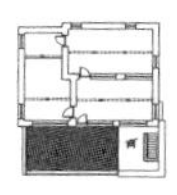

使用面积S=31.95m^2 层高H=2.55m
净高h=2.45m

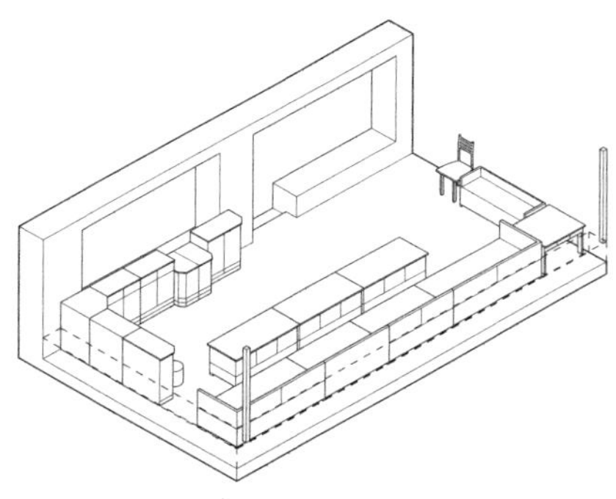

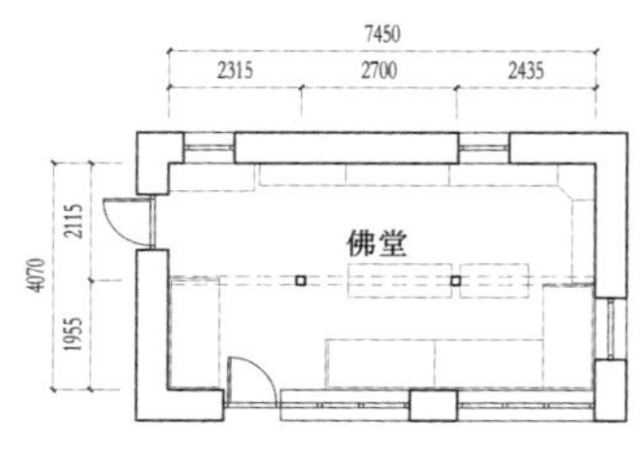

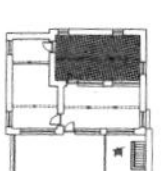

使用面积S=30.32m^2 层高H=2.75m
净高h=2.30m

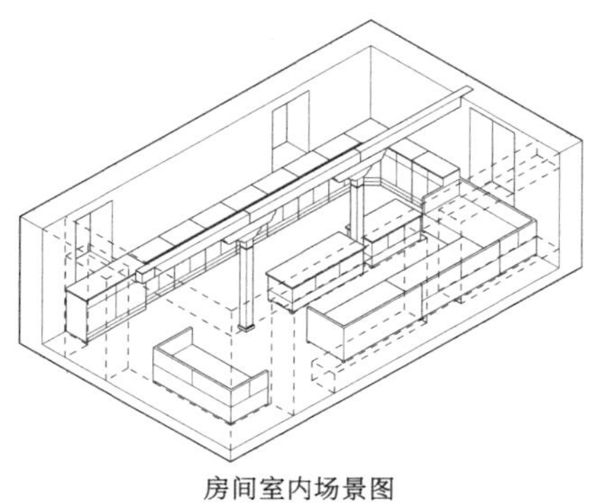

房间平面图

房间室内场景图

向窗地比：1/3.44

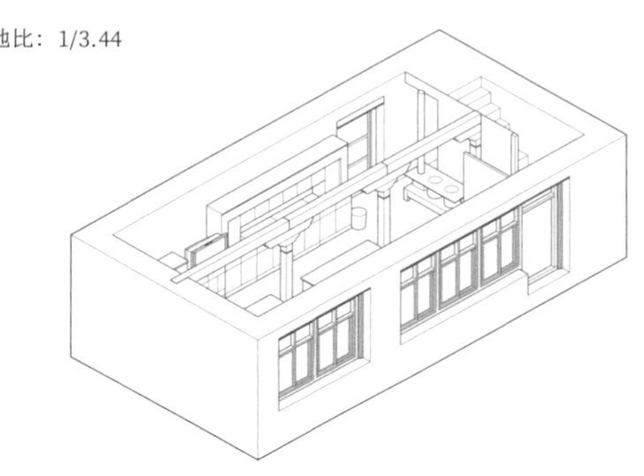

向窗地比：1/2.01
向窗为内窗
向窗地比：1/3.04
向窗地比：1/3.60

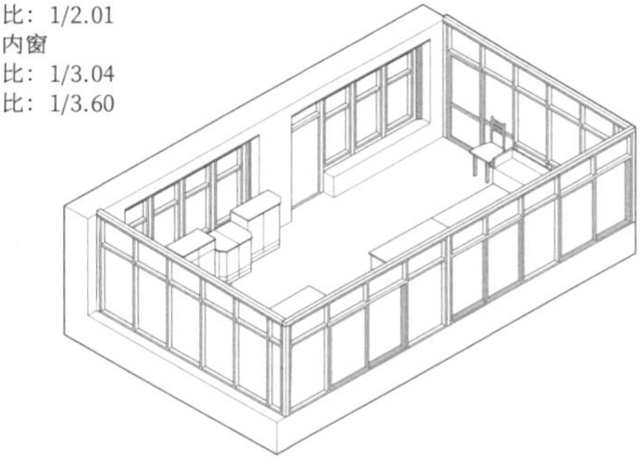

向窗为内窗
向窗地比：1/14.44
向窗地比：1/16.48

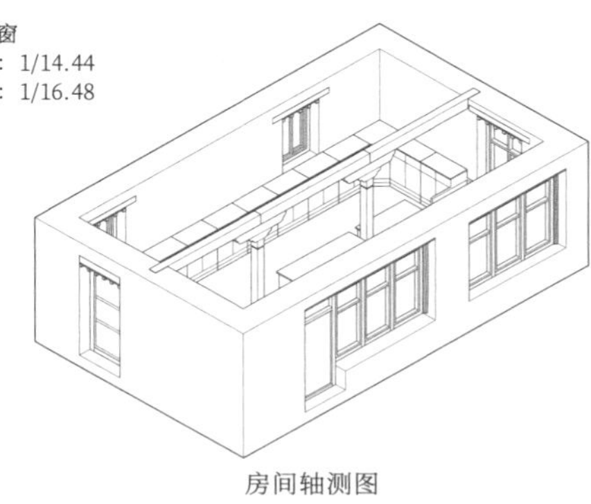

房间轴测图

室内照片

结构与材料

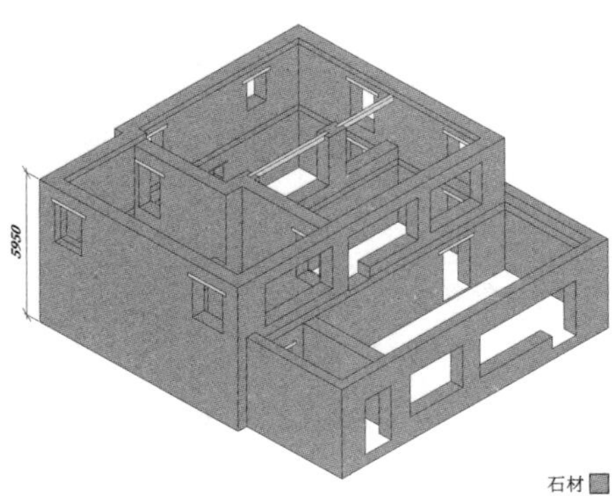

外墙材料转换示意图

主屋建筑材料信息表

外墙	1	柱子	3
内墙	1	梁	3
屋面	2、3	门	3、5
楼面	2、3、8	窗	3、5
地面	2、7	挑檐口	2、3、5

辅助用房建筑材料信息表

外墙	1	柱子	4
内墙	1	梁	4
屋面	2、3、7	门	3、5
地面	2	挑檐口	2、3

注： 1–石材，2–土，3–木材，4–钢材，5–金属，6–玻璃，7–水泥砂浆，8–地板革

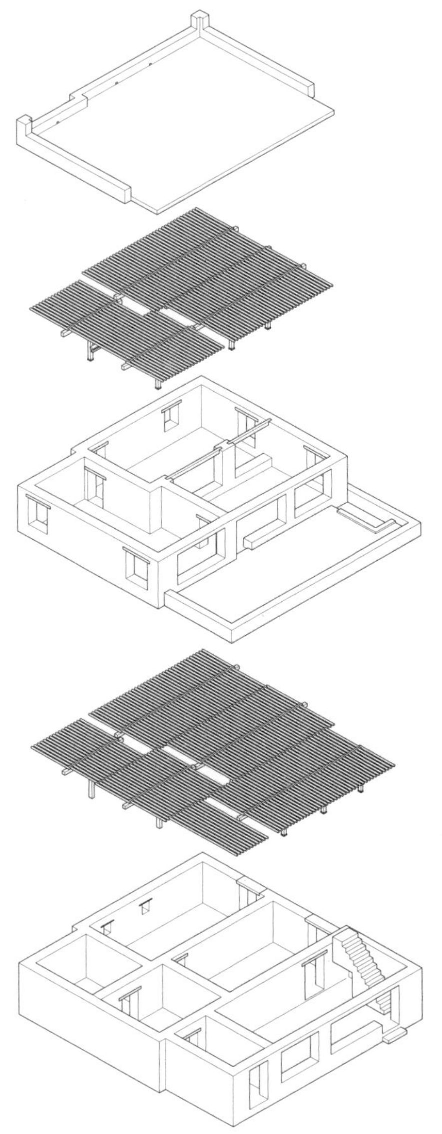
结构分析图

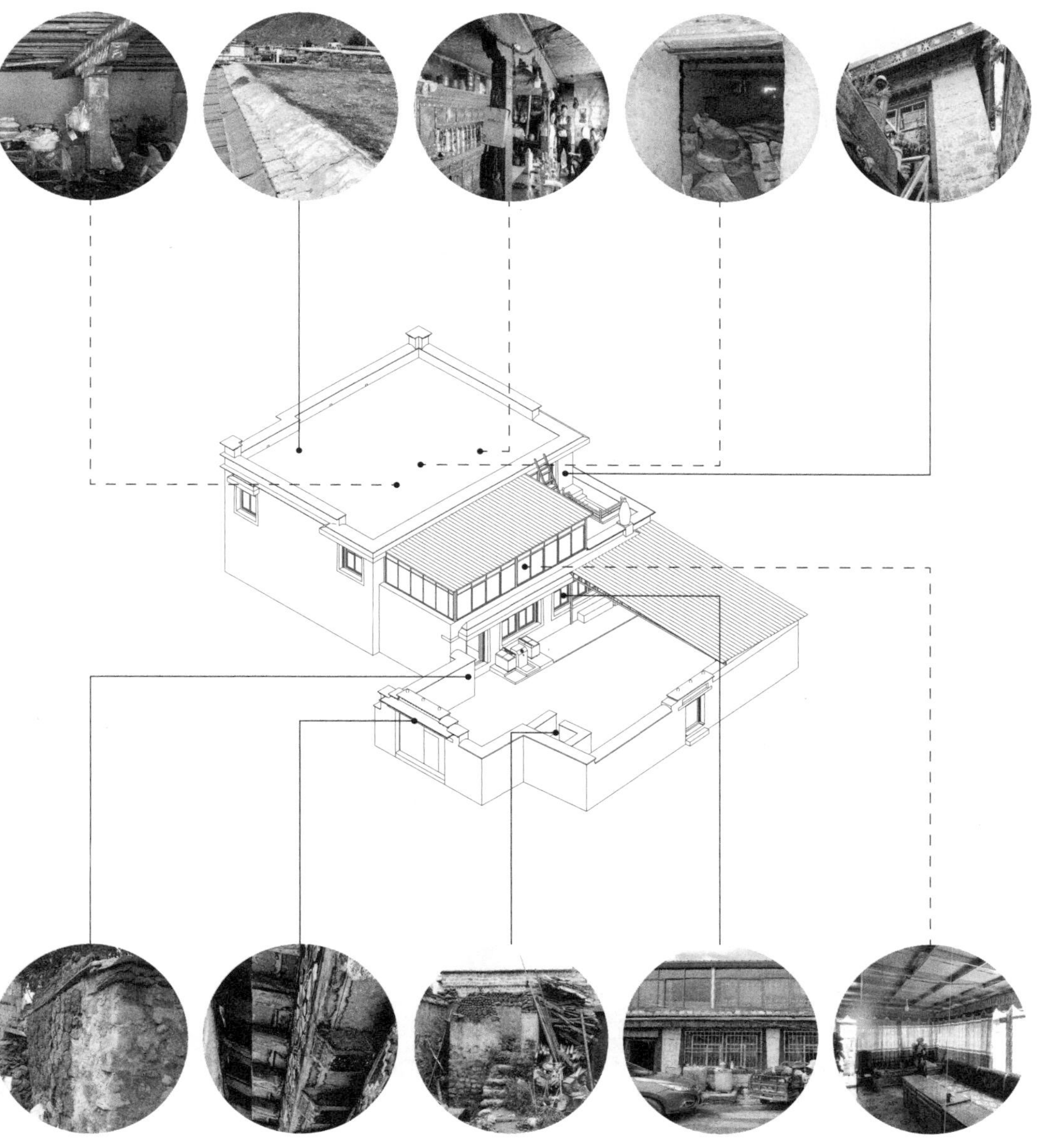

材料使用示意图

尼珍家　　2004年

林周县江热夏乡联巴村

基本信息

用地面积（497.58m²）

主屋占地面积：	118.03m²
辅助用房占地面积：	184.87m²
院落占地面积：	194.68m²

主屋建筑面积（197.08m²）

主屋一层面积：	118.03m²
主屋二层面积：	79.05m²

28岁的尼珍与丈夫、23岁的弟弟（做老师）还有一对双胞胎儿子（8岁）在家常住，从事农牧生产。夫妻与2个儿子住在一层主室，尼珍弟弟住在二楼的卧室。房屋加建时得到政府补贴。

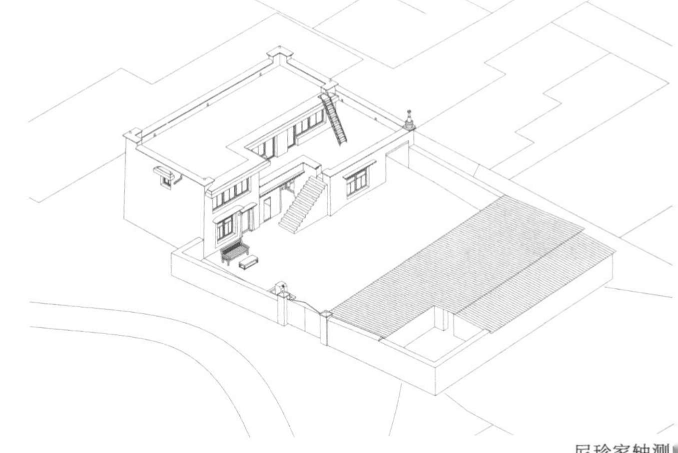

尼珍家轴测

村落总平面

尼珍家院内场景图

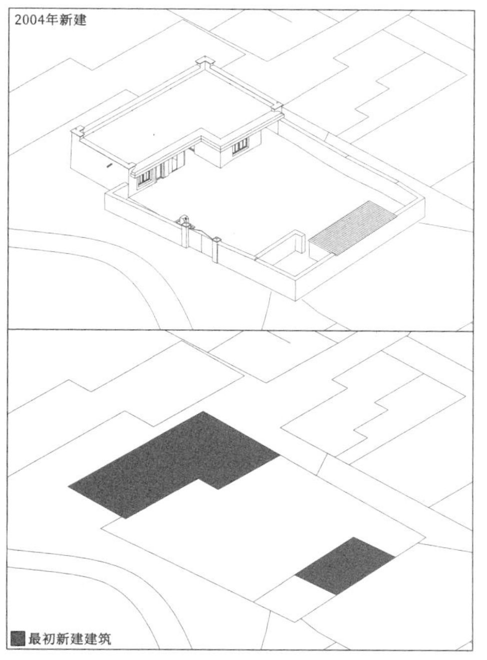

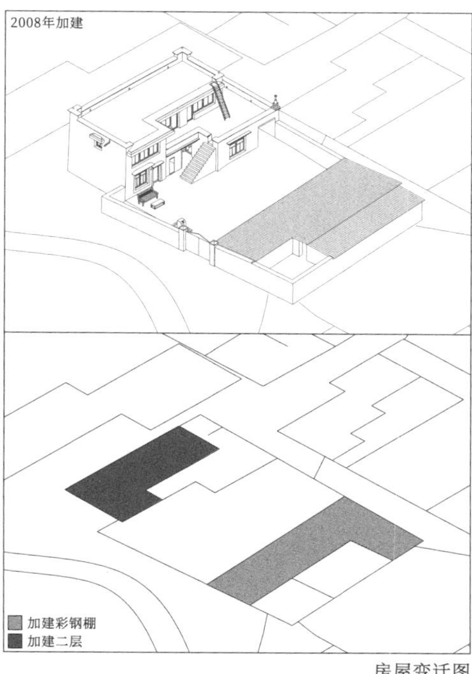

房屋变迁图

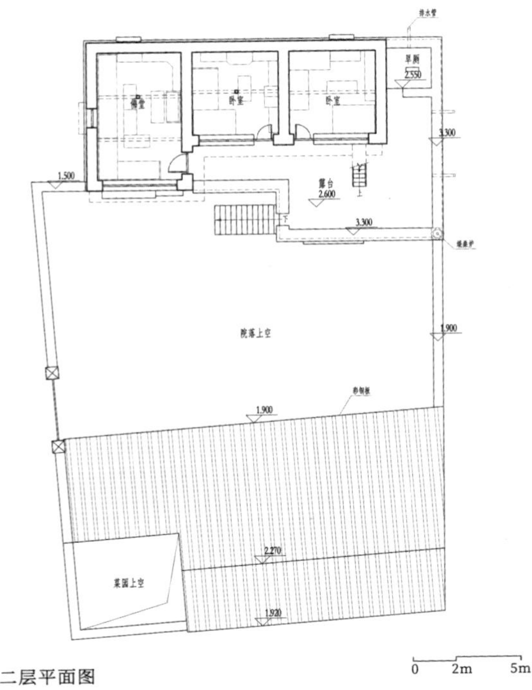

二层平面图

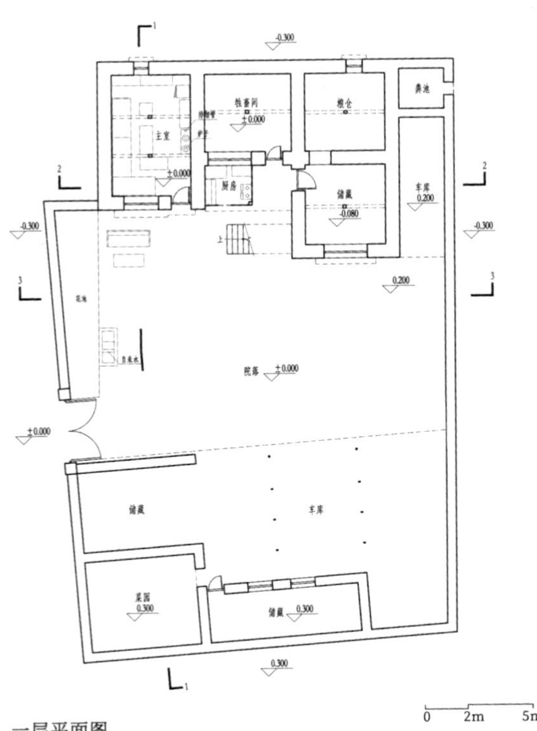

一层平面图

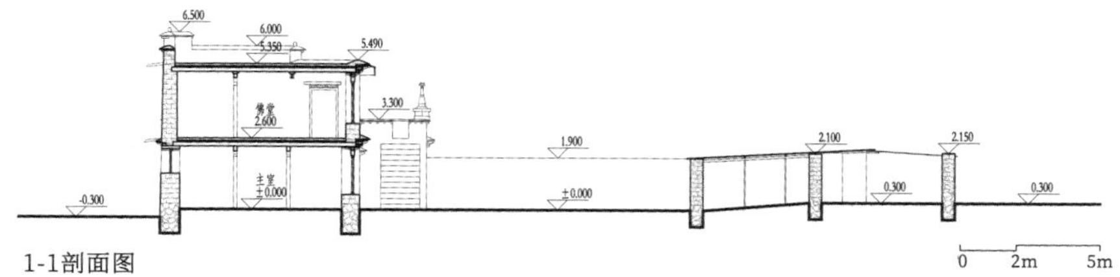

1-1剖面图

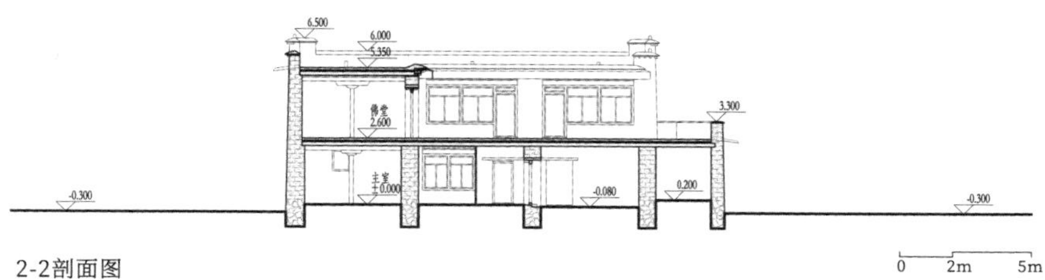

2-2剖面图

3-3剖面图

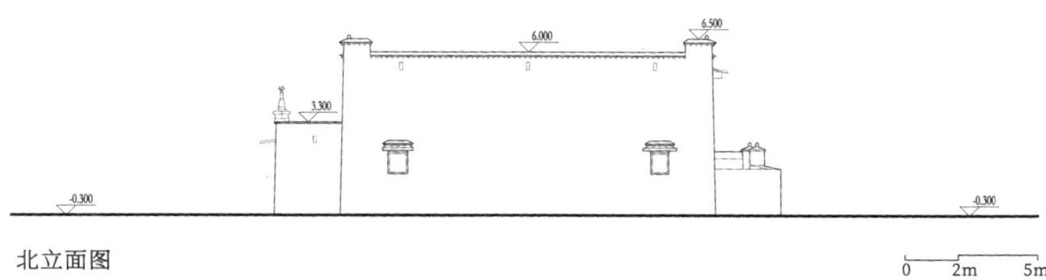

北立面图

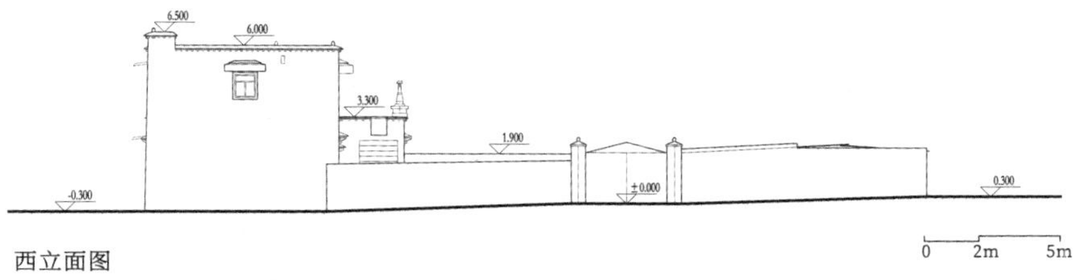

西立面图

空间组织

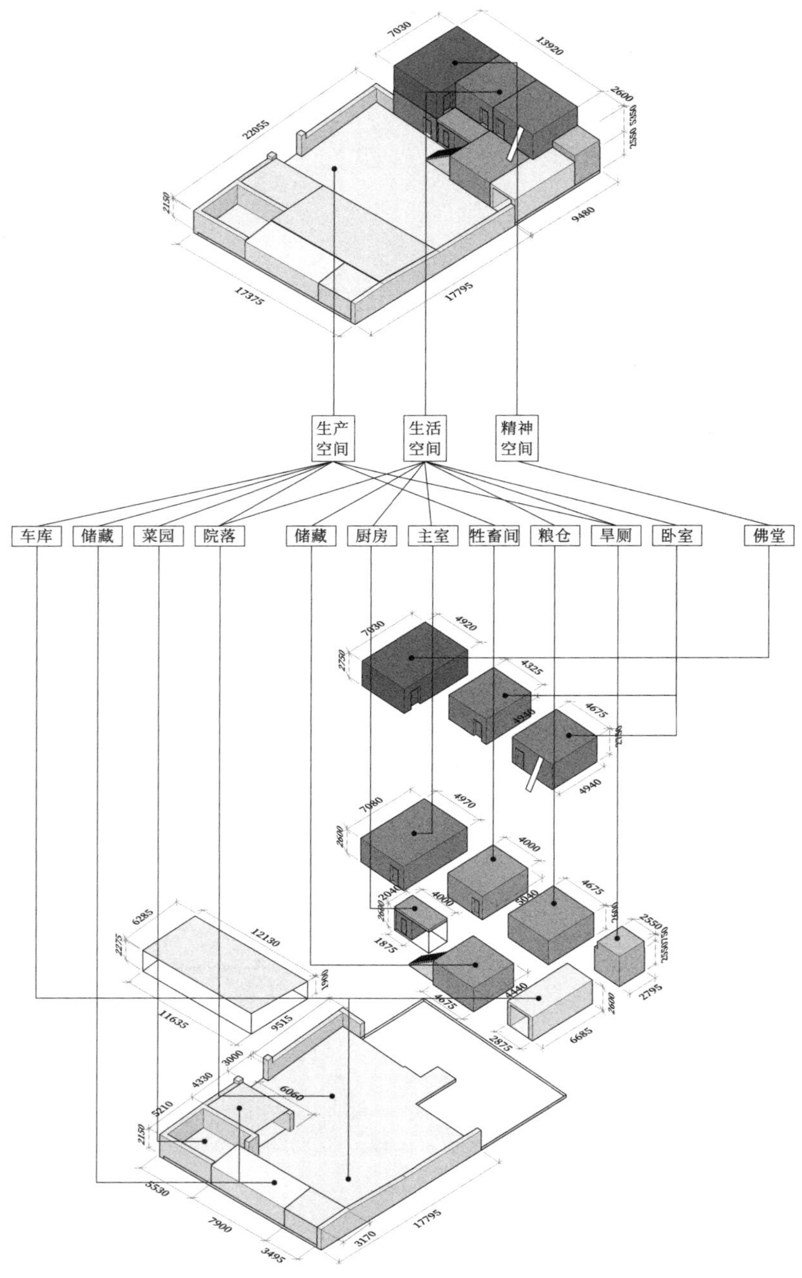

空间组织分析

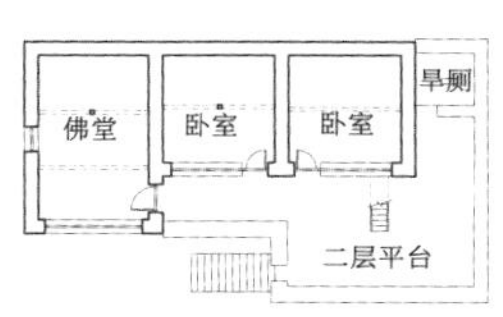

二层平面图

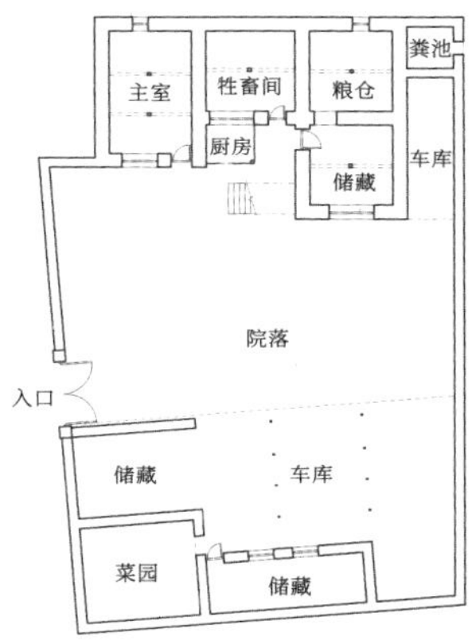

一层平面图

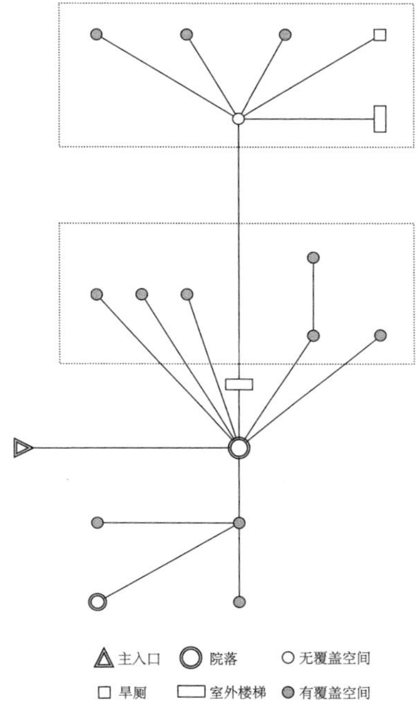

功能连接分析

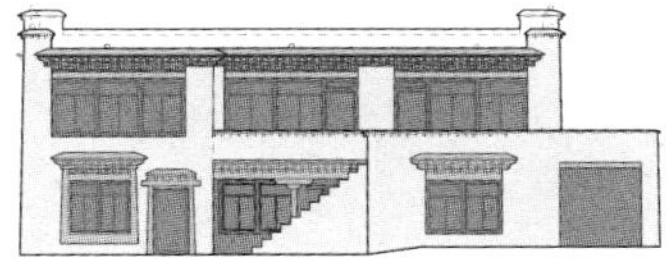
南立面窗墙比
含门窗套：0.56；不含门窗套：0.35

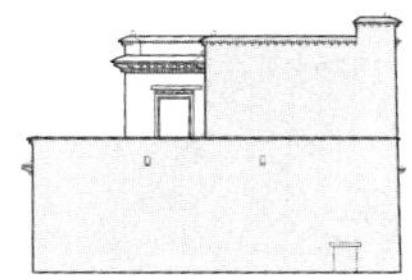
东立面窗墙比
含门窗套：0；不含门窗套：0

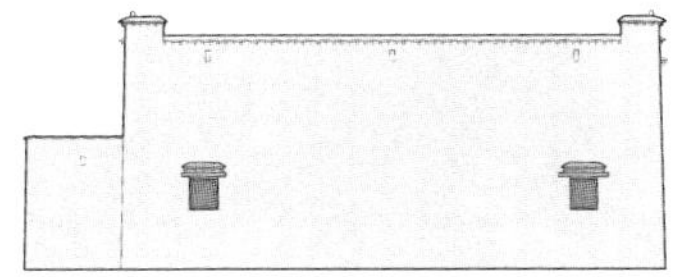
北立面窗墙比
含门窗套：0.02；不含门窗套：0.01

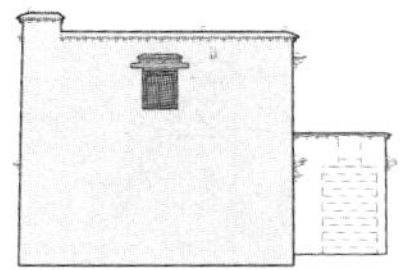
西立面窗墙比
含门窗套：0.03；不含门窗套：0.02

洞口分析

院落生活场景

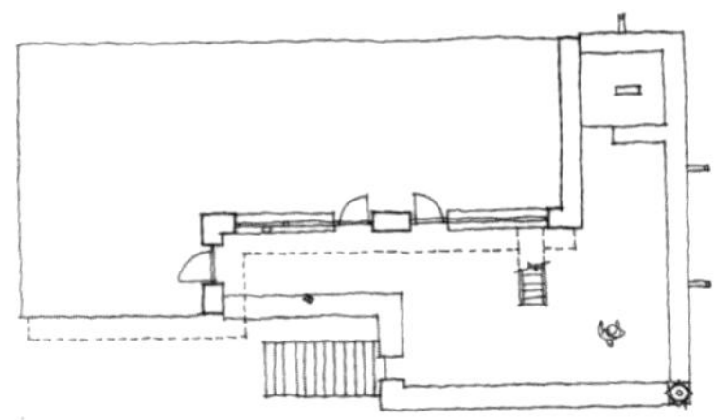

二层平台生活平面图

二层平台使用面积：38.77m²

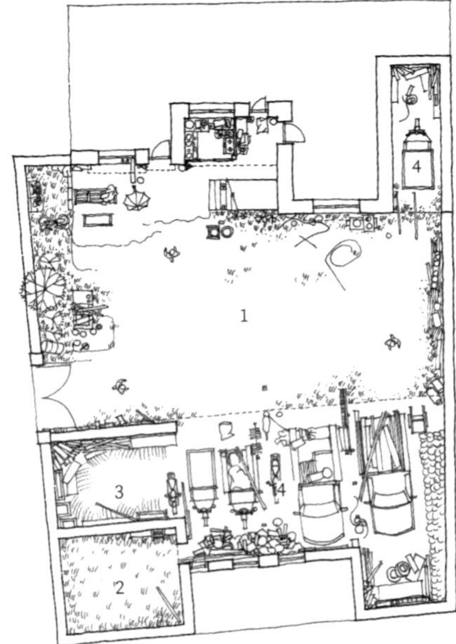

一层院落生活平面图

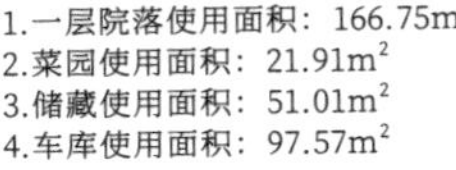

1.一层院落使用面积：166.75m²
2.菜园使用面积：21.91m²
3.储藏使用面积：51.01m²
4.车库使用面积：97.57m²

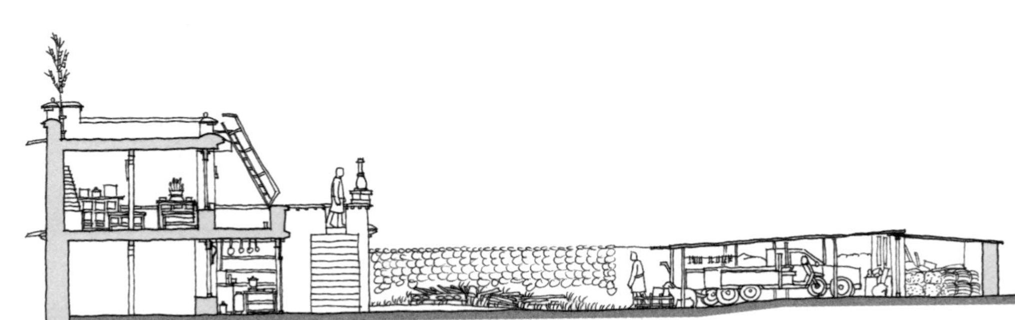

生活场景剖面图

屋顶平台使用面积：59.09m^2

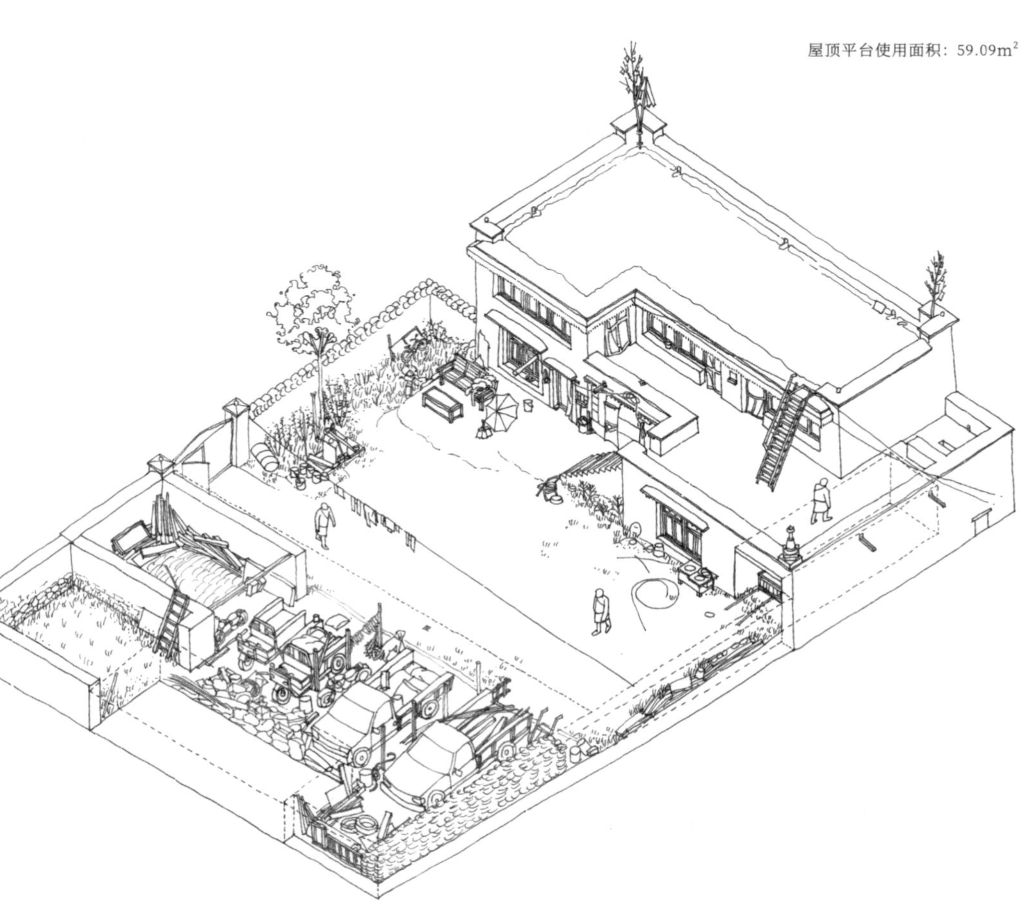

院落场景图

室内生活场景

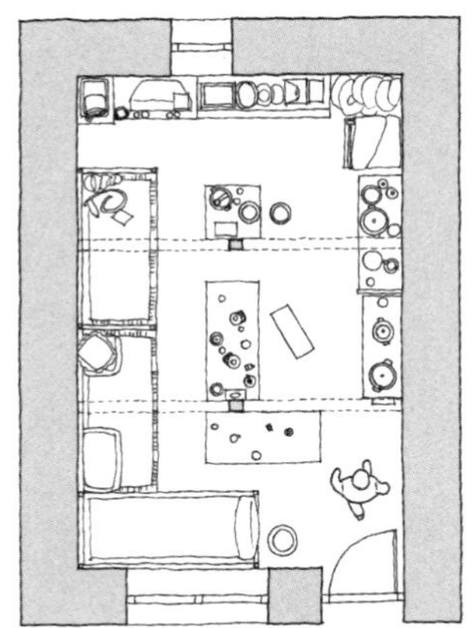

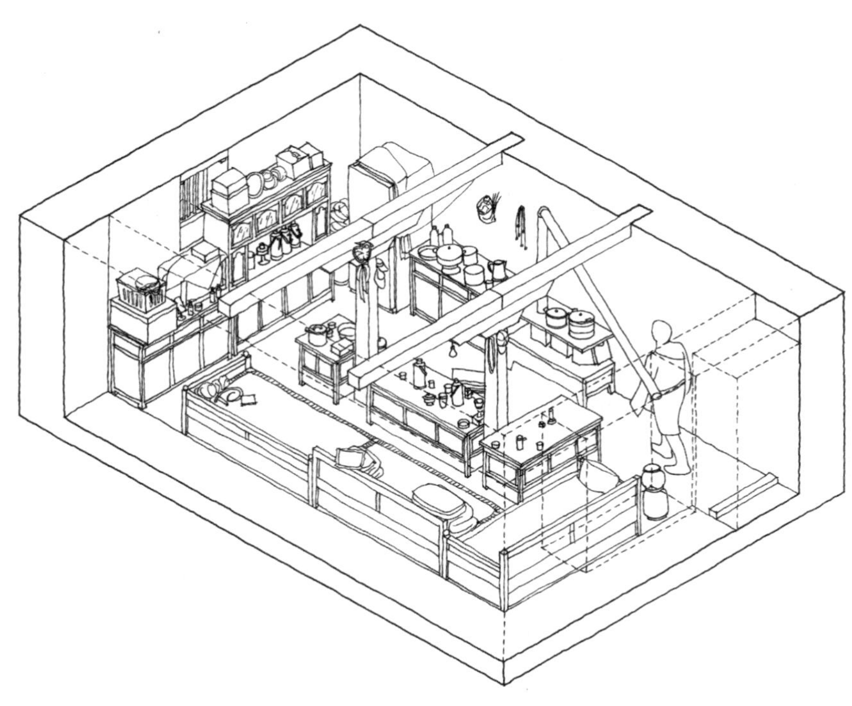

主室场景图

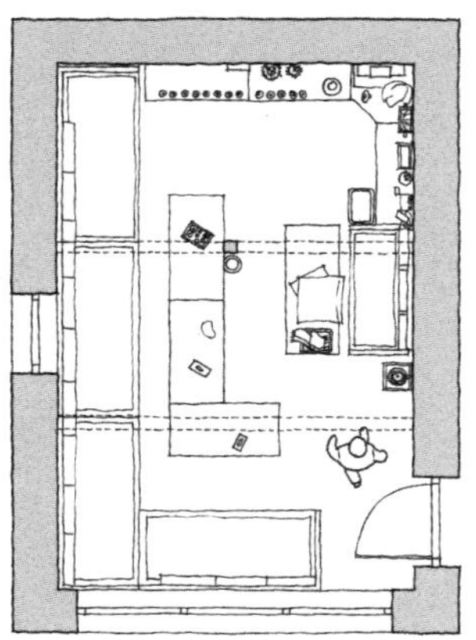

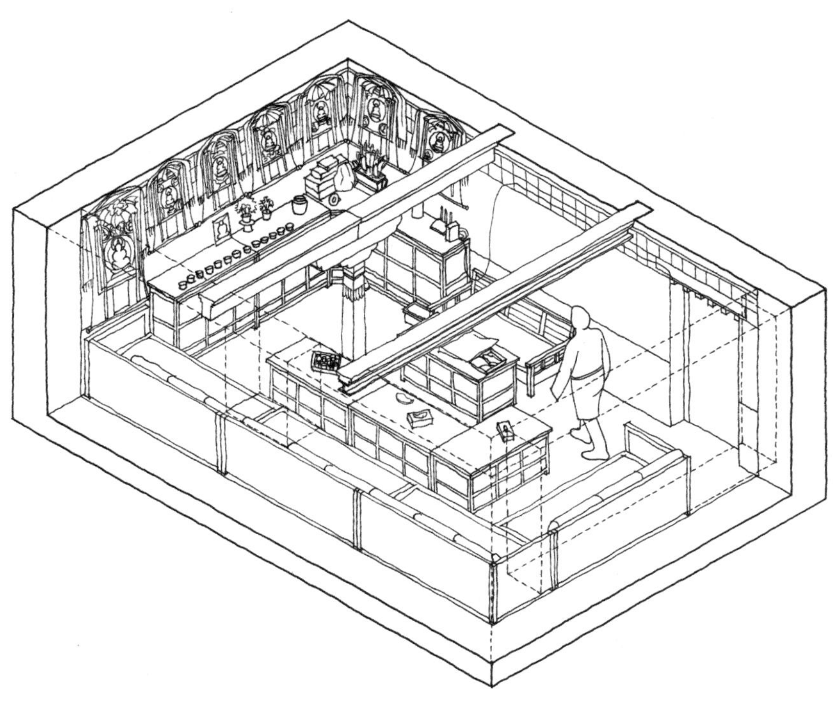

佛堂场景图

主要生活空间

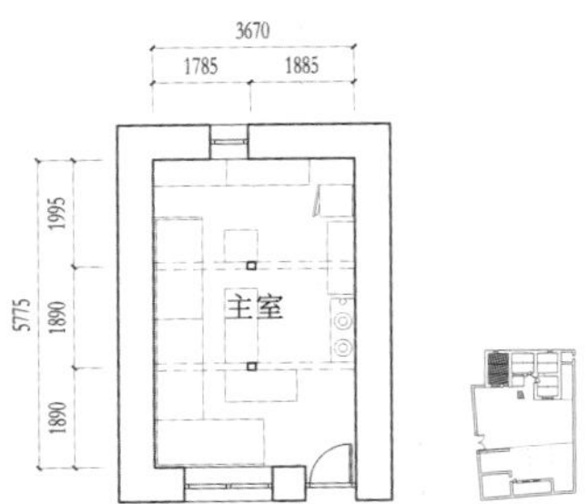

使用面积S=21.51m^2 层高H=2.60m
净高h=2.12m

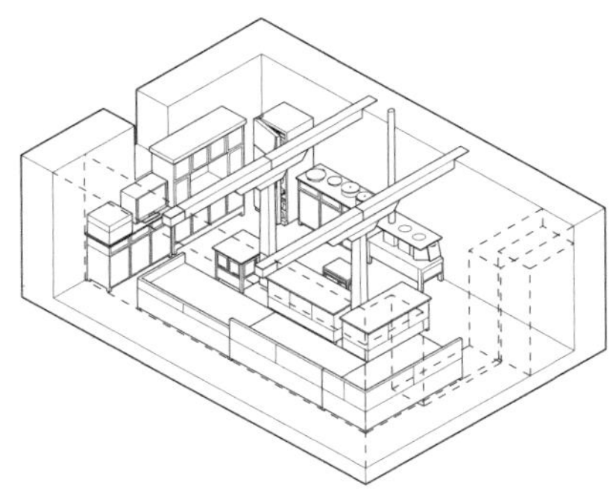

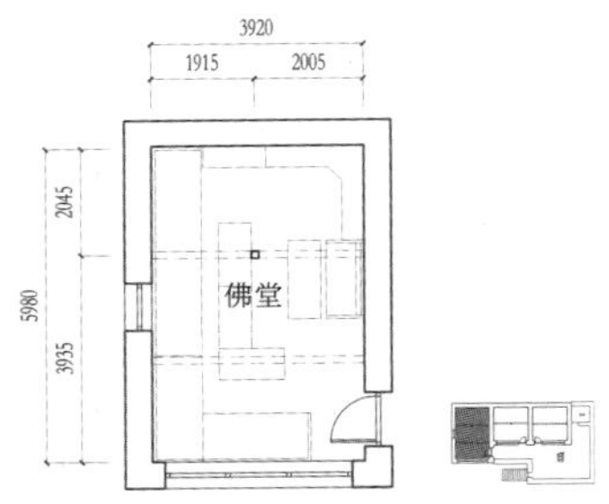

使用面积S=23.85m^2 层高H=2.75m
净高h=2.22m

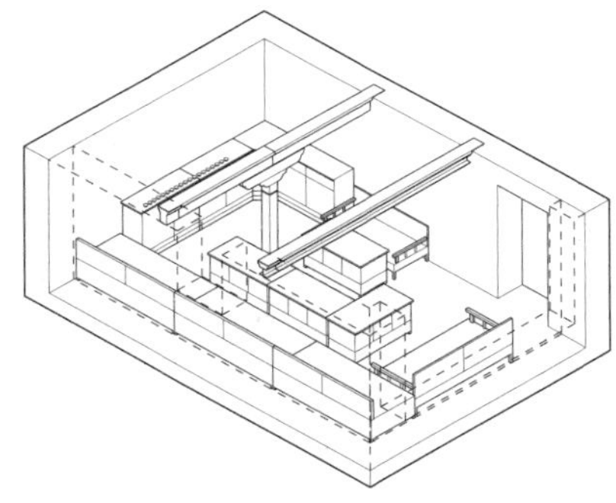

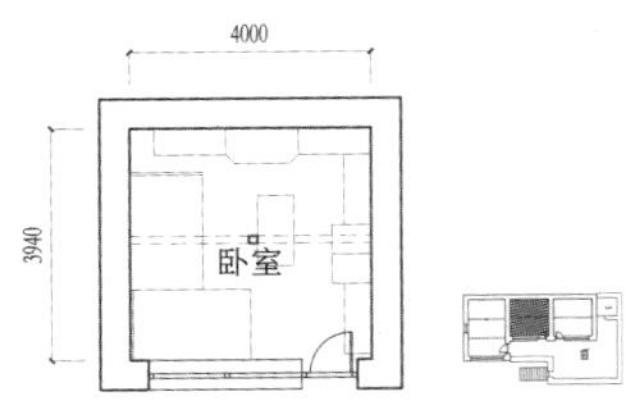

使用面积S=15.76m^2 层高H=2.75m
净高h=2.22m

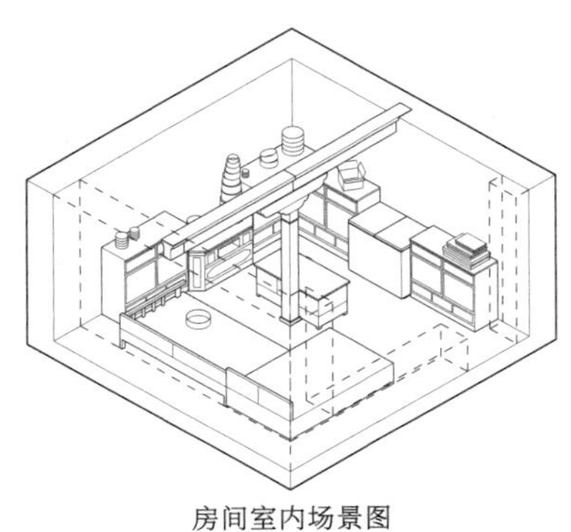

房间平面图

房间室内场景图

向窗地比：1/9.39
向窗地比：1/37.74

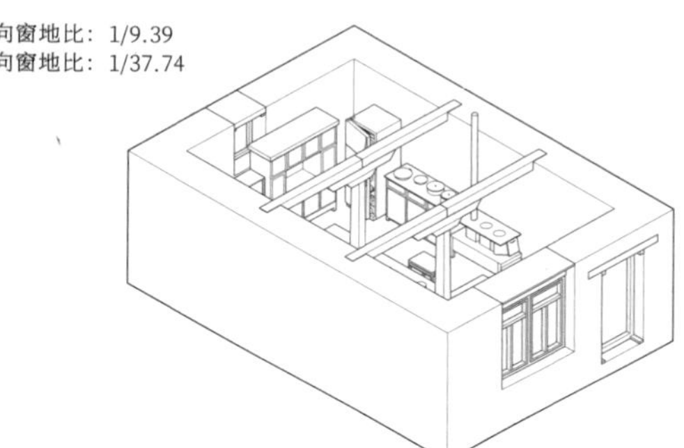

向窗地比：1/4.52
向窗地比：1/25.92

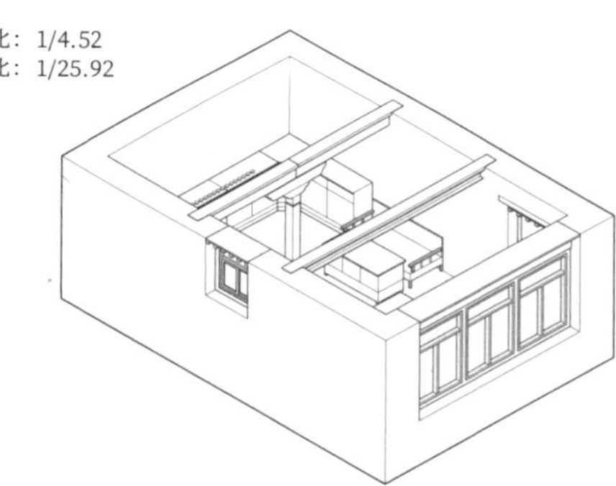

向窗地比：1/4.03

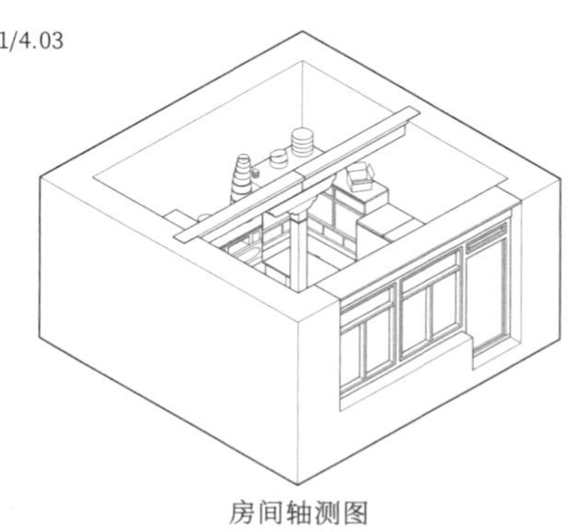

房间轴测图

室内照片

结构与材料

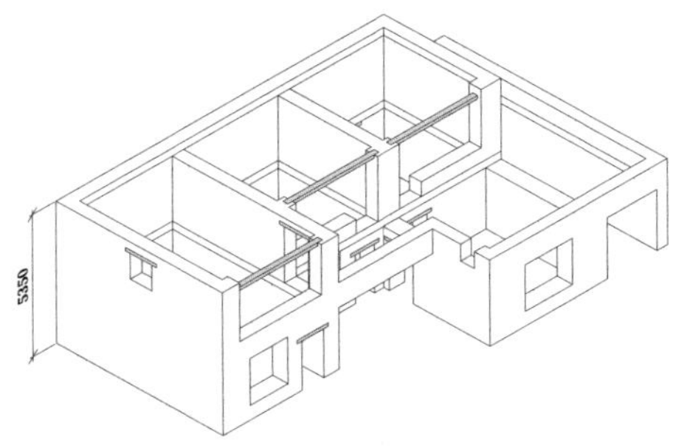

外墙材料转换示意图

主屋建筑材料信息表

外墙	2	柱子	3
内墙	2	梁	3、4
屋面	1、3	门	3、5、6
楼面	1、3、7	窗	3、5、6
地面	1、7、8	挑檐口	1、3、5

辅助用房建筑材料信息表

外墙	2	柱子	3、4
内墙	2	梁	3、4
屋面	1、3、4	门	3、4
地面	1	挑檐口	5

注：1–土，2–土坯砖，3–木材，4–钢材，5–金属，6–玻璃，7–水泥砂浆，8–混凝土

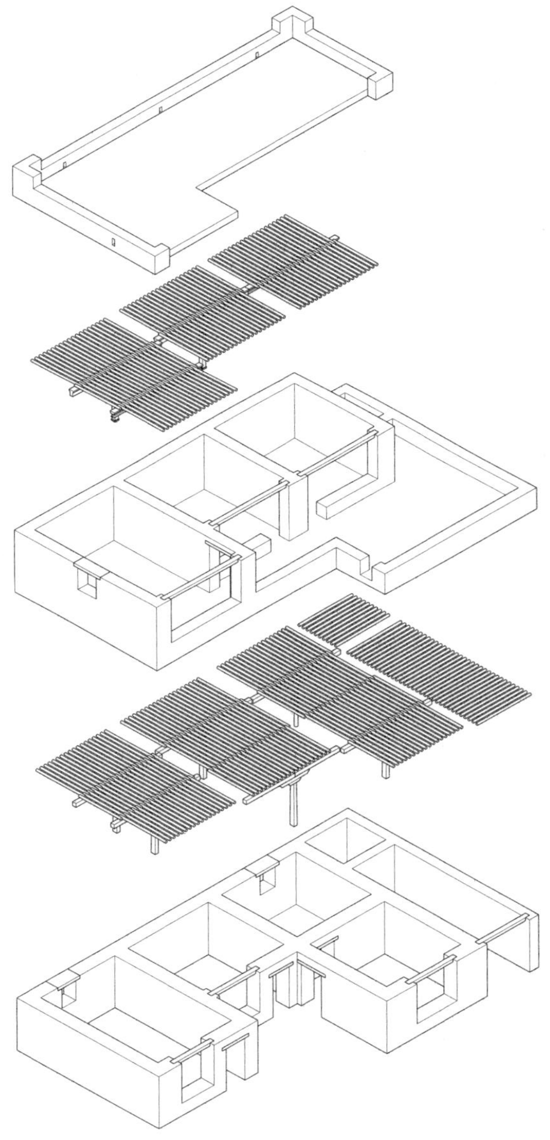

结构分析图

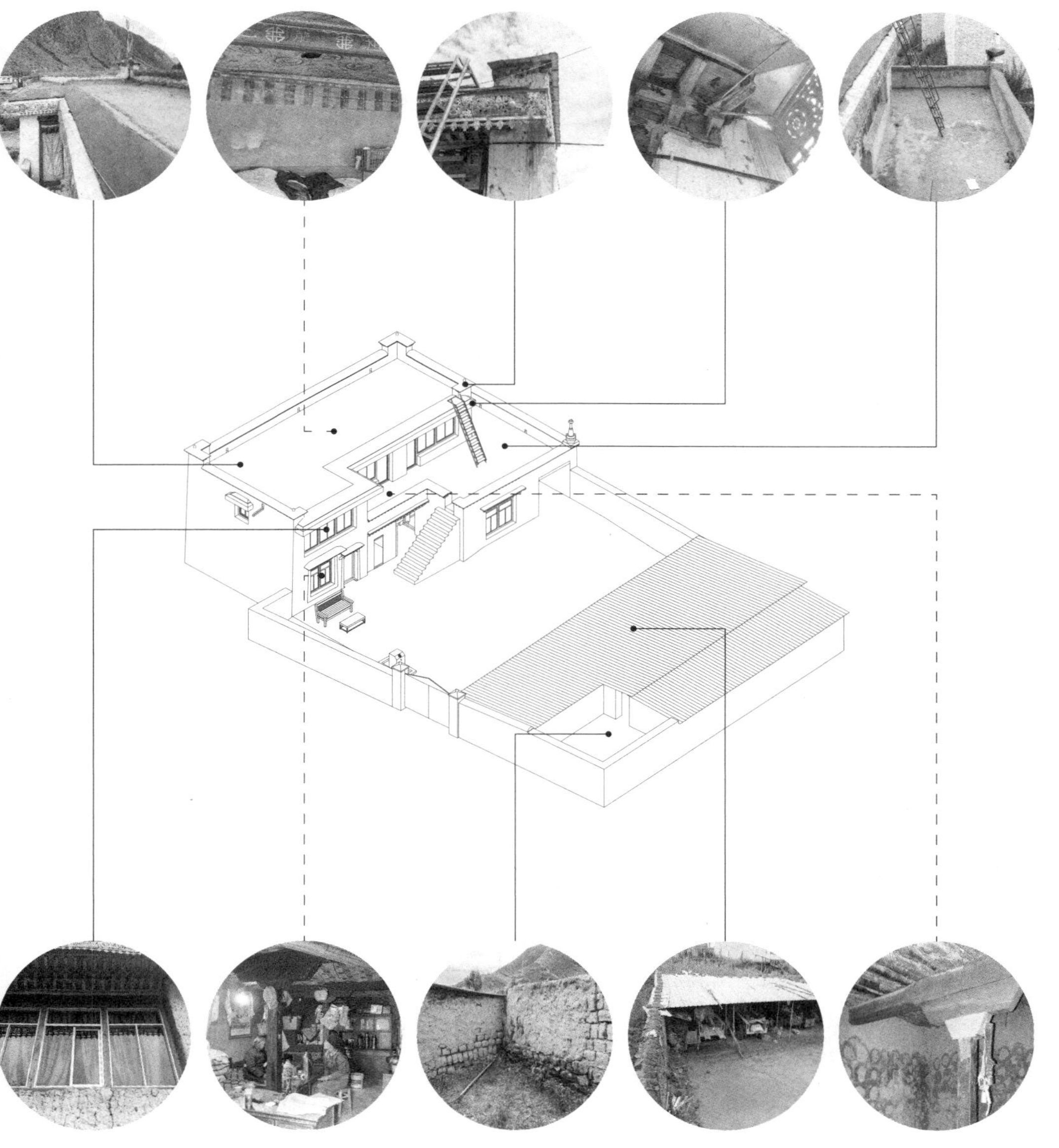

材料使用示意图

曲扎家 2008年

墨竹工卡县邦那村

基本信息

用地面积（1115.50m²）

主屋占地面积：	177.91m²
辅助用房占地面积：	268.66m²
院落占地面积：	668.93m²

主屋建筑面积（342.74m²）

主屋二层面积：	177.91m²
主屋三层面积：	164.83m²

51岁的曲扎与妻子、大女儿以及孙女在家常住，从事农牧生产活动。夫妇二人在主室睡觉，大女儿和孙女在东侧卧室睡觉，女婿在山南工作偶尔回家，小女儿在湖南上学，回来时，夏季在客厅，冬季在佛堂就寝。新建时有政府补贴。

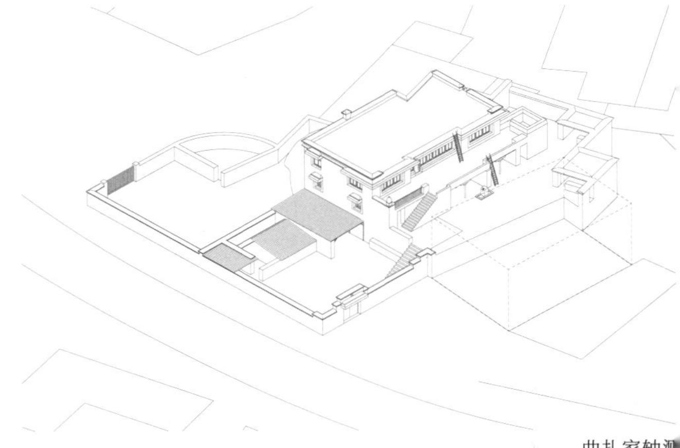

曲扎家轴测

村落总平面

曲扎家外观图

曲扎家院内场景图

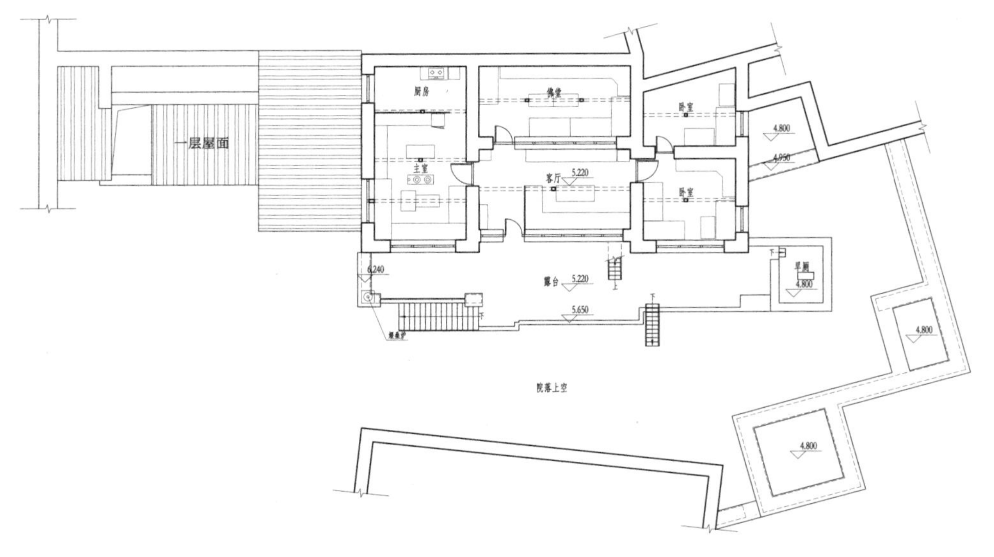

三层平面图

0 2m 5m

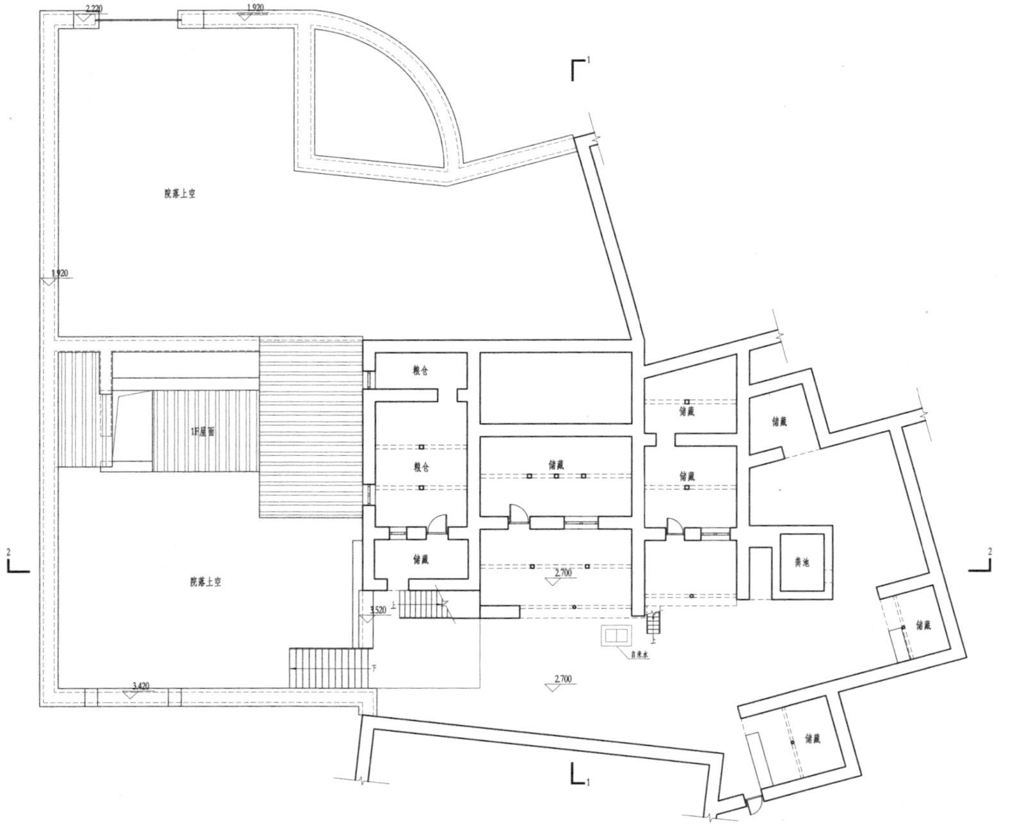

二层平面图

0 2m 5m

屋顶平面图

0 2m 5m

1-1剖面图

0 2m 5m

2-2剖面图

0 2m 5m

西立面图

0 2m 5m

北立面图

0 2m 5m

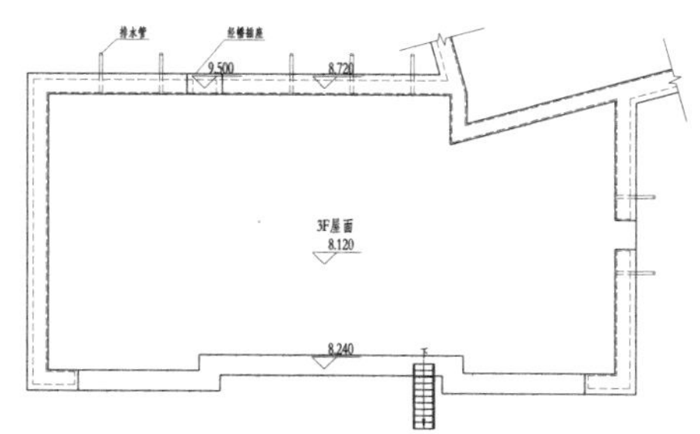

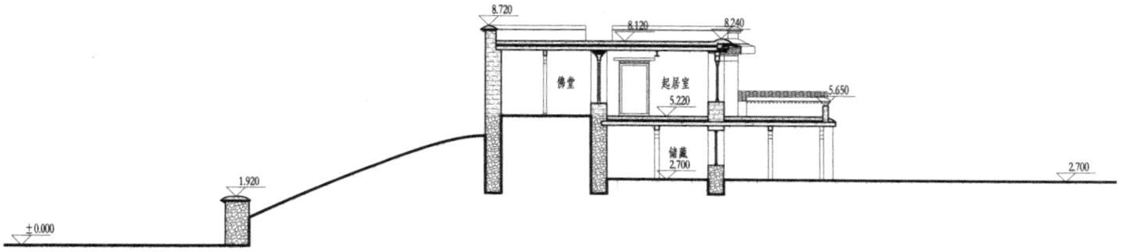

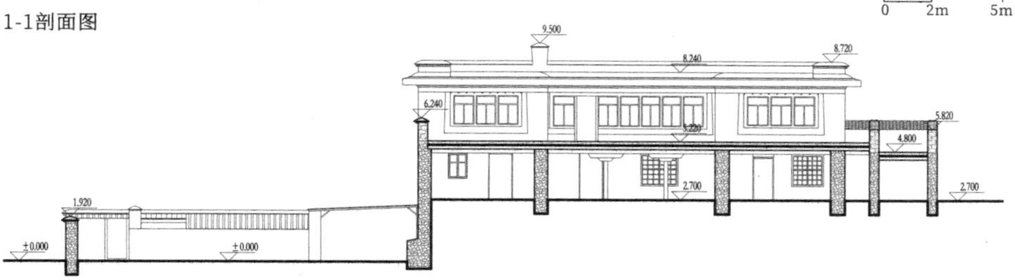

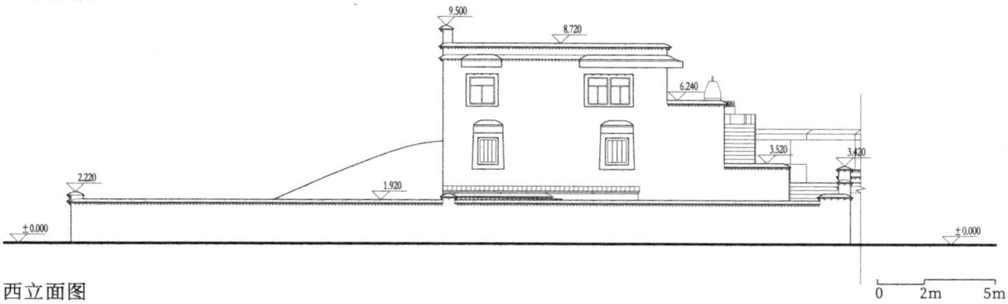

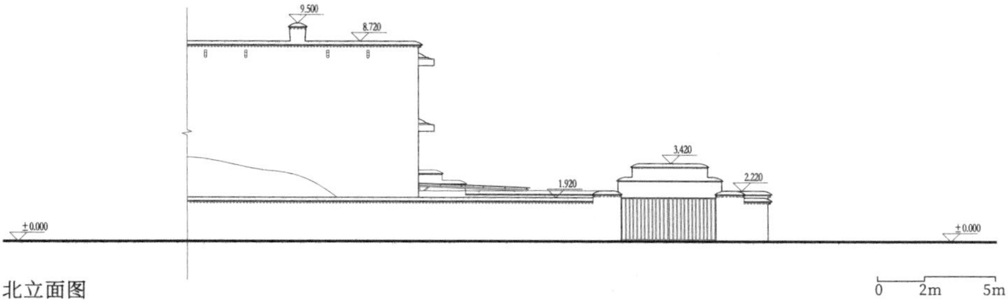

空间组织

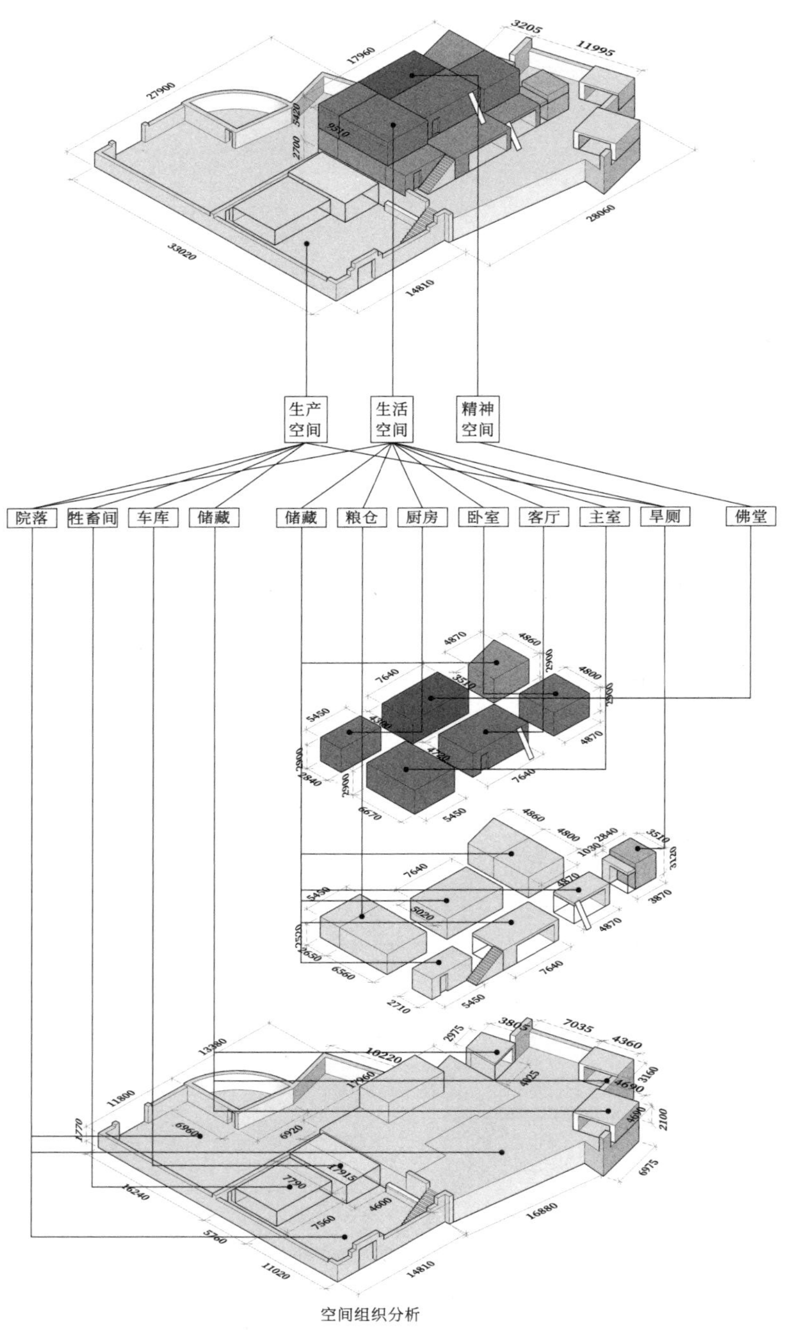

空间组织分析

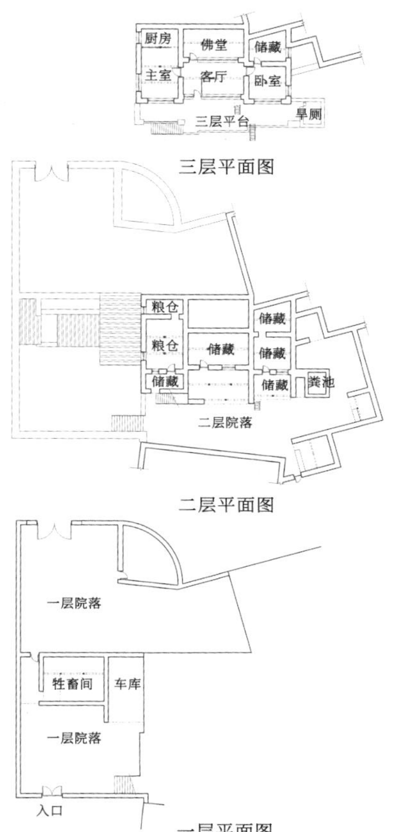

三层平面图

二层平面图

一层平面图

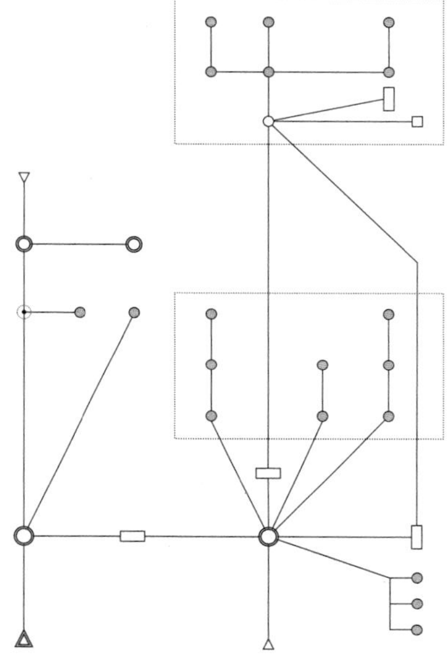

功能连接分析

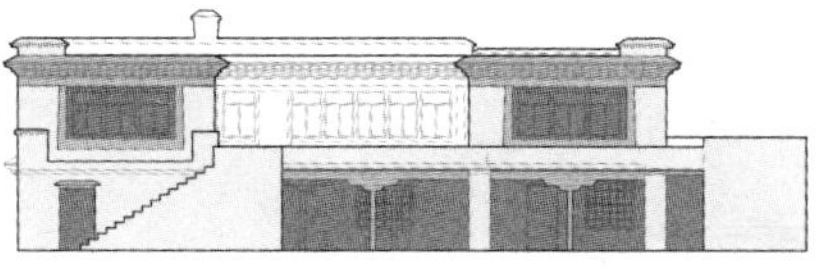

南立面窗墙比
含门窗套：0.51；不含门窗套：0.32

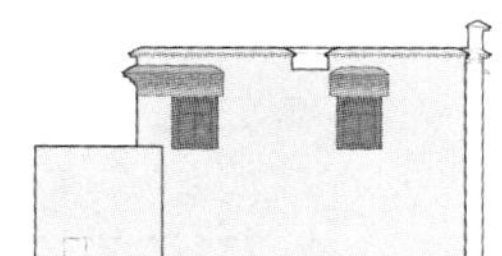

东立面窗墙比
含门窗套：0.11；不含门窗套：0.06

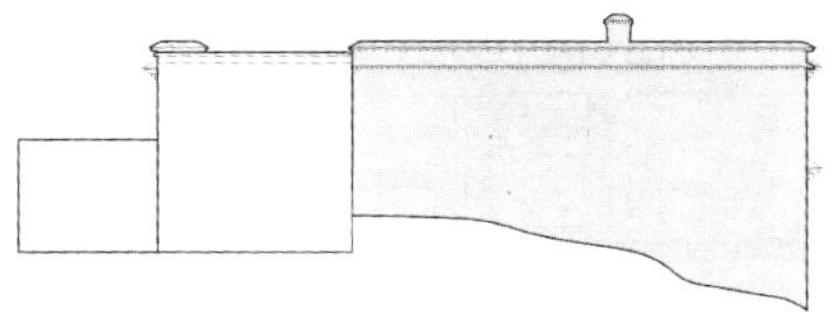

北立面窗墙比
含门窗套：0；不含门窗套：0

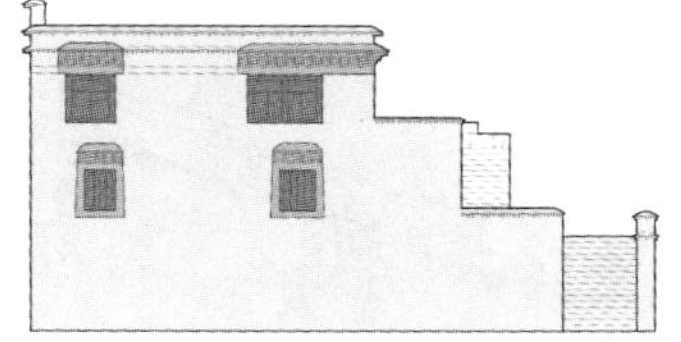

西立面窗墙比
含门窗套：0.13；不含门窗套：0.06

洞口分析

院落生活场景

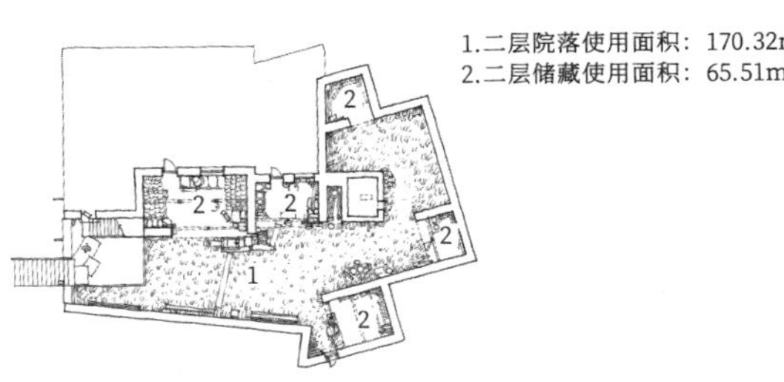

1.二层院落使用面积：170.32m^2
2.二层储藏使用面积：65.51m^2

二层平台生活平面图

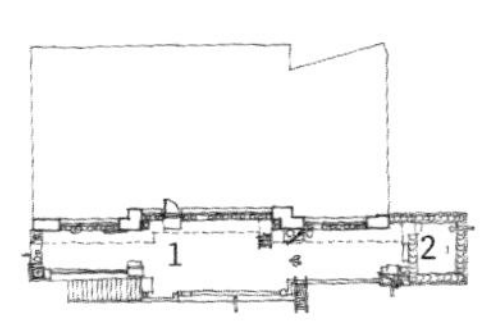
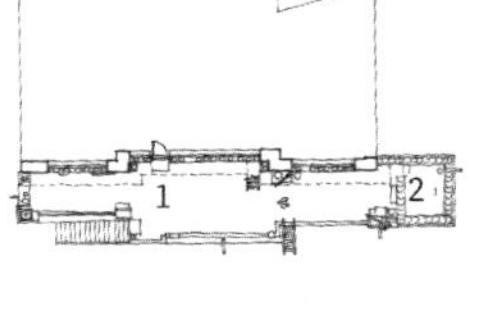

1.三层平台使用面积：54.06m^2
2.三层旱厕使用面积：5.78m^2

三层平台生活平面图

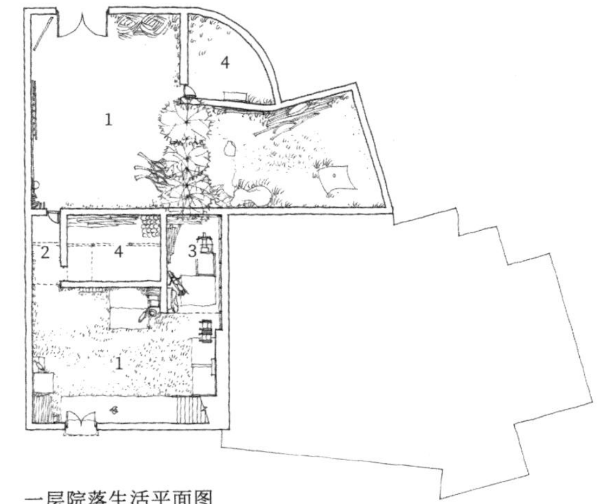

1.一层院落使用面积：409.84m^2
2.院落入口灰空间面积：12.57m^2
3.车库使用面积：31.93m^2
4. 牲畜间使用面积：63.29m^2

一层院落生活平面图

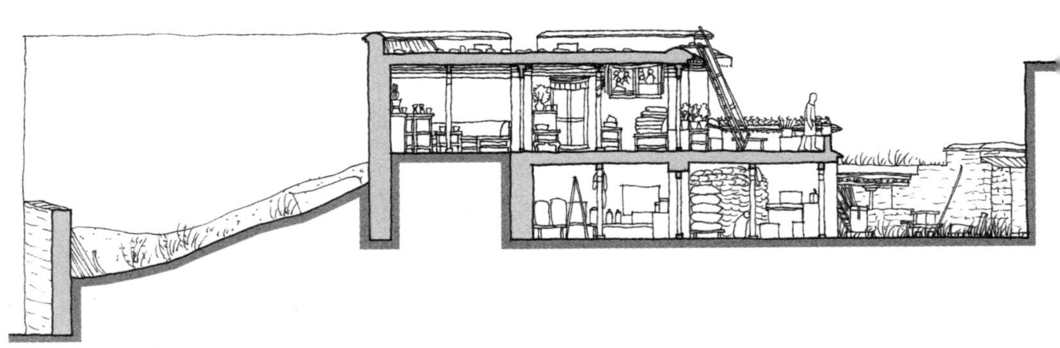

生活场景剖面图

屋顶平台使用面积：139.08m²

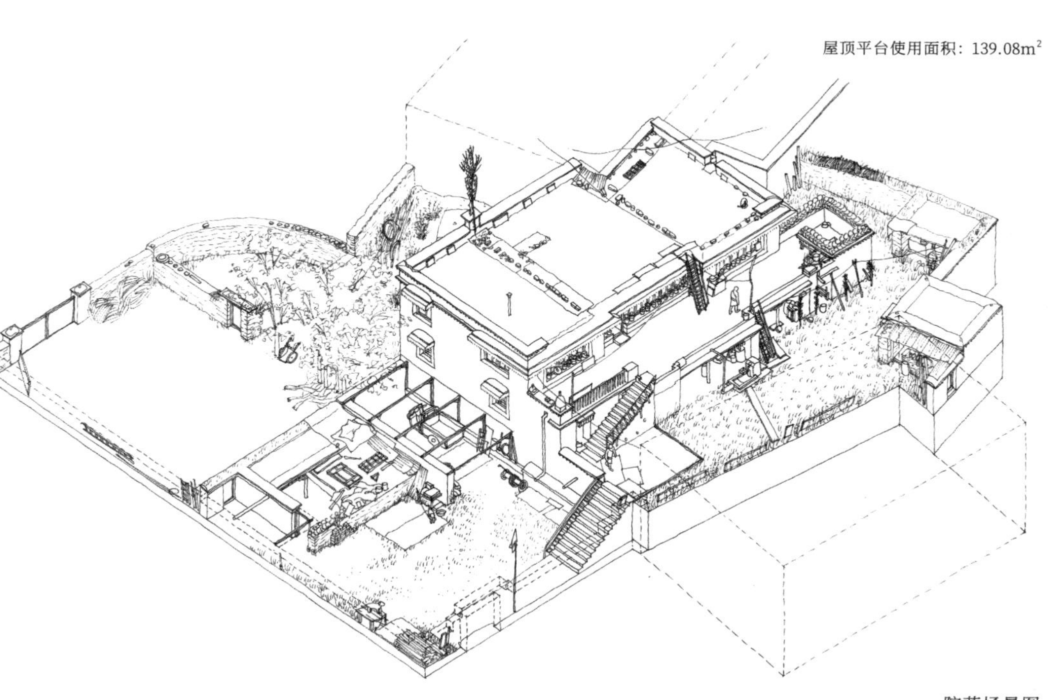

院落场景图

室内生活场景

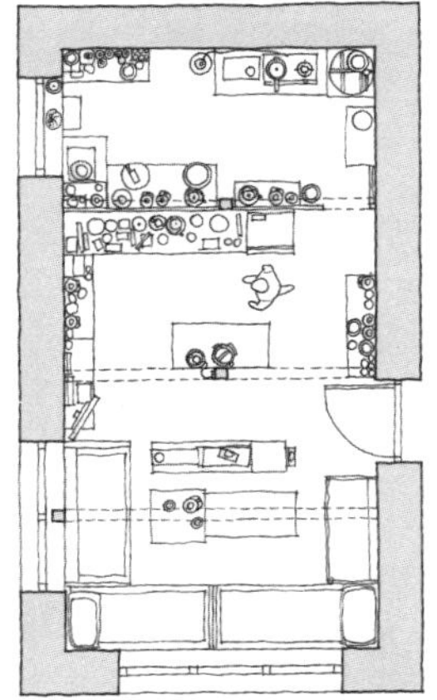

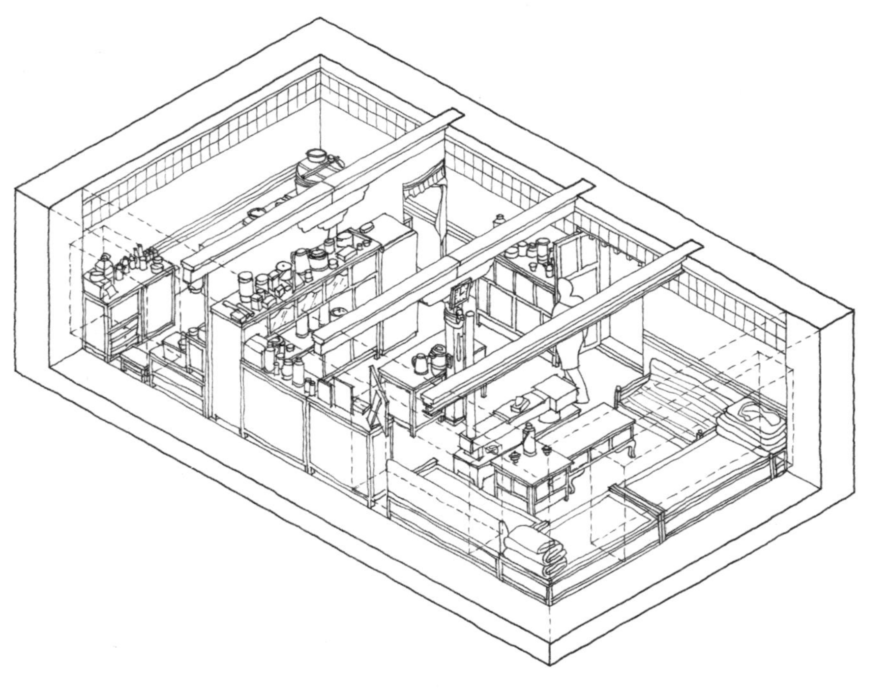

主室场景图

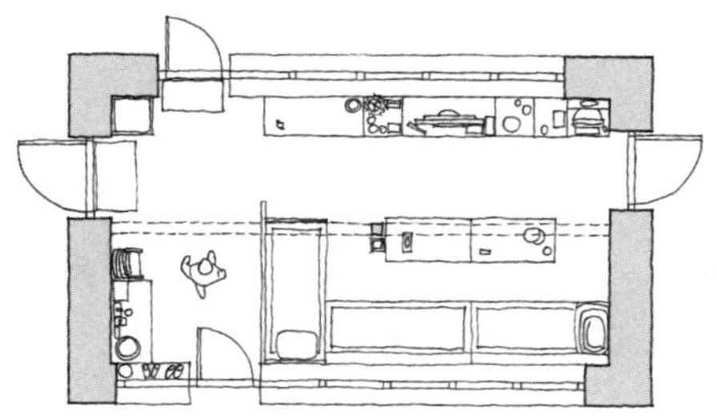

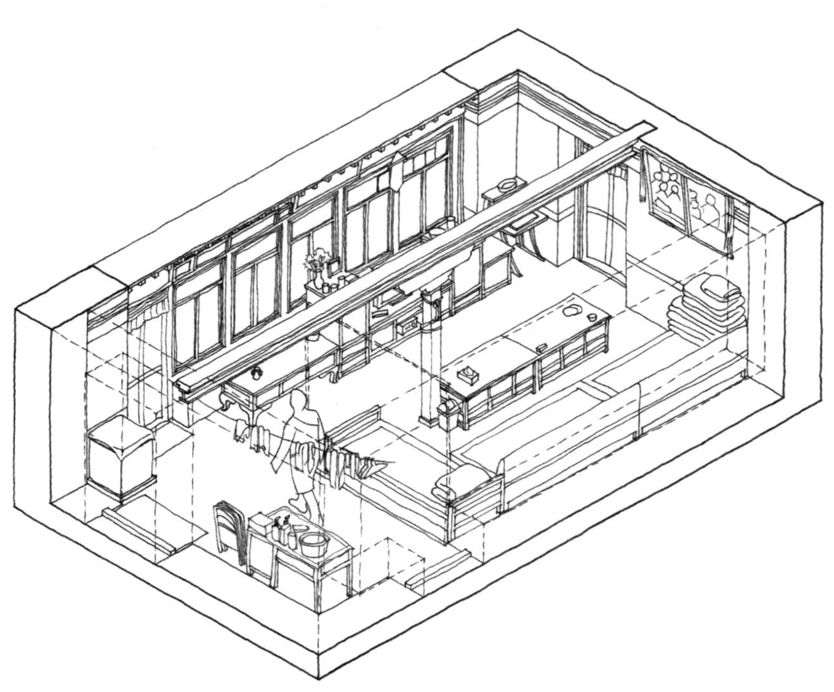

客厅场景图

主要生活空间

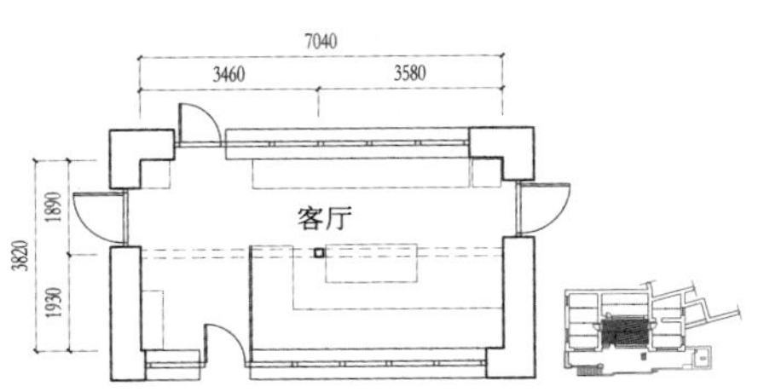

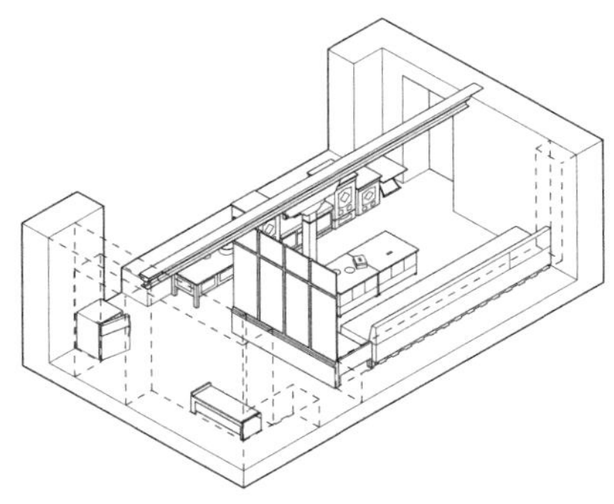

使用面积S=26.89m^2 层高H=2.90m
净高h=2.33m

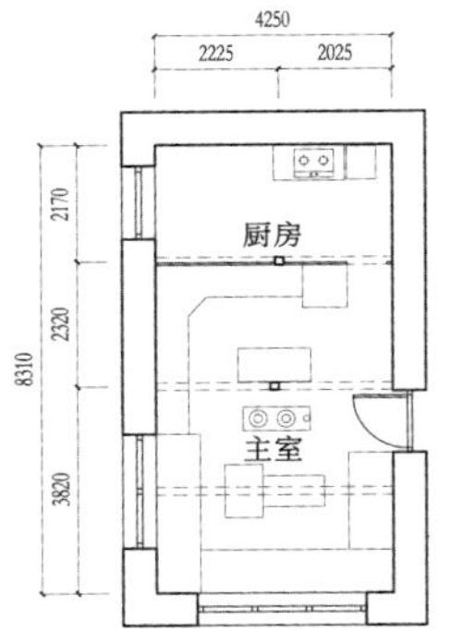

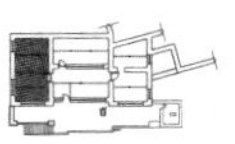

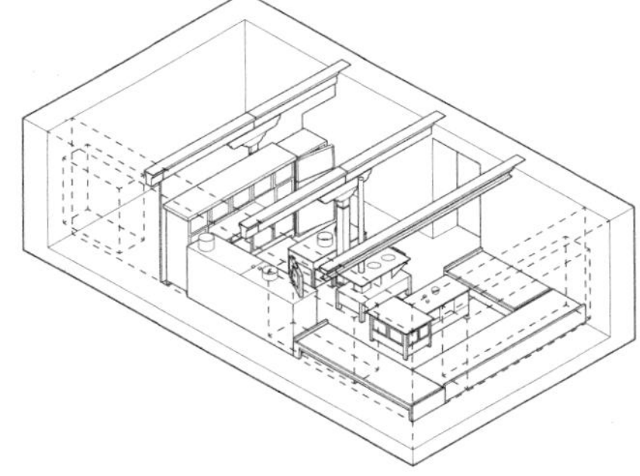

使用面积S=35.31m^2 层高H=2.90m
净高h=2.33m

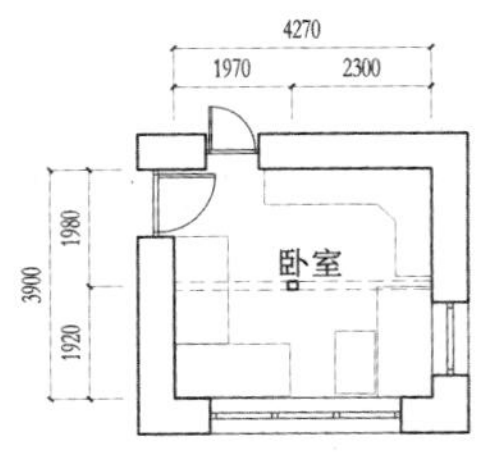

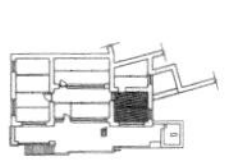

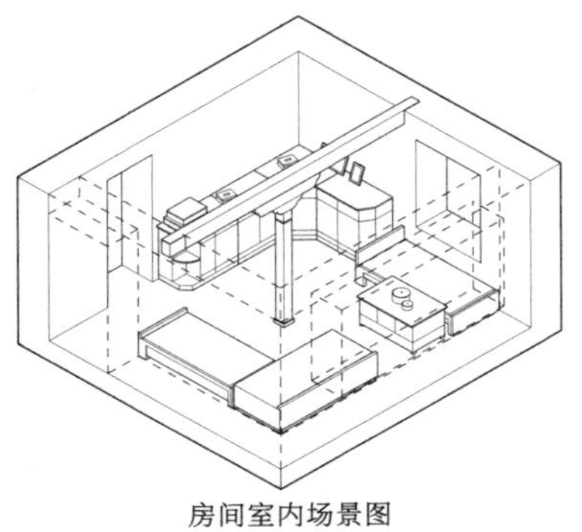

使用面积S=16.63m^2 层高H=2.90m
净高h=2.33m

房间平面图

房间室内场景图

向窗地比：1/3.02
向窗为内窗

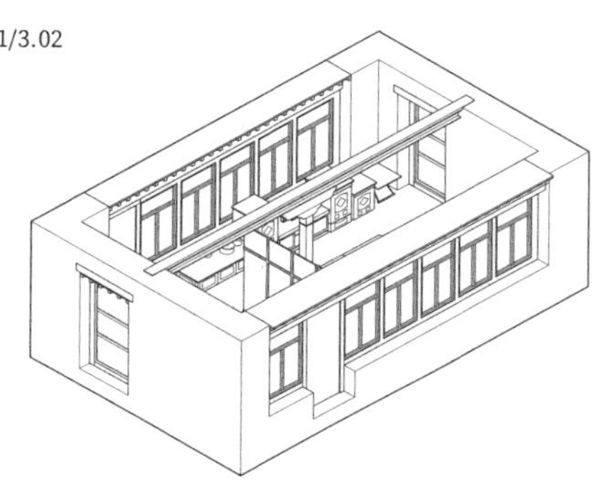

向窗地比：1/8.03
向窗地比：1/7.45

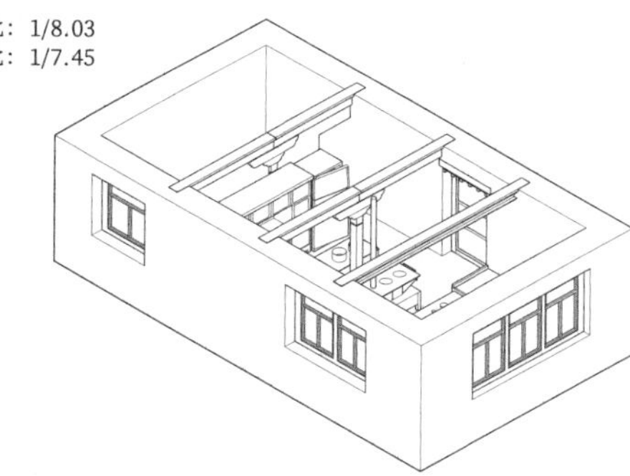

向窗地比：1/5.51
向窗地比：1/9.09

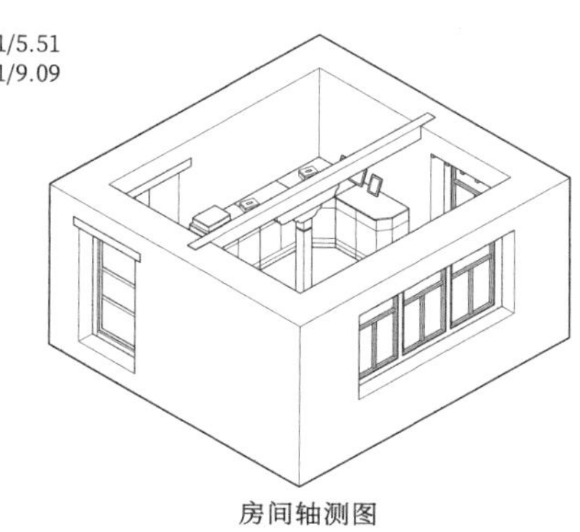

房间轴测图

室内照片

结构与材料

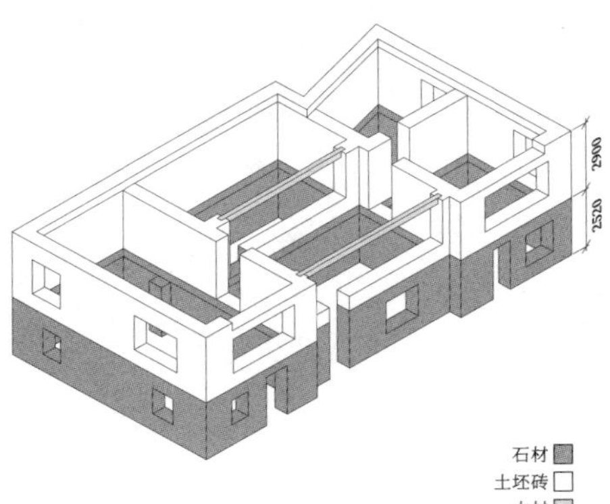

外墙材料转换示意图

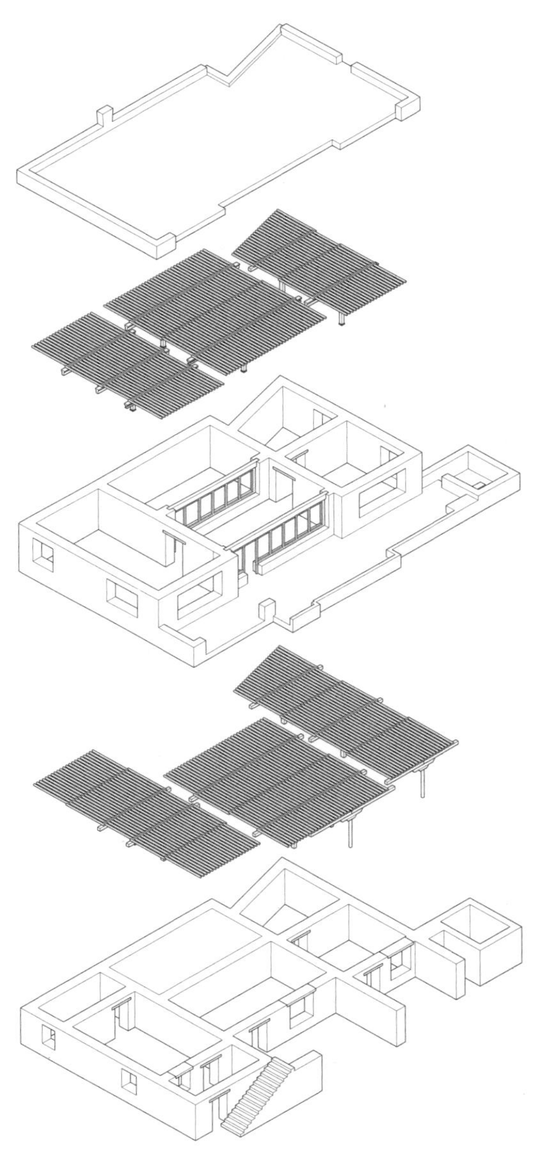

结构分析图

主屋建筑材料信息表

外墙	1、3	柱子	4
内墙	1、3	梁	4、5
屋面	2、4	门	4、6、7
楼面	2、4、8、9	窗	4、6、7
地面	2	挑檐口	2、4、6

辅助用房建筑材料信息表

外墙	1	柱子	4、5
内墙	1	梁	4
屋面	2、4、5	门	4、8
地面	2	挑檐口	2、4

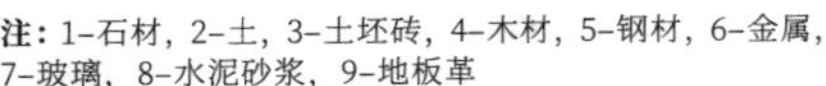
注：1-石材，2-土，3-土坯砖，4-木材，5-钢材，6-金属，7-玻璃，8-水泥砂浆，9-地板革

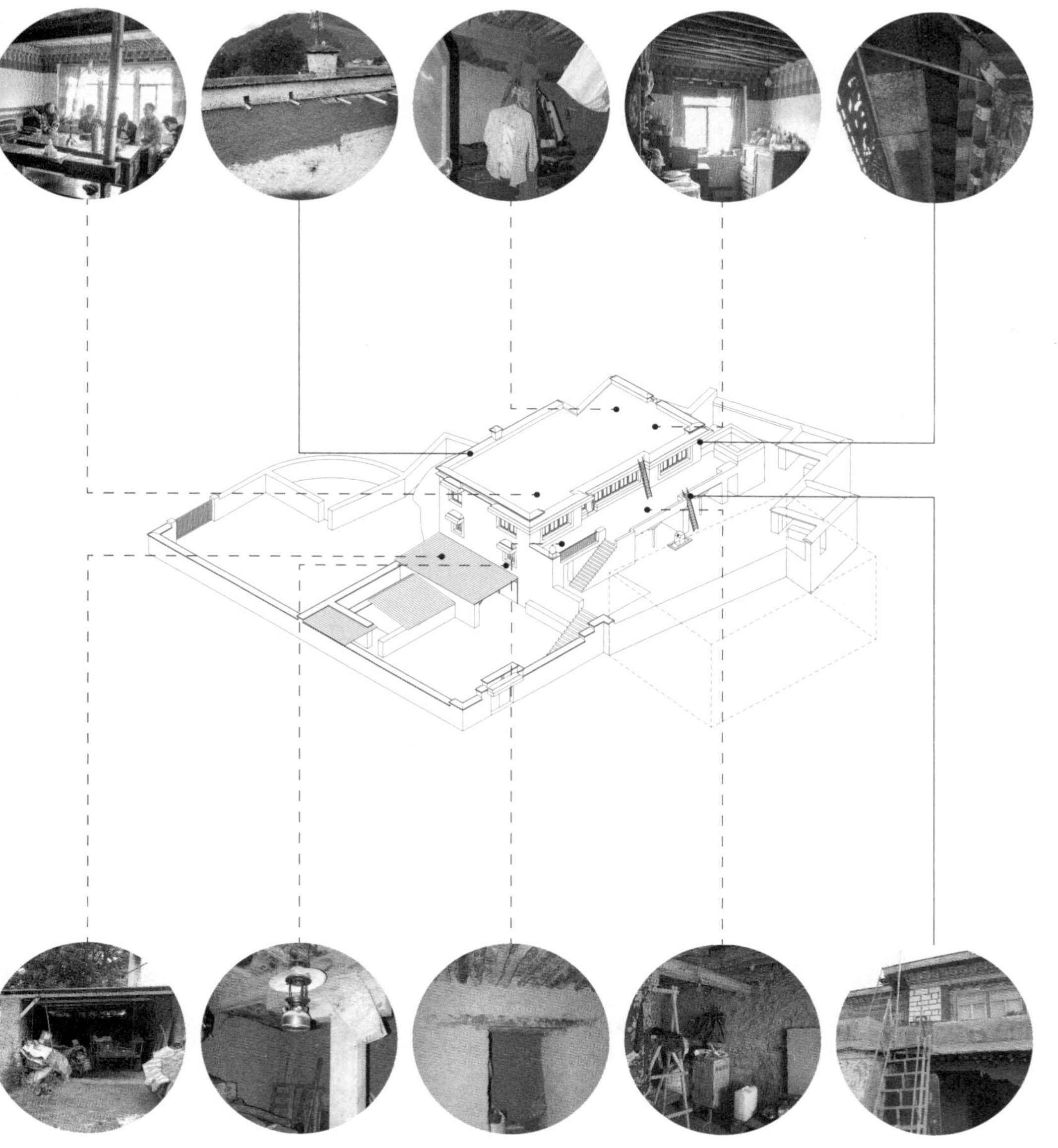

材料使用示意图

该时期典型门窗墙体详图

门窗详图

阿努家

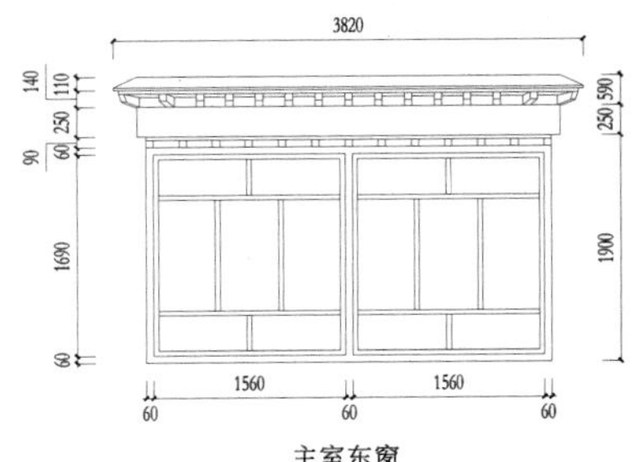

主室东窗

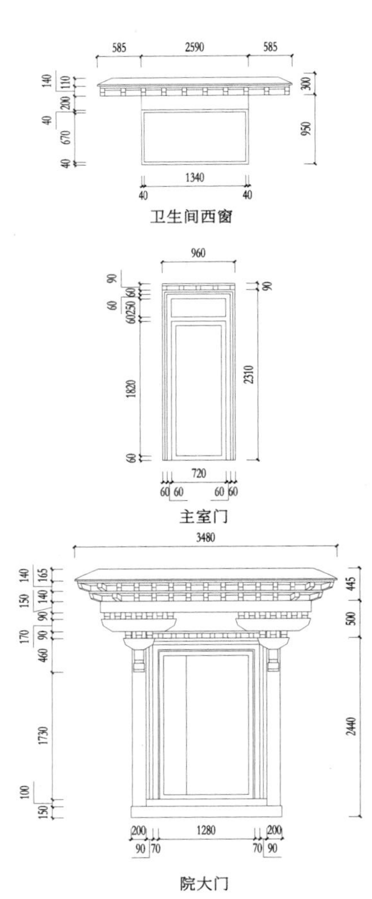

卫生间西窗

主室门

院大门

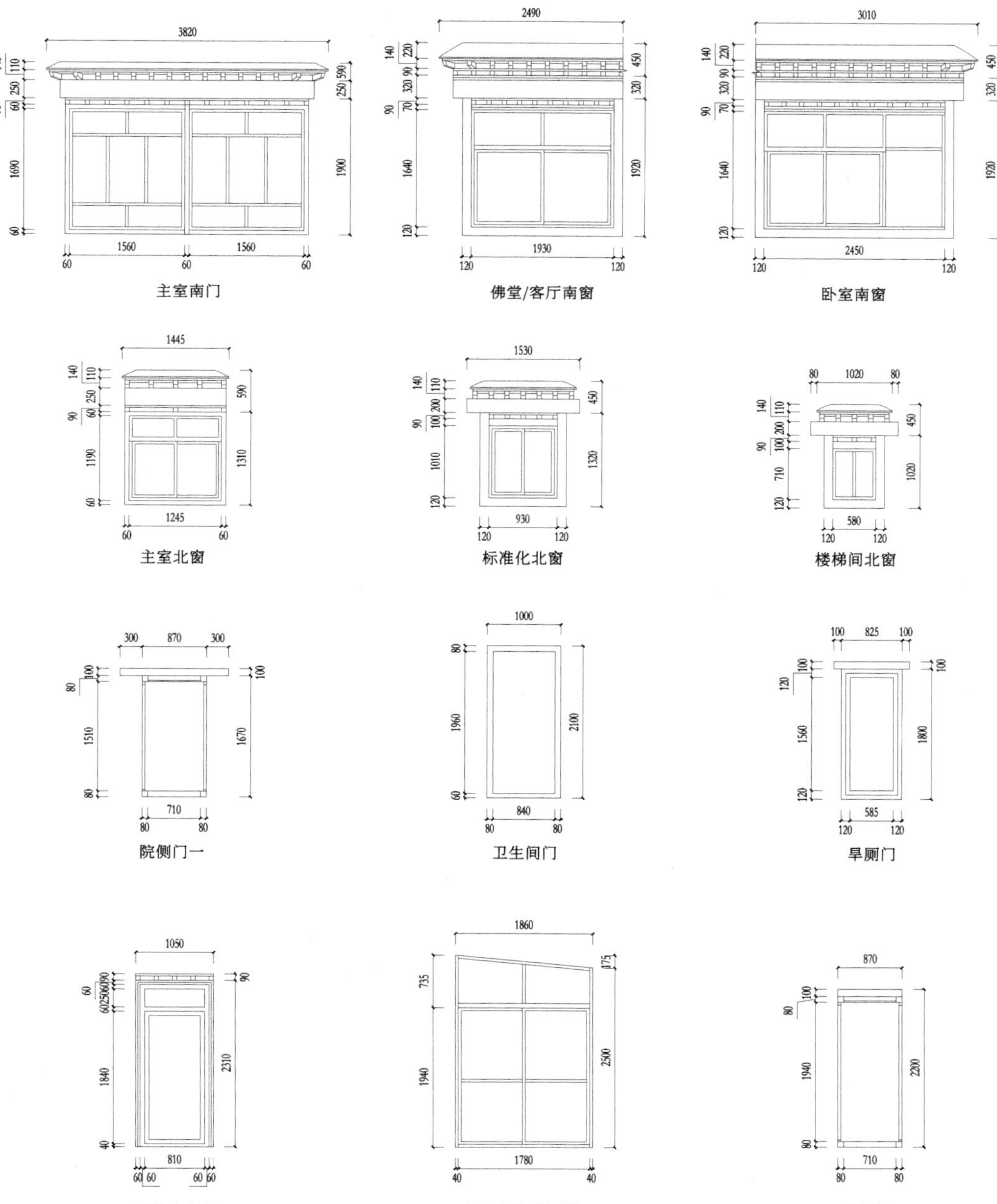
3820
140
110
250
590
90
60
1690
1900
60
1560
1560
60
60
60
主室南门
2490
140
220
450
320
90
320
90
70
1640
1920
120
1930
120
120
佛堂/客厅南窗
3010
140
220
450
320
90
320
90
70
1640
1920
120
2450
120
120
卧室南窗
1445
140
110
250
590
90
60
1190
1310
60
1245
60
60
主室北窗
1530
140
110
200
450
90
100
1010
1320
120
930
120
120
标准化北窗
80
1020
80
140
110
200
450
90
100
710
1020
120
580
120
120
楼梯间北窗
300
870
300
100
100
80
1510
1670
80
710
80
80
院侧门一
1000
80
1960
2100
60
840
80
80
卫生间门
100
825
100
100
100
120
1560
1800
120
585
120
120
旱厕门
1050
60
90
1840
2310
40
810
60
60
60
60
标准化内门
1860
735
175
1940
2500
1780
40
40
主屋大门（加建）
870
100
80
1940
2200
80
710
80
80
院侧门二

门窗详图

拉措家

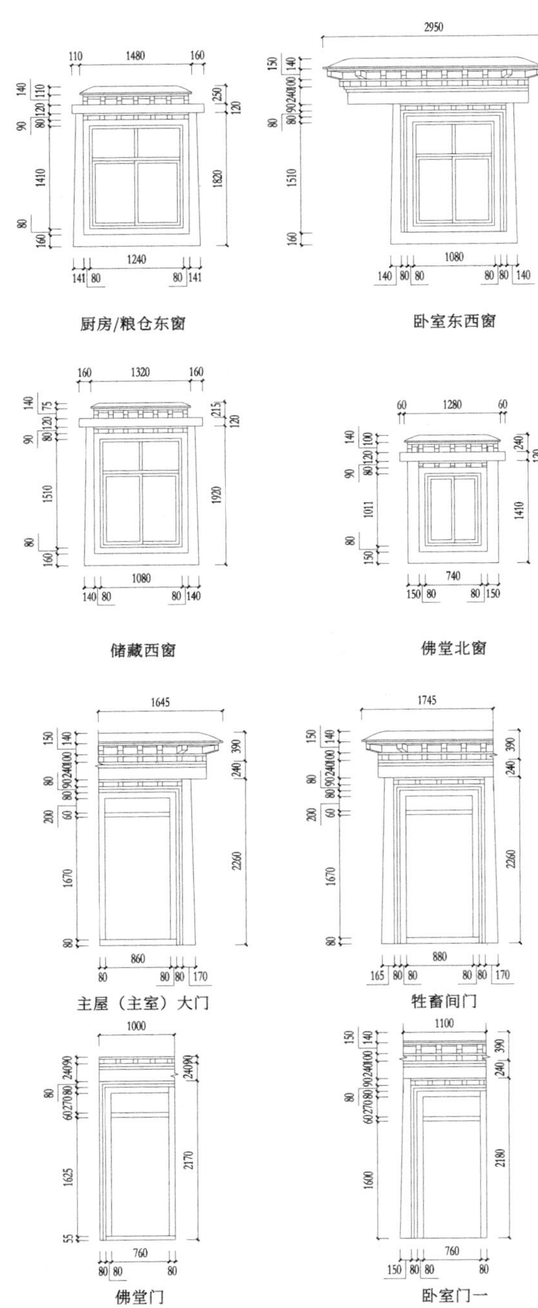

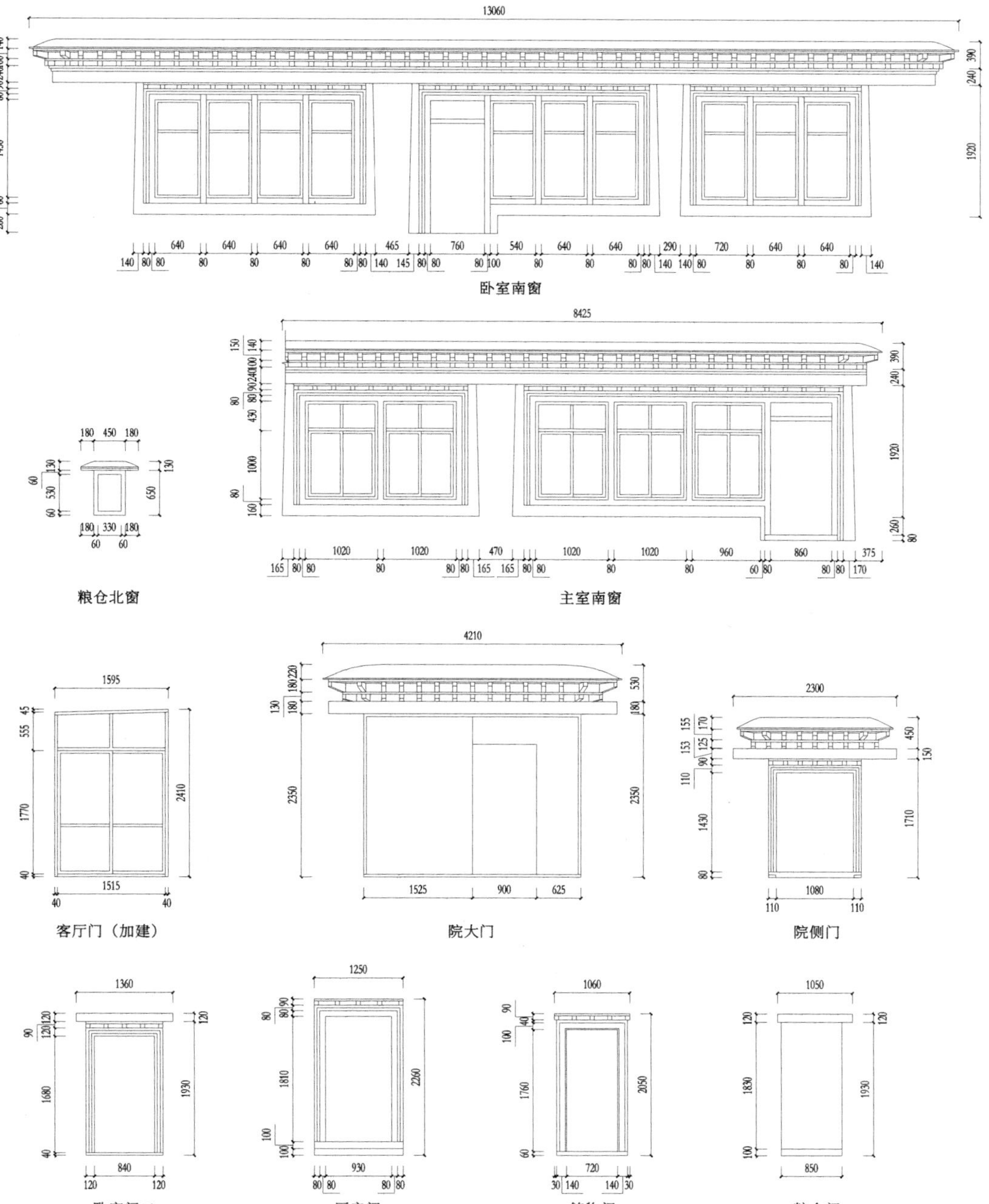

卧室南窗

粮仓北窗

主室南窗

客厅门（加建）

院大门

院侧门

卧室门二

厨房门

储物门

粮仓门

门窗详图

曲扎家

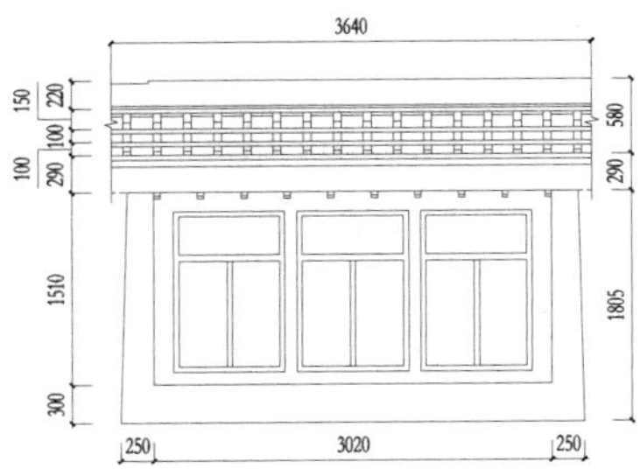

主室南窗

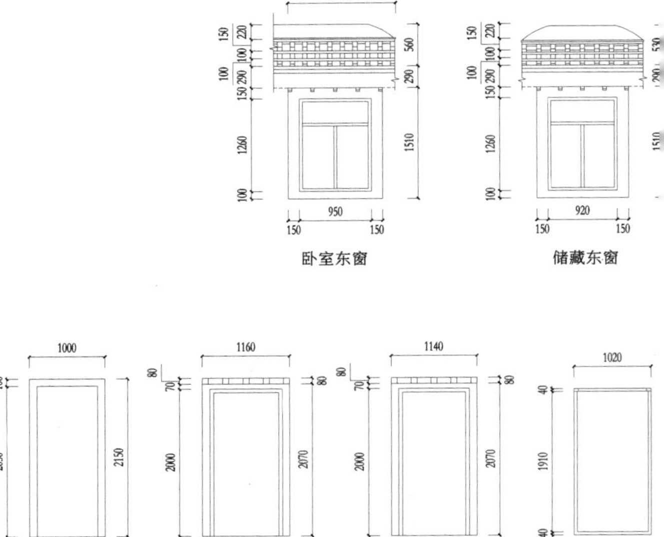

卧室东窗

储藏东窗

佛堂门

主室门

卧室门

储藏门一

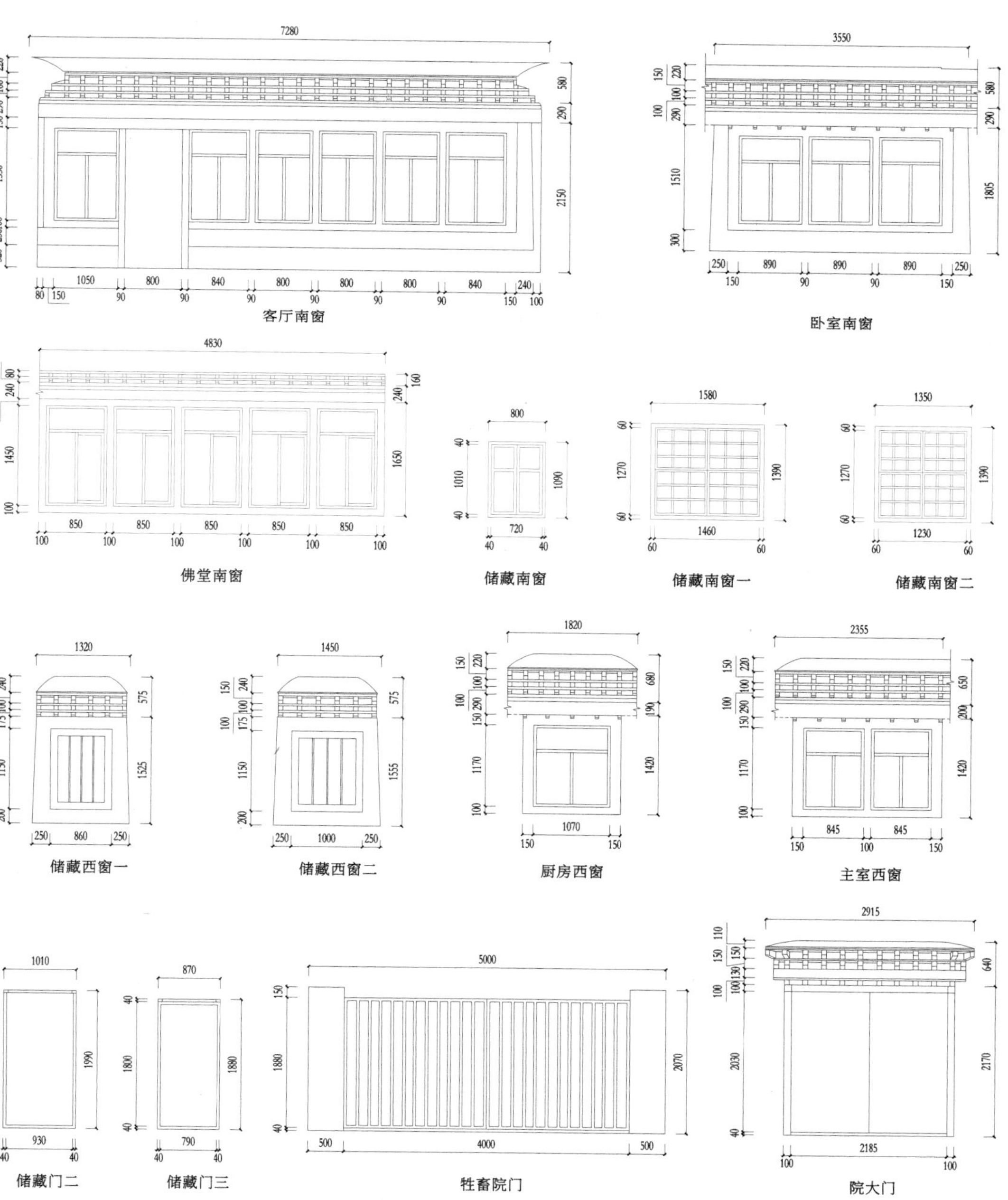

客厅南窗

卧室南窗

佛堂南窗

储藏南窗

储藏南窗一

储藏南窗二

储藏西窗一

储藏西窗二

厨房西窗

主室西窗

储藏门二

储藏门三

牲畜院门

院大门

墙体详图

阿努家

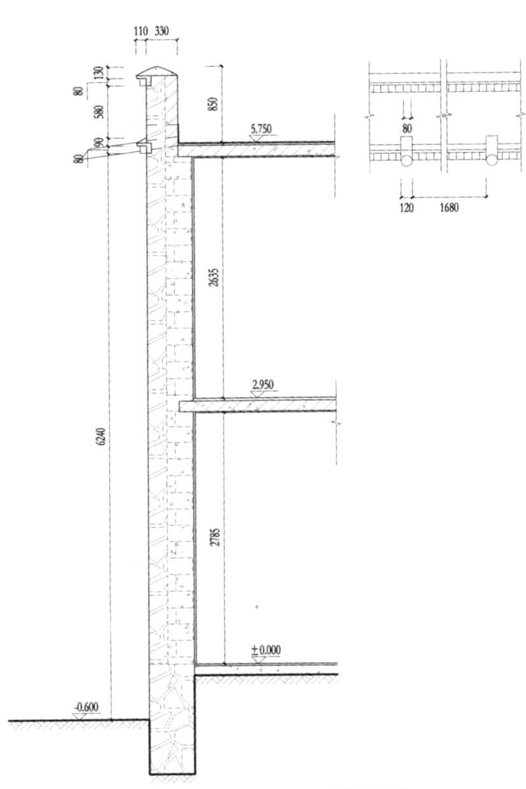

A 主屋外墙

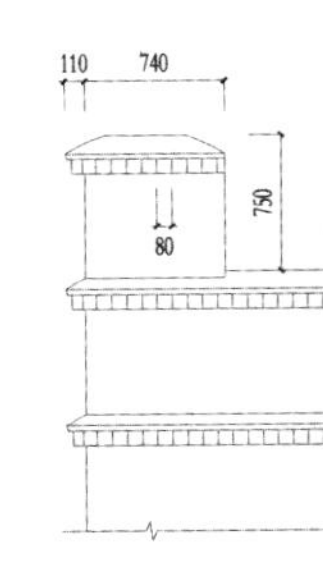

B屋顶经幡垛

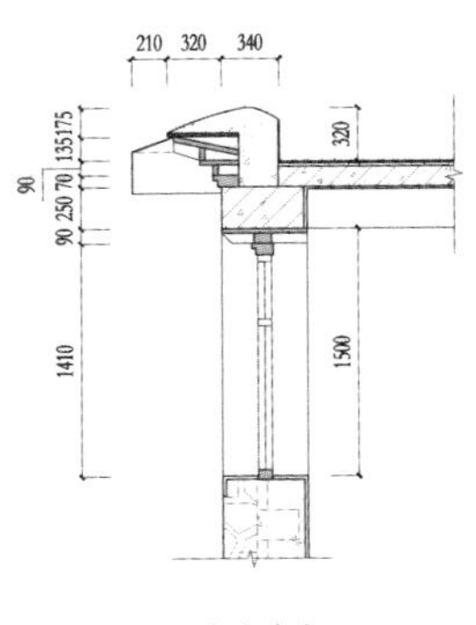

a主室南窗

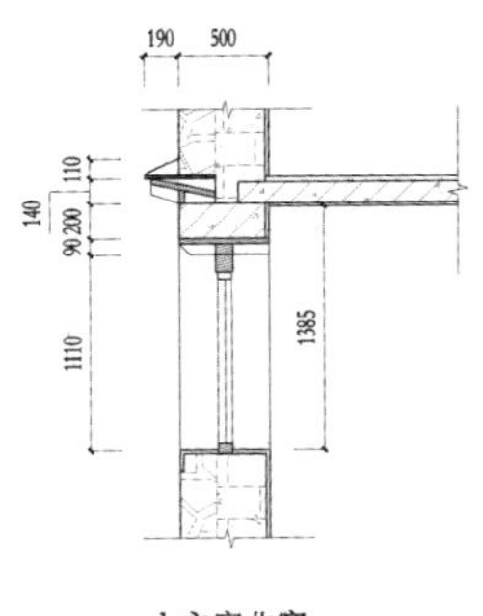

b主室北窗

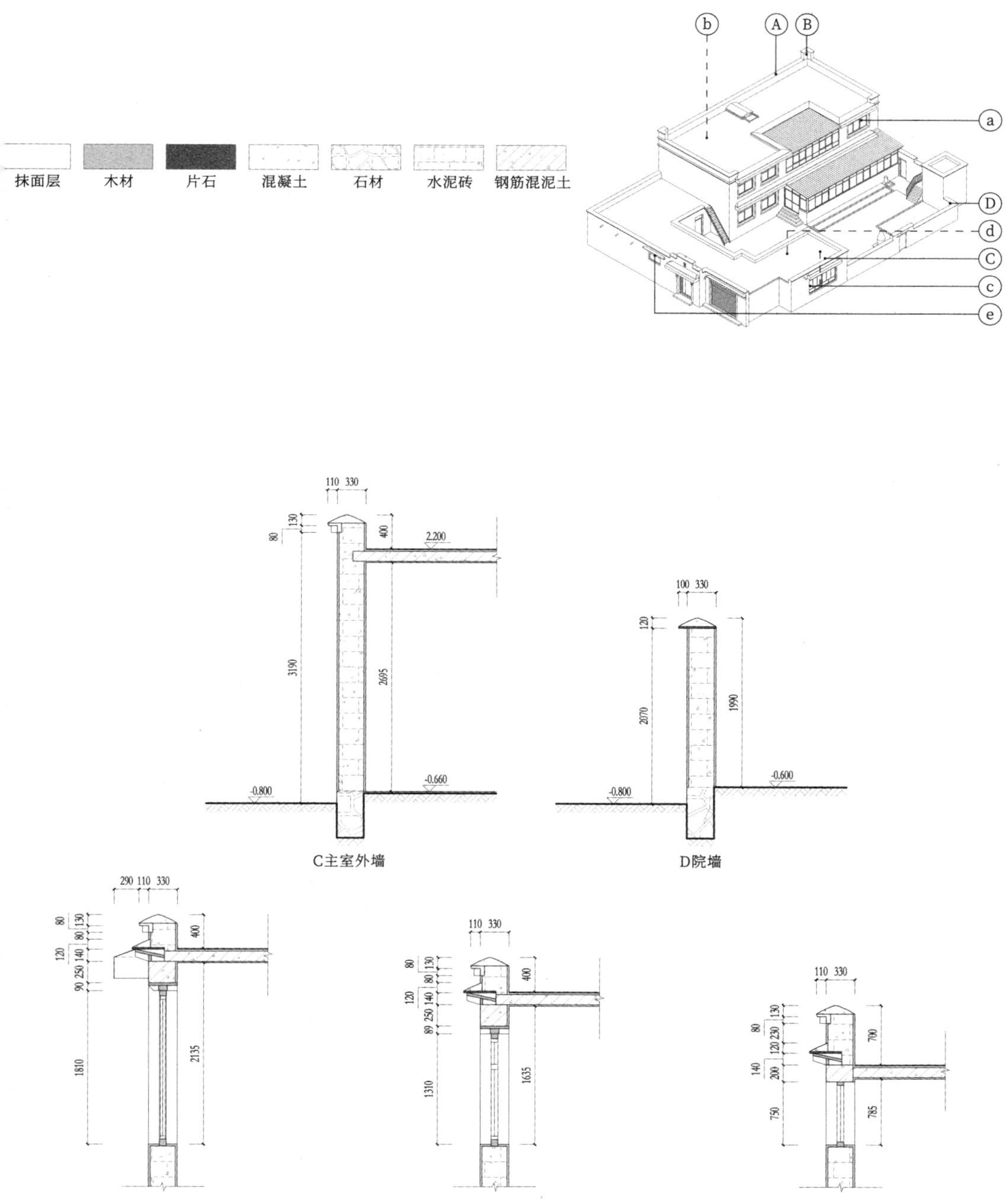

C主室外墙

D院墙

c主屋南窗

d主屋北窗

e卫生间西窗

墙体详图

拉措家

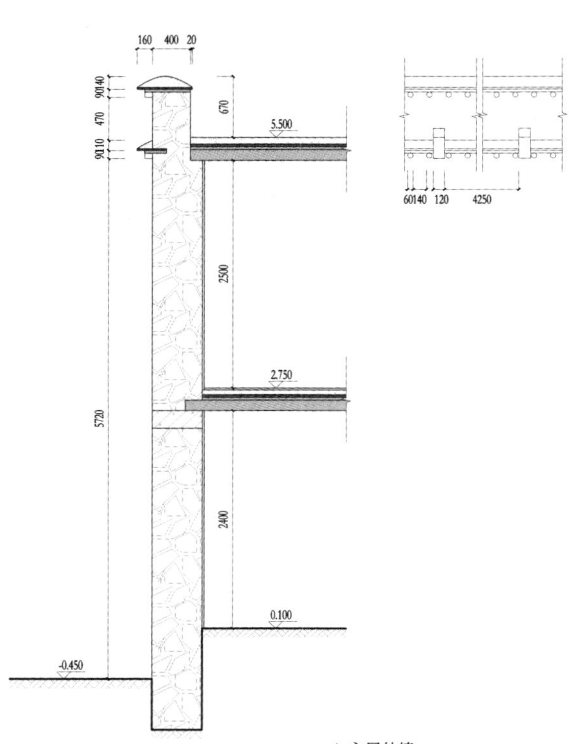

A 主屋外墙

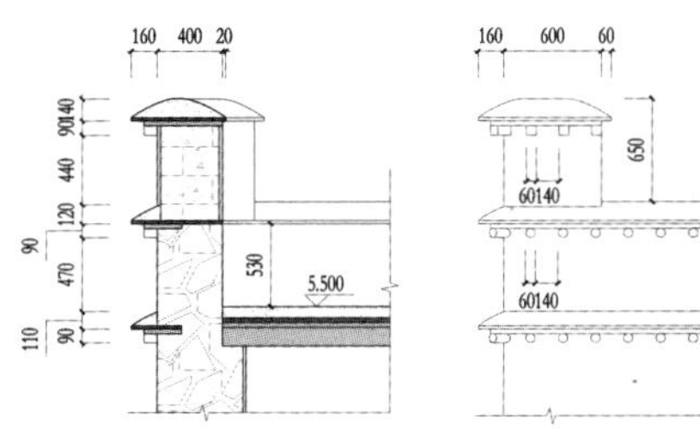

B屋顶经幡垛

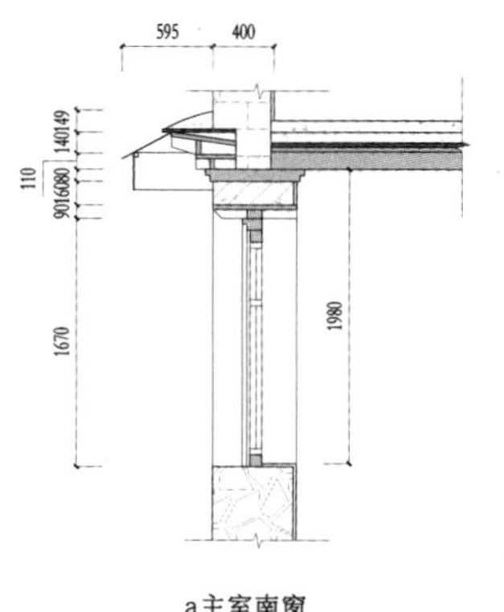

a主室南窗

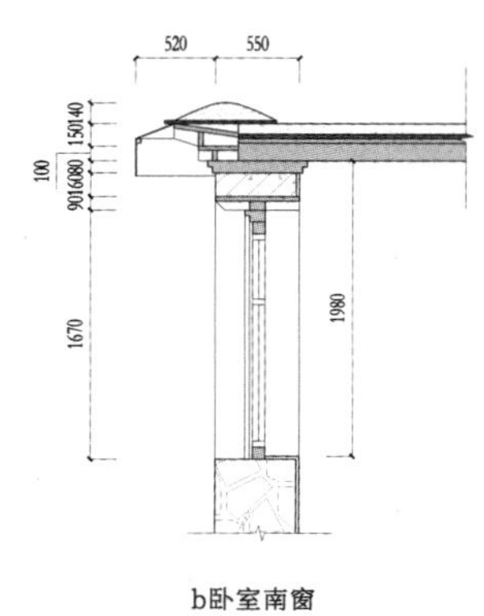

b卧室南窗

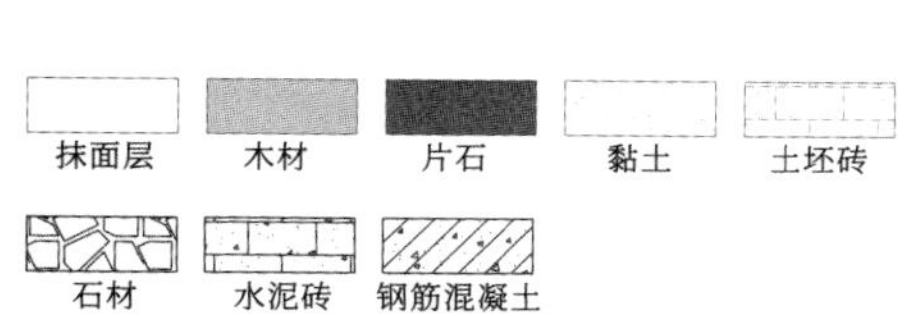

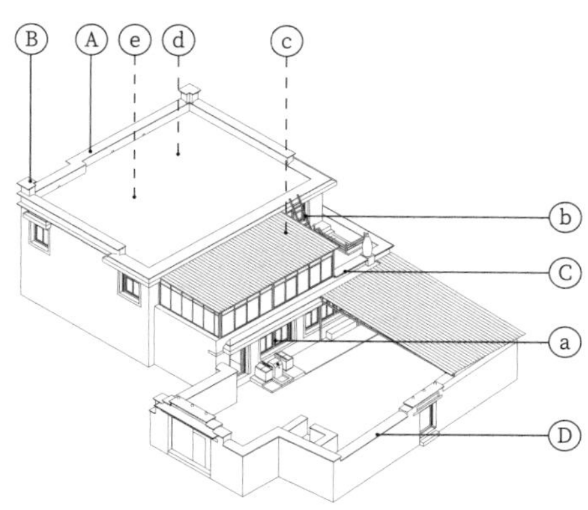

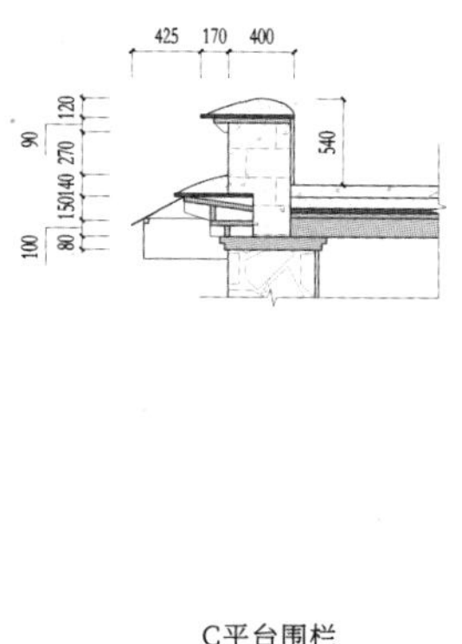

C平台围栏

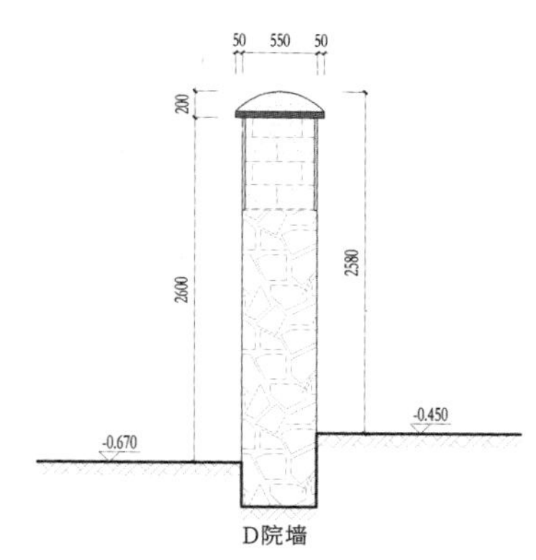

D院墙

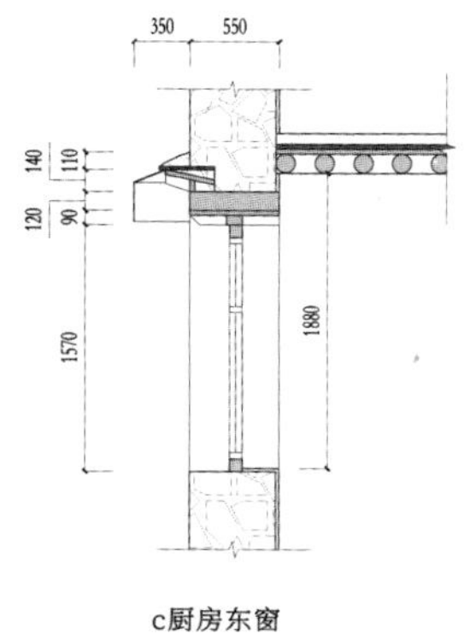

c厨房东窗

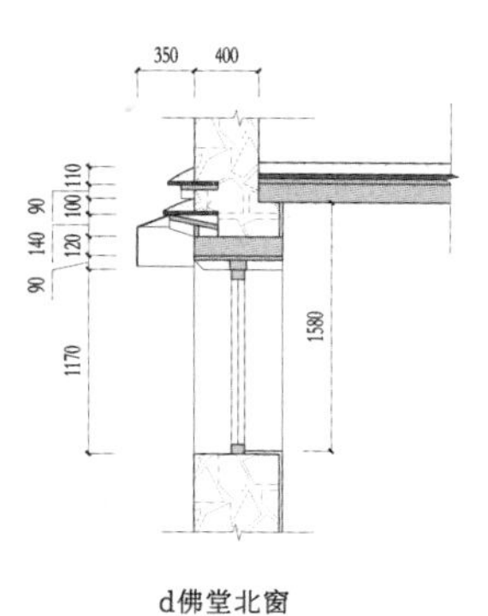

d佛堂北窗

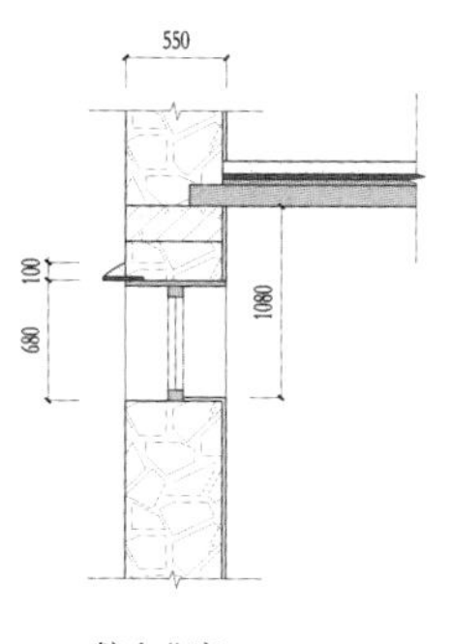

e粮仓北窗

墙体详图

曲扎家

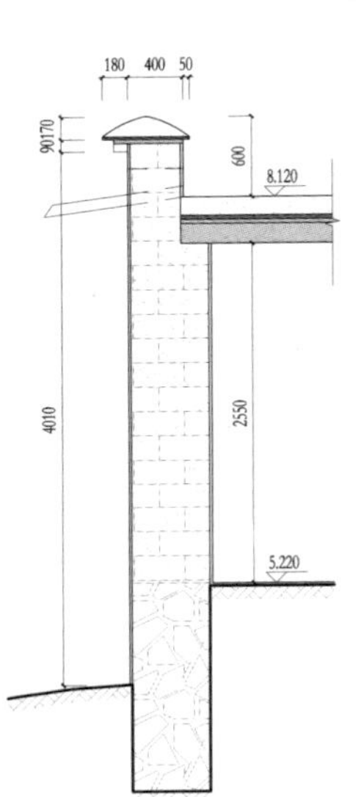

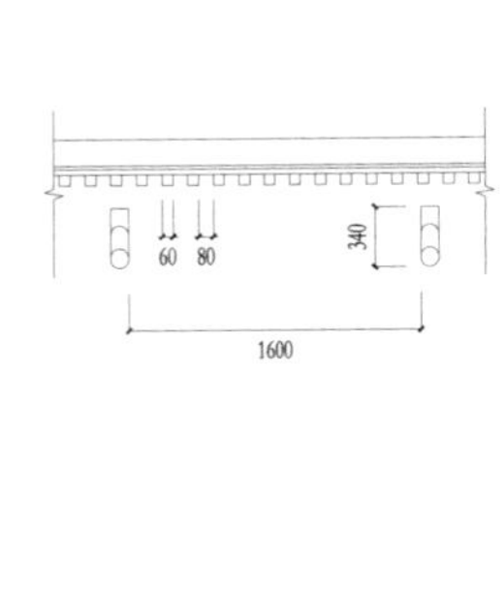

A 主屋外墙

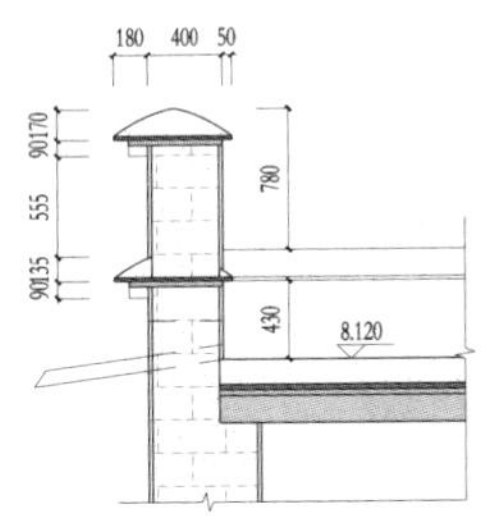

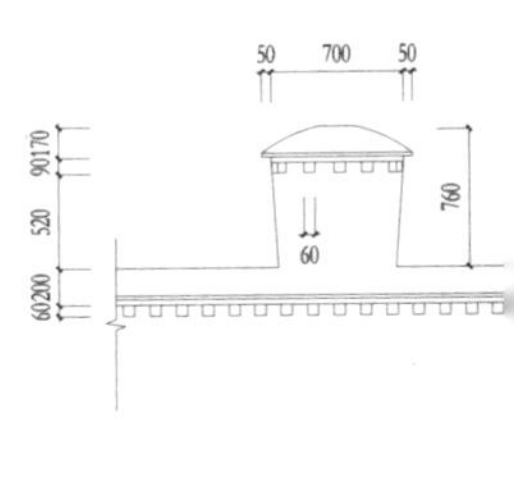

B 屋顶经幡垛

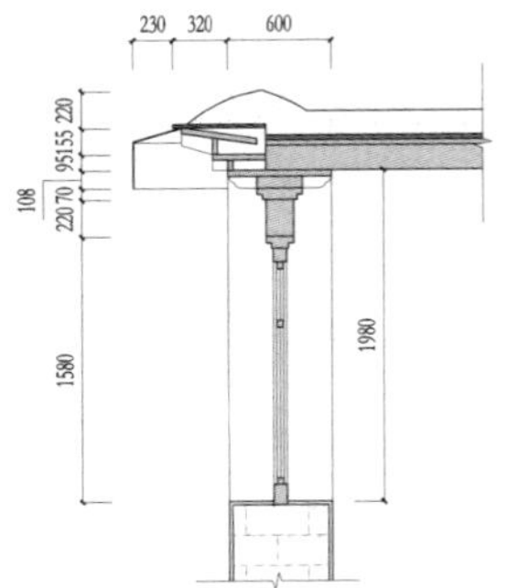

a 客厅南窗

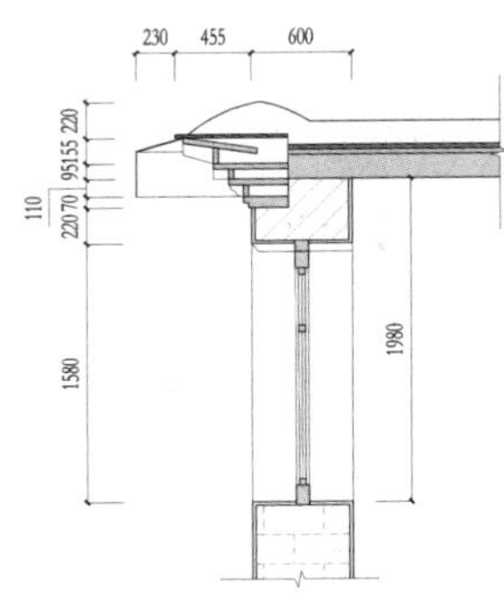

b 主室/卧室南窗

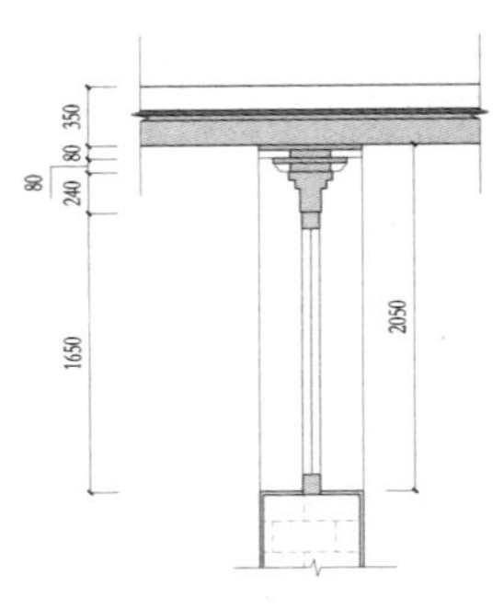

c 佛堂南窗

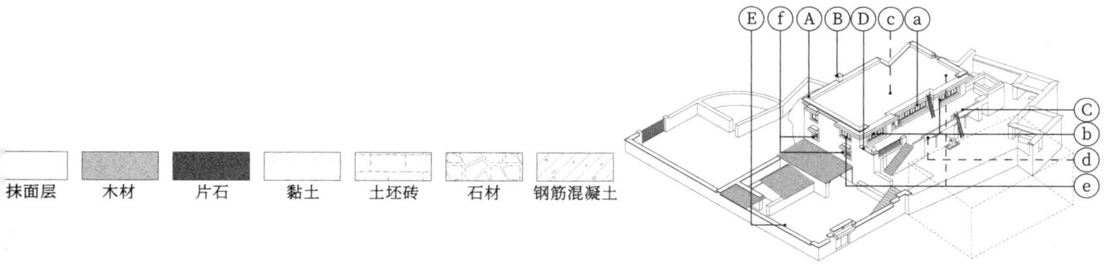

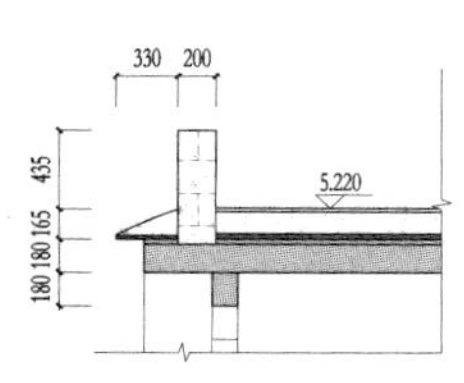

C 平台围栏一

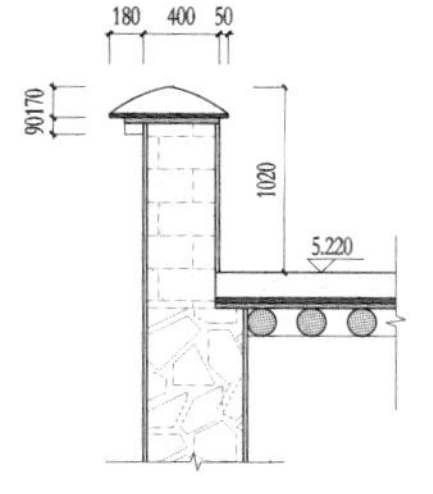

D 平台围栏二

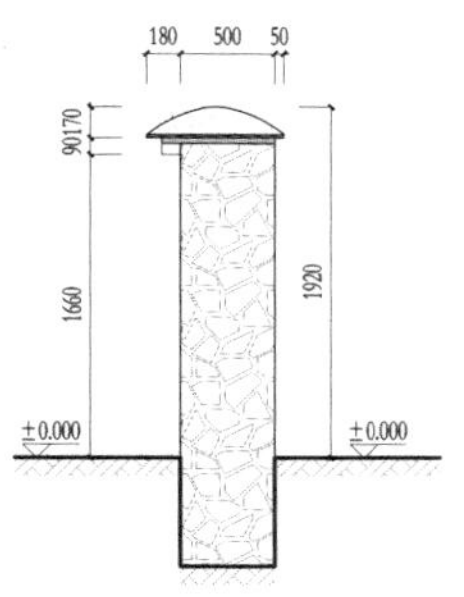

E 院墙

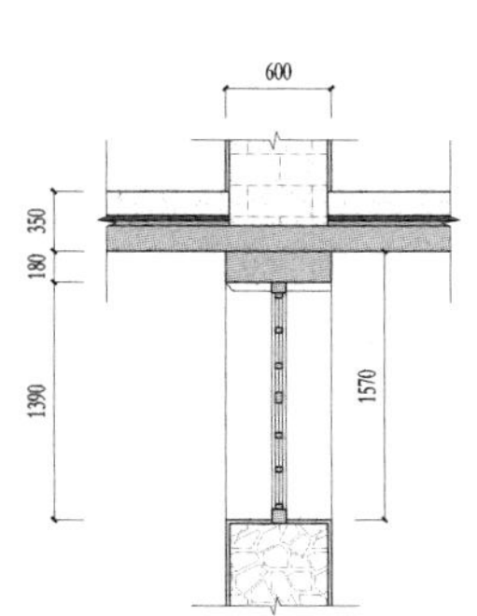

d 储藏南窗

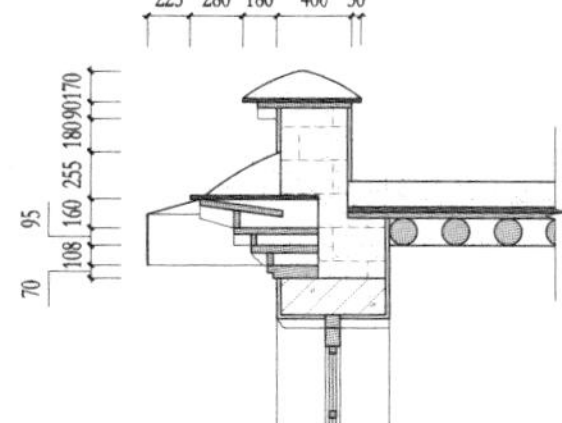

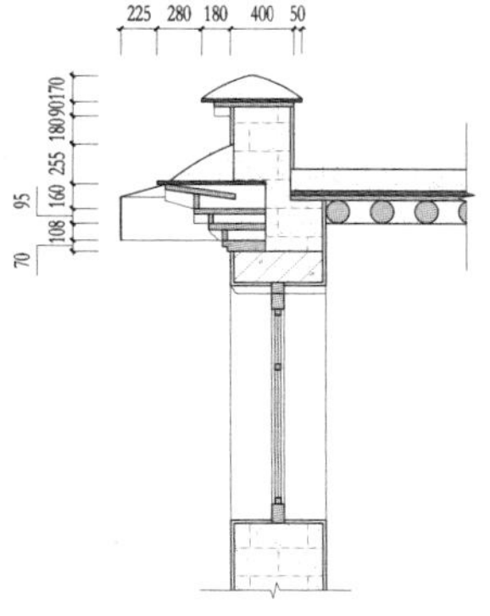

e 主室/厨房西窗、
卧室/储藏东窗

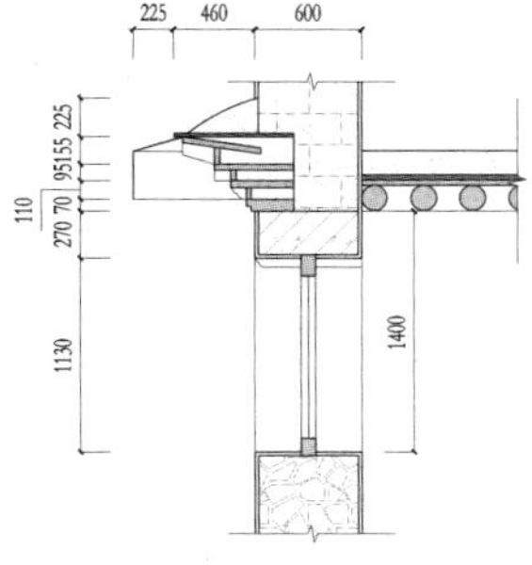

f 粮仓西窗

2016年之后定居点住屋

墨竹工卡县孜孜荣村贡桑旺姆家（2014 年）

林周县江夏新村次旺多吉家（2016 年）

林周县江夏新村拉宗家（2016 年）

堆龙德庆区古荣乡嘎冲村荣玛乡定居点白玛央金家（2017 年）

贡桑旺姆家 2014年

墨竹工卡县孜孜荣村

基本信息

用地面积（521.57m²）

主屋占地面积:	205.59m²
辅助用房占地面积:	178.12m²
院落占地面积:	137.86m²

主屋建筑面积（287.89m²）

主屋一层面积:	151.29m²
主屋二层面积:	136.60m²

由于原住地被用于开发，45岁的贡桑旺姆与父母、姐姐、姐夫弟弟、弟媳、3个妹妹以及孙子全家搬迁至该定居点一起生活。父亲居住在加建的主室中，家人轮流照顾。定居点不允许圈养牲畜。

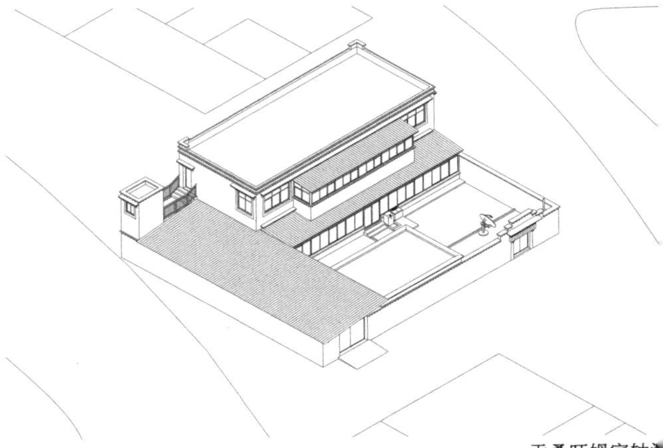

贡桑旺姆家轴测

村落总平

贡桑旺姆家院内场景图

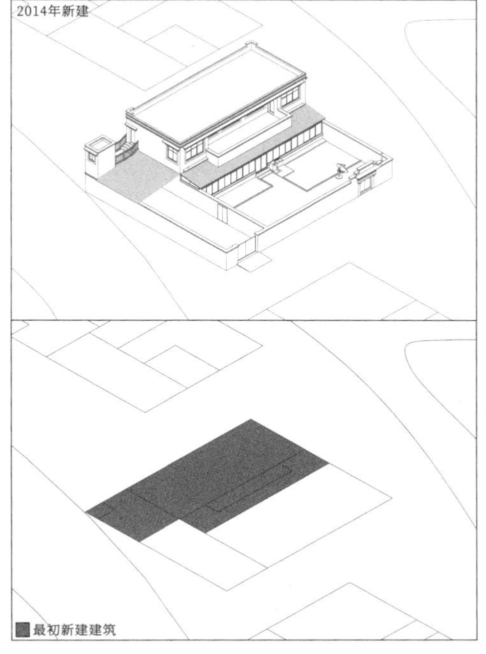

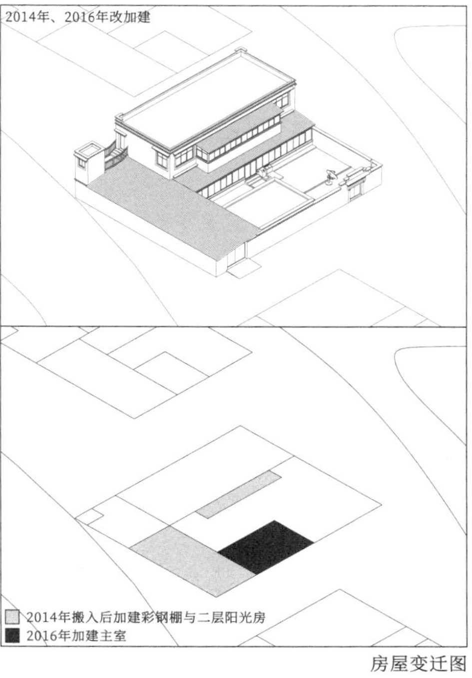

房屋变迁图

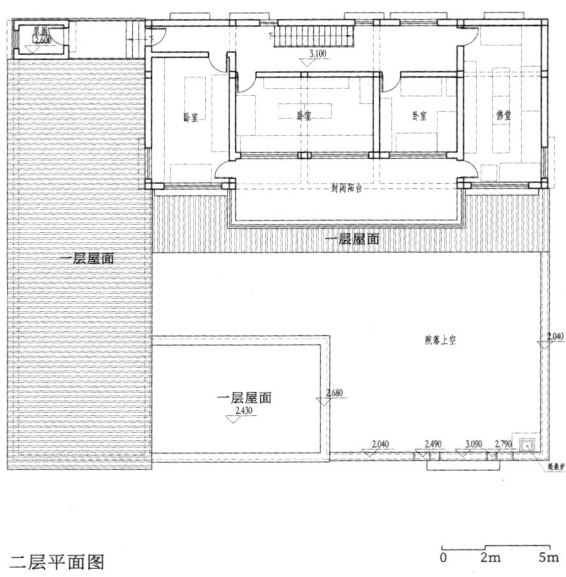

二层平面图

0 2m 5m

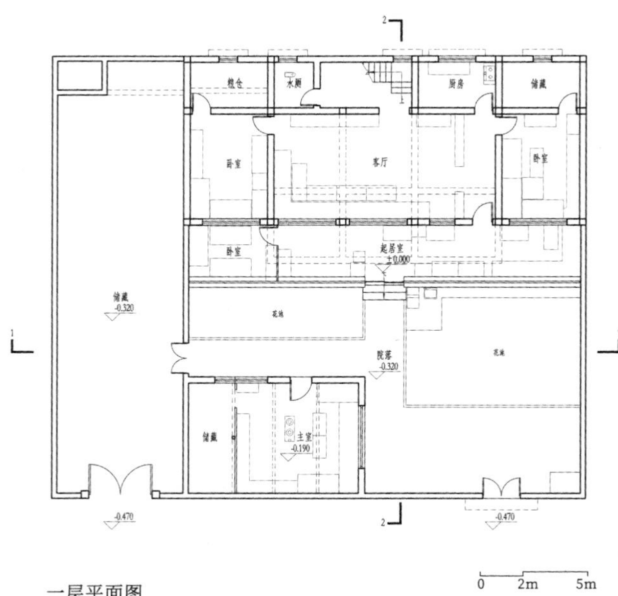

一层平面图

0 2m 5m

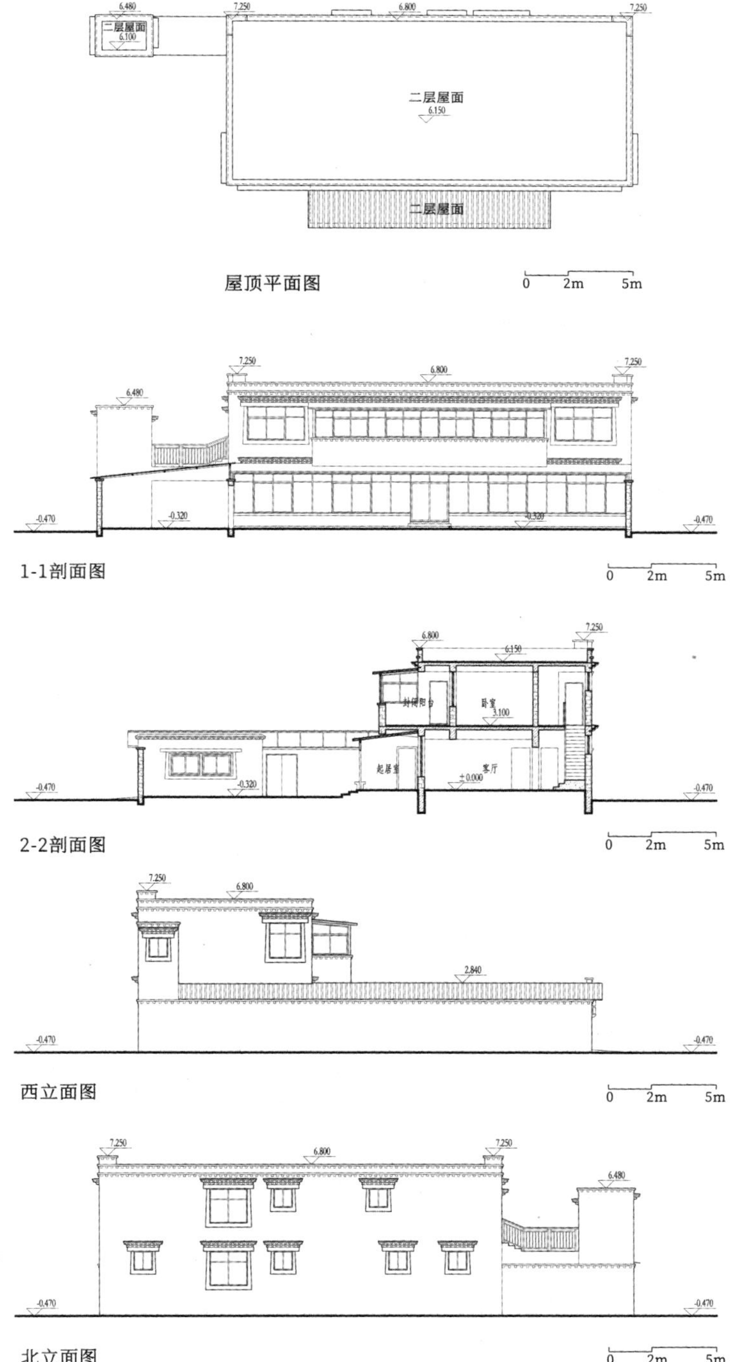

屋顶平面图

1-1剖面图

2-2剖面图

西立面图

北立面图

空间组织

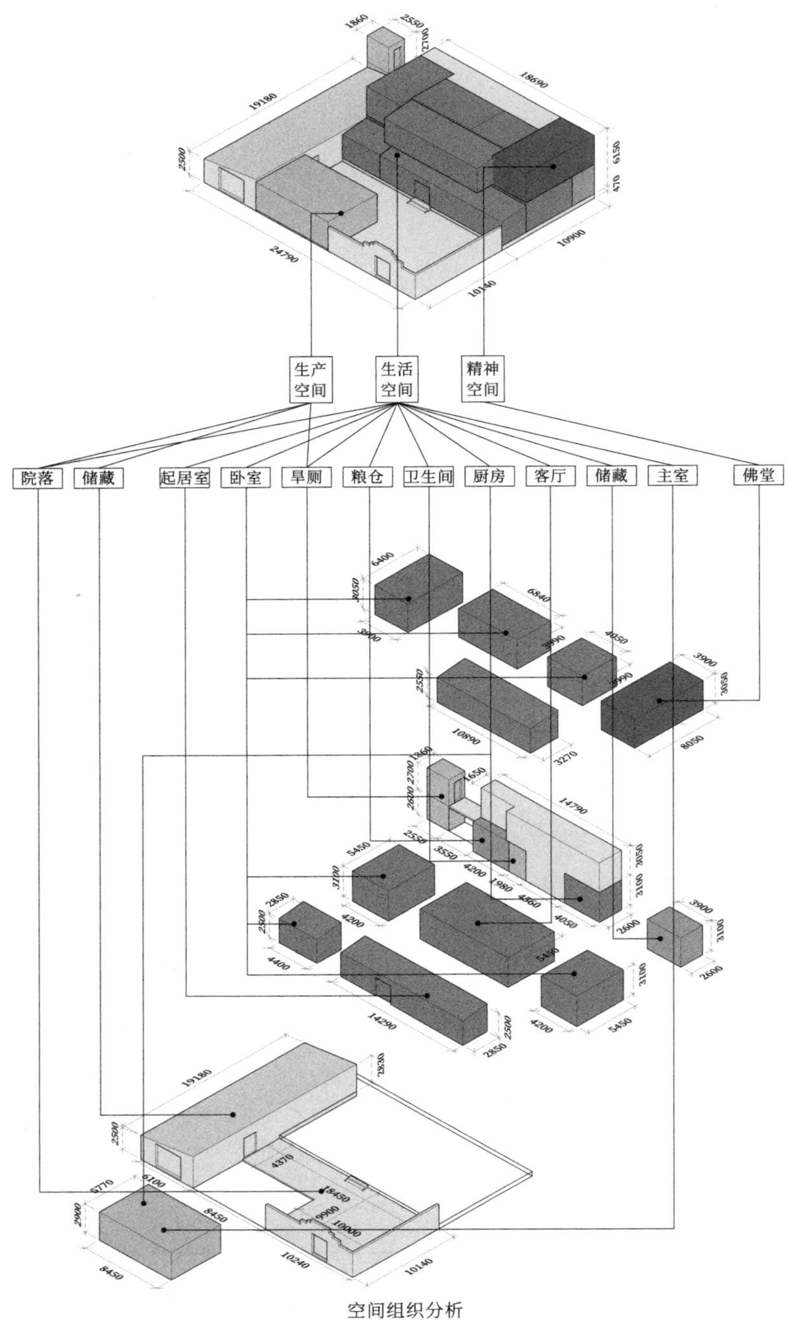

空间组织分析

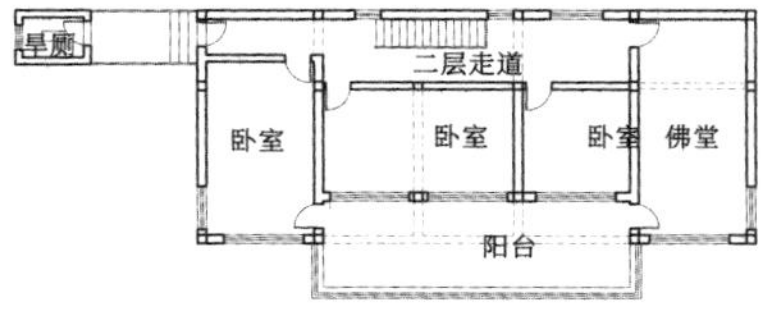

二层平面图

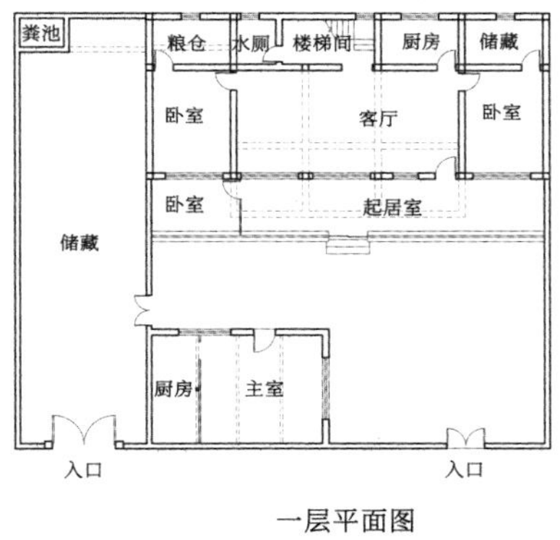

一层平面图

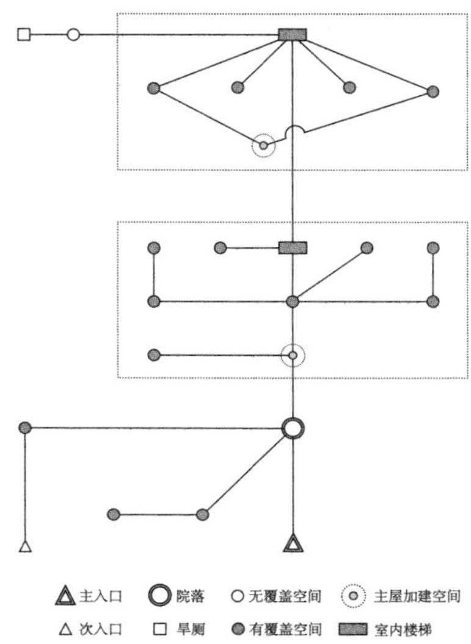

功能连接分析

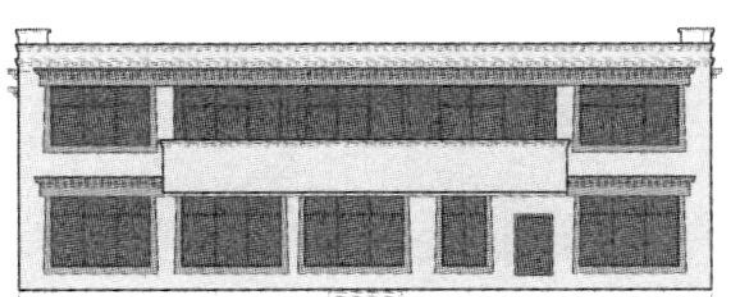

南立面窗墙比
含门窗套：0.55；不含门窗套：0.38

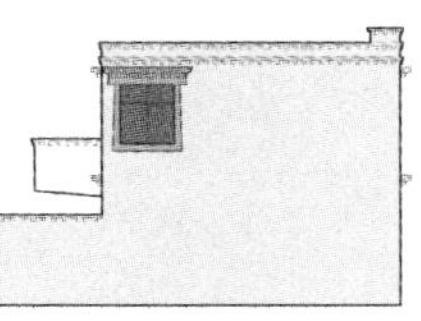

东立面窗墙比
含门窗套：0.07；不含门窗套：0.04

北立面窗墙比
含门窗套：0.16；不含门窗套：0.08

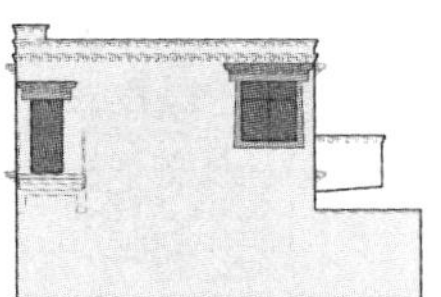

西立面窗墙比
含门窗套：0.10；不含门窗套：0.06

洞口分析

院落生活场景

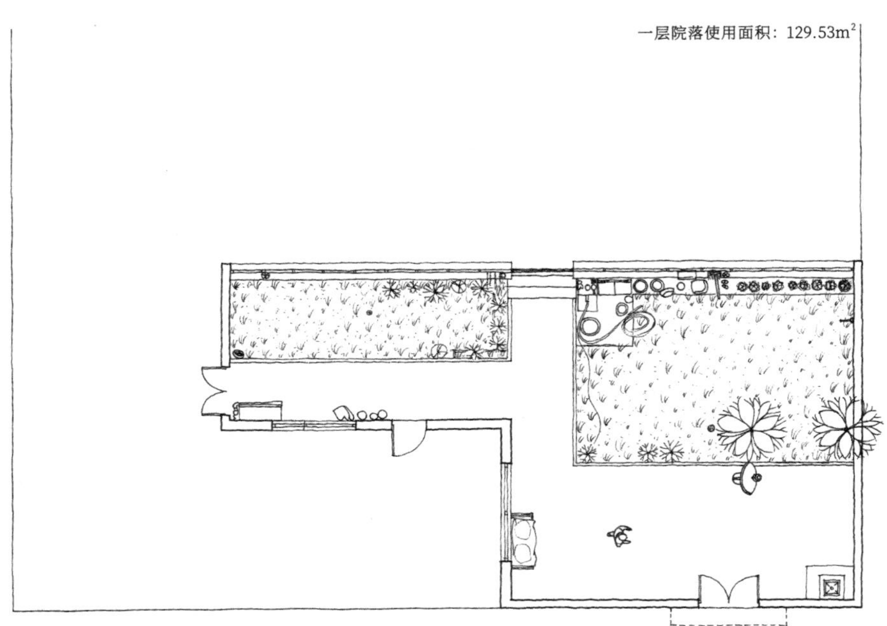

一层院落生活平面图

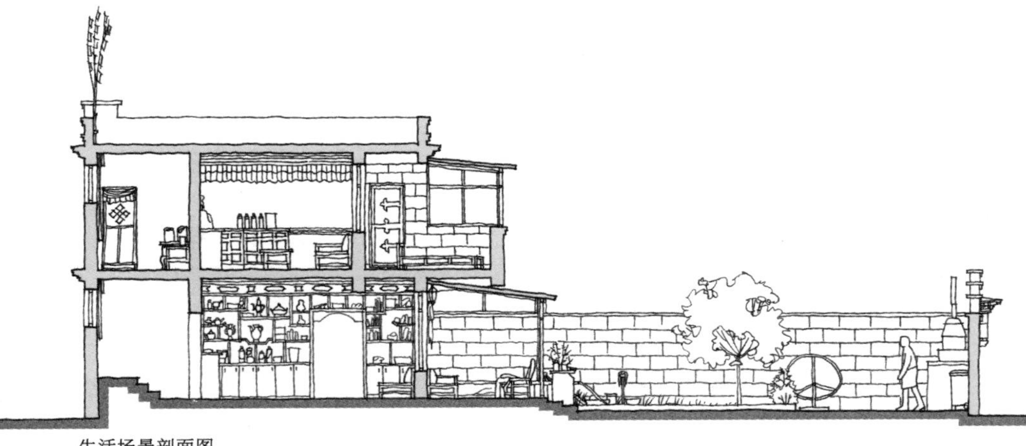

生活场景剖面图

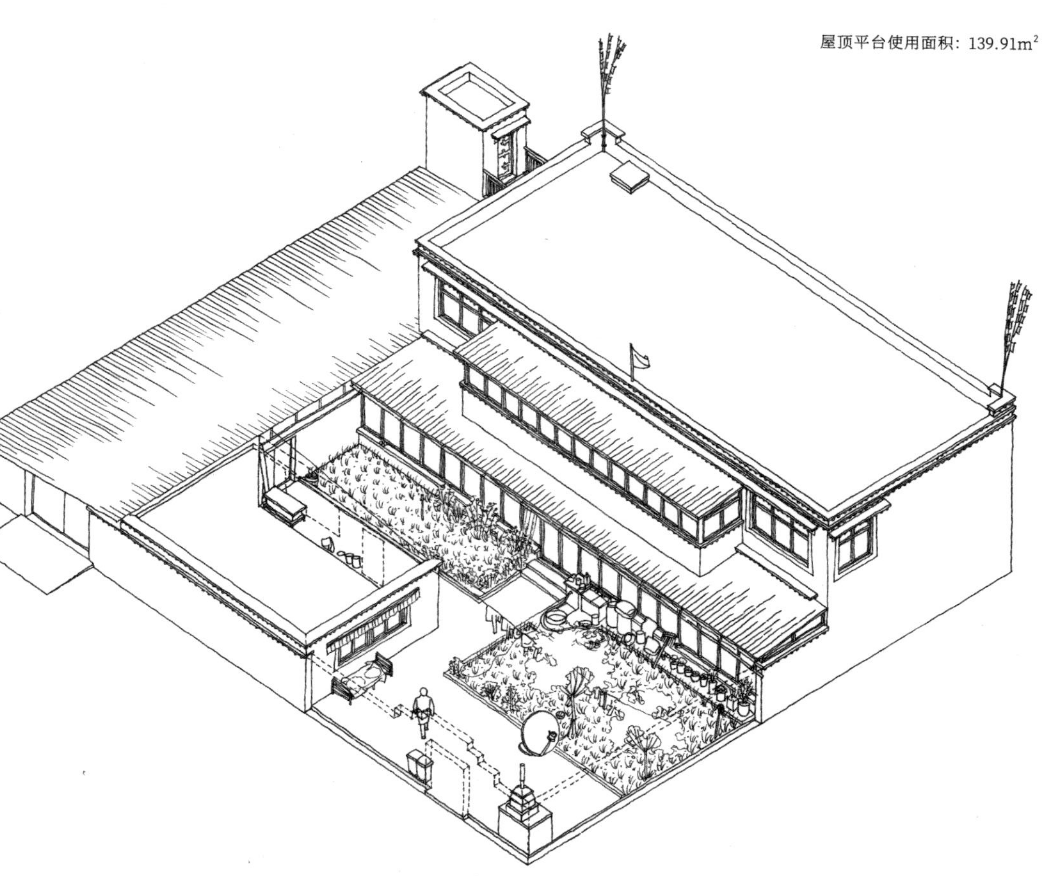

院落场景图

室内生活场景

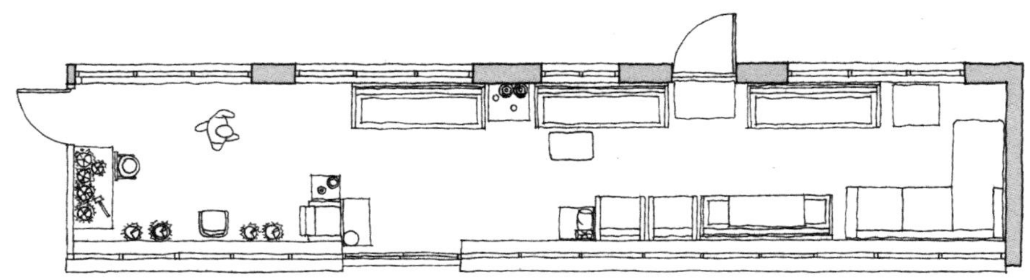

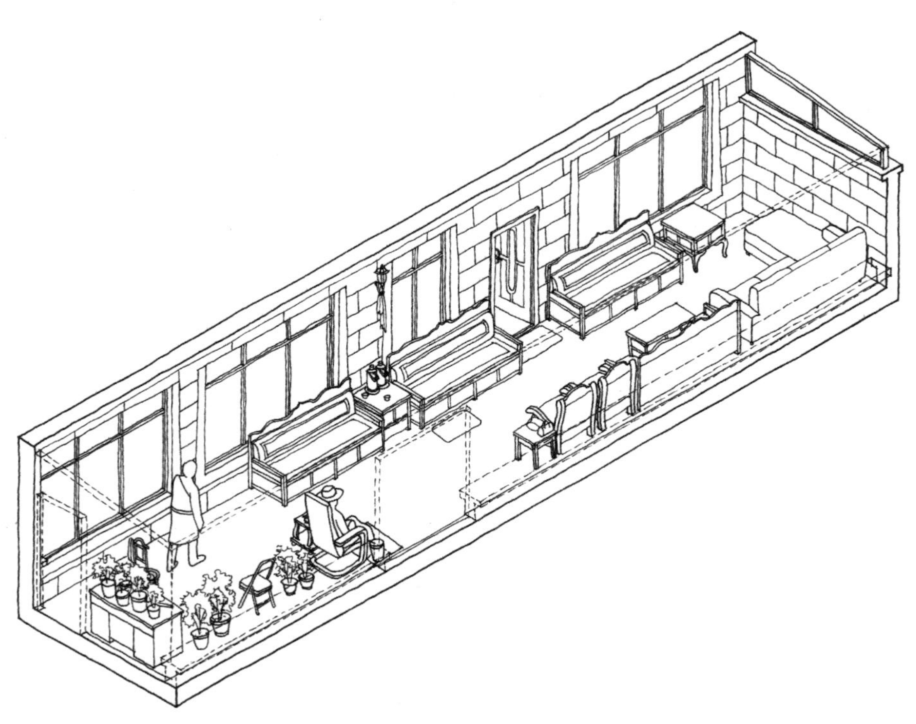

起居室场景图

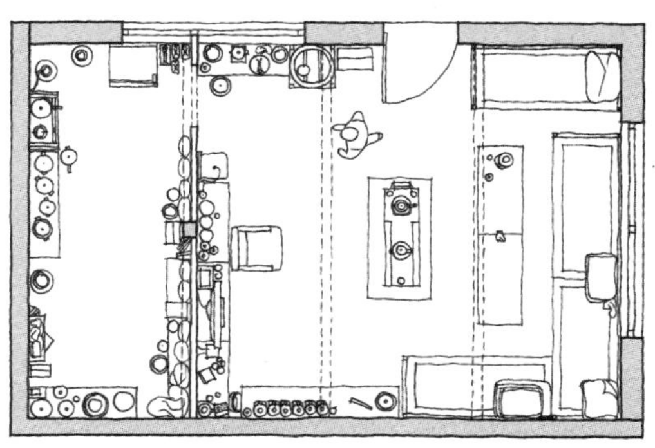

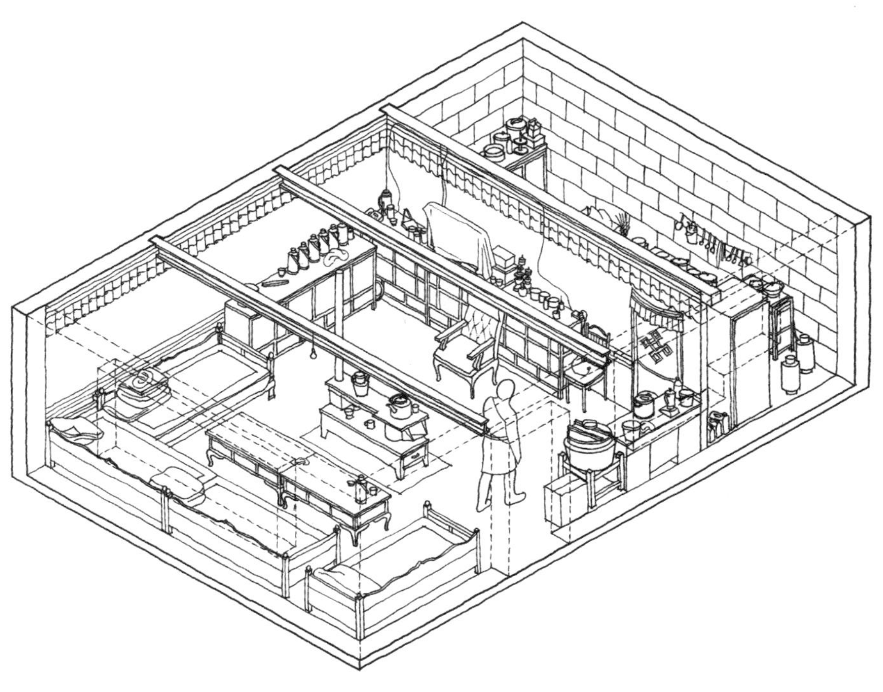

主室场景图

主要生活空间

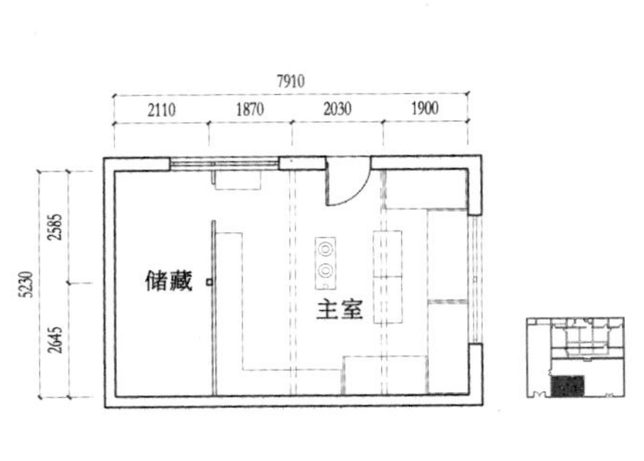

使用面积S=41.36m^2 层高H=2.62m
净高h=2.12m

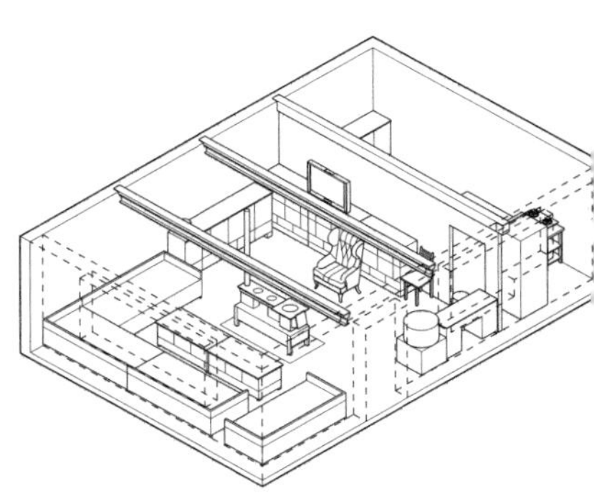

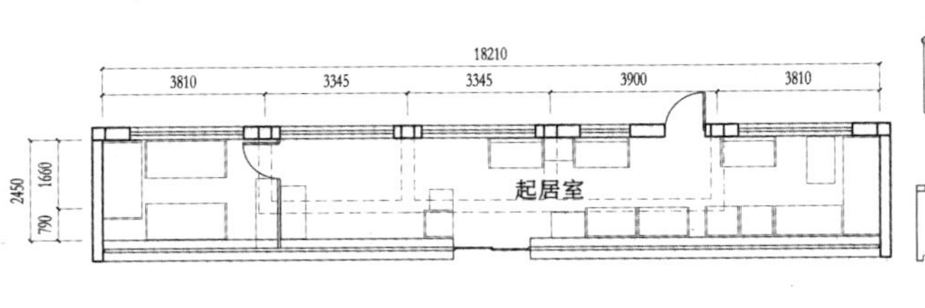

使用面积S=44.61m^2 层高H=2.65m
净高h=2.55m

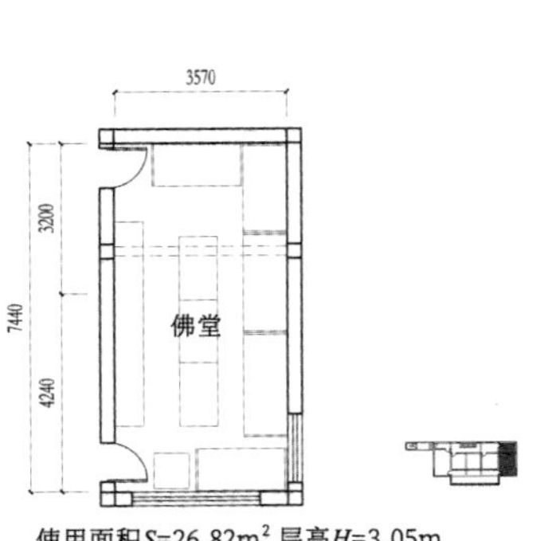

使用面积S=26.82m^2 层高H=3.05m
净高h=2.55m

房间平面图

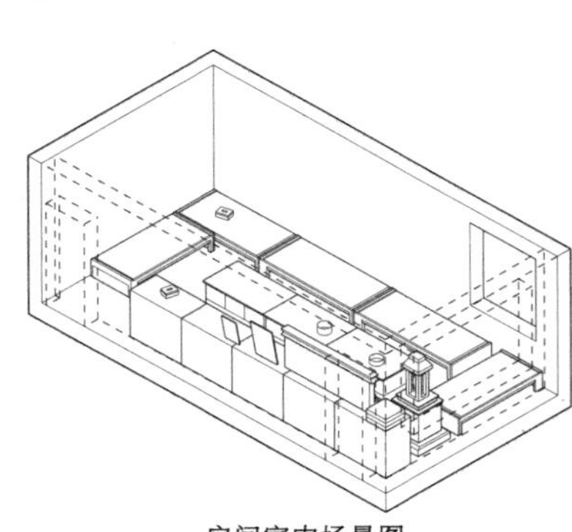

房间室内场景图

向窗地比：1/17.98
向窗地比：1/12.84

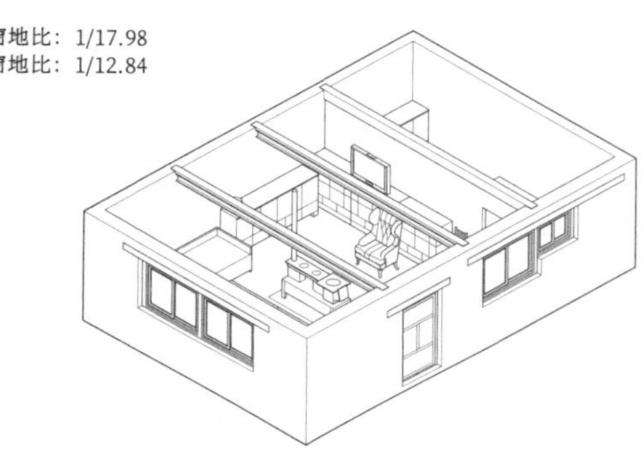

向窗地比：1/1.35
向窗为内窗

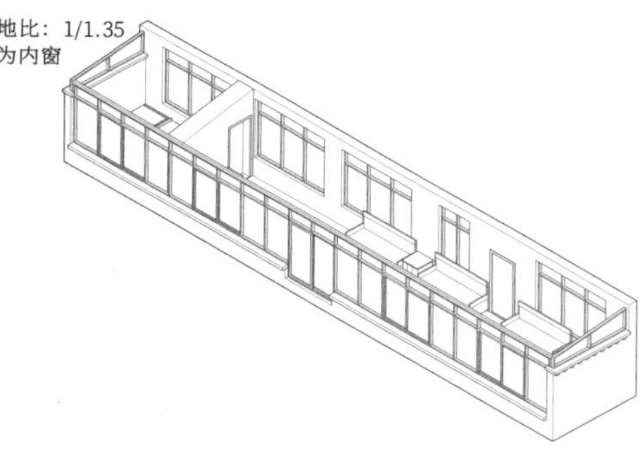

向窗地比：1/6.08
向窗地比：1/10.99

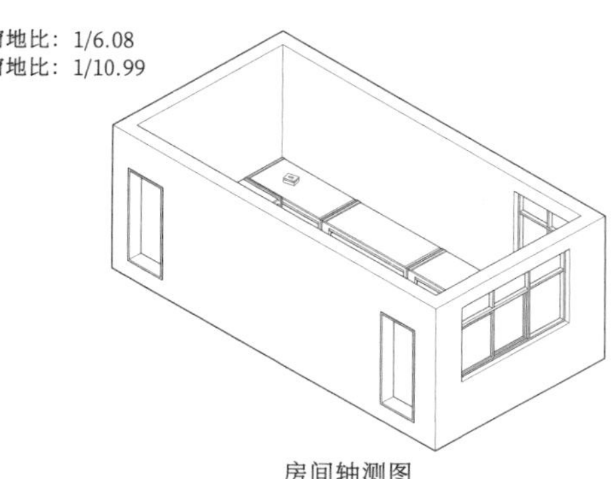

房间轴测图

室内照片

结构与材料

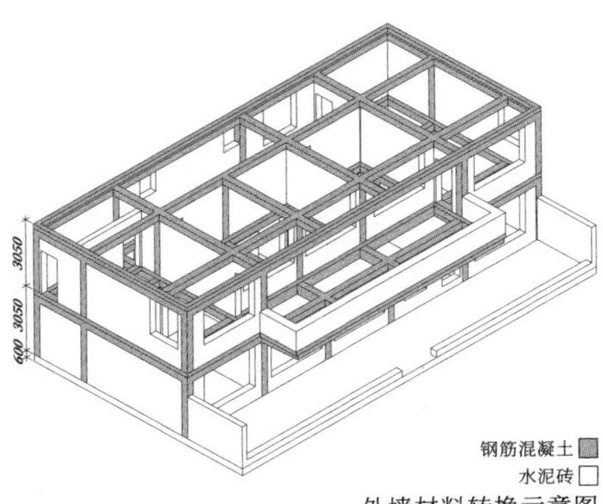

外墙材料转换示意图

主屋建筑材料信息表

外墙	2	柱子	3
内墙	2	梁	3
屋面	3	门	4、7
楼面	3	窗	6、7
地面	8、9	挑檐口	10

辅助用房建筑材料信息表

外墙	2	柱子	3
内墙	2	梁	3、5
屋面	1、3、5	门	4、6、7
地面	8、9	窗	6、7
		挑檐口	10

注：1–土，2–水泥砖，3–钢筋混凝土，4–木材，5–钢材，6–金属，7–玻璃，8–水泥砂浆，9–混凝土，10–混凝土预制构件

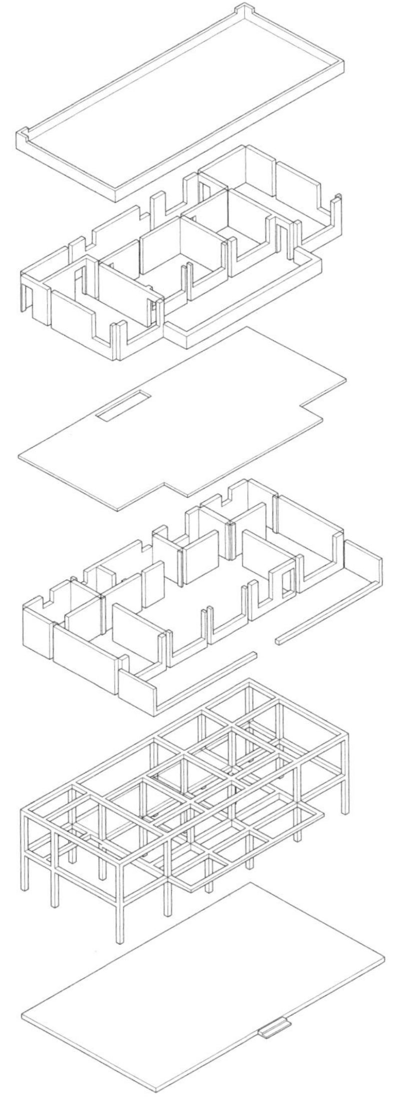
结构分析图

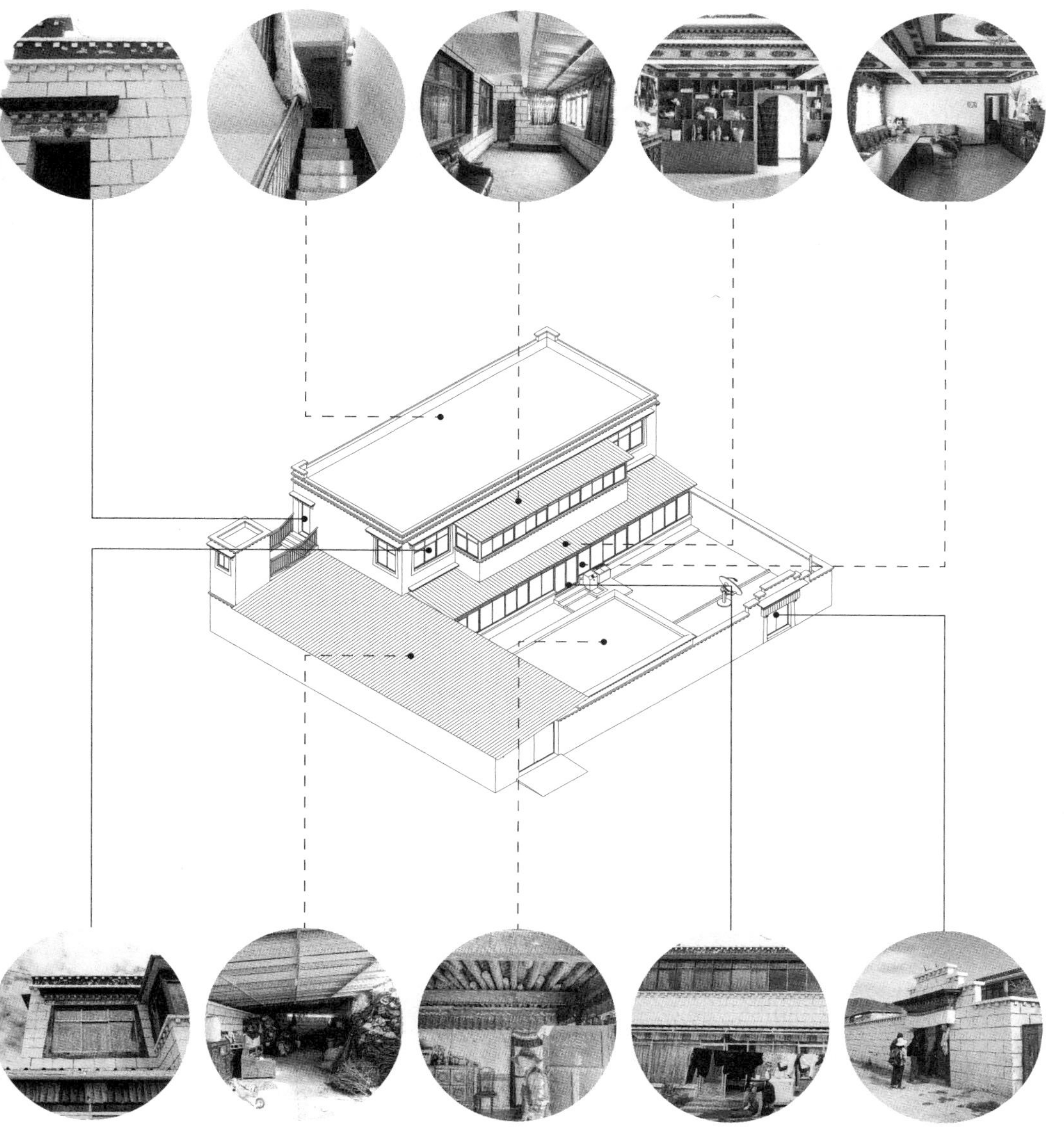

材料使用示意图

次旺多吉家 2016年

林周县江夏新村

基本信息

用地面积（411.16m²）

主屋占地面积:	116.05m²
辅助用房占地面积:	127.78m²
院落占地面积:	167.33m²

主屋建筑面积（193.34m²）

主屋一层面积:	105.95m²
主屋二层面积:	87.39m²

52岁的次旺多吉夫妇与孙子、孙女常住家中，平日从事农牧业生产。次旺多吉夫妻在东侧起居室睡觉，孙子、孙女在一层西侧卧室就寝。儿子2人与儿媳2人在外打工，偶尔回家。从江热夏乡拉顶村搬迁过来，免费入住。

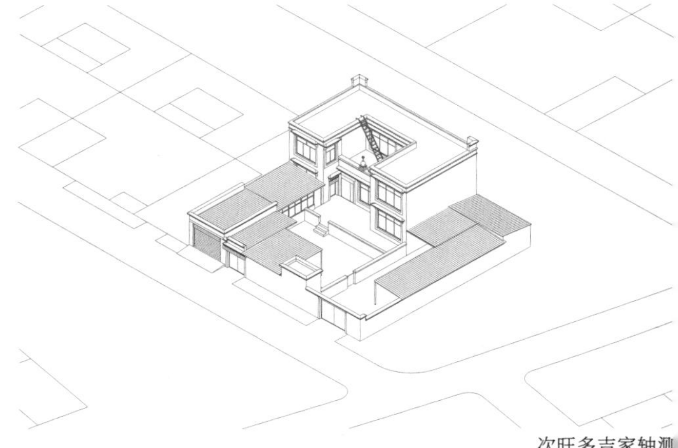

次旺多吉家轴测

村落总平面

次旺多吉家外观图

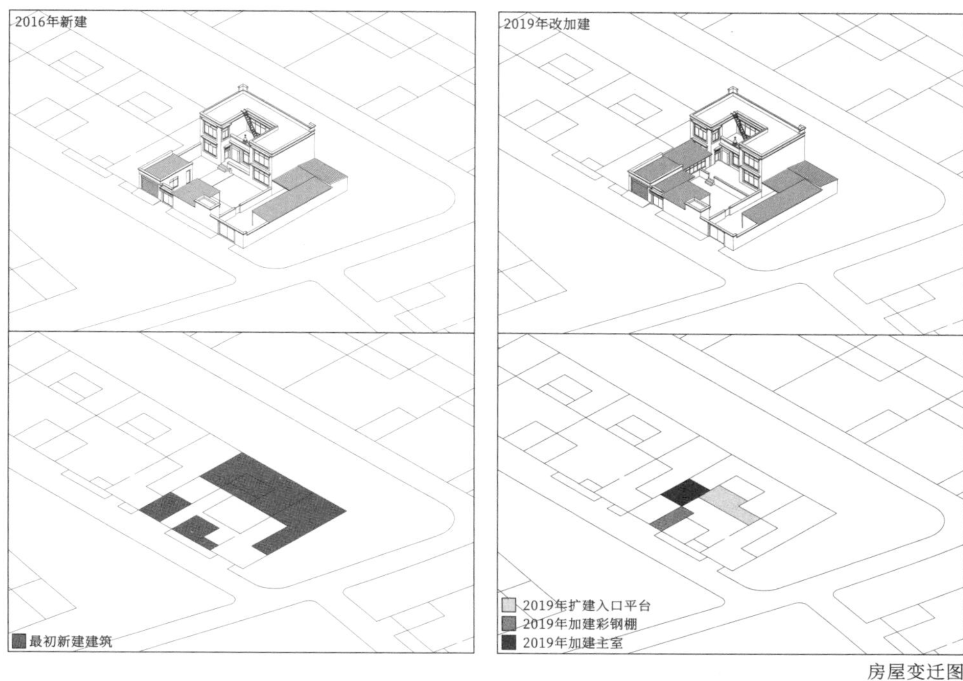

房屋变迁图

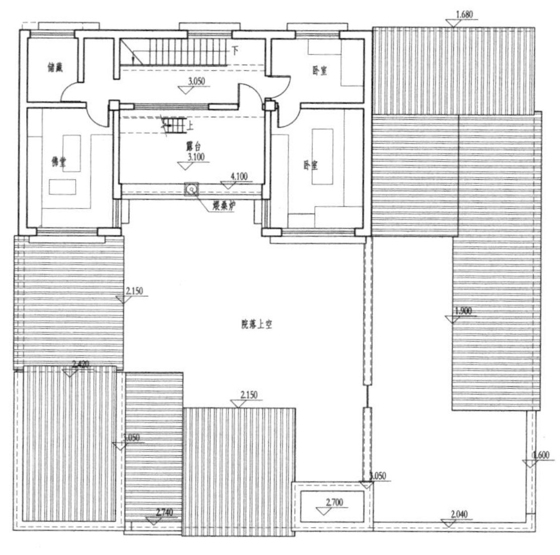
储藏
下
卧室
3.050
上
露台
3.100
4.100
煨桑炉
佛室
卧室
1.680
院落上空
2.150
1.900
2.400
2.150
3.050
1.600
3.050
2.700
2.740
2.040
0
2m
5m

二层平面图

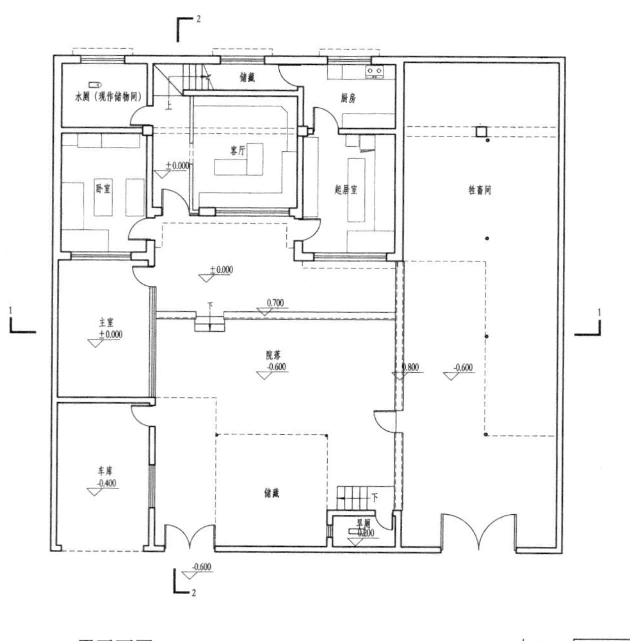
2
水厕（现作储物间）
储藏
厨房
上
客厅
±0.000
卧室
起居室
牲畜间
±0.000
0.700
下
1
1
主室
±0.000
院落
-0.600
0.800
-0.600
车库
-0.400
储藏
下
旱厕
-0.600
2
0
2m
5m

一层平面图

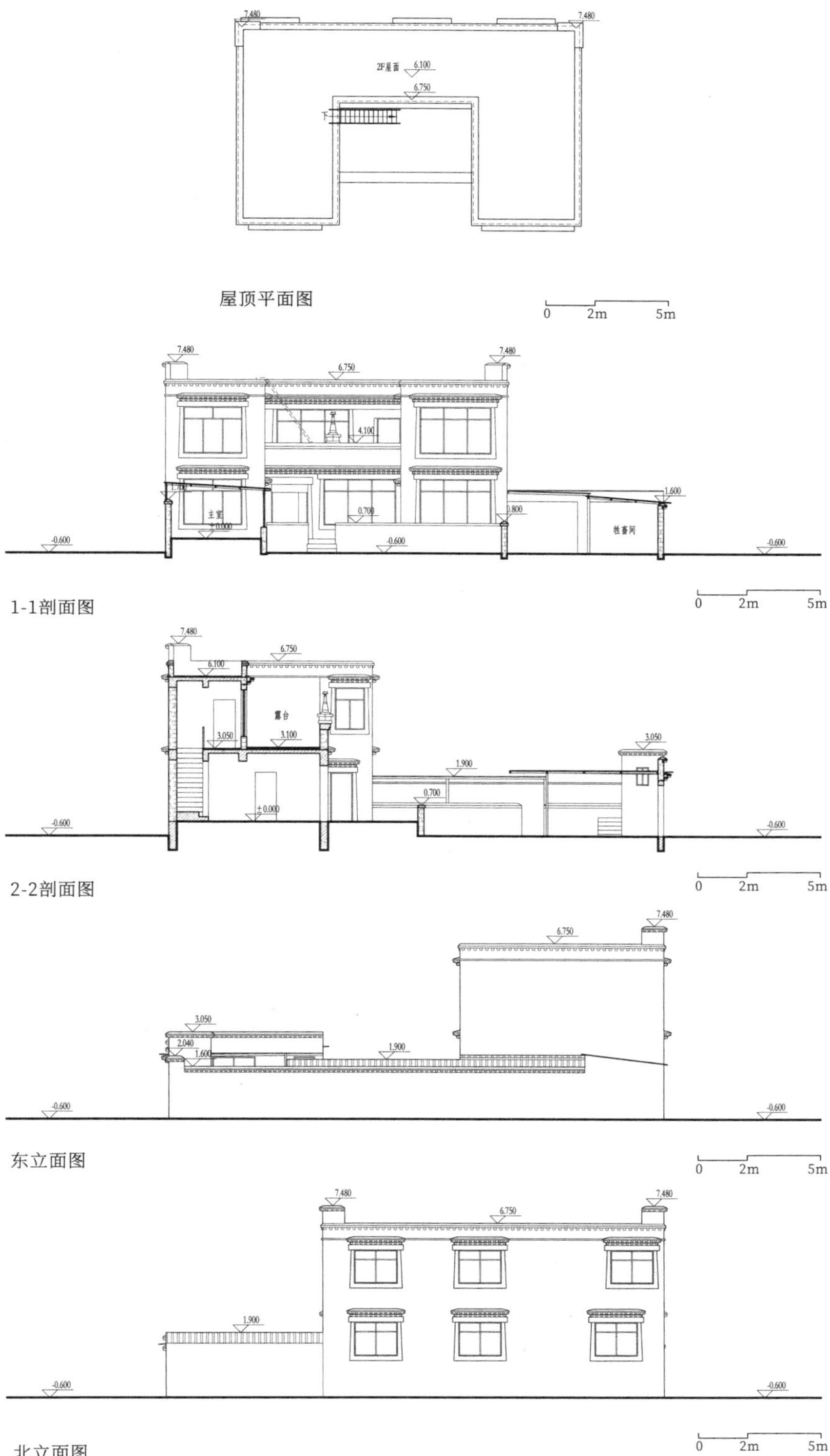

屋顶平面图

1-1剖面图

2-2剖面图

东立面图

北立面图

空间组织

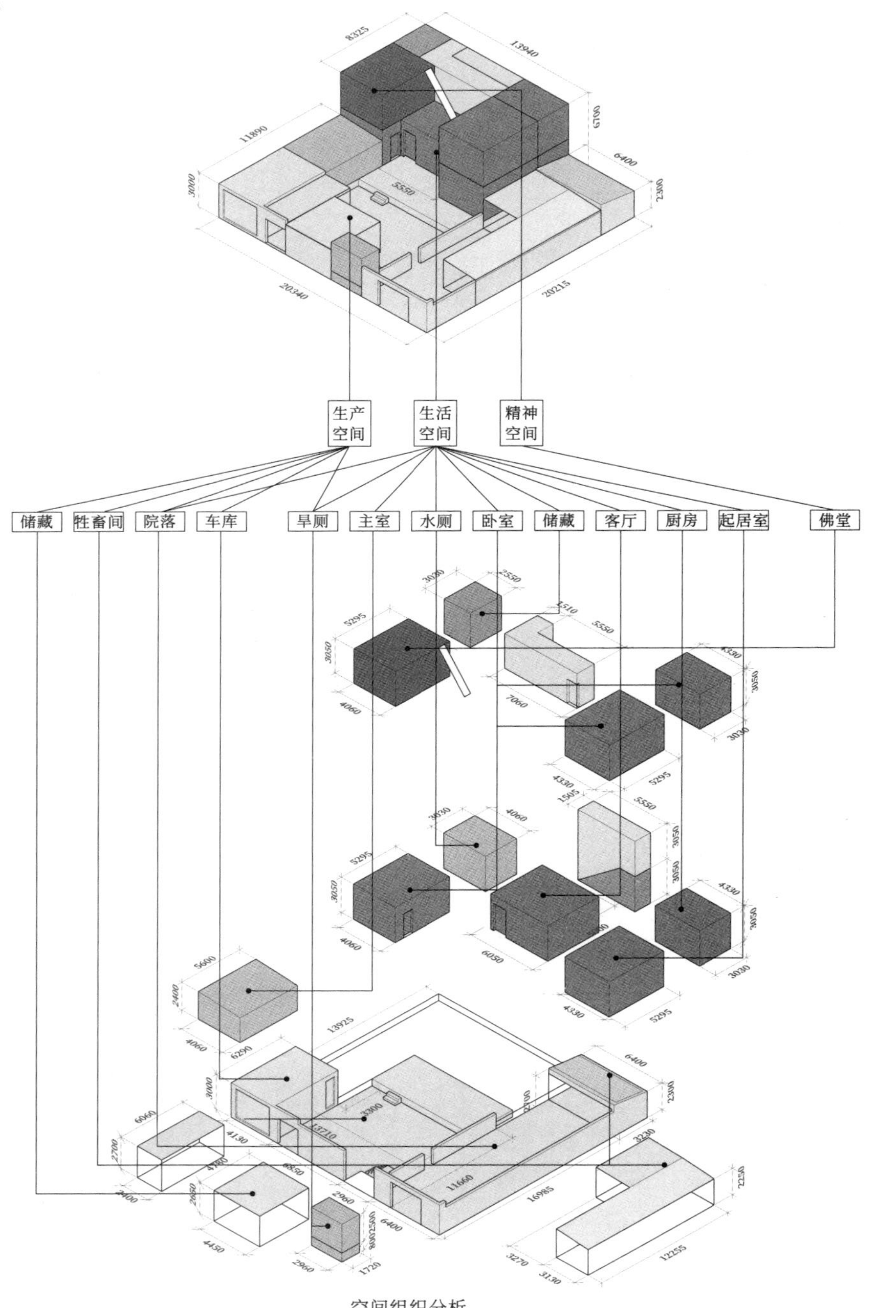

空间组织分析

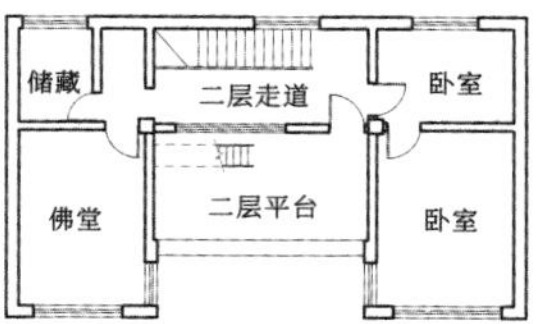

二层平面图

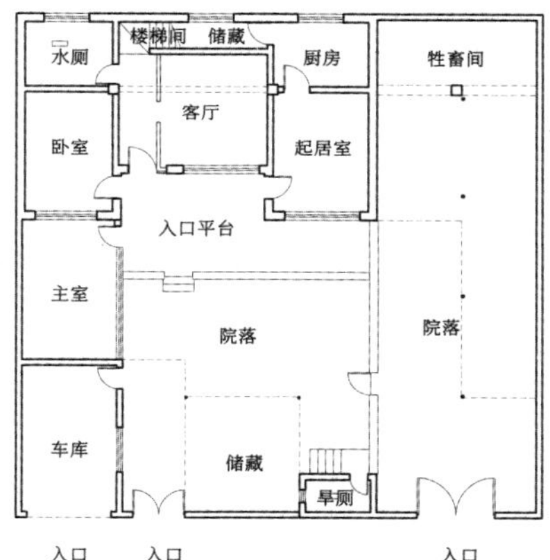

一层平面图

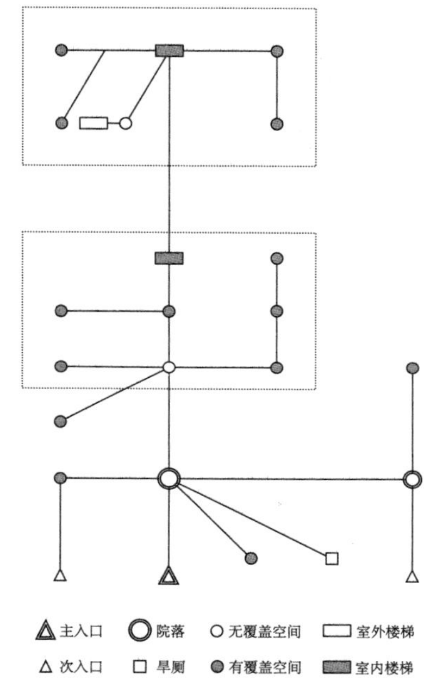

功能连接分析

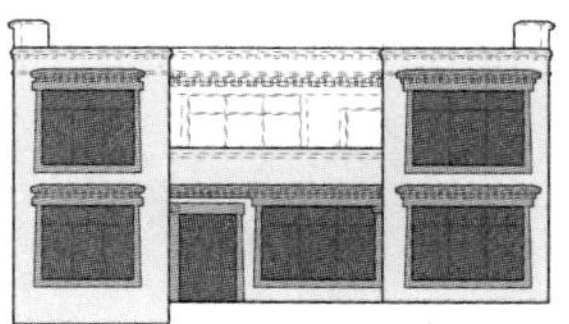

南立面窗墙比
含门窗套：0.58；不含门窗套：0.37

东立面窗墙比
含门窗套：0；不含门窗套：0

北立面窗墙比
含门窗套：0.27；不含门窗套：7.15

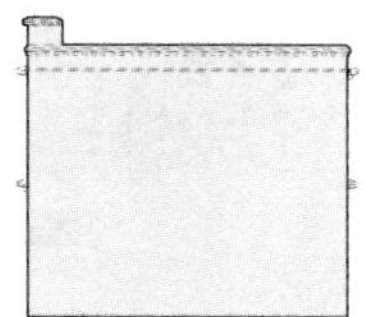

西立面窗墙比
含门窗套：0；不含门窗套：0

洞口分析

院落生活场景

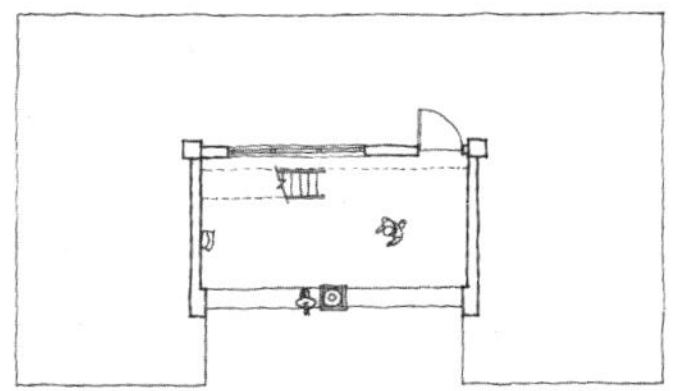

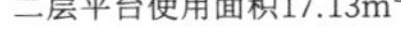
二层平台使用面积17.13m^2

二层平台生活平面图

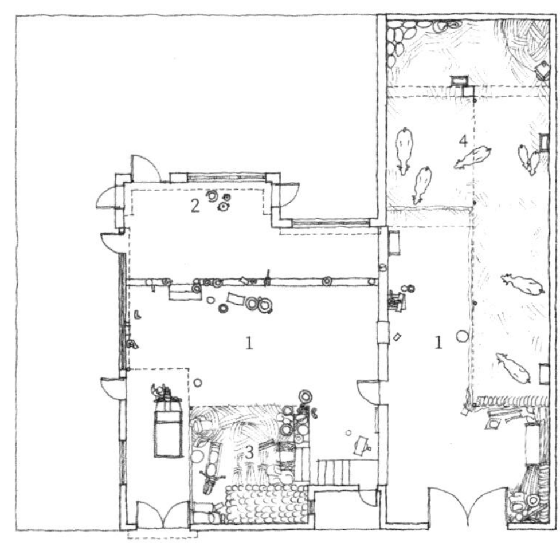

1.一层院落使用面积：137.94m^2
2.主屋入口平台使用面积：8.59m^2
3.储藏使用面积：20.29m^2
4.牲畜间使用面积：70.44m^2

一层院落生活平面图

生活场景剖面图

屋顶平台使用面积：76.78m^2

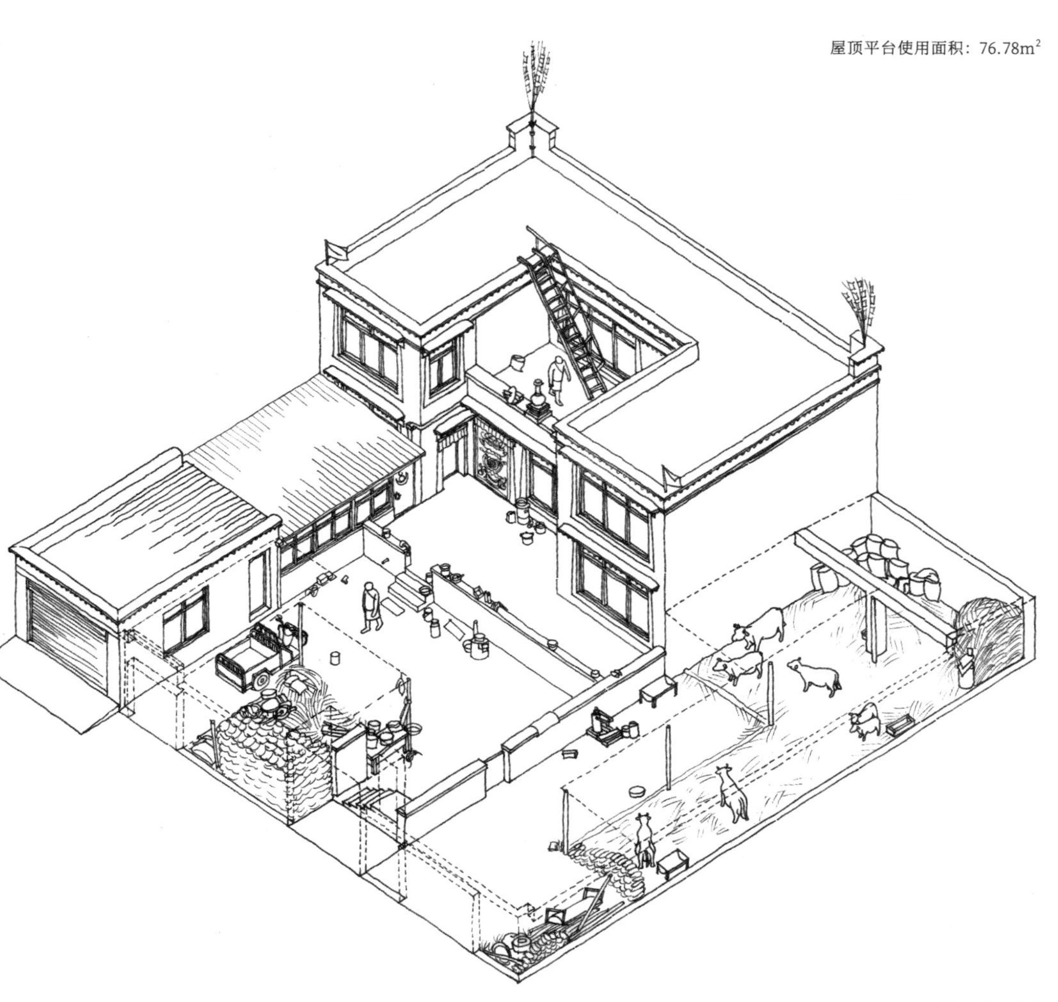

院落场景图

室内生活场景

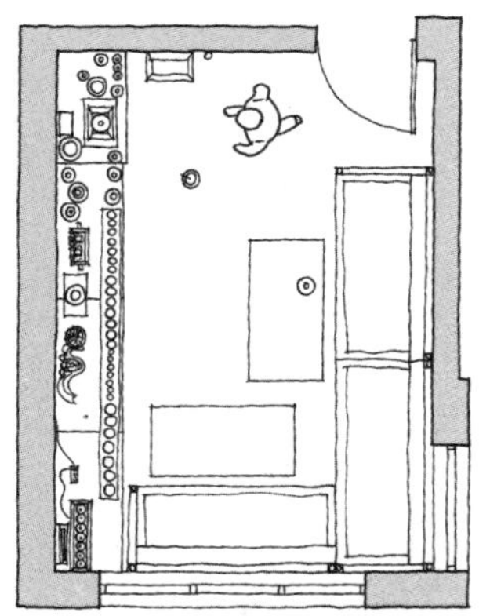

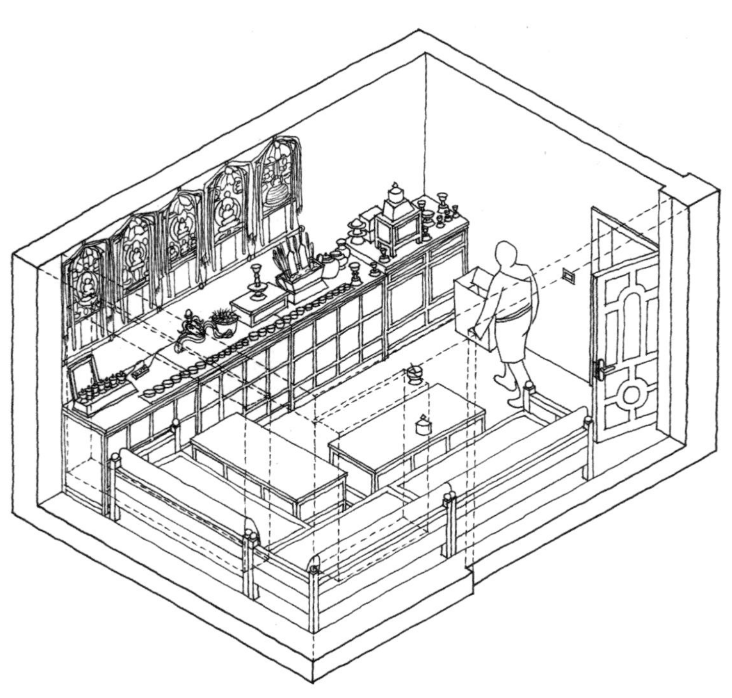

佛堂场景图

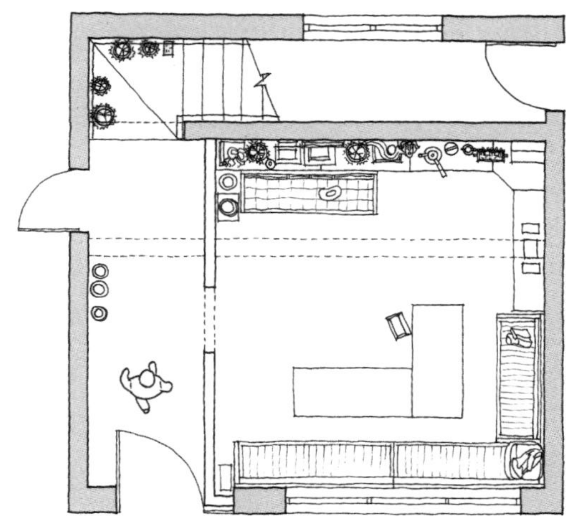

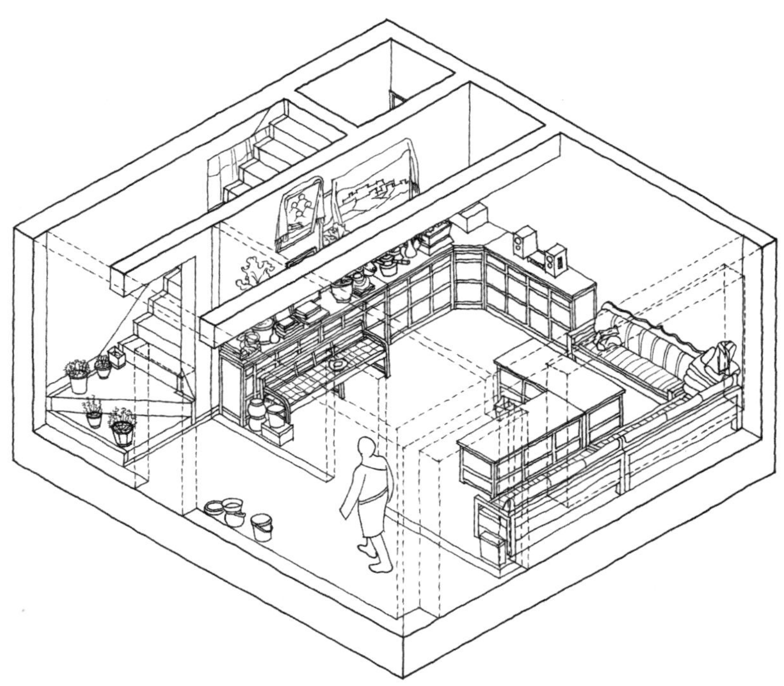

客厅场景图

主要生活空间

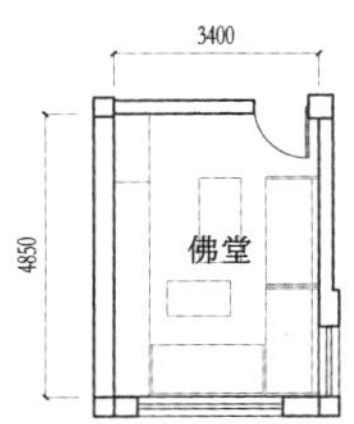

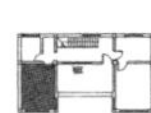

使用面积S=16.47m^2 层高H=3.05m
净高h=2.85m

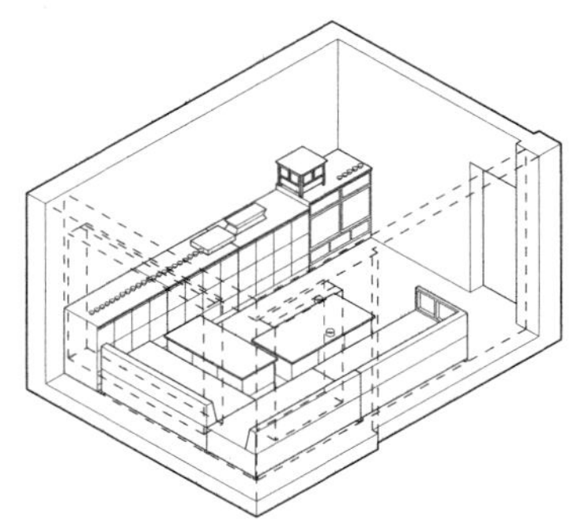

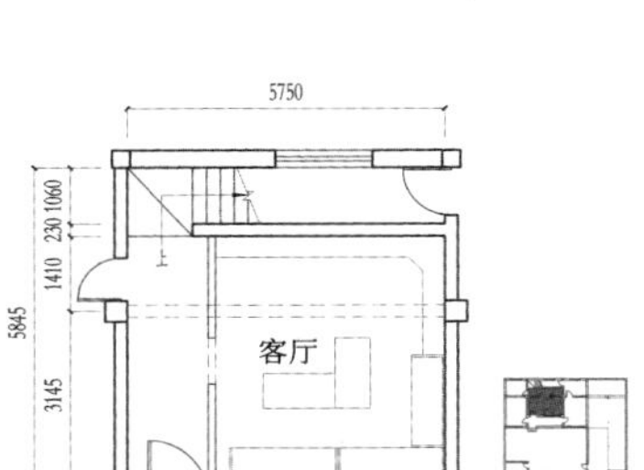

使用面积S=32.55m^2 层高H=3.05m
净高h=2.85m
梁底h=2.55m

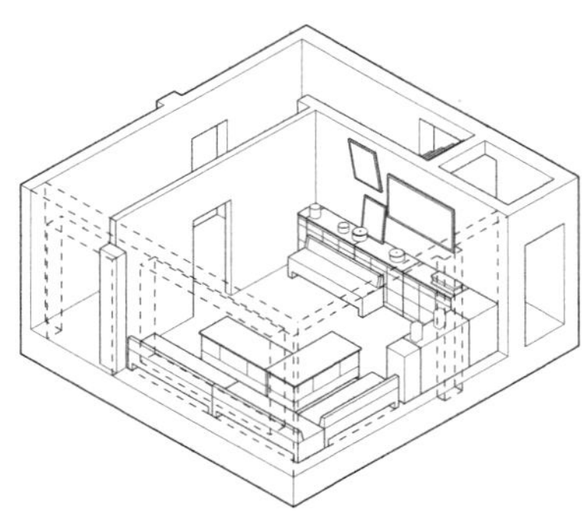

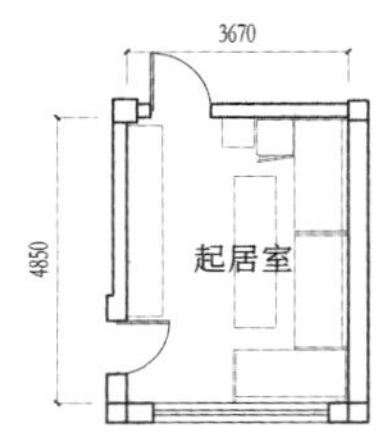

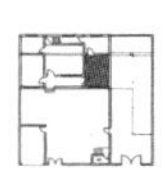

使用面积S=17.78m^2 层高H=3.05m
净高h=2.85m

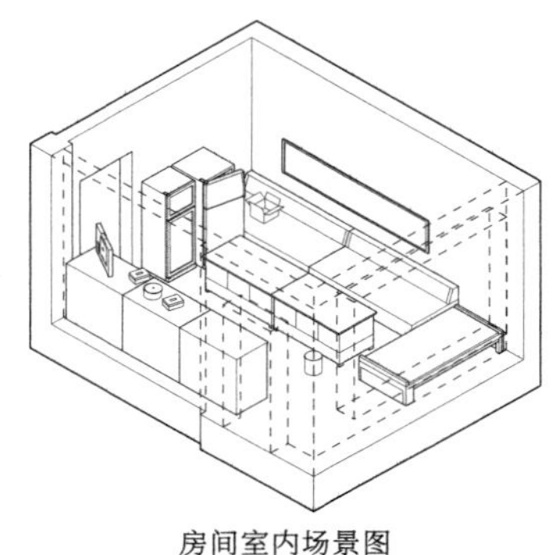

房间平面图　　　　房间室内场景图

向窗地比：1/3.48
向窗地比：1/7.77

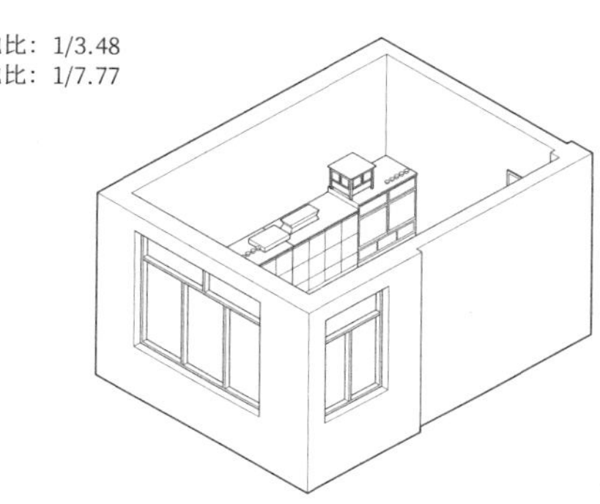

向窗地比：1/5.60

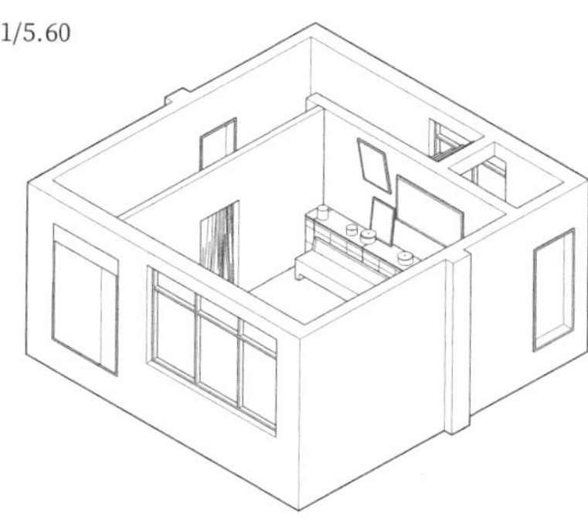

向窗地比：1/3.11

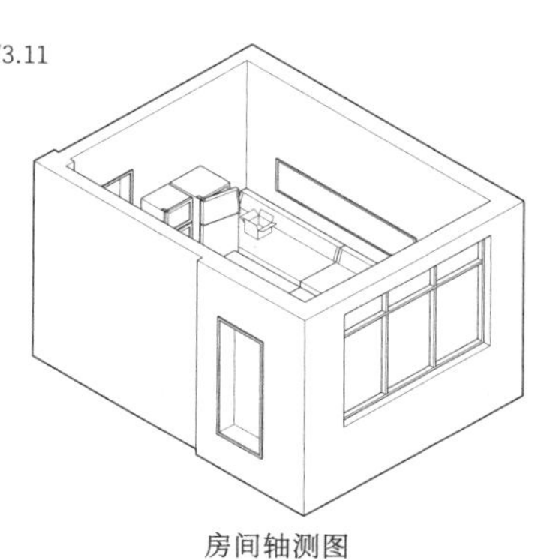

房间轴测图

室内照片

结构与材料

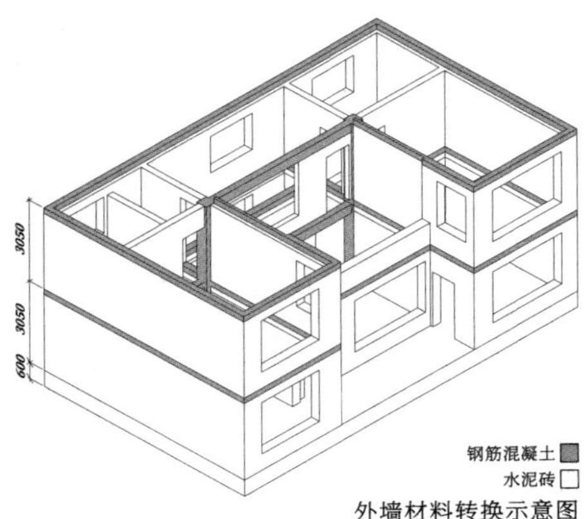

外墙材料转换示意图

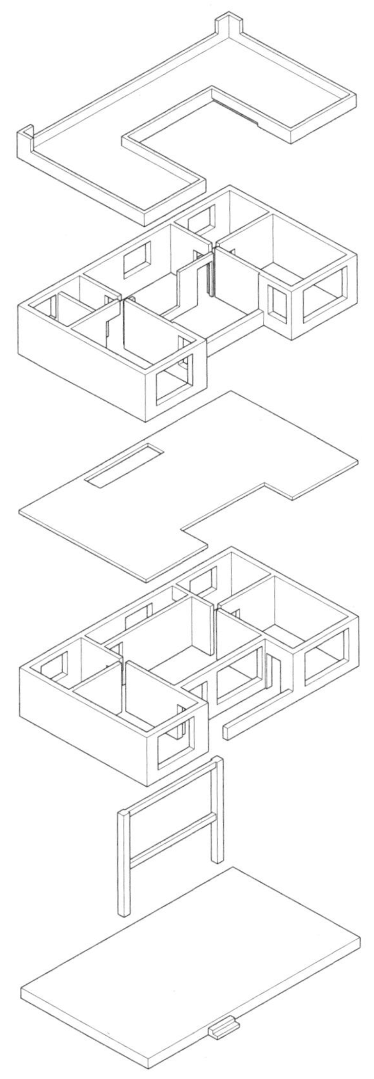
结构分析图

主屋建筑材料信息表

外墙	4	柱子	5
内墙	4	梁	5
屋面	5	门	6、9
楼面	5	窗	8、9
地面	10、11	挑檐口	12

辅助用房建筑材料信息表

外墙	1	柱子	2
内墙	1	梁	2
屋面	2、4	门	3、5、6
地面	7、8	窗	5、6
		挑檐口	9

注： 1–水泥砖，2–钢筋混凝土，3–木材，4–钢材，5–金属，6–玻璃，7–水泥砂浆，8–混凝土，9–混凝土预制构件

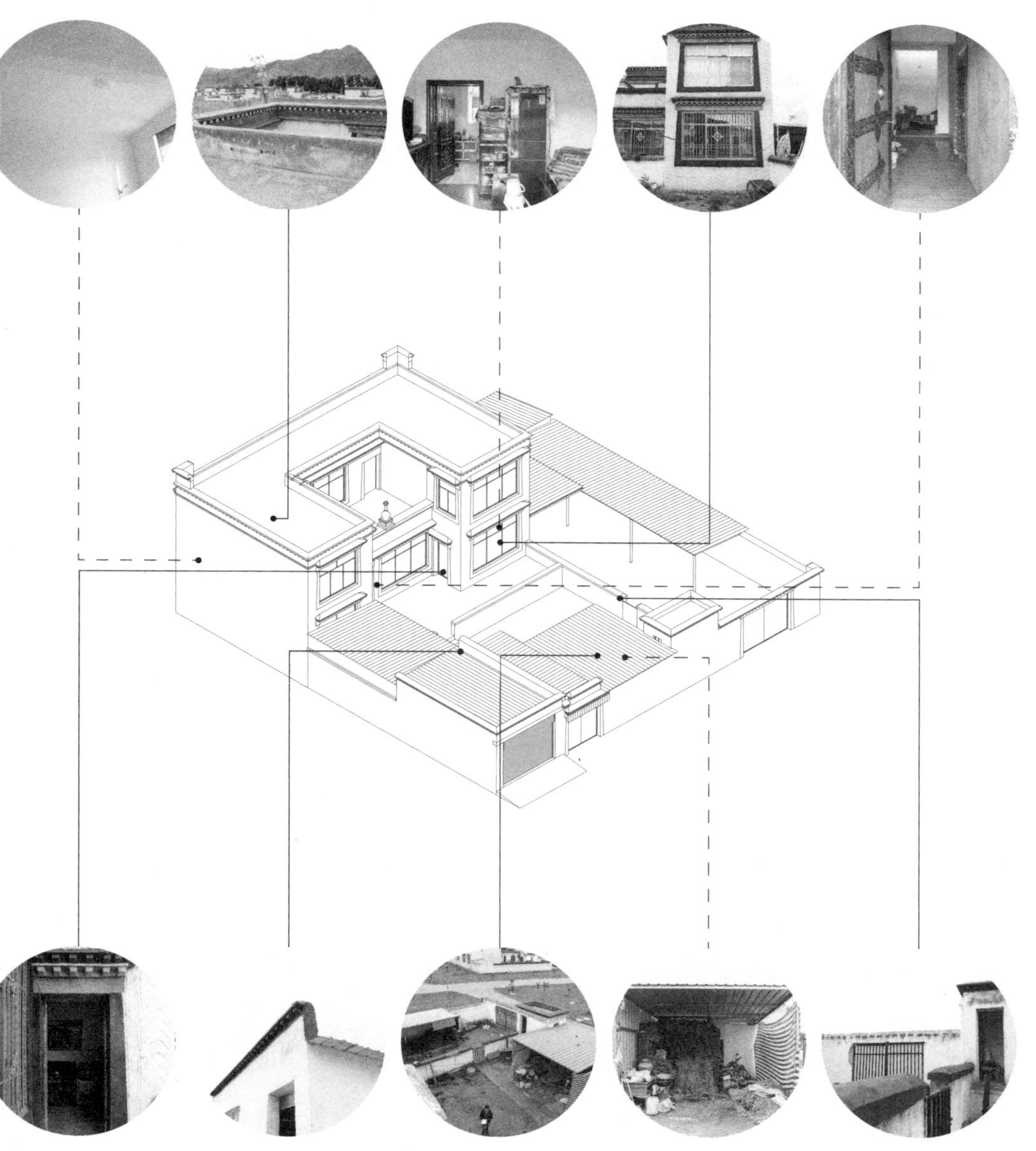

材料使用示意图

拉宗家　　2016年

林周县江夏新村

基本信息

用地面积（403.80m²）

主屋占地面积：	95.98m²
辅助用房占地面积：	76.79m²
院落占地面积：	231.03m²

主屋建筑面积（121.85m²）

主屋一层面积：	80.63m²
主屋二层面积：	41.22m²

50岁的拉宗与丈夫和孩子常住，平日从事农牧业生产。利用车库开了一家小卖部，并隔出半间做厨房和冬季主室。夏天夫妻在客厅睡觉，女儿在一楼东侧卧室睡觉，冬天搬到车库取暖睡觉。从江热夏乡卡日村搬迁过来，免费入住。

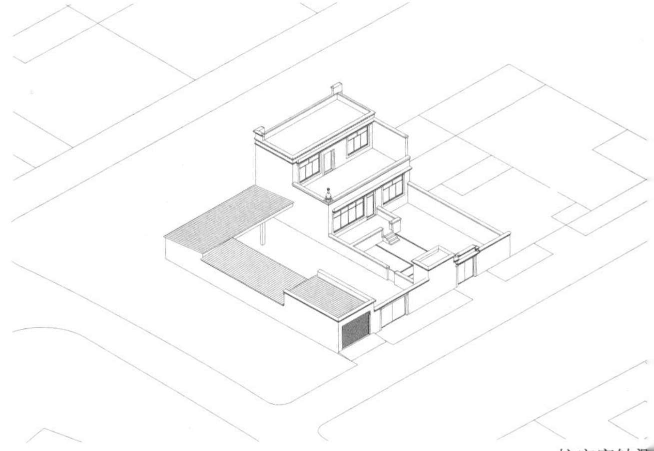

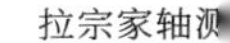

拉宗家轴测

村落总平面

拉宗家外观图

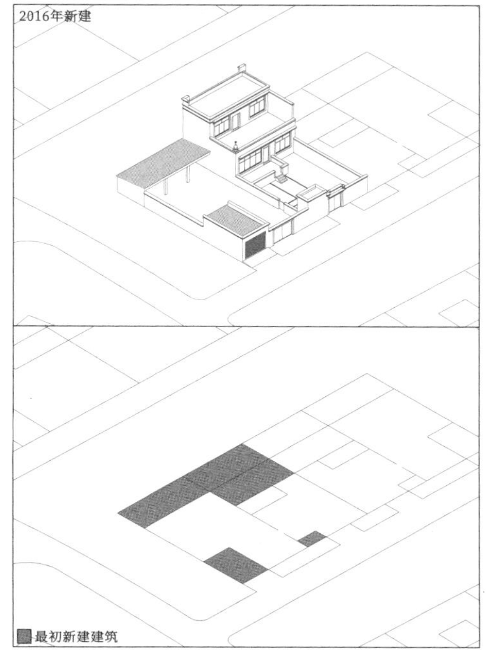

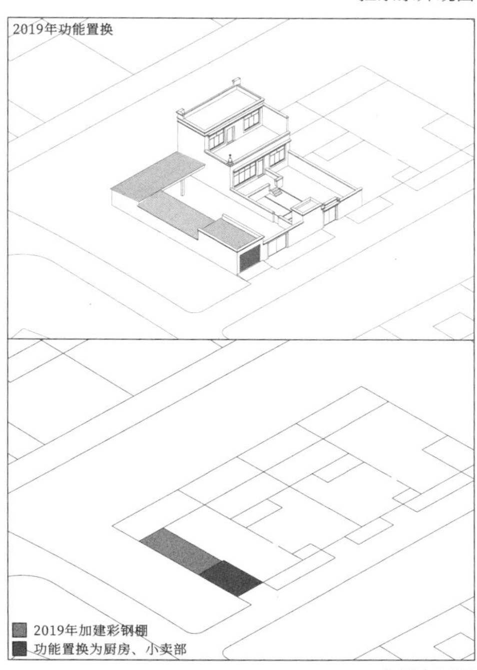

房屋变迁图

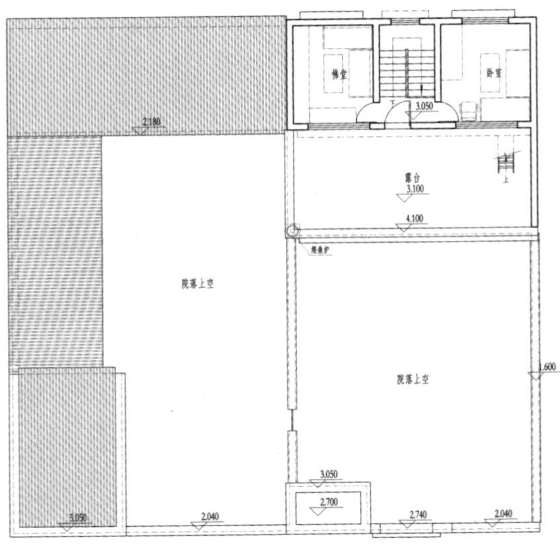
佛堂
卧室
3.050
2.180
露台
3.100
4.100
院落上空
院落上空
1.600
3.050
2.700
3.050
2.040
2.740
2.040
0
2m
5m

二层平面图

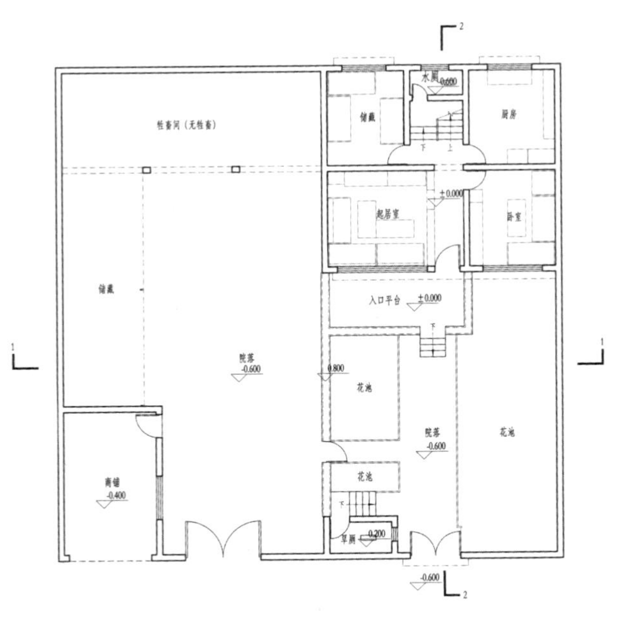
水厕
储藏
厨房
牲畜间（无牲畜）
起居室
±0.000
卧室
储藏
入口平台
±0.000
院落
-0.600
花池
院落
-0.600
花池
商铺
-0.400
花池
旱厕
-0.600
0
2m
5m

一层平面图

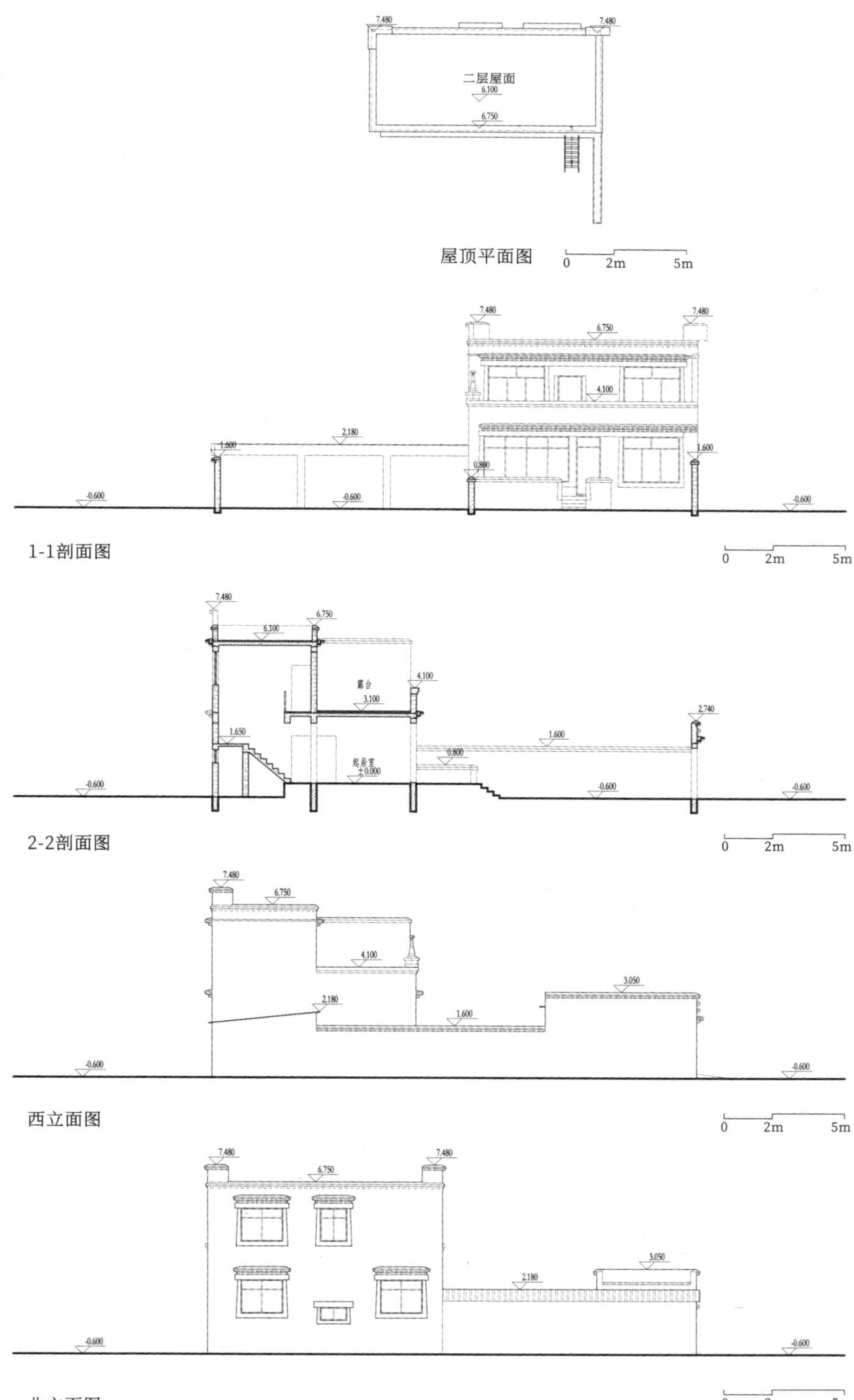
7.480
7.480
二层屋面
6.100
6.750
屋顶平面图
0
2m
5m
7.480
7.480
6.750
4.100
2.180
1.600
1.600
0.800
-0.600
-0.600
-0.600
1-1剖面图
0
2m
5m
7.480
6.750
6.100
4.100
露台
3.100
2.740
1.650
1.600
0.800
起居室
±0.000
-0.600
-0.600
-0.600
2-2剖面图
0
2m
5m
7.480
6.750
4.100
3.050
2.180
1.600
-0.600
-0.600
西立面图
0
2m
5m
7.480
7.480
6.750
3.050
2.180
-0.600
-0.600
北立面图
0
2m
5m

空间组织

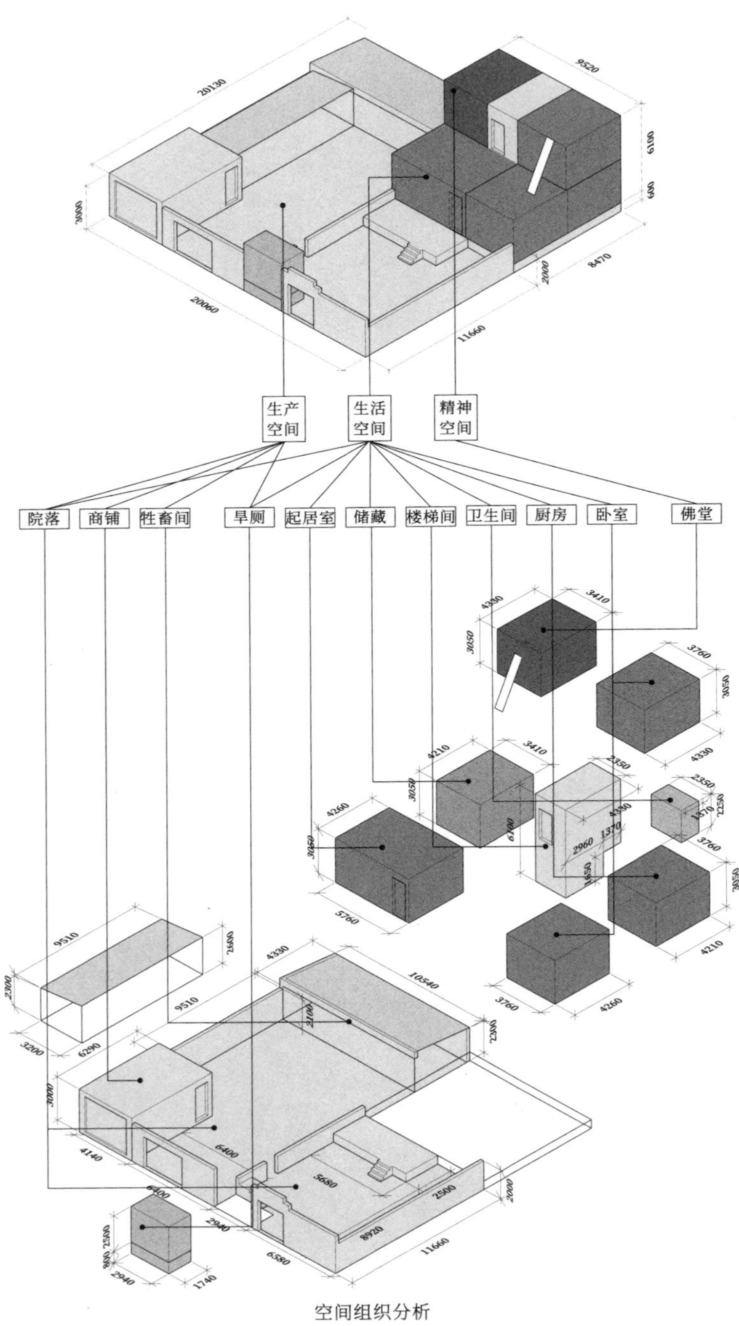

空间组织分析

一层平面图

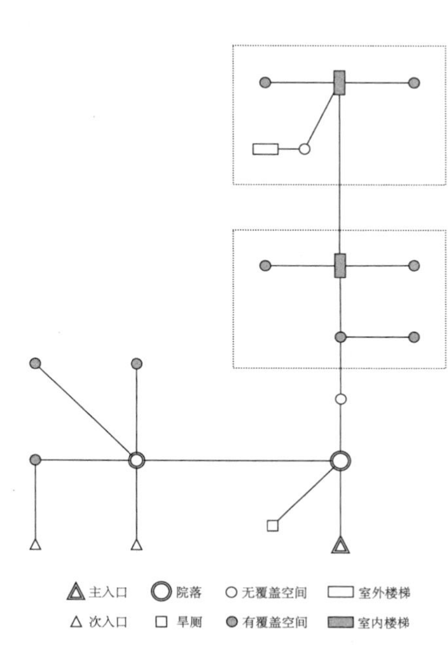

功能连接分析

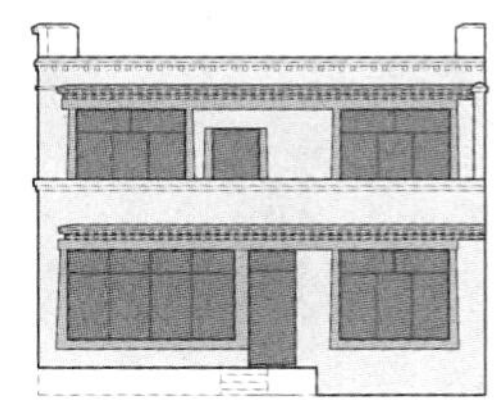

南立面窗墙比
含门窗套：0.55；不含门窗套：0.34

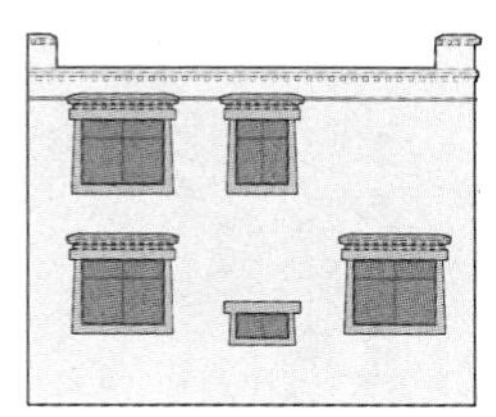

北立面窗墙比
含门窗套：0.26；不含门窗套：0.14

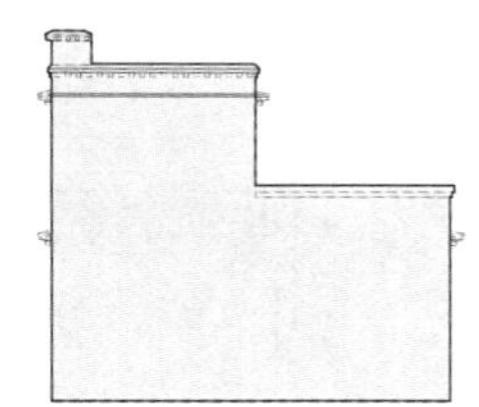

西立面窗墙比
含门窗套：0；不含门窗套：0

洞口分析

院落生活场景

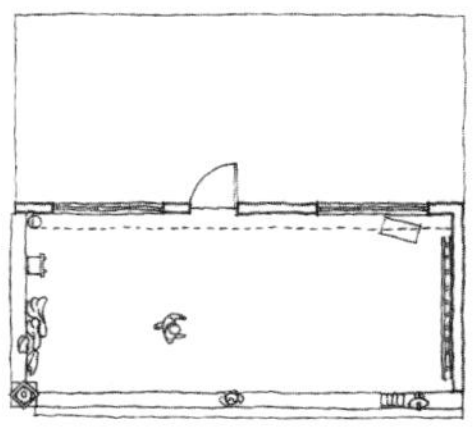

二层平台生活平面图

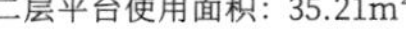

二层平台使用面积：35.21m^2

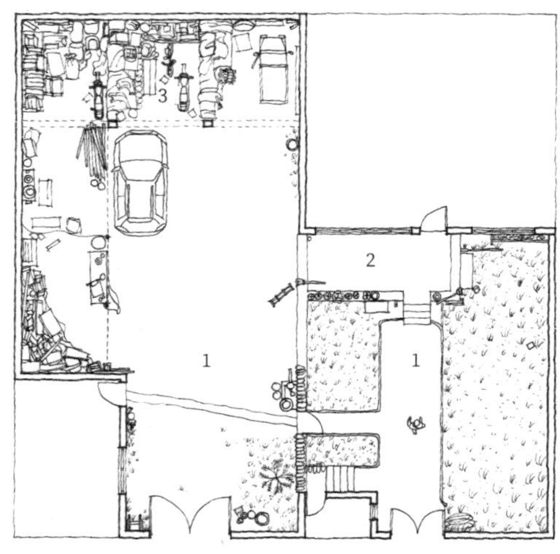

一层院落生活平面图

1.一层院落使用面积：159.68m^2
2.主屋入口平台使用面积：11.80m^2
3.牲畜间使用面积：45.64m^2

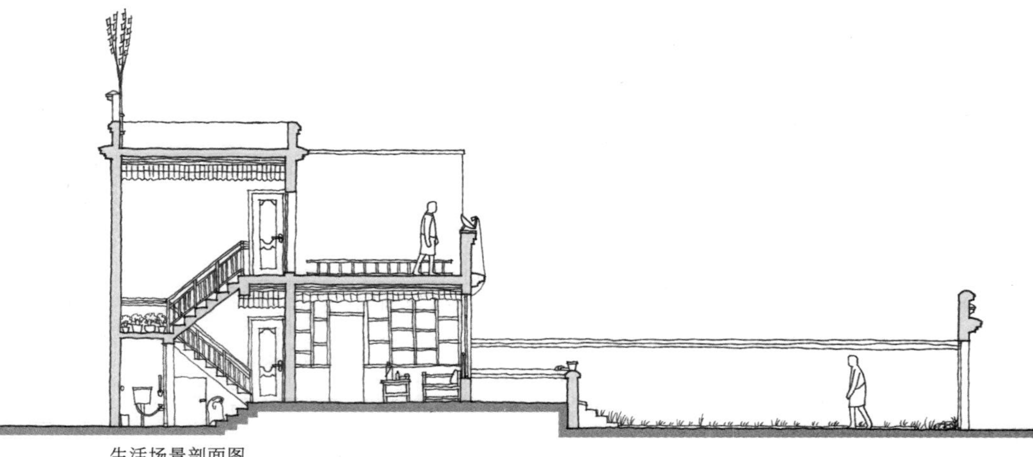

生活场景剖面图

屋顶平台使用面积：35.84m²

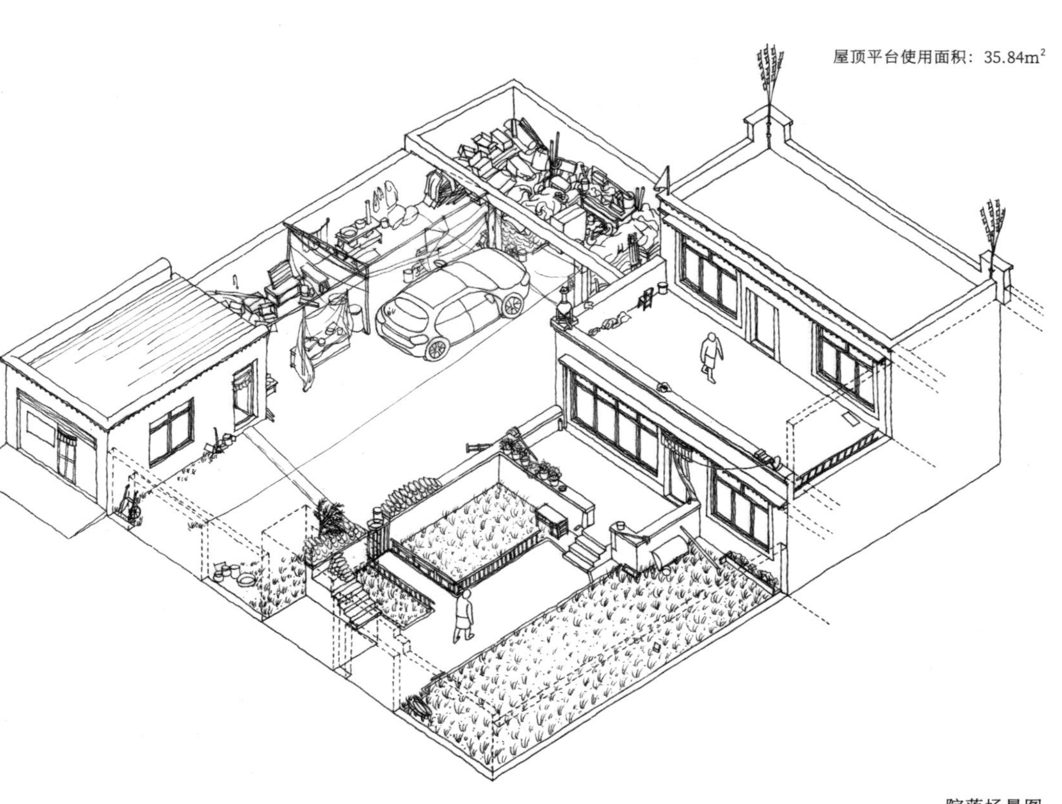

院落场景图

室内生活场景

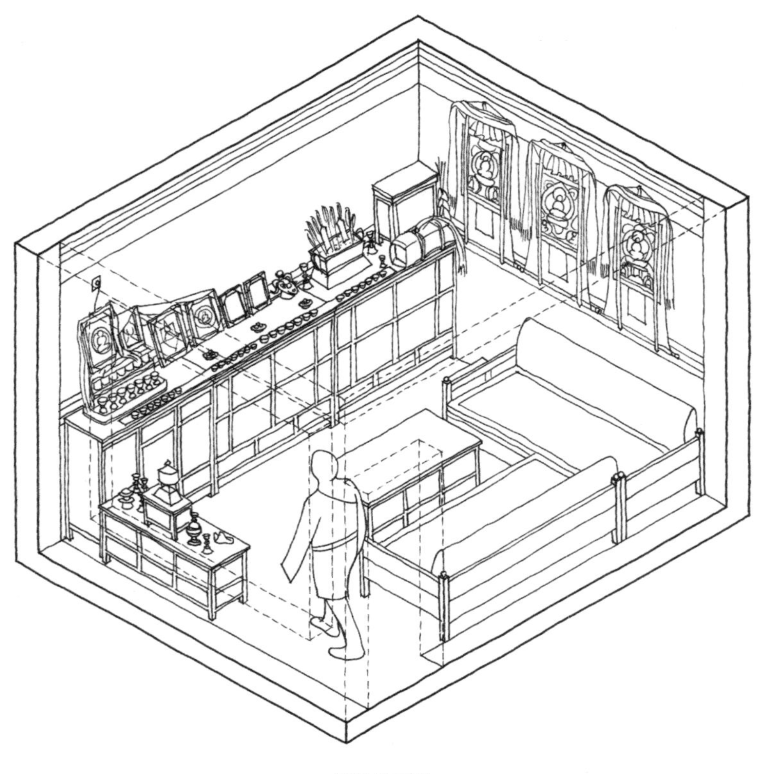

佛堂场景图

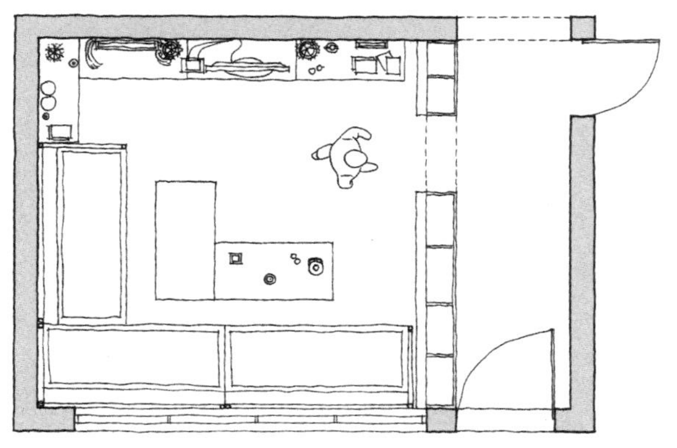

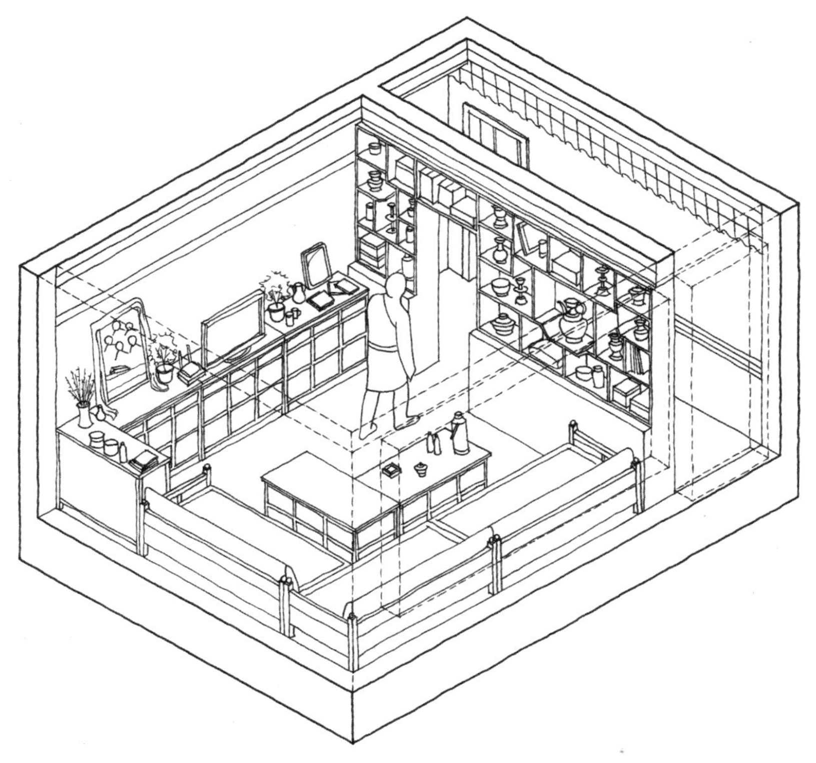

起居室场景图

主要生活空间

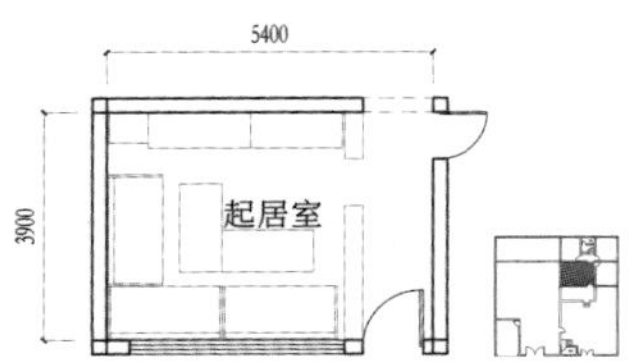

使用面积S=21.06m^2 层高H=3.05m
净高h=2.85m

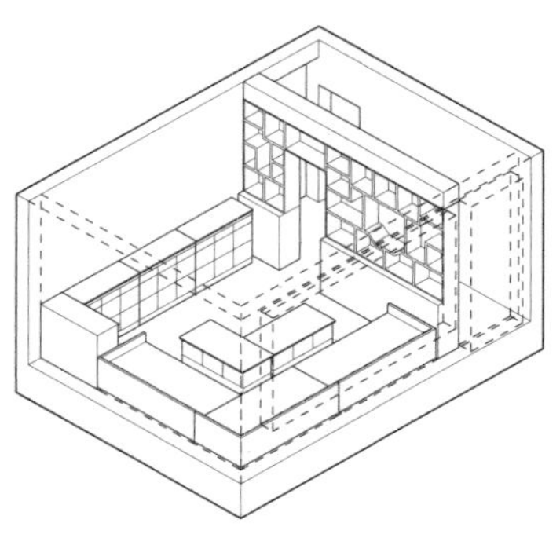

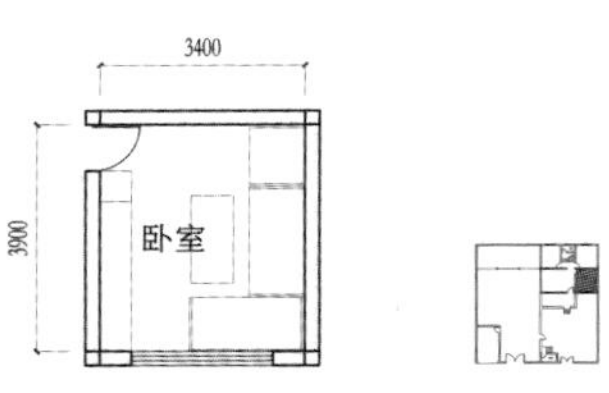

使用面积S=13.26m^2 层高H=3.05m
净高h=2.85m

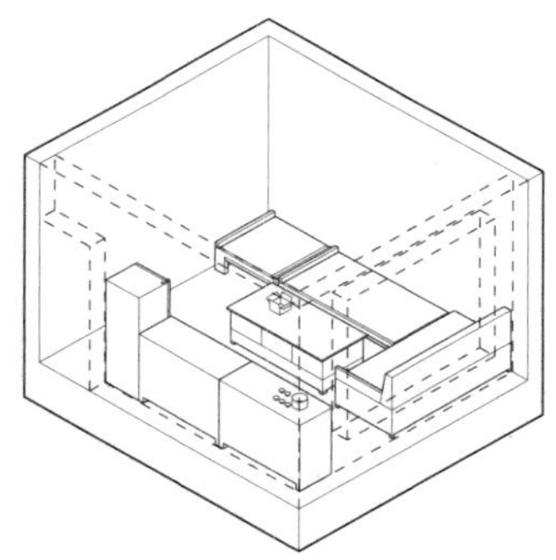

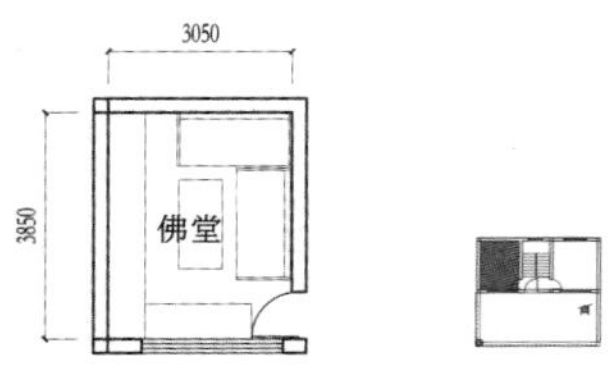

使用面积S=11.74m^2 层高H=3.05m
净高h=2.85m

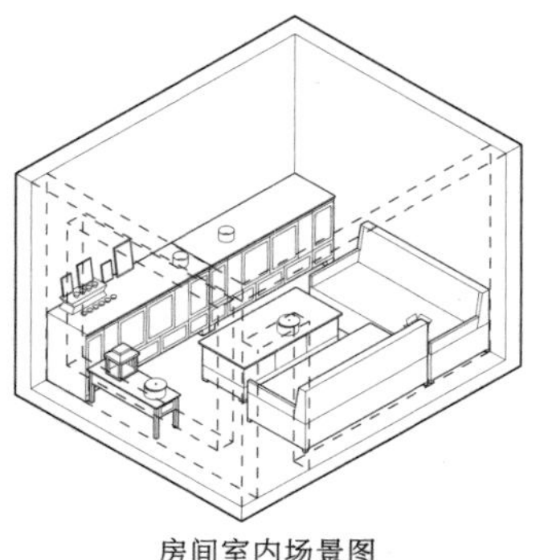

房间平面图

房间室内场景图

向窗地比：1/3.00

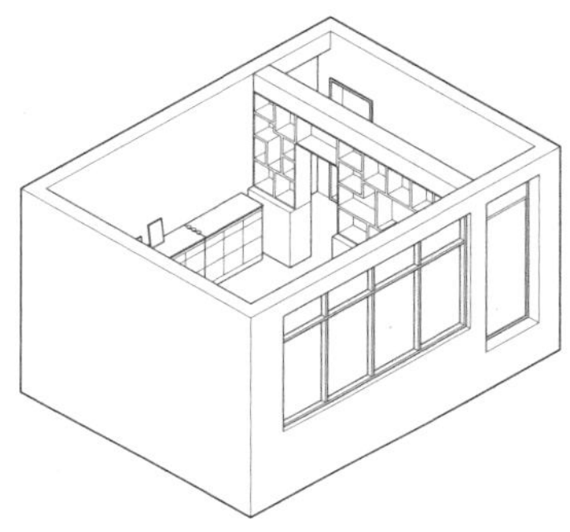

向窗地比：1/2.86

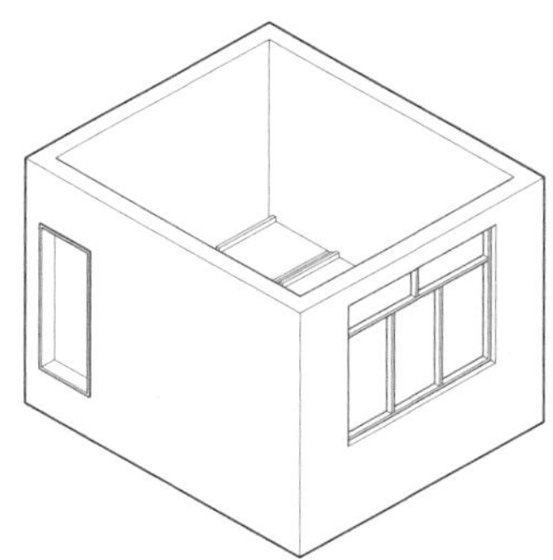

向窗地比：1/2.54

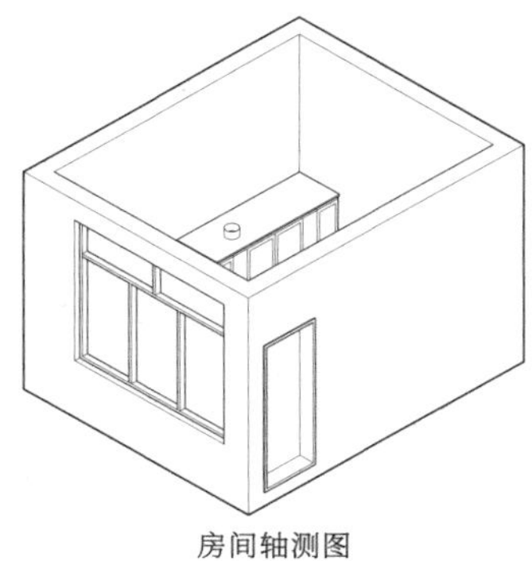

房间轴测图

室内照片

结构与材料

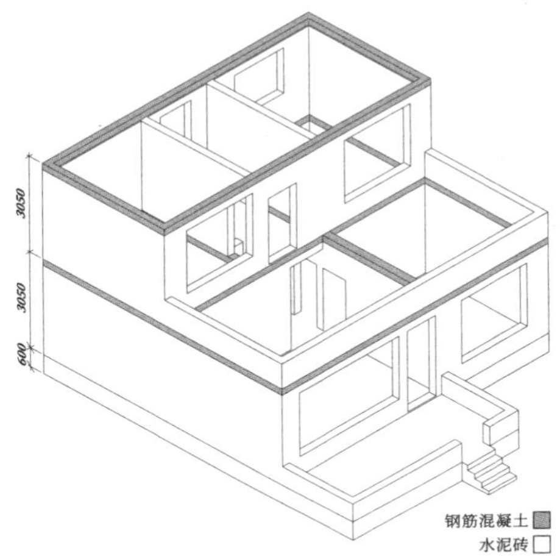

外墙材料转换示意图

主屋建筑材料信息表

外墙	4	柱子	5
内墙	4	梁	5
屋面	5	门	6、9
楼面	5	窗	8、9
地面	10、11	挑檐口	12

辅助用房建筑材料信息表

外墙	1	柱子	2
内墙	1	梁	2
屋面	2、4	门	3、5、6
地面	7、8	窗	5、6
		挑檐口	9

注： 1–水泥砖，2–钢筋混凝土，3–木材，4–钢材，5–金属，6–玻璃，7–水泥砂浆，8–混凝土，9–混凝土预制构件

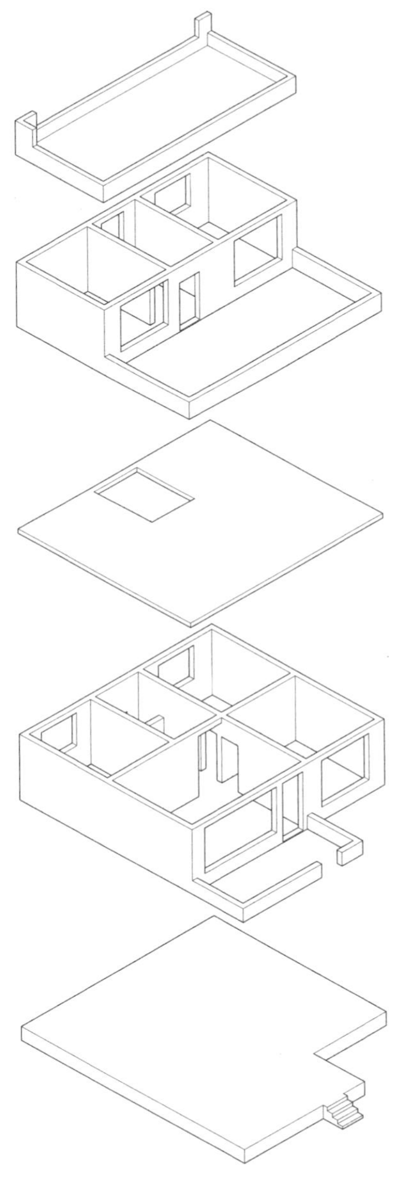
结构分析图

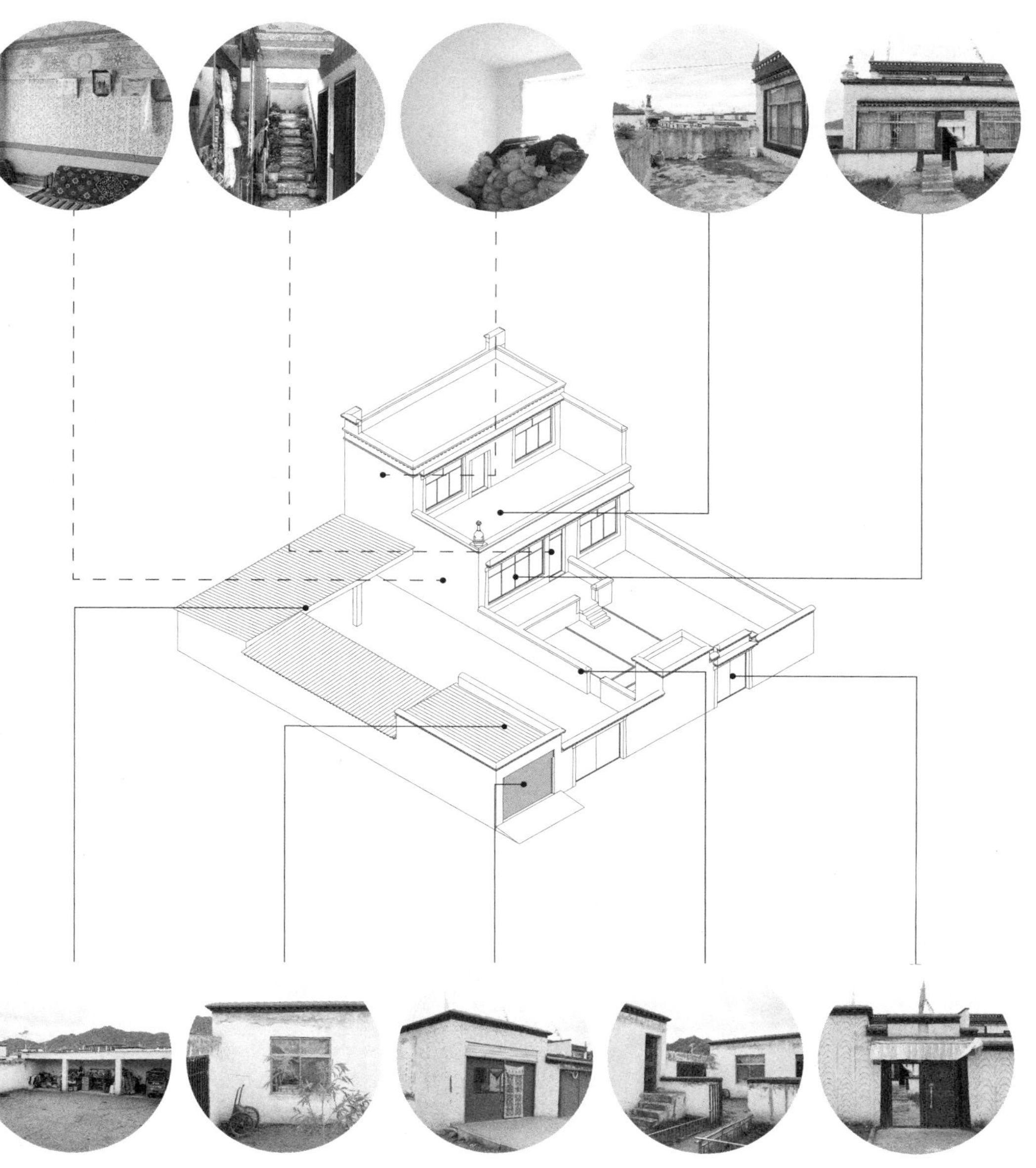

材料使用示意图

白玛央金家　2017年

堆龙德庆区古荣乡

嘎冲村荣玛乡定居点

基本信息

用地面积（122.32m²）

主屋占地面积:	59.50m²
辅助用房占地面积:	20.56m²
院落占地面积:	42.26m²

主屋建筑面积（82.28m²）

主屋一层面积:	59.50m²
主屋二层面积:	22.78m²

16岁的白玛央金和其继父、母亲、弟弟、妹妹在家常住。继父在城投公司工作，母亲在家开小吃店，未进行农牧生产活动。爸妈和弟弟在一楼起居室睡觉，白玛央金学校放假回家与妹妹在二楼卧室睡觉。从那曲尼玛县搬迁过来，免费入住。

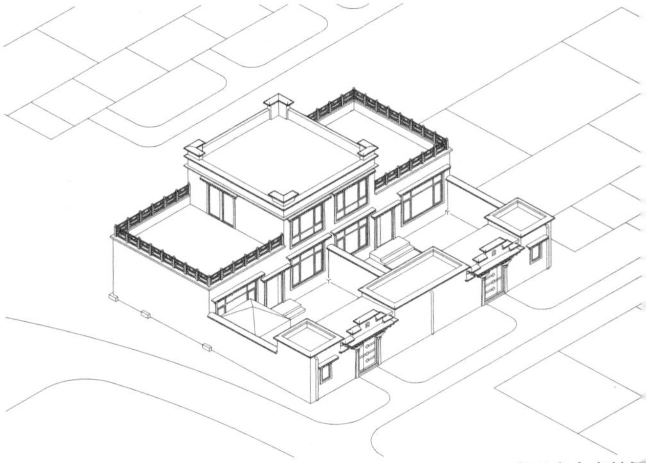

白玛央金家轴测

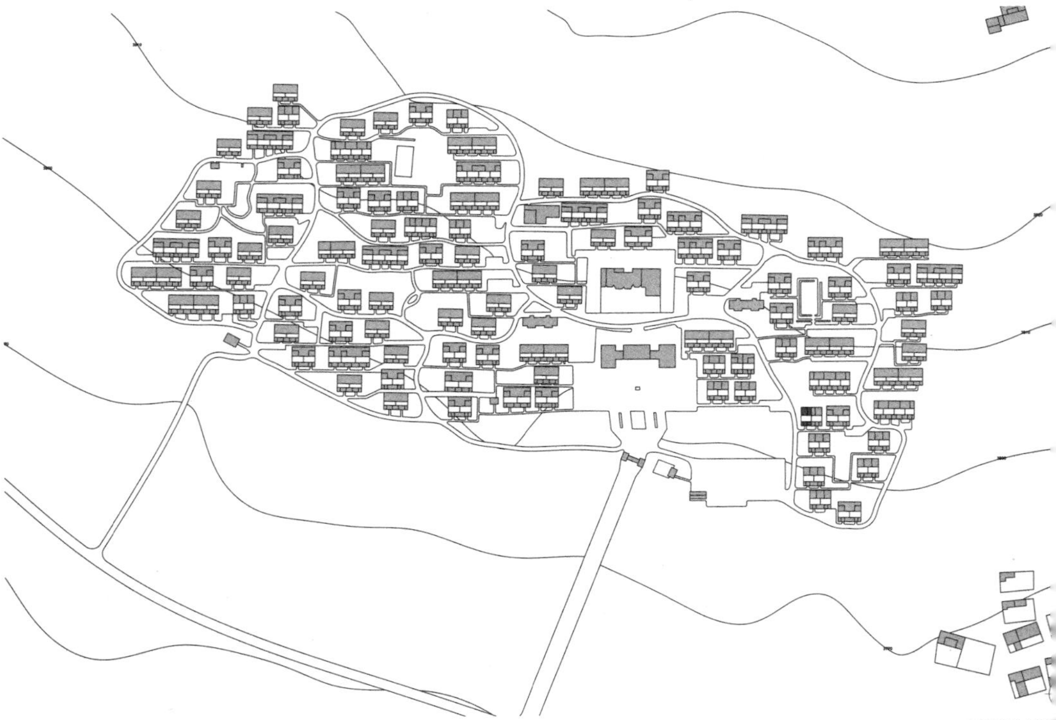

村落总平面

白玛央金家外观

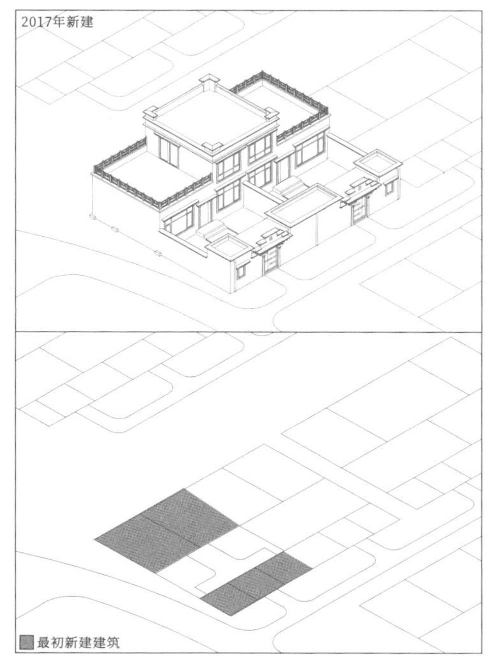

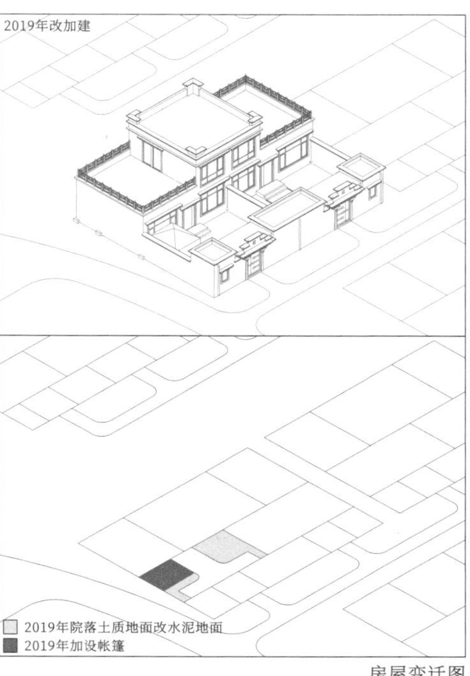

房屋变迁图

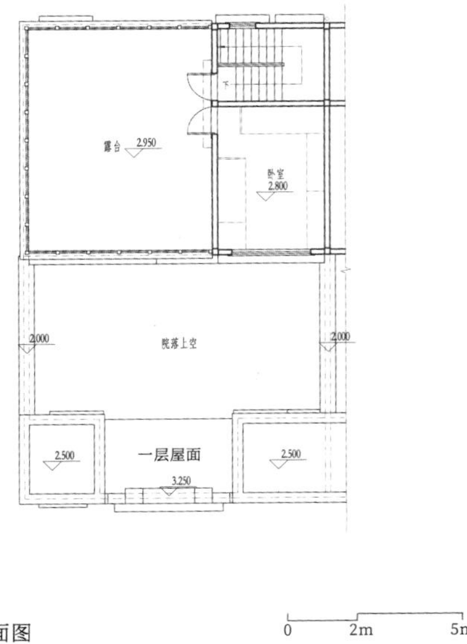
露台 2.950
卧室 2.800
院落上空
2.000
2.000
2.500
一层屋面
2.500
3.250
0
2m
5m

二层平面图

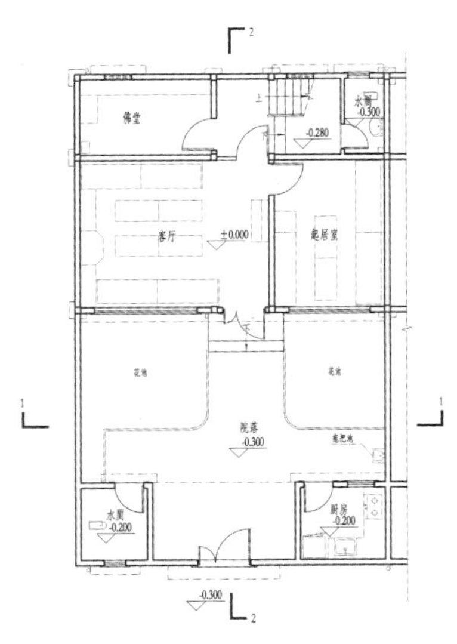
佛堂
上
-0.280
水厕 -0.300
客厅
±0.000
起居室
下
花池
花池
院落 -0.300
水厕 -0.200
厨房 -0.200
-0.300
0
2m
5m

一层平面图

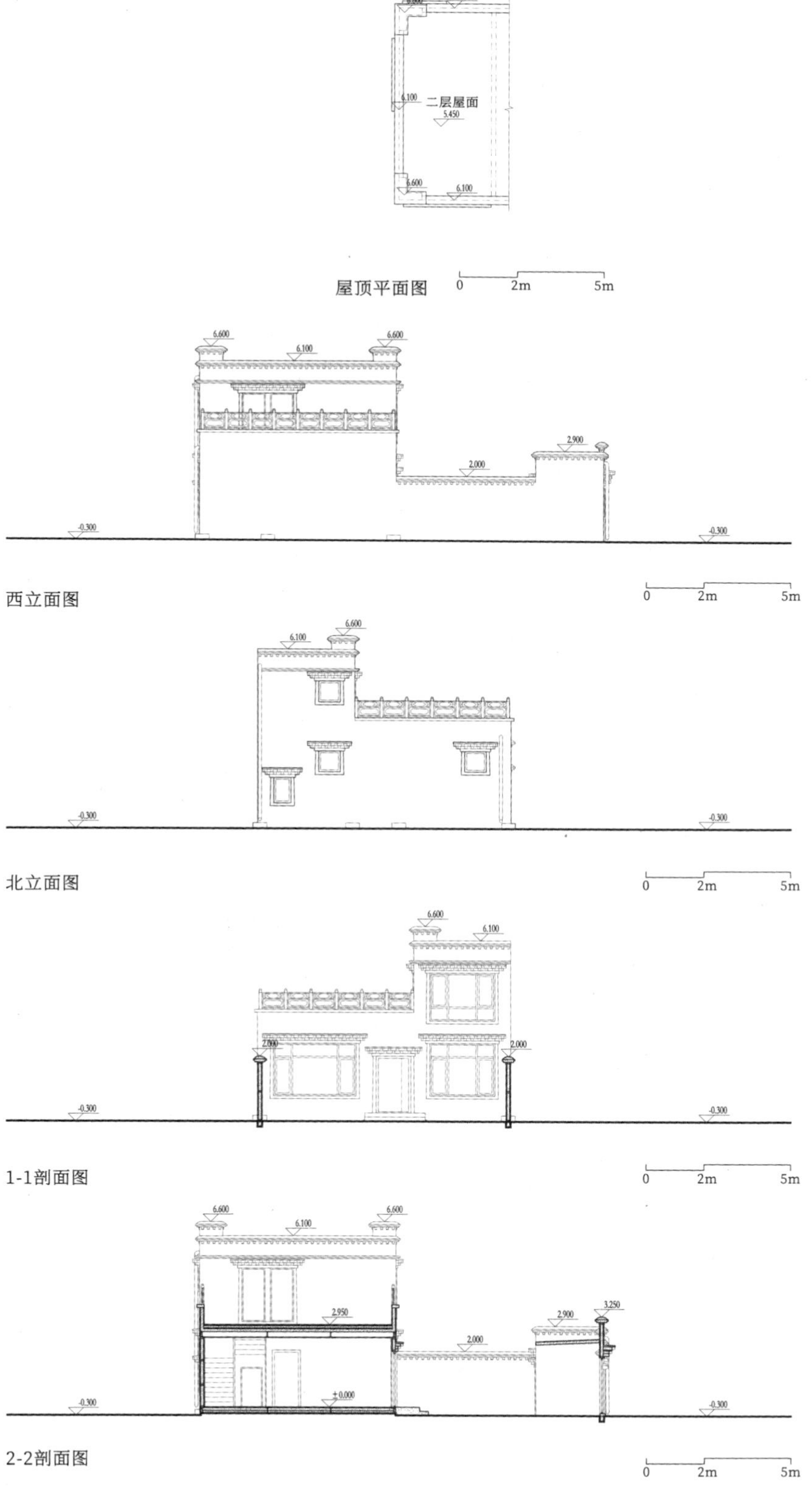

屋顶平面图

西立面图

北立面图

1-1剖面图

2-2剖面图

空间组织

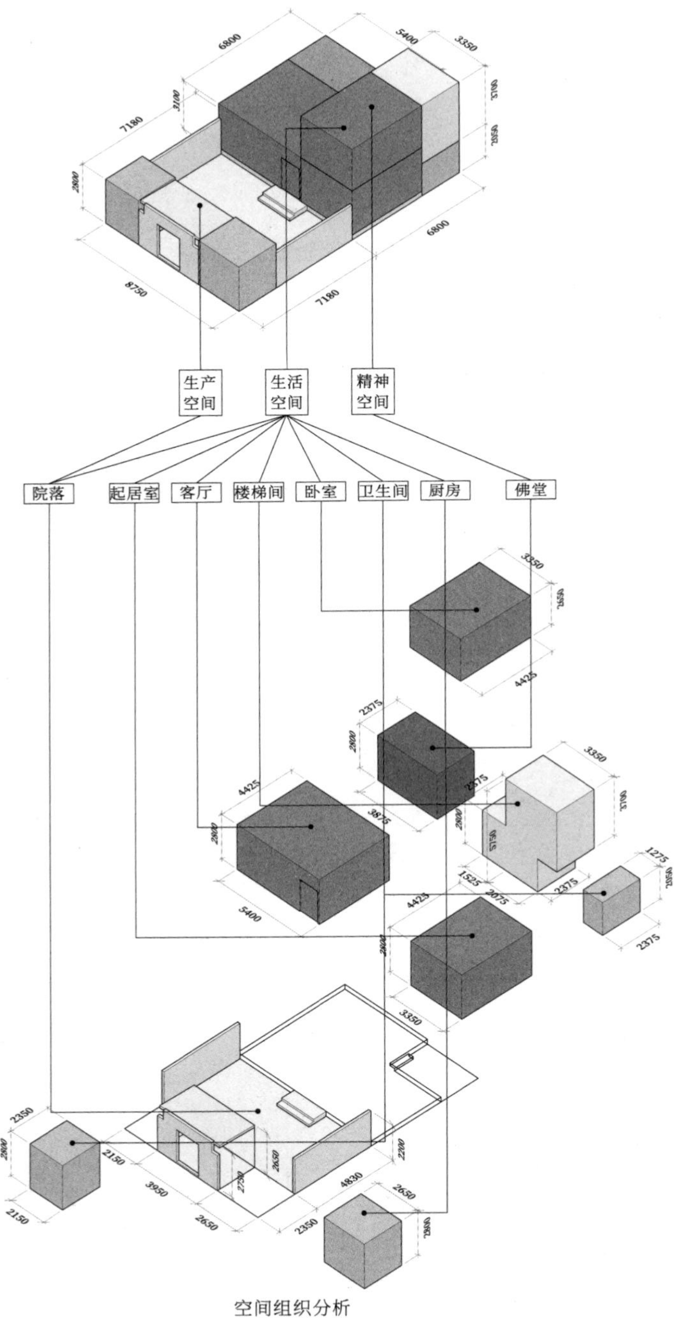

空间组织分析

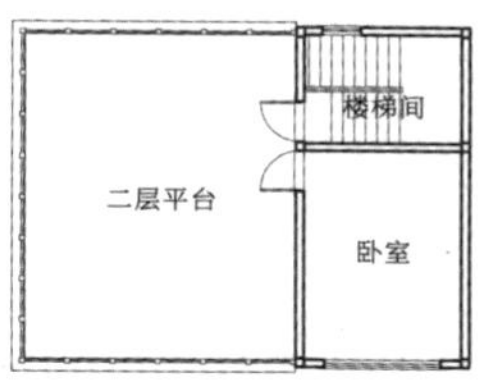

二层平面图

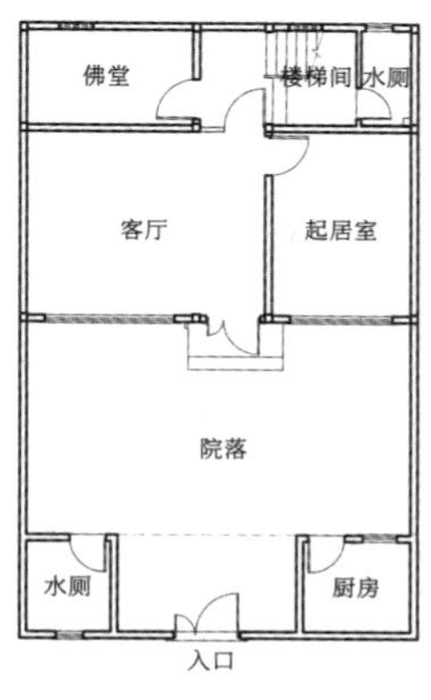

一层平面图

主入口　院落　无覆盖空间
入口灰空间　室内楼梯　有覆盖空间

功能连接分析

南立面窗墙比
含门窗套：0.50；不含门窗套：0.36

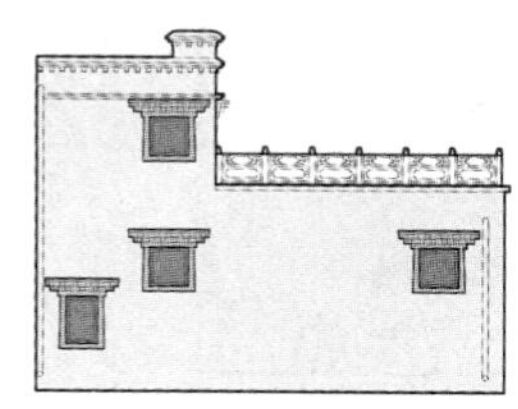

北立面窗墙比
含门窗套：0.12；不含门窗套：0.05

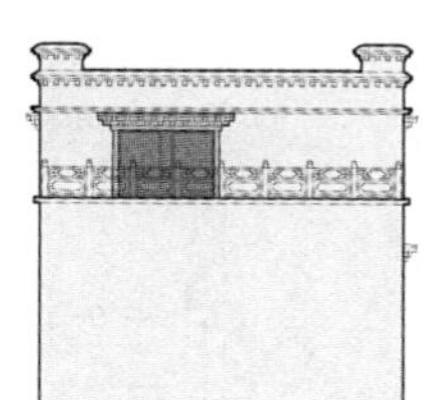

西立面窗墙比
含门窗套：0.08；不含门窗套：0.05

洞口分析

院落生活场景

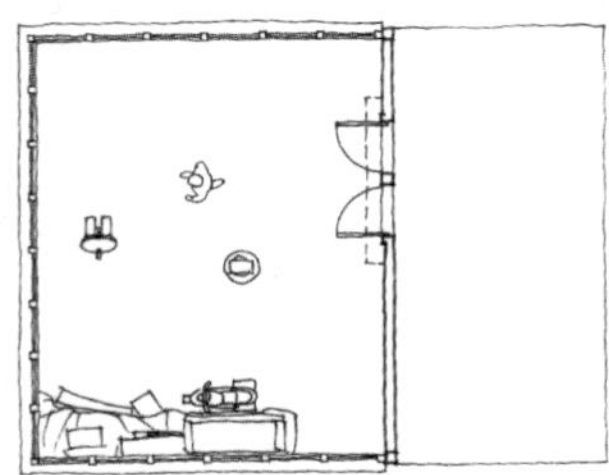

二层平台生活平面图

二层平台使用面积：34.13m²

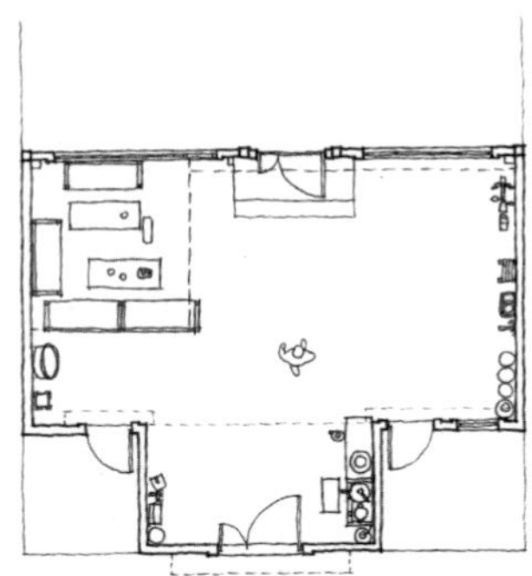

一层院落平面图

一层院落使用面积：40.81m²

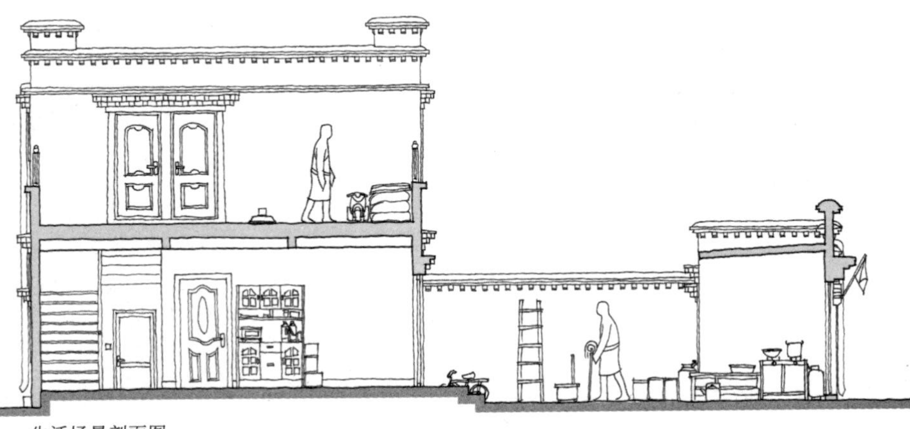

生活场景剖面图

屋顶平台使用面积：19.59m²

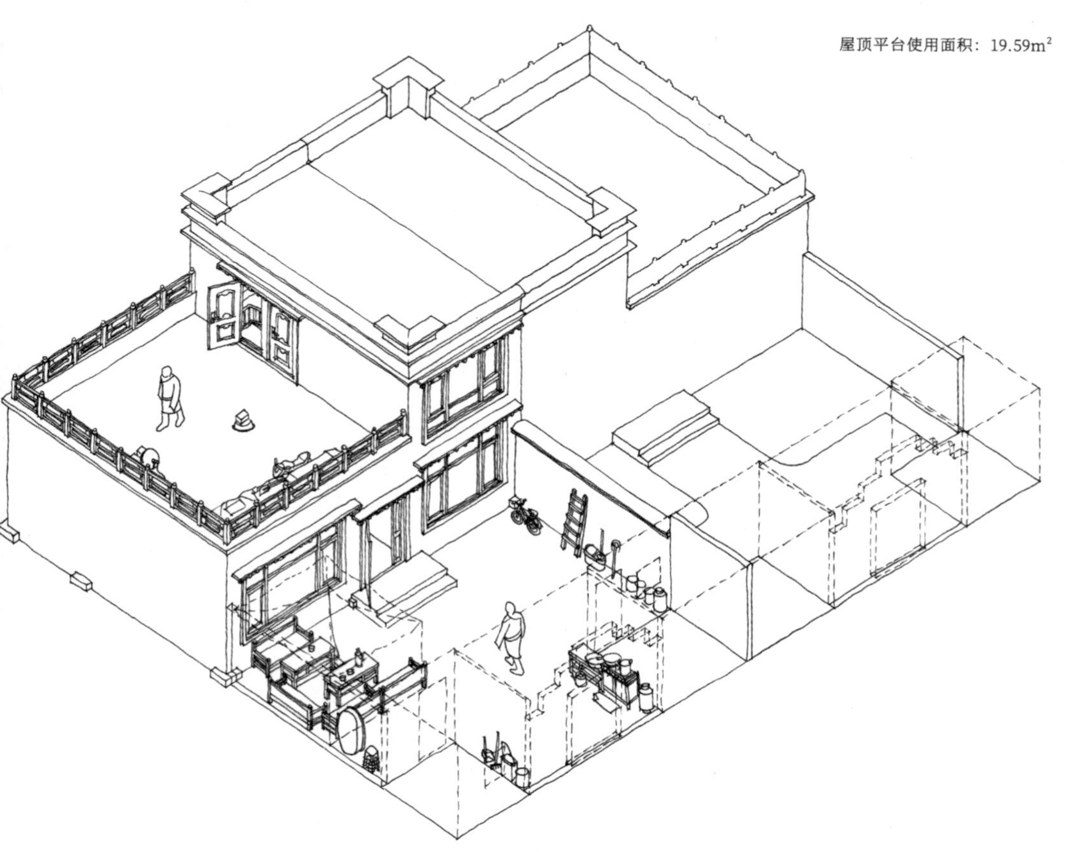

院落场景图

室内生活场景

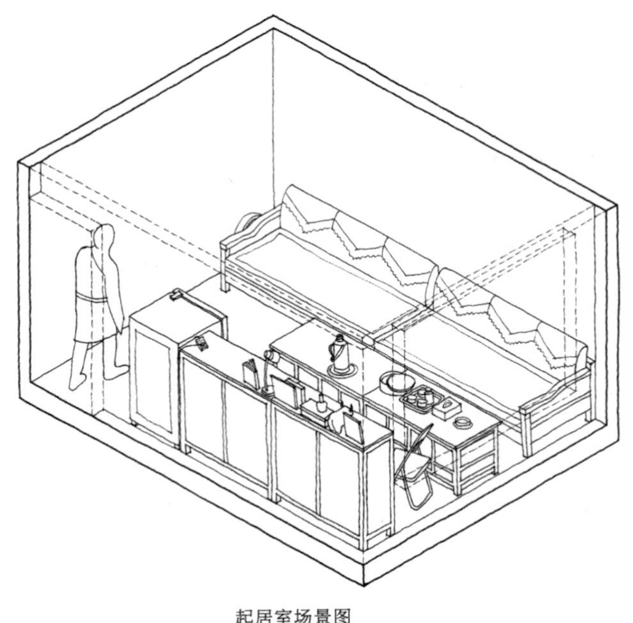

起居室场景图

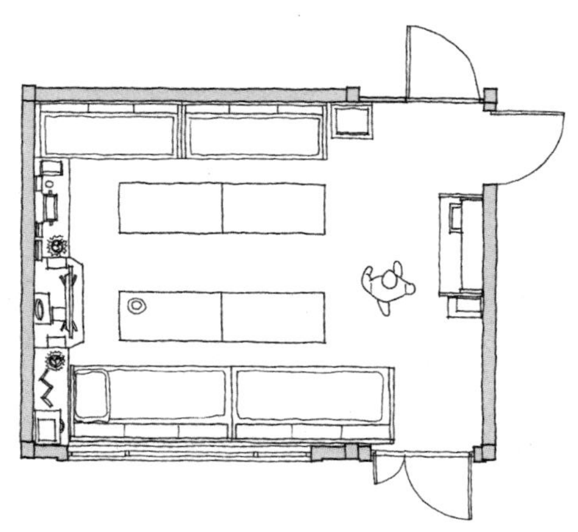

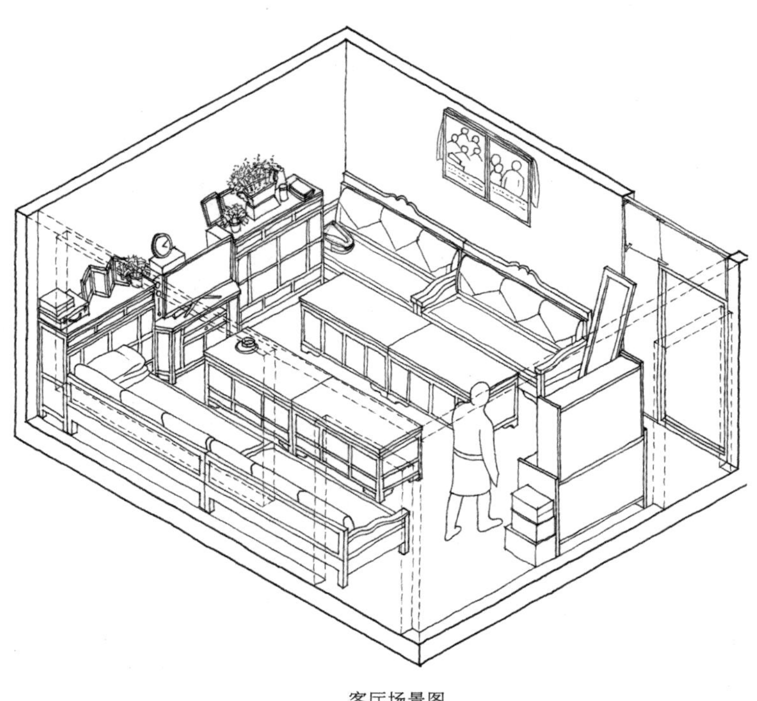

客厅场景图

主要生活空间

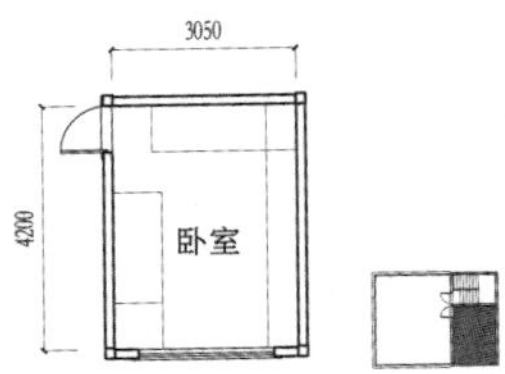

使用面积S=12.81m^2 层高H=2.65m
净高h=2.20m

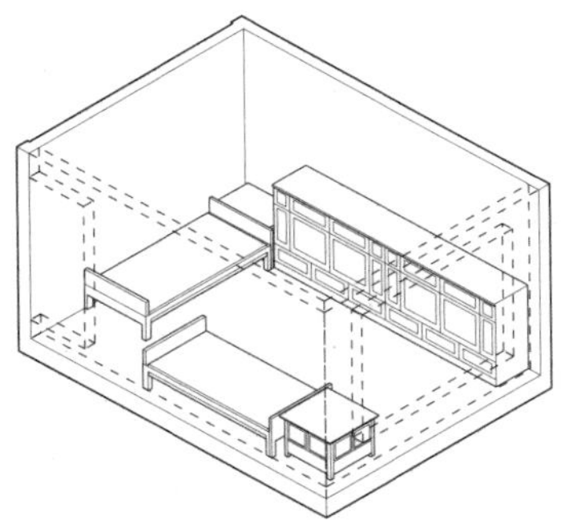

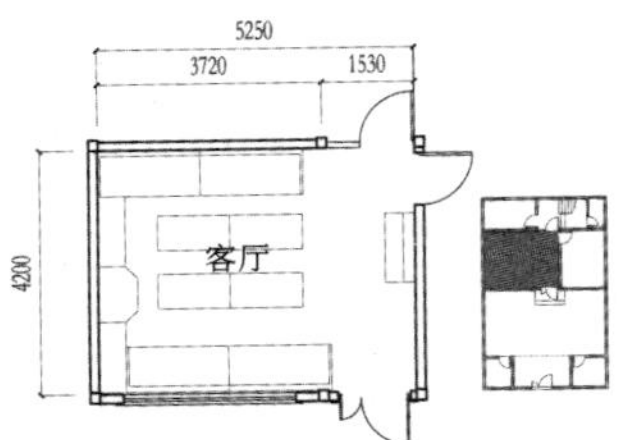

使用面积S=22.05m^2 层高H=2.70m
净高h=2.50m

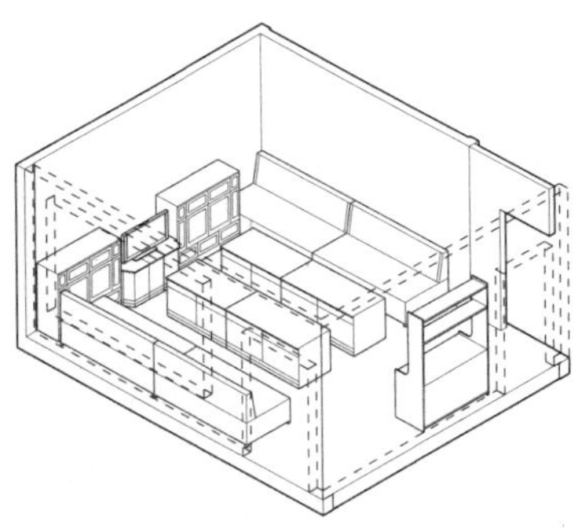

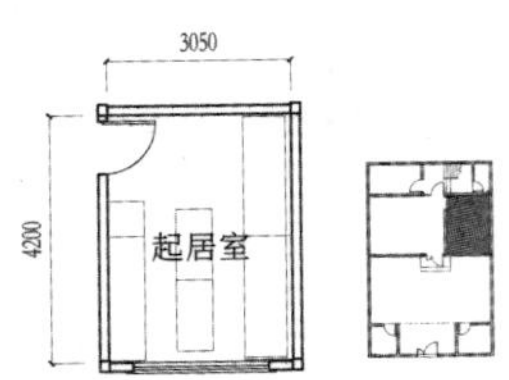

使用面积S=12.81m^2 层高H=2.70m
净高h=2.50m

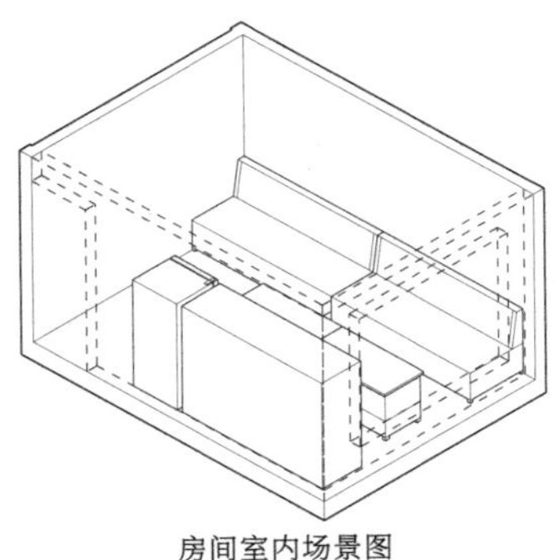

房间平面图

房间室内场景图

向窗地比：1/3.34

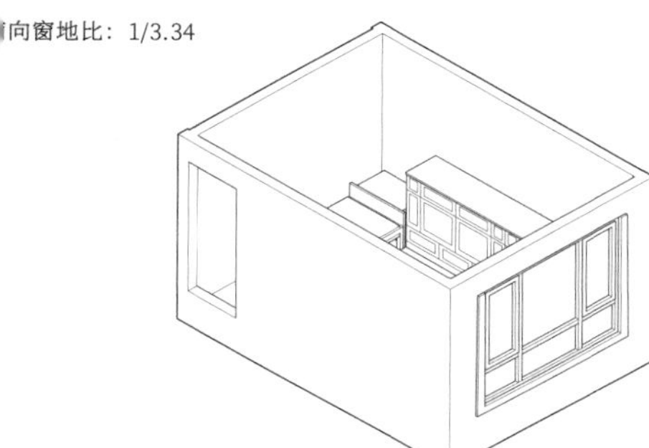

向窗地比：1/4.18

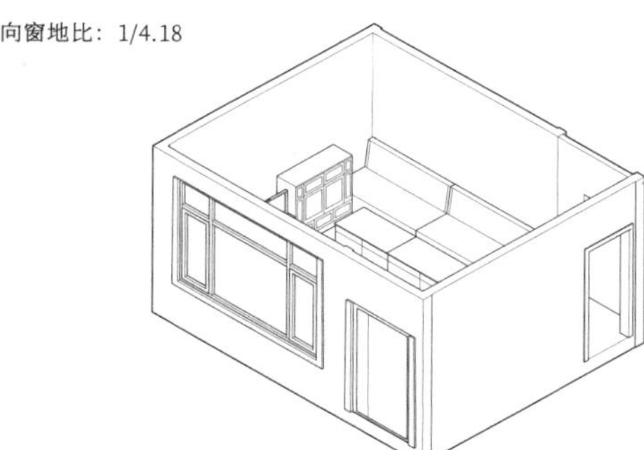

向窗地比：1/3.34

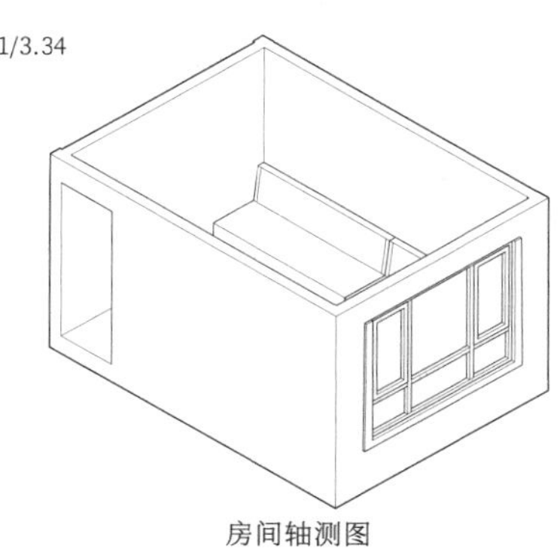

房间轴测图

室内照片

结构与材料

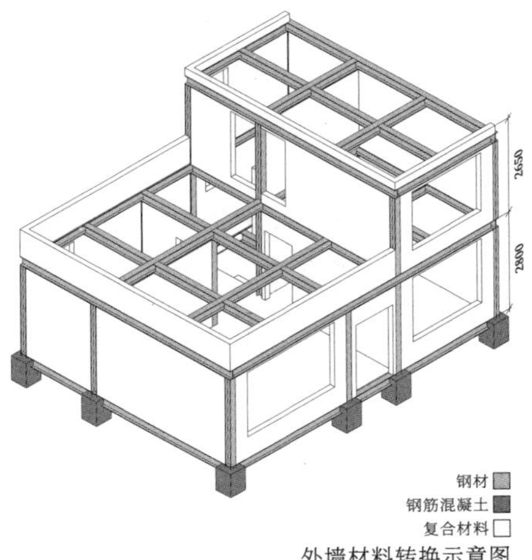

外墙材料转换示意图

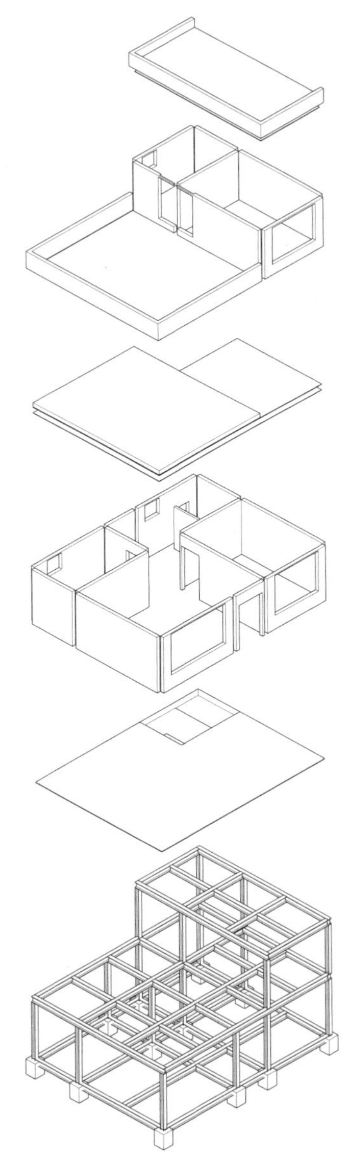

结构分析图

主屋建筑材料信息表

外墙	11	柱子	3
内墙	11	梁	3
屋面	11	门	2、4、5
楼面	1	窗	2、4、5
地面	6、7、9	挑檐口	8

辅助用房建筑材料信息表

外墙	11	柱子	3
内墙	11	梁	3
屋面	11	门	2、4、5
地面	6、7、10	窗	2、4、5
		挑檐口	8

注：1–钢筋混凝土，2–木材，3–钢材，4–金属，5–玻璃，6–水泥砂浆，7–混凝土，8–混凝土预制构件，9–地毯，10–瓷砖，11–复合材料

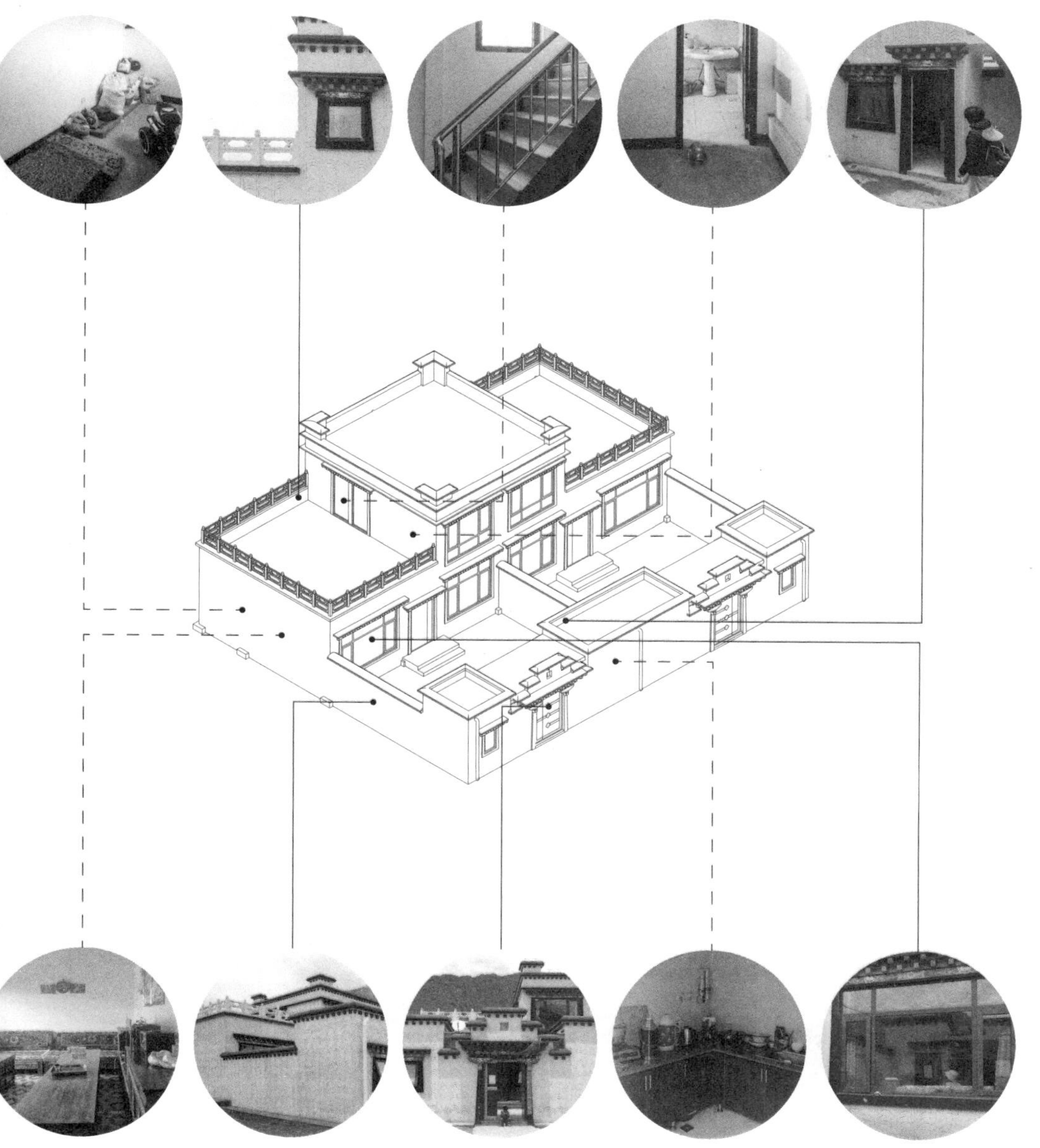

材料使用示意图

该时期典型门窗墙体详图

门窗详图

次旺多吉家

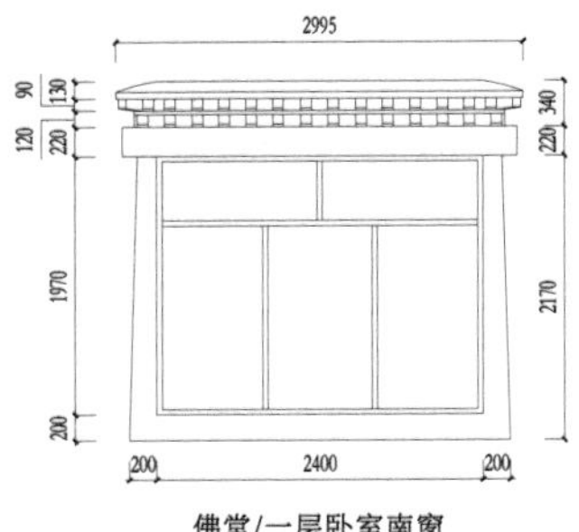

佛堂/一层卧室南窗

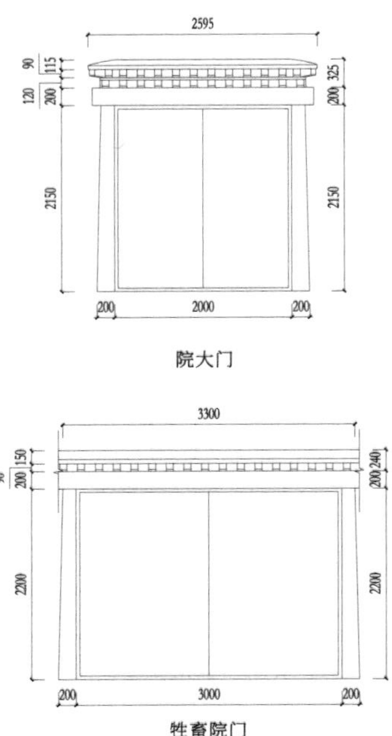

院大门

牲畜院门

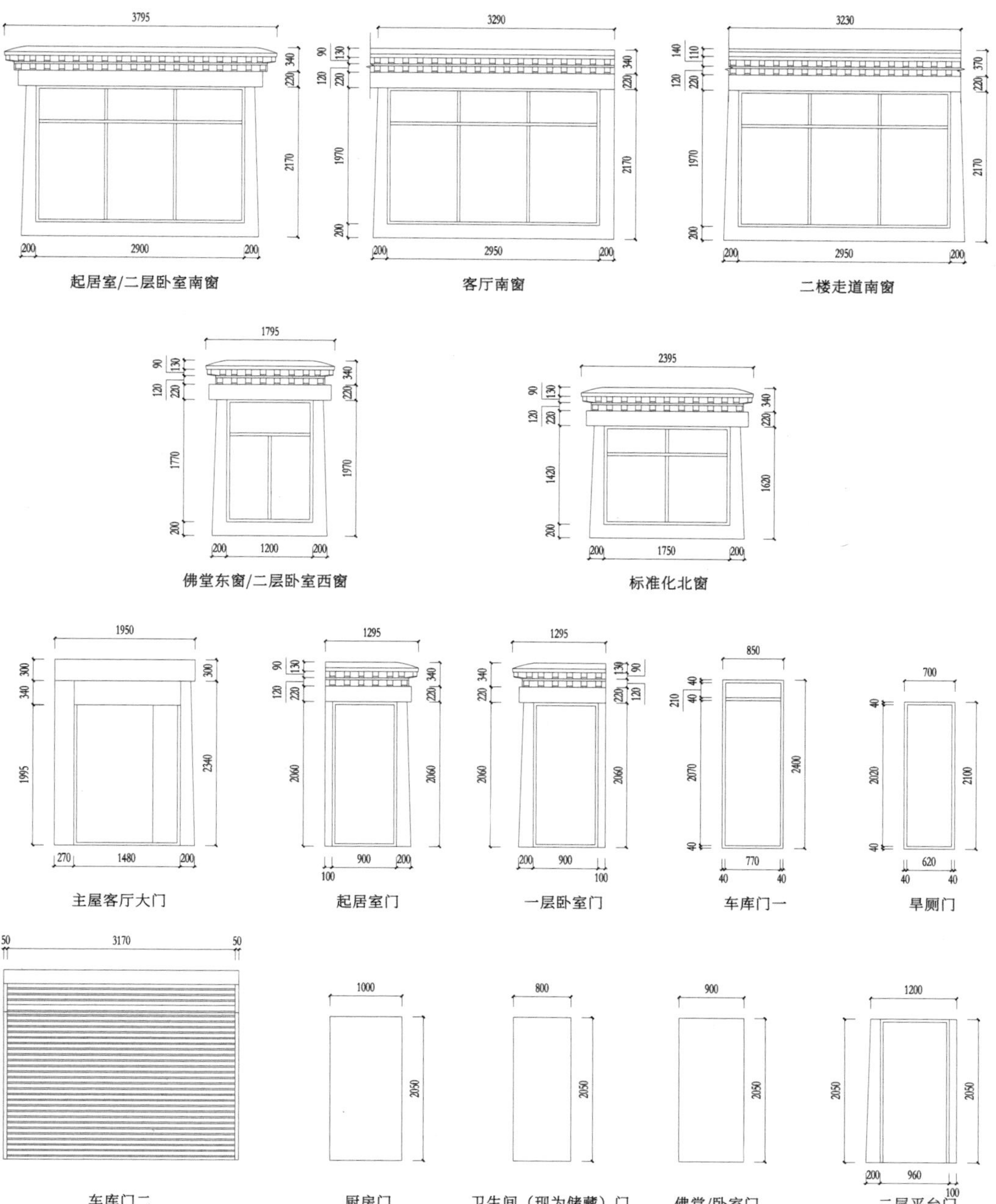
起居室/二层卧室南窗
客厅南窗
二楼走道南窗
佛堂东窗/二层卧室西窗
标准化北窗
主屋客厅大门
起居室门
一层卧室门
车库门一
旱厕门
车库门二
厨房门
卫生间（现为储藏）门
佛堂/卧室门
二层平台门

门窗详图

白玛央金家

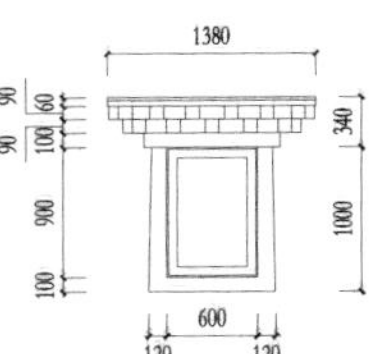

院落卫生间南窗

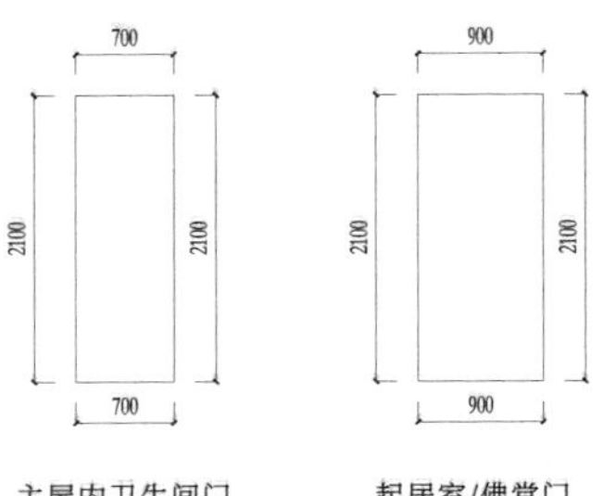

主屋内卫生间门

起居室/佛堂门

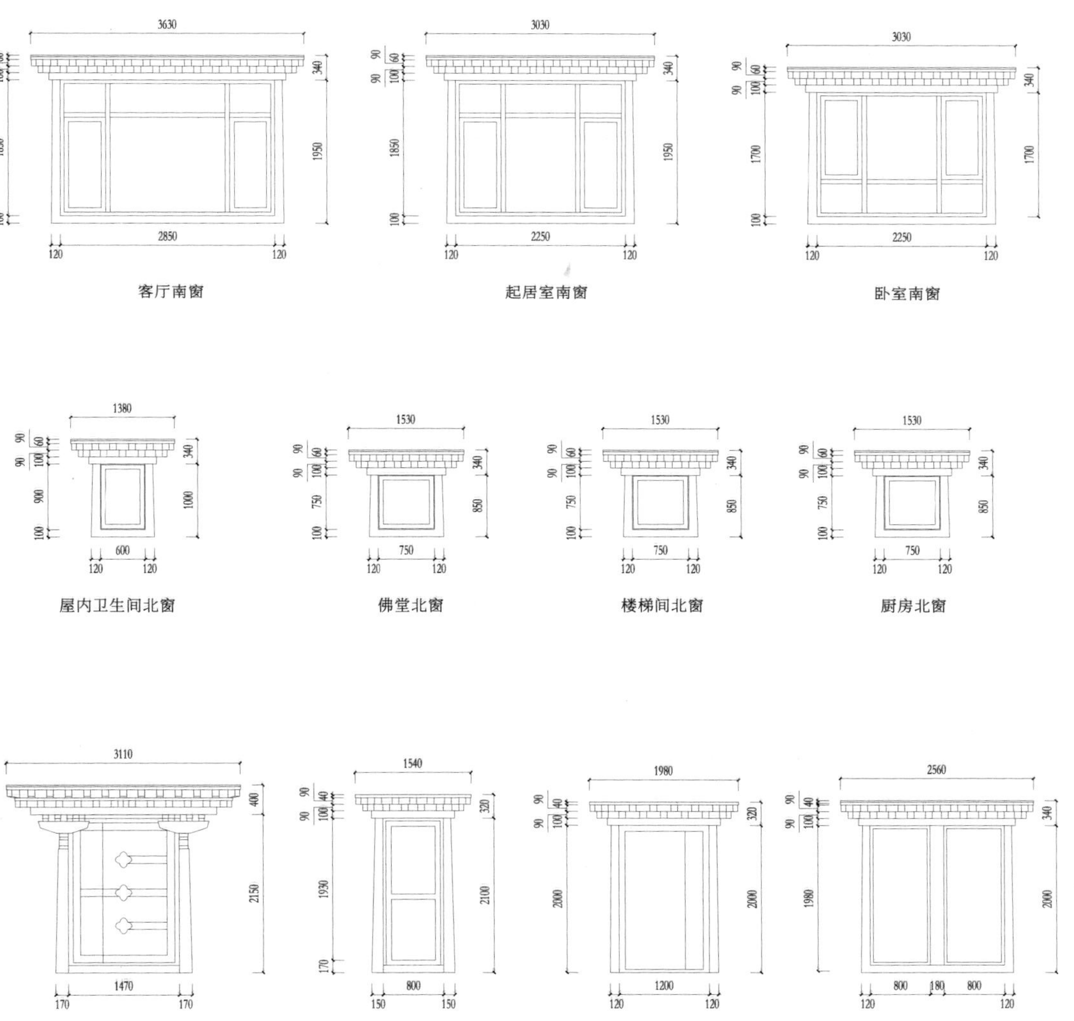

客厅南窗　起居室南窗　卧室南窗

屋内卫生间北窗　佛堂北窗　楼梯间北窗　厨房北窗

院大门　厨房/院落卫生间门　主屋大门　二层阳台门

墙体详图

次旺多吉家

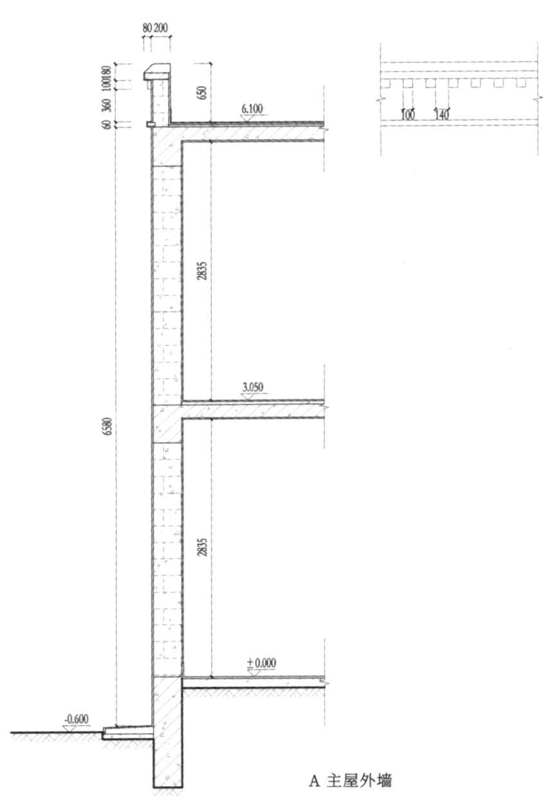

A 主屋外墙

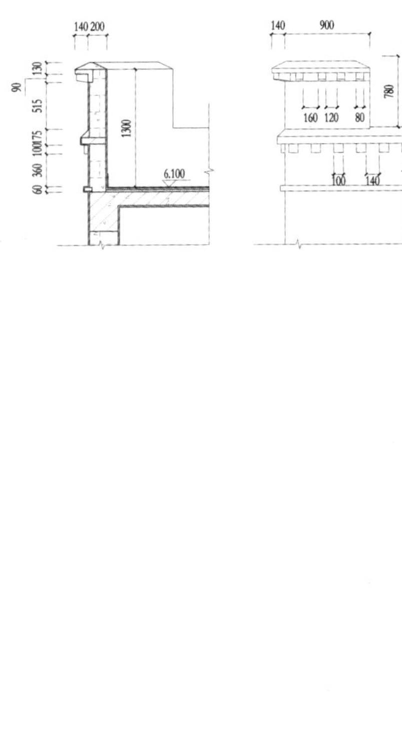

B屋顶经幡垛

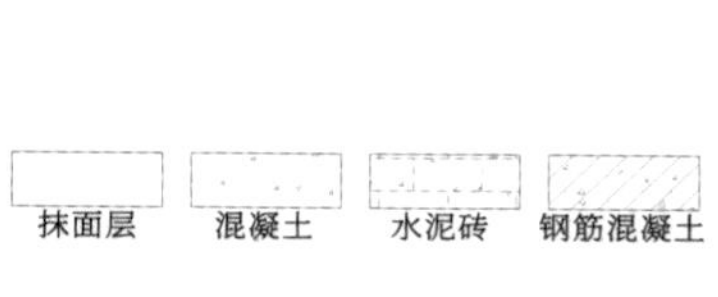

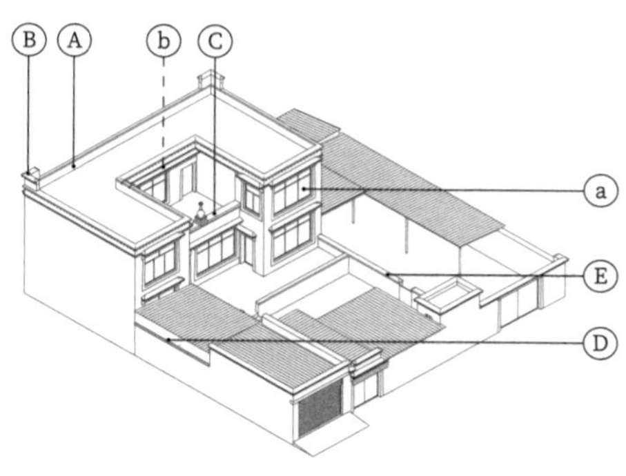

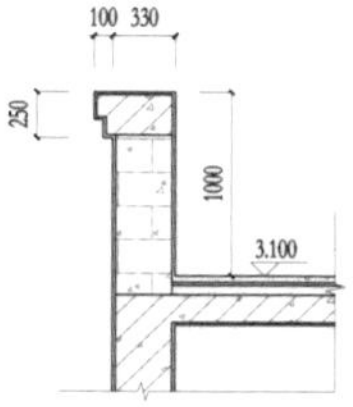

C平台围栏

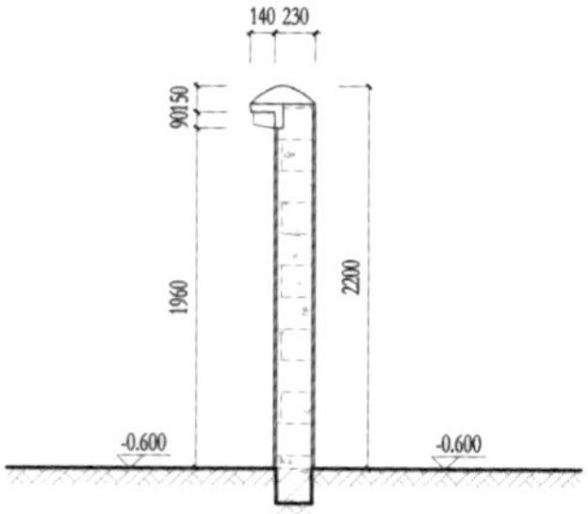

D院墙

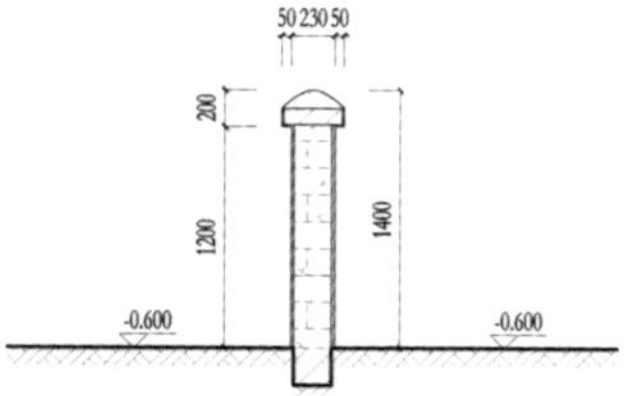

E院隔墙

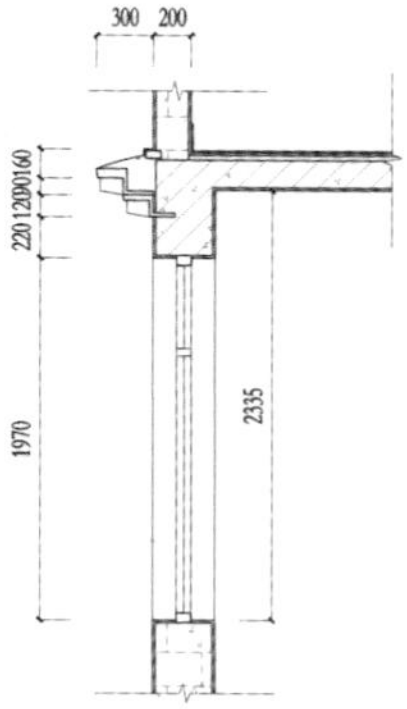

a主屋南窗

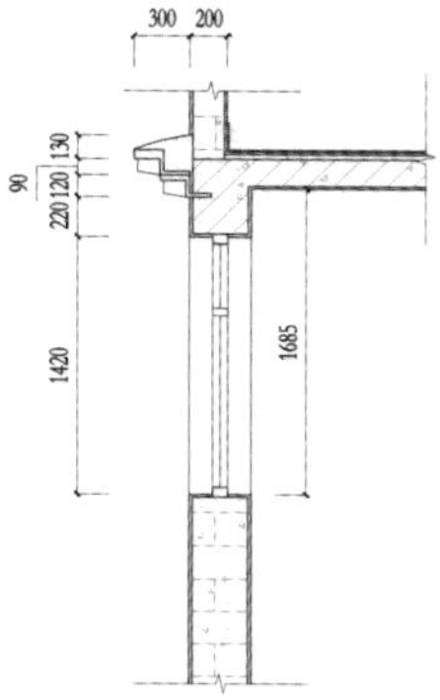

b主屋北窗

墙体详图

白玛央金家

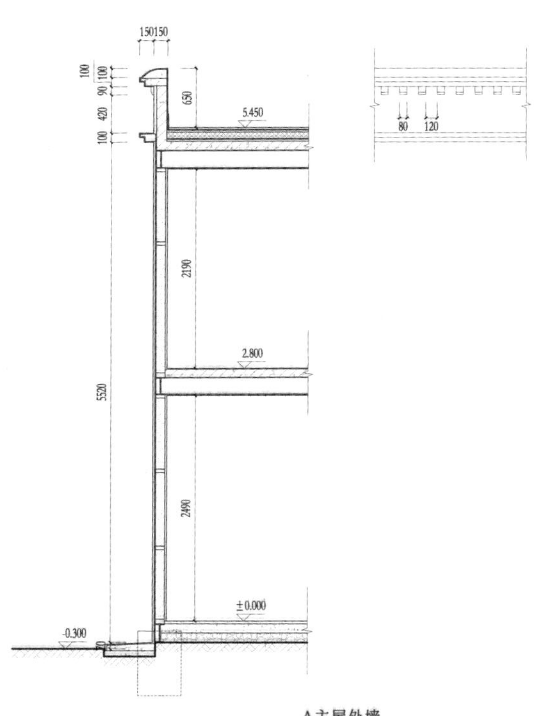

A主屋外墙

B主屋经幡垛

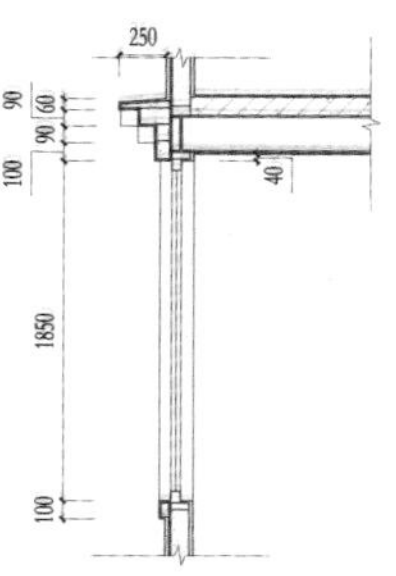

a一层起居室/佛堂南窗

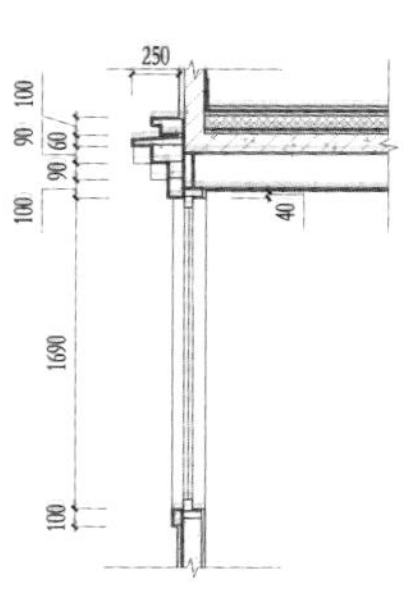

b二层卧室南窗

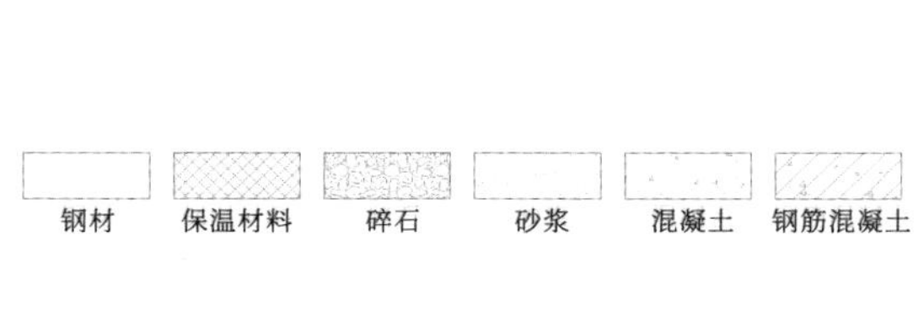

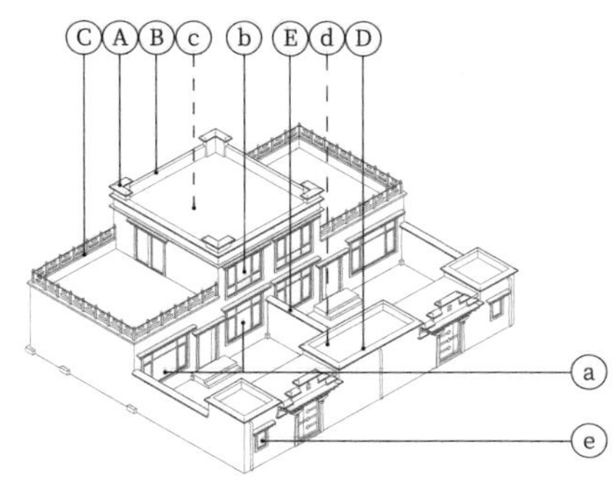

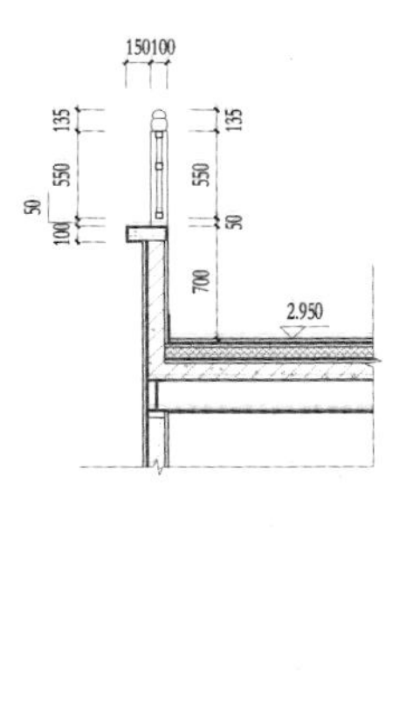

C平台围栏

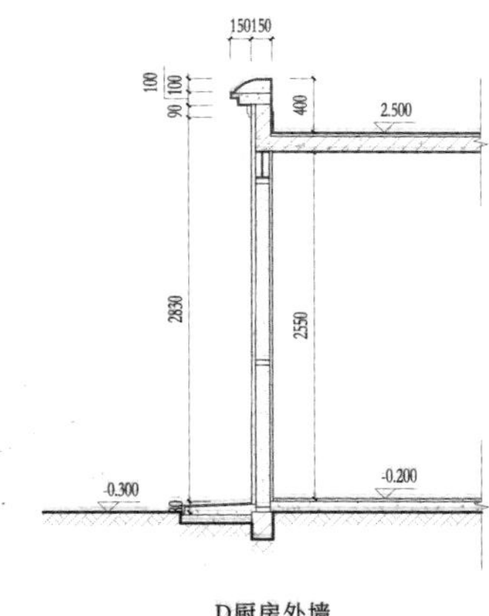

D厨房外墙

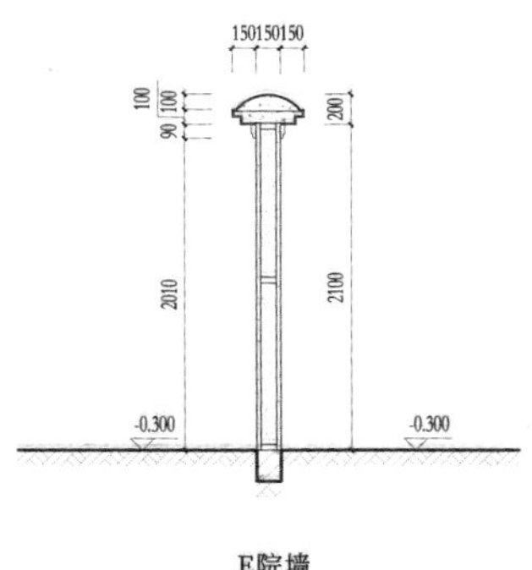

E院墙

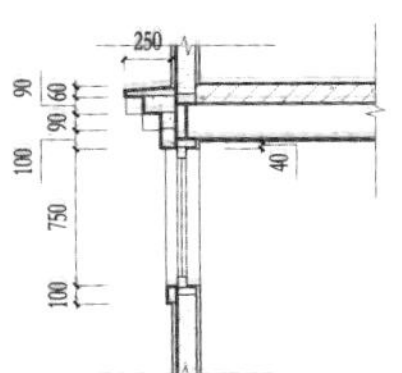

c主屋标准化北窗

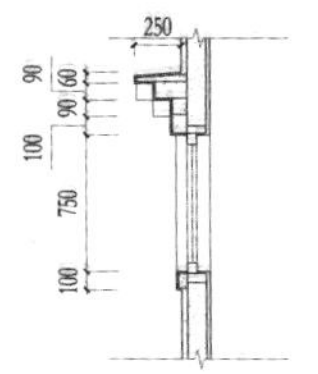

d厨房北窗

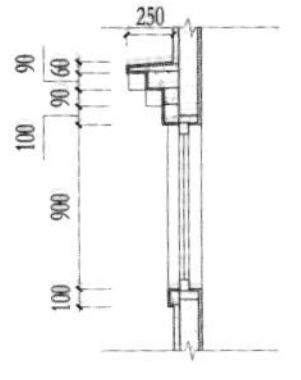

e院内卫生间南窗

参考文献

[1]阿旺罗丹，次多，普次，等．西藏藏式建筑总览[M]．成都：四川美术出版社，2007.
[2]陈渠珍．艽野尘梦：西藏私家笔记 1909-1912[M]．拉萨：西藏人民出版社，2009.
[3]程德美．不自禁的仰望 · 西藏[M]．北京：中国建筑工业出版社，2014.
[4]才让．吐蕃史稿[M]．北京：人民出版社，2010.
[5]旦杰．西藏农牧民安居工程设计方案图集[M]．拉萨：西藏人民出版社，2007.
[6]韩书力．西藏走笔四十年[M]．北京：中国藏学出版社，2013.
[7]何一民，等．世界屋脊上的城市：西藏城市发展与社会变迁研究[M]．北京：社会科学文献出版社，2014.
[8]黄宾堂选编．聆听西藏 [M]．昆明：云南人民出版社，2000.
[9]蒋高宸．云南民族住屋文化[M]．昆明：云南大学出版社，2016.
[10]焦自云．拉萨城市与建筑[M]．南京：东南大学出版社，2017.
[11]焦自云．日喀则城市与建筑[M]．南京：东南大学出版社，2017.
[12]刘志扬．乡土西藏文化传统的选择与重构[M]．北京：民族出版社，2006.
[13]罗建平．安顺屯堡的防御性与地区性[M]．北京：清华大学出版社，2014.
[14]柳陞祺．西藏的寺与僧 1940年代[M]．北京：中国藏学出版社，2014.
[15]龙珠多杰．藏传佛教寺院建筑文化研究[M]．北京：社会科学文献出版社，2016.
[16]木雅 · 曲吉建才．西藏民居[M]．北京：中国建筑工业出版社，2009.
[17]南文渊．青藏人文与思想丛书 青藏人文地理观[M]．拉萨：西藏人民出版社，2015.
[18]潘曦．纳西族乡土建筑建造范式[M]．北京：清华大学出版社 ，2015.
[19]群培．拉萨市藏传佛教寺院[M]．拉萨：西藏人民出版社，2010.
[20]苏发祥．人类学视野中的安多藏区研究[M]．北京：中央民族大学出版社，2013.
[21]苏发祥．安多藏族牧区社会文化变迁研究[M]．北京：中央民族大学出版社，2009.
[22]石硕．青藏高原碉楼研究[M]．北京：中国社会科学出版社，2012.
[23]石硕．西藏文明东向发展史 第2版[M]．成都：四川人民出版社，2016.
[24]王芳．怒江流域多民族混居区民居更新模式研究[M]．北京：中国建筑工业出版社，2017.
[25]王其亨，吴葱，白成军．古建筑测绘[M]．北京：中国建筑工业出版社，2006.
[26]王鑫．晋中传统聚落与建筑形态[M]．北京：清华大学出版社，2016.
[27]汪永平．拉萨建筑文化遗产[M]．南京：东南大学出版社 ，2005.
[28]汪永平．江孜城市与建筑[M]．南京：东南大学出版社，2017.
[29]汪永平．耆那教寺庙建筑[M]．南京：东南大学出版社，2017.
[30]王尧，王启龙．国外藏学研究译文集 第20辑[M]．拉萨：西藏人民出版社，2013.
[31]吴艳．滇西北民族聚落建筑的地区性与民族性[M]．北京：清华大学出版社，2016.
[32]西藏自治区文物保护研究所．西藏古建筑测绘图集 第1辑[M]．北京：科学出版社，2015.
[33]西藏自治区文物保护研究所．西藏古建筑测绘图集 第2辑[M]．北京：科学出版社，2017.
[34]西藏建筑勘察设计院．神居之所——西藏建筑艺术[M]．北京：中国建筑工业出版社，2011.
[35]徐宗威．西藏古建筑[M]．北京：中国建筑工业出版社，2015.
[36]徐宗威．西藏传统建筑导则[M]．北京：中国建筑工业出版社，2004.
[37]杨嘉铭，赵心愚，杨环.西藏建筑的历史文化[M]．西宁：青海人民出版社，2003.
[38]郑少雄．汉藏之间的康定土司 清末民初末代明正土司人生史 1902-1922 [M]．北京：生活 · 读书 · 新知三联书店，2016.
[39]周晶，李天，李旭祥．宗山下的聚落——西藏早期城镇的形成机制与空间格局研究[M]．西安：西安交通大学出版社，2017.
[40]周婷．湘西土家族建筑演变的适应性机制[M]．北京：清华大学出版社，2015.
[41]祝勇．西藏书：十年藏行笔记[M]．北京：东方出版社，2015.

]（法）石泰安．西藏的文明[M]．耿昇，译，王尧，审订．北京：中国藏学出版社，2012.
]（意）图齐．喜马拉雅的人与神[M]．北京：中国藏学出版社，2012.
]（意）图齐，西藏宗教之旅[M]．耿昇，译，王尧，审订．北京：中国藏学出版社，2012.
]（美）那促良，罗启妍．家　中国人的居家文化上[M]．李媛媛，黄竽笙，译，刘岩，校．北京：新星出版社，2011.
]（美）那促良，罗启妍．家　中国人的居家文化下[M]．李媛媛，黄竽笙，译，刘岩，校．北京：新星出版社，2011.
]（美）巴伯若·尼姆里·阿吉兹著，翟胜德译．藏边人家[M]．西藏：西藏人民出版社，1987.
]（挪）Knud Larsen，Amund Siding-Larsen．拉萨历史城市地图集[M]．李鸽（中文），木雅·曲吉建才（藏文），译．北京：中国建筑工业出版社，2005.

图片来源（未注明照片来源，均为子课题组拍摄）

藏区的社会发展历程及其传统藏式建筑特征

图1 尹建伟绘制。

图2 总平面图：徐宗威．西藏古建筑[M]．北京：中国建筑工业出版社，2015：70.

其他：西藏拉萨古艺建筑美术研究所．西藏藏式建筑总览[M]．成都：四川出版集团，四川美术出版社，2007：16.

照片：徐宗威．西藏古建筑[M]．北京：中国建筑工业出版社，2015：96.

图3 上图：徐宗威．西藏古建筑[M]．北京：中国建筑工业出版社，2015：89.

下图：（挪）Knud Larsen，Amund Siding-Larsen．拉萨历史城市地图集[M]．李鸽（中文），木雅·曲吉建才（藏文）译．北京：中国建筑工业出版社，2005：96.

图5 https://youimg1.c-ctrip.com/target/10091800000155ouxDB74.jpg.

图6（a）汪永平．拉萨建筑文化遗产[M]．南京：东南大学出版社，2005：195.

（b）汪永平．拉萨建筑文化遗产[M]．南京：东南大学出版社，2005：157.

（c）徐宗威．西藏传统建筑导则[M]．北京：中国建筑工业出版社，2004：58.

（d）西藏拉萨古艺建筑美术研究所．西藏藏式建筑总览[M]．成都：四川出版集团，四川美术出版社，2007：39.

图11 汪永平．拉萨建筑文化遗产[M]．南京：东南大学出版社，2005：15.

图16 葛正东绘制。

图17（挪）Knud Larsen，Amund Siding-Larsen．拉萨历史城市地图集[M]．李鸽（中文），木雅·曲吉建才（藏文），北京：中国建筑工业出版社，2005：73.

图18（挪）Knud Larsen，Amund Siding-Larsen．拉萨历史城市地图集[M]．李鸽（中文），木雅·曲吉建才（藏文），北京：中国建筑工业出版社，2005：78.

图21 上图http://img.mp.itc.cn/upload/20170530/faa3d5d9473149bfbe3445f619bf81ad_th.jpg.

图22 左图http://rollnews.tuxi.com.cn/zjj/201380703fqz99890756.html.

右图http://art.ifeng.com/2017/0501/3312476.shtml.

图23 色拉寺总平面图：汪永平．拉萨建筑文化遗产[M]．南京：东南大学出版社，2005：174.

图24 哲蚌寺总平面图：汪永平．拉萨建筑文化遗产[M]．南京：东南大学出版社，2005：170.

图25 色拉寺措钦大殿平面图和剖面图：汪永平．拉萨建筑文化遗产[M]．南京：东南大学出版社，2005：175.

图26 木雅·曲吉建才．西藏民居[M]．北京：中国建筑工业出版社，2009：163,164.

图27 徐宗威．西藏传统建筑导则[M]．北京：中国建筑工业出版社，2004：32.

图28 徐宗威．西藏传统建筑导则[M]．北京：中国建筑工业出版社，2004：35.

图29 汪永平，宗晓明，曾庆璇，等．阿里——传统建筑与村落[M]．南京：东南大学出版社，2017：74.

图30 徐宗威．西藏传统建筑导则[M]．北京：中国建筑工业出版社，2004：36.

图31 徐宗威．西藏传统建筑导则[M]．北京：中国建筑工业出版社，2004：44.

图32 徐宗威．西藏传统建筑导则[M]．北京：中国建筑工业出版社，2004：93.

图33 龚恺．渔梁[M]．南京：东南大学出版社，1998：100．分析图由胡滨绘制。

图34 二层、三层平面图：徐宗威．西藏古建筑[M]．北京：中国建筑工业出版社，2015：199．其他：汪永平．拉萨建筑文化遗产[M]．南京：东南大学出版社，2005：243，244.

图35 甘基龙绘制，杜平修改。

藏区民居自1980年代以来的建设和演变动因

图1 木雅·曲吉建才．西藏民居[M]．北京：中国建筑工业出版社，2009：28.

表1 甘基龙绘制，葛正东、杜平修改。

总平面图由葛正东、杜平绘制，其余图纸均为杜平绘制。

80年代以来藏区乡村民居的演变特征

、图5林周县江热夏乡加荣村尼玛仓曲家、图5林周县江热夏乡联巴村查斯家、图10平面图、图27、图34林周县联巴村朗家、图34墨竹工卡县赤康村邦那村曲扎家　为葛正东绘制；

、图10轴测分解图、图74、图77平面图和轴测图　为杜平、葛正东共同绘制；

3、图17普布家院落照片、图45、图71、图78　为李峥嵘拍摄；

余图表均为杜平绘制。

式乡村民居空间模式适应性策略

为杜平绘制。

图书在版编目（CIP）数据

藏式住屋的变迁：拉萨地区1980年代之后乡村民居的演变研究 / 胡滨，杜平，葛正东著. —北京：中国建筑工业出版社，2021.5

ISBN 978-7-112-25973-1

Ⅰ. ①藏… Ⅱ. ①胡… ②杜… ③葛… Ⅲ. ①农村住宅—建筑设计—研究—拉萨 Ⅳ. ①TU241.4

中国版本图书馆CIP数据核字（2021）第044233号

责任编辑：易娜
责任校对：姜小莲
版式设计：杜平　葛正东

藏式住屋的变迁：拉萨地区1980年代之后乡村民居的演变研究
胡滨　杜平　葛正东　著
*
中国建筑工业出版社出版、发行（北京海淀三里河路9号）
各地新华书店、建筑书店经销
北京锋尚制版有限公司制版
北京富诚彩色印刷有限公司印刷
*
开本：787毫米×1092毫米　1/16　印张：23¾　字数：462千字
2021年6月第一版　2021年6月第一次印刷
定价：139.00元
ISBN 978-7-112-25973-1
（37230）